PHYSIQUE

MÉCANIQUE,

PAR E.-G. FISCHER,

Traduite de l'Allemand;

AVEC DES NOTES,

Et un Appendice sur les Anneaux colorés, la double Réfraction, la Polarisation de la Lumière et le Magnétisme tant en repos qu'en mouvement,

PAR M. BIOT,

MEMBRE DE L'INSTITUT DE FRANCE.

QUATRIÈME ÉDITION,

Revue, corrigée et augmentée.

PARIS,

BACHELIER, LIBRAIRE POUR LES MATHÉMATIQUES,

QUAI DES AUGUSTINS, N° 55.

BRUXELLES,

A LA LIBRAIRIE PARISIENNE, RUE DE LA MADELEINE.

1830

PHYSIQUE

MÉCANIQUE.

Ouvrages de M. Biot, *qui se trouvent chez le même Libraire :*

TRAITÉ ÉLÉMENTAIRE D'ASTRONOMIE PHYSIQUE, destiné à l'enseignement dans les Collèges, etc., 3 vol. in-8°, 1810.

ESSAI DE GÉOMÉTRIE ANALYTIQUE, appliquée aux courbes et aux surfaces du second ordre, in-8°, 7e édition, 1826, 6 fr. 50 c.

TABLES BAROMÉTRIQUES PORTATIVES, donnant les différences de niveau par une simple soustraction, in-8°, 1 fr. 50 c.

RECUEIL D'OBSERVATIONS géodésiques, astronomiques et physiques, exécutées par ordre du Bureau des Longitudes, en Espagne, en France, en Angleterre et en Écosse, etc.; ouvrage faisant suite au tome troisième de la Base métrique, par MM. Biot et Arago, 1 vol. in-4°, avec fig., 1821, 21 fr.

NOTIONS ÉLÉMENTAIRES DE STATIQUE, destinées aux jeunes gens qui se préparent pour l'École Polytechnique, ou qui suivent les Cours de l'École militaire de Saint-Cyr, etc., in-8°, 1829, 3 fr. 75 c.

PRÉCIS DE PHYSIQUE EXPÉRIMENTALE, 2 vol. in-8°, 3e édit., 16 fr.

Se vend aussi :

A BORDEAUX,

CHEZ GASSIOT FILS AINÉ, LIBRAIRE,

FOSSÉS DE L'INTENDANCE, N° 61.

IMPRIMERIE DE HUZARD-COURCIER,
rue du Jardinet, n° 12.

PHYSIQUE MÉCANIQUE,

PAR E. G. FISCHER,

Membre honoraire de l'Académie des Sciences de Berlin, Professeur de Mathématiques et de Physique dans un des Colléges de la même ville, Professeur de Physique à l'Institut des Mines de Prusse, et de Mathématiques à l'École du Commerce, etc.;

TRADUITE DE L'ALLEMAND;

AVEC DES NOTES,

Et un Appendice sur les Anneaux colorés, la double Réfraction, la Polarisation de la Lumière et le Magnétisme tant en repos qu'en mouvement,

PAR M. BIOT,

MEMBRE DE L'INSTITUT DE FRANCE.

QUATRIÈME ÉDITION,

REVUE ET AUGMENTÉE.

PARIS,

BACHELIER, LIBRAIRE POUR LES MATHÉMATIQUES,

QUAI DES AUGUSTINS, N° 55.

BRUXELLES,

A LA LIBRAIRIE PARISIENNE, RUE DE LA MADELEINE.

1830

A MONSIEUR

BERTHOLLET,

MEMBRE DE L'INSTITUT.

MON CHER ET ILLUSTRE CONFRÈRE,

En assistant aux conversations intéressantes et instructives dont on jouit dans votre charmante retraite d'Arcueil, je vous ai entendu souvent, ainsi que M. Laplace, regretter que la Physique fût peu cultivée en France, tandis que les autres sciences y jettent un très grand éclat (*). Vous cherchiez les causes de ce désavantage dans l'espèce d'isolement où l'on semble avoir voulu placer la Physique, relativement aux autres branches des connaissances positives; et, tous deux, vous vous étonniez qu'on eût tenté de la séparer de la Géométrie et de la Chimie, deux soutiens sans lesquels elle ne saurait faire un pas.

(*) Cette lettre fut écrite au milieu de 1806, et le regret qu'elle exprime était alors fondé. Depuis cette époque, un grand nombre de découvertes de Physique ont été faites en France. Notre richesse en ce genre s'accroît tous les jours, et tout présage qu'elle continuera de s'étendre avec rapidité. Néanmoins j'ai laissé subsister les expressions dont j'avais dû me servir lors de la première édition de cet Ouvrage, pour mieux montrer tout ce que nous avons gagné depuis cette époque (*Note écrite en* 1819).

Ce n'est point cependant que les exemples manquent pour prouver combien l'alliance de ces sciences est utile; et l'on pourrait en trouver un grand nombre, même parmi nos compatriotes. Notre célèbre Bouguer n'a pas été moins bon physicien que bon astronome. C'est aussi à la connaissance des méthodes géométriques que Borda a dû l'exactitude qu'il a mise dans ses recherches de Physique; c'est à elles que M. Coulomb doit ses belles découvertes sur le magnétisme et l'électricité (*); c'est avec leur secours que M. Haüy a porté au dernier degré de précision et de certitude son ingénieuse théorie de la structure des cristaux. Tout récemment encore, n'est-ce pas l'analyse la plus profonde qui a donné à M. Laplace le secret de ces phénomènes capillaires, autour desquels les physiciens s'étaient si long-temps et si curieusement exercés, sans pouvoir en pénétrer la cause? N'est-ce pas aussi à l'aide de notions rigoureuses et géométriques, que Lavoisier est parvenu à introduire l'exactitude dans les procédés de la Chi-

---

(*) A l'époque où ceci fut écrit, l'Institut possédait encore cet excellent homme, aussi distingué par son caractère que par son génie. Combien il aurait été satisfait de voir tous ses travaux confirmés par la savante analyse dont M. Poisson a enrichi la théorie de l'électricité (1819).

Que de pertes fatales pour les sciences physiques ont suivi celle-là depuis 1806! En France, Malus, Petit, Delaroche, Monge, Haüy, Fresnel, Berthollet, Lagrange, Laplace; en Angleterre, Young, Davy, Wollaston; en Italie, Volta. Puisse la disparition rapide d'un si grand nombre d'hommes de talens ou de génie ne pas faire dans la science un vide trop durable (1830)!

mie? que vous-même avez établi les rapports constans qui existent entre les capacités de saturation des différens acides pour les différens alcalis, propriété bien remarquable, et qui tient immédiatement aux premières lois de l'action chimique? Enfin, pour comprendre tout dans un seul exemple, Newton, le premier des géomètres, a été aussi le premier des physiciens, et personne de son temps n'a donné sur la Chimie des vues plus neuves et plus profondes.

Il faut l'avouer, puisque cet aveu est utile, ce qui a nui aux progrès de la Physique en France, c'est qu'on en a fait une science d'exposition plutôt que de recherches. On s'est contenté d'offrir au public une certaine série d'expériences brillantes, au lieu de s'attacher à fixer exactement les lois des phénomènes et à déterminer leurs rapports, ce qui ne peut se faire que par des raisonnemens géométriques; et tel a été l'effet de cette fausse marche, qu'il reste encore aujourd'hui à introduire dans l'enseignement de la Physique les considérations exactes et les méthodes rigoureuses qui seules peuvent la faire avancer.

Heureusement, il existe un ouvrage français qui aura, sous ce rapport, l'effet le plus utile, et qui, sans aucun doute, donnera bientôt chez nous à l'étude de la Physique une meilleure direction. Je veux parler du *Traité de Physique* de M. Haüy. Cet ouvrage, médité depuis long-temps par un esprit juste, délicat et fin, habitué aux idées précises, et familiarisé avec les méthodes d'invention par ses propres découvertes, ne pouvait renfermer que les principes les plus sûrs et les plus exacts. Aussi n'a-t-il point trompé l'attente du public, qui le désirait avec impatience; et si l'auteur, comme il a eu lui-même la modestie de l'annoncer, a trouvé la possibilité d'y faire encore des améliorations, il en résultera sans doute un ensemble parfait de toutes les connaissances physiques. M. Haüy a pensé avec raison que les lois générales de l'équilibre et du mouvement devaient être indiquées dans son ouvrage, mais que les phénomènes particuliers à la Statique et à la Mécanique des corps, soit solides, soit fluides, devaient être renvoyés à ces deux sciences, et exposés à part d'une manière plus mathématique. C'est ce que M. E. G. Fischer de Berlin avait cherché à faire depuis plusieurs années, dans l'ouvrage dont nous publions aujourd'hui la traduction; et il a exécuté ce plan d'une manière si simple, en procédant si bien des principes aux expériences, et des expériences aux théories, que celles-ci, quoique géométriques par elles-mêmes, sont cependant accessibles aux personnes les moins exercées. En suivant toujours la même marche, M. Fischer a joint à cette première partie des notions particulières sur la chaleur, l'électricité, le galvanisme, le magnétisme et la lumière; de sorte que, sous un très petit volume, son livre présente, comme le titre l'annonce, des élémens fort exacts et assez complets de *Physique mécanique*.

Lorsque M. Fischer vous adressa son Ouvrage, vous me proposâtes de le parcourir; et, ne connaissant pas la langue allemande, je priai une personne qui m'est très chère d'en traduire quelques morceaux. La clarté et l'excellente méthode qui y régnaient m'engagèrent à les multiplier, et d'autant plus que je me trouvais moi-même chargé d'un cours de Physique pour lequel j'avais adopté un plan presque tout-à-fait semblable. De cette manière, l'Ouvrage s'étant trouvé traduit en grande partie avec les Additions et les Notes que le progrès des connaissances avait rendues nécessaires, je me suis déterminé, d'après votre avis, à en publier la traduction (*).

Indépendamment de l'utilité dont cet Ouvrage peut être par lui-même, il aura encore un autre avantage précieux pour les physiciens français, et ce sera de leur indiquer les meilleures sources auxquelles ils pourront recourir pour avoir des renseignemens précis sur toutes les parties de la Physique. En effet, les Allemands possèdent, sous ce rapport, un ouvrage extrêmement précieux, qui est le *Dictionnaire de Physique de Gehler*, remarquable par son étendue, par le talent et l'exactitude avec lesquels les différentes matières y sont traitées, et enfin par l'érudition qui y règne. Cet ouvrage et un autre du même genre, dont l'auteur est M. J. G. Fischer, sont très souvent cités dans la *Physique mécanique*; et, en y renvoyant, l'auteur donne en quelque sorte la clef de tous ceux qui se rapportent au même objet. Il serait fort utile de traduire le *Dictionnaire de Gehler*; on répandrait ainsi une infinité de résultats de Physique qui ne sont pas connus en France, ou qui le

(*) Les Notes et les Additions mathématiques de l'Auteur sont indiquées par des lettres; les miennes le sont par des astérisques *.

sont superficiellement. En général, nous nous montrons trop peu empressés à apprendre ce qui se fait hors de notre pays, et cette insouciance nous a tenus souvent fort en arrière de découvertes très importantes. Par exemple, les belles recherches de Volta sur le galvanisme n'ont été connues en France que plusieurs années après leur publication; et l'on se livrait encore ici à des conjectures fausses et incertaines sur la nature de ces nouveaux phénomènes, lorsqu'il était déjà prouvé depuis long-temps, pour tout le reste de l'Europe, que les effets galvaniques sont produits par le développement de l'électricité. Pour en citer encore deux autres exemples frappans, le bel ouvrage de M. Chladni sur les vibrations des surfaces n'a été connu qu'après plus de huit ans, par les soins de M. Haüy; et l'ouvrage du même auteur, sur les pierres tombées du ciel, n'a été connu de nous que lorsque le météore de l'Aigle a fixé l'attention générale sur les aérolithes. Cependant la réalité de la chute de ces masses était depuis long-temps établie, d'après les faits antérieurs, et par les seules forces de la critique, dans l'ouvrage de M. Chladni. Il serait bien à désirer, mon cher Confrère, que chacun à cet égard imitât votre exemple. Placé au premier rang parmi les chimistes, à la tête desquels vous a élevé votre génie, vous vous montrez plus empressé que personne à vous instruire de ce qui se fait chez les savans des autres nations; et, concentrant, pour ainsi dire, en vous-même, les résultats contenus dans les écrits dont ils s'empressent de vous faire hommage, vous tirez de leur ensemble et de vos propres découvertes les considérations générales qui sont les fondemens de la Chimie, et que vous avez établies avec tant de supériorité.

Vous ne dédaignerez donc pas, mon cher Confrère, l'hommage d'un simple livre d'élémens. Vous le savez, c'est par les traités de ce genre que les sciences se répandent dans les esprits ; et, selon qu'ils y développent des idées justes ou fausses, ils ont l'influence la plus heureuse ou la plus funeste. L'auteur de la *Physique mécanique* vous est déjà connu par ses autres écrits, qui sont tous composés dans un esprit excellent (*). Également versé dans la Géométrie, la Chimie et la Physique, il n'a point séparé ces sciences dans le livre dont nous publions aujourd'hui la traduction. Le succès que ce Traité a obtenu en Alle-

---

(*) M. Fischer est encore auteur des ouvrages suivans :
1°. *Betrachtungen uber die Cometen, etc.*; Considérations sur les Comètes, à l'occasion du retour attendu d'une comète en 1789. Berlin, 1789, in-8°. — 2°. *Theorie der Dimensions-Zeichen*, Théorie d'un nouveau genre de signes, appelés *signes de dimensions*, et qui désignent les coefficiens d'une série et de leurs puissances, avec leur application à plusieurs matières d'analyse. Halle, 1792, 2 vol. in-4°. Cet ouvrage contient une méthode tout-à-fait générale pour trouver la racine de chaque équation, puis une méthode générale pour trouver chaque puissance d'une série finie ou infinie; enfin, une méthode générale de la réversion des séries, et plusieurs autres applications à des problèmes d'analyse. — 3°. *Rechenbuch für das Gemeine Leben, etc.*, Traité d'Arithmétique élémentaire, 2 vol. in-8°. Berlin, 1797 et 1799. — 4°. *Der Rechenschüler, etc.*, l'Élève en Arithmétique, ouvrage destiné à l'instruction des enfans. Il en a paru deux éditions à Berlin, l'une en 1788, l'autre en 1806. — 5°. *De Disciplina-*

magne mettra sans doute M. Fischer en état de publier bientôt, comme il en a le projet, deux traités semblables pour la Physique chimique et organique, ainsi que pour la Physique appliquée, et nous nous empresserons également de les traduire, si celui-ci est accueilli en France, comme nous l'espérons. Ce serait une chose extrêmement précieuse que d'avoir ainsi les élémens complets de la Physique, considérée sous ce triple rapport. Leur concentration dans trois volumes permettant de les donner à un prix très modique, les rendrait accessibles à tous les jeunes gens qui étudient les sciences; et cette considération n'est pas à négliger dans un objet de cette nature; car le plus grand nombre des personnes qui vivent dans un état élevé ne comptent pas encore l'instruction et les sciences parmi leurs décorations.

Vous qui savez si bien allier les titres du génie avec ceux qui sont le fruit de la considération personnelle qui vous est due, agréez l'hommage que nous vous faisons de ce travail, et permettez-nous d'y joindre l'expression de la plus sincère amitié.

BIOT,
Membre de l'Institut.

Août 1806.

---

rum physicarum Notionibus, finibus legitimis et nexu systematico dissertatio. Berolini, 1797, in-8°.

Il a publié aussi des idées sur l'instruction des écoles scientifiques, des traductions importantes, et un grand nombre de mémoires de Mathématiques, de Physique, de Chimie et de philosophie.

TABLE

DES MATIÈRES.

Pages.

DEUXIÈME SECTION.

DES CORPS SOLIDES.

Pages.

TROISIÈME SECTION.

DE LA CHALEUR.

QUATRIÈME SECTION.

DES CORPS LIQUIDES.

CINQUIÈME SECTION.

DES CORPS AÉRIFORMES.

SIXIÈME SECTION.

DE L'ÉLECTRICITÉ.

SEPTIÈME SECTION.

DU MAGNÉTISME.

HUITIÈME SECTION.

DE LA LUMIÈRE.

FIN DE LA TABLE DES MATIÈRES.

PHYSIQUE
MÉCANIQUE.

INTRODUCTION.

§ 1. La science naturelle universelle, c'est-à-dire l'ensemble de nos connaissances sur la nature, est, ou historique, et se nomme alors *Histoire naturelle;* ou dogmatique, et porte le nom de *Physique dogmatique.*

§ 2. L'objet particulier de l'Histoire naturelle est la recherche de tout ce que nous pouvons observer immédiatement sur les corps, afin d'en déduire leur classification. Cet examen conduit à partager cette science en trois grandes divisions : la *Minéralogie*, la *Botanique*, la *Zoologie;* divisions déterminées par les différences essentielles qui existent entre les substances inorganiques et les êtres organisés.

§ 3. La Physique dogmatique s'occupe de la recherche des forces naturelles et des lois d'après lesquelles s'opèrent les changemens d'état des corps. Mais il faut d'abord apprendre à connaître les forces naturelles isolément et d'une manière abstraite, avant d'oser jeter ses regards sur les rapports généraux de tous les phénomènes naturels. La première de ces considérations constitue la *Physique théorique;* la seconde, la *Physique appliquée.*

§ 4. La Physique théorique traite, ou des forces naturelles qui agissent sur la nature organique, ou de celles qui agissent sur la nature inorganique; elle est, d'après cette distinction, ou *Physique organique*, ou *Physique inorganique.*

§ 5. Tous les changemens qui arrivent dans les corps inorganiques peuvent être classés en deux divisions : ce sont des changemens de l'état extérieur des corps, ou de leurs propriétés matérielles internes. L'examen des premiers constitue la *Physique mécanique ;* l'étude des autres, la *Physique chimique.*

§ 6. Les phénomènes organiques dépendent des forces physiques modifiées par l'action de la vie ; mais les principes et les lois de ces modifications ne sont encore connus que d'une manière très imparfaite, qui se réduit presque à la simple observation. Sous ce rapport, la Physique organique se divise en trois parties : l'une, mécanique, l'*Anatomie des corps organisés ;* une autre, chimique, la *Chimie des corps organisés ;* et une troisième, particulièrement explicative, la *Physiologie des corps organisés.*

§ 7. La Physique appliquée considère l'ensemble des phénomènes naturels dans leurs rapports réciproques, soit sur cette terre, et elle s'appelle alors *Géographie physique ;* soit dans les cieux, et elle prend le nom d'*Astronomie physique.* On y ajoute une troisième partie, mais qui existe plutôt spéculativement qu'en réalité ; elle tente de rechercher l'origine de l'état actuel de la nature : on la nomme *Cosmologie.* Ce qu'on présente sous le nom de *Géologie,* ou de *Géogonie,* n'est qu'un fragment très imparfait de cette science.

§ 8. D'après le plan de cet ouvrage, nous devons y traiter de la *Physique mécanique,* que jusqu'ici, en y mêlant quelque peu de Chimie et des élémens incomplets d'Astronomie et de Géographie, on a nommée exclusivement *Physique,* ou *Science de la nature ;* dénomination à laquelle, dans l'état actuel des connaissances naturelles, aucune partie ne peut avoir droit préférablement aux autres. La Physique mécanique est, dans ses élémens essentiels, presque entièrement mathématique ; et, en général, à mesure que l'on s'avance plus profondément dans la connaissance de la nature, chaque partie de la Physique, proprement dite, acquiert une liaison plus intime avec les Mathématiques. Mais comme une exposition rigoureusement mathématique serait trop difficile pour le premier enseignement, on l'évite autant que possible, en employant le secours des expériences, c'est-à-dire qu'on présente historiquement les résultats que les Mathématiques démontrent, et qu'on les confirme par les expériences; de là l'idée d'une *Physique expérimentale*.

§ 9. Le but particulier de la Physique mécanique est de considérer l'état extérieur des corps inorganiques, ou, plus exactement, d'examiner les phénomènes du repos et du mouvement qui s'observent dans ces corps.

§ 10. Mais il y a deux genres de mouvemens très différens : 1°. le mouvement des corps produit par des causes sensibles, c'est-à-dire dont l'existence peut être constatée par nos sens; 2°. les mouvemens produits par certaines modifications des corps, et que nous apercevons sans avoir une idée nette de la cause motrice. De ce nombre sont les effets de la chaleur, de la lumière, de l'électricité, etc., etc. On attribue, non sans vraisemblance, les phénomènes de ce genre à de certaines matières non perceptibles, que l'on nomme le *calorique*, la *lumière*, la *matière électrique*. D'après cette distinction, la Physique mécanique se divise en deux parties : 1°. l'étude des corps perceptibles, 2°. et l'étude des substances non perceptibles.

L'étude des corps *perceptibles* est divisée en quatre sections qui traitent :

Ire Des Corps en général.
IIe Des Corps solides.
IIIe Des Corps liquides.
IVe Des Corps élastiques ou aériformes.

L'étude des substances *non perceptibles* est aussi, dans l'état actuel de la science, partagée en quatre sections qui traitent :

Ire De la Chaleur.
IIe De l'Électricité.
IIIe De la Force magnétique.
IVe De la Lumière.

§ 11. Il n'est ni utile ni convenable d'exposer la Physique, en suivant, à la rigueur, l'ordre de ce tableau systématique. Ainsi, nous placerons la section de la chaleur immédiatement après celle des corps solides, parce que, sans la connaissance des lois suivant lesquelles la chaleur agit, l'étude des fluides liquides et aériformes ne peut être que très imparfaitement présentée (*).

(*) On trouve des développemens plus étendus sur le tableau systématique de cette introduction, dans le petit ouvrage suivant : *De disciplinarum physicarum notionibus, finibus legitimis, et nexu systematico, Dissertatio*, auctore E. G. Fischer, Berlini, 1797.

PREMIÈRE SECTION.

DES CORPS EN GÉNÉRAL.

CHAPITRE PREMIER.

Considérations générales sur les propriétés qui appartiennent à tous les Corps.

§ 1. Tout ce que nos sens nous font connaître sont, ou des êtres matériels que l'on nomme *corps*, ou des changemens qui se passent dans les corps. Mais il n'est que deux de nos sens qui nous peuvent convaincre immédiatement de l'existence des autres corps, le toucher et la vue; et le premier seul peut déterminer, sans aucun doute, si une apparence est un corps ou n'en est pas un; ainsi un corps est proprement une *chose palpable*.

§ 2. Il y a de certaines propriétés qui sont *générales*, c'est-à-dire communes à tous les corps, et l'on est assuré de leur généralité, soit parce qu'on ne pourrait apercevoir les corps sans ces propriétés, soit parce que l'expérience a prouvé qu'elles se trouvent dans tous les corps.

§ 3. Parmi les premières propriétés se trouve l'*étendue*, et toutes ses modifications. Chaque corps a une *forme* déterminée, quoiqu'elle soit variable dans les corps liquides et aériformes, selon la forme des parois par lesquelles on les limite. Chaque corps a une grosseur déterminée, ou remplit un certain espace, qu'on nomme son *volume*. Chaque corps est *divisible*; mais on doit distinguer la *divisibilité géométrique* et la *divisi-*

bilité physique. La première est illimitée, et nous ignorons si la dernière l'est aussi, ou à quel point elle s'arrête; seulement l'expérience montre qu'au moyen de forces naturelles et artificielles les corps peuvent être divisés en particules tellement ténues, qu'elles deviennent imperceptibles aux sens.

§ 4. Une autre propriété générale, c'est celle que l'on nomme l'*impénétrabilité.* Elle consiste en ce qu'aucun corps ne peut exister, simultanément avec un autre corps, dans la même portion de l'espace que celui-ci occupe. C'est par l'impénétrabilité que les corps nous deviennent palpables; elle doit donc appartenir à tout ce que nous appelons corps. Néanmoins, on peut, au premier coup d'œil, douter qu'elle existe dans tous les corps d'une manière absolue, c'est-à-dire dans toutes les circonstances.

§ 5. L'exclusion de localité qu'elle exprime existe sans aucun doute, 1°. entre deux corps parfaitement homogènes, quels qu'ils soient, solides, liquides ou aériformes; 2°. entre deux corps solides, même hétérogènes, aussi long-temps qu'ils demeurent à l'état de solides; 3°. entre un corps solide et un corps fluide, soit liquide ou aériforme, tant que le premier se conserve à l'état solide; d'où l'on voit aussi qu'elle existe entre notre propre corps et tous les autres corps perceptibles.

Mais cette propriété semble devenir douteuse lorsque deux corps fluides, liquides ou aériformes, se mêlent, ou lorsqu'un corps solide se dissout dans un corps fluide; enfin, lorsque deux corps forment une *combinaison* tout-à-fait homogène, ce qu'on doit bien distinguer d'une *mixtion*, quelque bien faite qu'elle soit (*).

§ 6. Une conséquence nécessaire de l'impénétrabilité, est la *coercibilité*, de sorte que les mots *impénétrable, palpable et coercible*, signifient la même chose.

§ 7. La *pesanteur* et la *mobilité* ne sont réellement pas des

(*) Cependant, lorsqu'on est plus avancé dans l'étude des phénomènes naturels, on reconnaît que l'impénétrabilité existe aussi bien dans ces cas-là que dans les autres.

conditions nécessaires de la perceptibilité ; cependant, l'expérience apprend qu'elles appartiennent à tous les corps perceptibles, sans exception ; mais, comme ces deux propriétés des corps sont au nombre des objets les plus essentiels de la Physique mécanique, nous en traiterons avec détail dans des chapitres particuliers.

§ 8. La plupart des physiciens comptent encore parmi les propriétés générales des corps, la *porosité*, la *compressibilité* et l'*élasticité ;* mais les raisons qui portent à croire que ces qualités se rencontrent dans tous les corps sont insuffisantes.

§ 9. Tout ce qui précède ne peut s'appliquer qu'aux corps perceptibles ; mais plus on avance dans la connaissance de la nature, plus on se sent pressé de reconnaître aussi l'existence de substances non perceptibles. (Introd., § 10.) Parmi les physiciens modernes, il en est beaucoup qui penchent, par de bonnes raisons, à refuser la pesanteur et l'impénétrabilité aux substances non perceptibles, et à leur laisser seulement l'étendue et la mobilité ; d'autres leur accordent les deux premières qualités, mais à un degré non perceptible pour nos sens. Tous ont coutume de les nommer *substances impondérables* ou *incoercibles* (*).

CHAPITRE II.

De l'état d'agrégation des Corps.

§ 1. Tous les corps naturels sont ou *solides* ou *fluides*. Les corps solides sont ceux dont les particules adhèrent naturelle-

(*) S'il existe réellement des substances non perceptibles, comme beaucoup de phénomènes tendent à le faire présumer, les idées que l'on peut se former sur leur nature et leur constitution intime, doivent être uniquement déduites de leurs propriétés actuelles, manifestées par les phénomènes ; ce doit être, pour ainsi dire, l'expression abstraite du principe de tous leurs effets. On est arrivé à ce degré d'abstraction pour l'électricité et le magnétisme.

ment entre elles, de sorte qu'elles ne peuvent se séparer, ni changer de position les unes par rapport aux autres, sans l'action de quelque force extérieure ; ce qui donne à ces corps une forme particulière déterminée. Dans les corps fluides, au contraire, les molécules adhèrent si peu les unes aux autres, qu'elles peuvent aisément se séparer et encore plus aisément changer de position entre elles. Par cette raison, ces corps ne peuvent affecter aucune forme particulière déterminée. Entre les corps fluides il existe une différence remarquable : les uns conservent naturellement leur volume sans faire un effort continuel pour s'étendre ; on les nomme *liquides ;* dans les autres, les particules tendent continuellement à s'écarter ; on les nomme *fluides élastiques* ou *aériformes*.

On appelle les trois états d'agrégation des corps, la *solidité*, la *liquidité* et l'*état aériforme*.

§ 2. Beaucoup de corps peuvent passer successivement par les trois états d'agrégation, au moyen de forces naturelles ou artificielles, sans subir cependant de changemens internes. L'eau, par exemple, le mercure et la plupart des métaux qui se fondent aisément, sont dans ce cas : on peut les rendre successivement solides, liquides et aériformes. D'autres ne paraissent que sous deux de ces états, par exemple, solides et liquides, comme les métaux qui ne se fondent que difficilement ; ou liquides et fluides élastiques, comme l'alcool et un grand nombre d'autres substances. D'autres corps, enfin, ne se montrent qu'à un seul état, par exemple, les terres simples, les métaux infusibles, la plupart des espèces d'air, etc.

§ 3. La Physique possède deux moyens de changer l'état d'agrégation des corps ; le premier est la chaleur. L'eau, par exemple, est liquide entre la congélation et l'ébullition ; au-dessous de la première limite, elle est solide ; au-dessus de la seconde, elle est élastique. Le second moyen est l'emploi des combinaisons chimiques. Lorsque deux corps se combinent ensemble d'une manière intime, souvent l'un des deux communique à l'autre son état d'agrégation ; souvent aussi la combinaison prend un état différent de ceux qu'avaient les parties composantes : par exemple, un sel devient liquide dans l'eau; l'eau elle-même devient fluide élastique dans l'air; la terre siliceuse passe à l'état de gaz dans l'acide fluorique. Le gaz acide muriatique et le gaz ammoniaque forment le muriate d'ammoniaque solide. Le gaz hydrogène et le gaz oxigène composent l'eau à l'état liquide, etc., etc. Si la chaleur est, comme cela est fort vraisemblable, l'effet d'une substance non perceptible capable de combinaison, ces deux moyens se confondent en un seul (*).

§ 4. Les changemens dans les états d'agrégation dépendent, selon toutes les apparences, de l'opposition de deux forces, l'une attractive, et l'autre répulsive. La première, c'est-à-dire la force attractive, est une propriété inhérente aux particules des corps; et l'autre, la force répulsive, est produite par le calorique qui se combine avec elles. Le corps est solide lorsque la force attractive surpasse la force répulsive; liquide, quand toutes deux sont en équilibre; et fluide élastique, lorsque la force répulsive l'emporte sur l'autre.

§ 5. L'état d'agrégation des corps a une grande influence sur tous les phénomènes naturels, et particulièrement sur les lois du mouvement et de l'équilibre. C'est ce qui a déterminé les divisions de la *Physique mécanique* (**) (Introduction, p. 3).

(*) Cette vraisemblance, dont parle l'auteur, n'est peut-être pas aussi forte qu'il le suppose. On ne sait réellement pas du tout ce qu'est le principe de la chaleur. Un assez grand nombre de phénomènes s'expliquent assez bien, en supposant que ce soit une matière rayonnante, susceptible d'entrer en combinaison; d'autres paraissent moins inexplicables dans cette manière de voir, et se lient mieux à des idées d'ondulations excitées dans un milieu élastique.

(**) L'opinion d'Aristote sur les quatre prétendus élémens, l'eau, la terre, le feu et l'air, a un rapport fautif, mais assez marqué, avec les divers états d'agrégation.

CHAPITRE III.

Variétés infinies des propriétés matérielles des Corps.

§ 1. L'expérience montre que les corps agissent diversement les uns sur les autres; c'est en cela que consiste la *variété matérielle des corps.*

§ 2. On a cherché presque uniquement jusqu'ici à expliquer ce phénomène par la supposition que les petites particules des corps sont peut-être d'une même nature matérielle, et qu'elles varient seulement de grandeur, de forme, de situation et d'éloignement entre elles, dans les différens corps; mais cette hypothèse n'est ni suffisante ni probable.

§ 3. L'expérience est le seul guide exact dans la Physique; et quoique les lumières qu'elle nous a fournies sur ce sujet appartiennent à la Physique chimique, il est cependant nécessaire, pour donner une idée juste des phénomènes naturels, de placer ici un court abrégé des résultats de ces recherches.

§ 4. Presque tous les corps que nous présente la nature sont composés de substances hétérogènes; ainsi, par exemple, le cinabre est composé de soufre et d'oxide de mercure : ces substances se nomment *principes constituans,* pour les distinguer des *particules intégrantes,* qui sont simplement des fragmens homogènes d'un corps. Souvent les principes constituans d'un corps peuvent être eux-mêmes décomposés encore en d'autres *principes constituans éloignés;* par exemple, l'oxide de mercure se décompose en mercure et en oxigène. Cependant, le chimiste finit toujours par trouver des matières qu'il ne peut décomposer, soit qu'en effet elles se trouvent à l'état simple et non décomposable, soit qu'il manque encore de moyen pour les décomposer davantage.

§ 5. Les chimistes comptent maintenant (janvier 1828) cinquante-deux de ces substances pondérables et non décomposées, dont se forment tous les corps (*). On trouve dans tous

(*) On comptait seulement quarante-deux substances simples en 1804; on les élémens de Chimie, leur liste, qui varie chaque année : elle comprend aujourd'hui quatre substances élastiques, et quarante-huit solides; parmi ces dernières, quatre sont inflammables, et toutes les autres sont des métaux.

Pour donner plus de clarté à ceci, nous allons considérer plus particulièrement quelques phénomènes chimiques.

§ 6. Par exemple, un sel pur, tel que le sulfate de soude, le salpêtre ou le sel commun, se dissout parfaitement dans l'eau pure, et forme avec elle un seul liquide parfaitement homogène. Le microscope le plus fort ne peut découvrir aucune particule de sel dans cette dissolution. Ce phénomène semble contraire aux lois de la pesanteur, si l'on veut admettre que les particules de sel nagent seulement dans l'eau, infiniment divisée. On doit plutôt croire qu'elles sont devenues fluides elles-mêmes, et se sont répandues également entre toutes les particules d'eau. On conçoit par là la grande différence qui existe entre une *combinaison* et un *mélange ;* la dissolution de sel est un corps composé dont les principes constituans sont le sel et l'eau.

§ 7. Si l'on expose une semblable dissolution saline à une chaleur convenable, l'eau se vaporise, mais le sel reprend l'état solide. C'est là un exemple de *décomposition* ou *séparation* chimique.

§ 8. Le sulfate de soude lui-même peut être décomposé en acide sulfurique et en soude; ces substances sont donc les *principes constituans éloignés* de la dissolution saline, et les

---

en compte aujourd'hui cinquante-deux en 1829. Ce nombre s'accroît tellement, à mesure que les recherches chimiques se multiplient, qu'il serait absolument inutile de vouloir le fixer avec précision. Par exemple, on trouve maintenant dans le platine brut jusqu'à onze métaux simples ou indécomposés. Qui sait si on n'y en trouvera pas encore quelques-uns? Cette grande multiplicité n'est probablement qu'un effet du peu d'avancement de la Chimie minérale; car il est présumable que ces substances ne sont pas toutes rigoureusement irréductibles les unes dans les autres. Mais, dans l'état actuel de la science, il faut nécessairement regarder comme distinctes les substances qui résistent à nos moyens de décomposition; c'est ce qui en fait augmenter si rapidement le nombre, à mesure que la Chimie s'étend.

principes constituans immédiats du sulfate de soude lui-même. Mais l'acide sulfurique peut être décomposé en soufre et en oxigène. Ainsi, ces deux dernières substances sont, par rapport au sulfate de soude, des principes constituans éloignés. Le soufre, l'oxigène et la soude sont des substances simples ou non encore décomposées (*) (§§ 4, 5).

§ 9. Si l'on mêle une partie en volume de gaz oxigène, nommé aussi *air vital*, à deux parties de gaz hydrogène ou air inflammable, il en résulte un mélange gazeux tout-à-fait homogène, qu'on appelle *gaz tonnant*. Si, dans un vase de verre à parois épaisses, fermé assez exactement pour que rien de pondérable ne puisse y entrer ni en sortir, l'on met environ la cinquième partie de ce qu'il pourrait contenir de gaz tonnant, et si ensuite on y fait passer une étincelle électrique, la masse d'air enfermé s'enflamme; dans l'instant, tout le gaz a disparu, et la surface intérieure du vase est recouverte de vapeurs d'eau. En répétant l'expérience, on peut produire assez de liquide pour s'assurer que le produit est de l'eau véritable. On trouve dans le *Journal de Chimie* de Scherer, tome X, page 310, la description d'un appareil commode pour faire cette expérience.

§ 10. L'eau est donc elle-même un corps composé, et ses principes constituans sont l'oxigène et l'hydrogène; mais comme, dans l'expérience de la formation de l'eau, excepté l'étincelle électrique, rien de perceptible ne s'introduit dans le matras de verre, ni ne s'en échappe, et que cependant le gaz tonnant subit un changement si remarquable, on est presque forcé d'admettre que l'étincelle électrique a séparé du gaz tonnant quelque substance non perceptible et qu'on ne peut empêcher de traverser les corps, ou qu'elle l'y a introduite (**).

(*) Depuis l'époque où parut cet ouvrage, M. Davy a découvert que la potasse et la soude sont des oxides métalliques. Il y est parvenu en faisant agir sur ces alcalis le courant électrique d'une forte batterie voltaïque. MM. Gay-Lussac et Thénard ont fait rentrer ce beau résultat dans le domaine de la Chimie, en décomposant les oxides alcalins par le seul jeu des affinités. (*Voyez* l'ouvrage qu'ils ont publié sur cette matière aussi neuve qu'importante.)

(**) L'auteur veut sans doute parler ici de la chaleur qui se dégage, en effet,

§ 11. Dans tous les phénomènes chimiques décrits §§ 6, 7, 8, 9, 10, il n'arrive incontestablement rien autre chose qu'une combinaison ou une décomposition ; et il en est de même pour tous les phénomènes chimiques. Cette explication des variétés matérielles des corps à laquelle l'expérience seule nous autorise, consiste donc dans l'idée qu'il n'existe pas un grand nombre de substances simples, mais que celles qui sont telles sont essentiellement différentes, et que, de leurs combinaisons infinies, naissent toutes les différences matérielles qu'on observe dans les corps.

§ 12. Le mélange de deux substances est, sans aucun doute, la conséquence d'une attraction, d'un penchant à se joindre, ou plutôt à pénétrer mutuellement dans les interstices vides qui existent entre leurs parties matérielles. C'est ce qu'on nomme l'*affinité* des substances ; et l'on considère cette propriété comme une force naturelle qui s'exerce à chaque point de contact des corps hétérogènes, quoique souvent elle ne produise pas de combinaison entre eux, mais seulement une faible adhésion, parce qu'une force plus puissante agit en sens contraire et empêche la combinaison.

CHAPITRE IV.

Des diverses manières de considérer les Corps.

§ 1. Le système dynamique est maintenant fort en usage en Allemagne, et celui des atomes obtient le même avantage en France. Nous ne devons donc pas négliger d'en donner une courte exposition. Tous deux sont des tentatives de l'esprit

du mélange, lorsque les deux gaz qui le composent entrent en combinaison et forment de l'eau. J'ai prouvé par une expérience directe que la transmission de l'étincelle électrique n'est point nécessaire pour la formation de l'eau ; car en enfermant les deux gaz dans un canon de fusil, et en les comprimant avec rapidité, la seule chaleur qui s'en dégage les enflamme et détermine leur combinaison. Mais il faut prendre quelques précautions en faisant cette expérience, car le tube de fer éclate souvent par la force de l'explosion.

humain, pour se représenter autant que possible l'essence intime des corps.

Système des atomes.

§ 2. Les partisans de ce système supposent chaque corps composé de particules indivisibles et impénétrables, qu'ils nomment *atomes;* elles sont d'une petitesse presque infinie, laissent entre elles des espaces vides, et rendent ainsi la porosité une propriété nécessaire des corps. Elles ne se touchent point, mais sont maintenues à distance par de certaines forces attractives et répulsives qui existent entre elles : de là vient que, dans le volume de chaque corps, il y a beaucoup plus d'espace vide que de matière. On peut, avec ce système, expliquer les variétés matérielles des corps, soit par une différence matérielle des atomes, soit par une différence dans leur forme, leur grandeur, leur position et leur distance. Lorsque deux substances se combinent chimiquement, les atomes de l'une pénètrent dans les interstices de l'autre, et les atomes des deux substances se combinent si parfaitement, qu'ils deviennent ensemble comme de nouvelles espèces de particules constituantes, à cela près qu'elles ne sont pas simples, mais composées.

Système dynamique.

§ 3. Dans ce système, on regarde chaque corps comme un espace rempli d'une manière continue. La porosité devient alors une propriété accidentelle de la matière; mais la compressibilité et la dilatabilité en sont des qualités essentielles. L'état d'un corps ne dépend que de certaines forces attractives ou répulsives, et son volume doit changer aussitôt que les rapports de ces forces ne sont plus les mêmes. On explique les variétés matérielles, en admettant l'existence de quelques substances primitives simples, dont les combinaisons différentes produisent tous les corps. Lorsque deux substances se combinent chimiquement, les partisans de ce système doivent admettre absolument qu'elles se pénètrent dans leur essence la plus intime.

Considérations empiriques.

§ 4. L'histoire de la science apprend que les considérations purement spéculatives ont toujours égaré. Le véritable physicien ne doit donc s'astreindre ni au système des atomes, ni au système dynamique : la nature intime des corps nous restera toujours cachée. Ce que nous connaissons de leurs parties extérieures, nous le devons entièrement à une observation attentive, et à une critique prudente de ce que nos sens nous indiquent. Les Mathématiques elles-mêmes nous égarent lorsqu'elles n'ont pour fondement que des hypothèses ingénieuses et non des principes établis sur les faits mêmes. Le physicien doit donc ne reconnaître pour véritable que ce qui a été prouvé par l'expérience. Il peut cependant, il doit même employer des hypothèses ; mais il faut qu'elles puissent être essayées à la pierre de touche de l'observation. Toute hypothèse qui ne peut être confirmée ou renversée par l'expérience, n'est qu'un jeu d'esprit et une véritable subtilité. Cependant, de telles hypothèses peuvent être quelquefois employées comme des moyens de se représenter les choses réelles, mais alors il faut toujours se souvenir que ce sont seulement des fictions accommodées à la faiblesse de notre esprit.

Cette manière d'étudier la nature est ce que je nomme la *considération empirique*, et je la regarde comme le seul moyen exact d'avancer dans sa connaissance.

CHAPITRE V.

Idées mathématiques et lois du Mouvement.

§ 1. Si l'on anéantit, par la pensée, tous les corps, il reste encore l'idée d'une étendue immense se prolongeant en tous sens, qu'on appelle l'*espace infini* ou *absolu*. Chaque partie de cet espace qu'on peut limiter à volonté, ou qui est occupée par une portion du monde corporel, est nommée *espace limité* ou *relatif.* L'espace absolu est immuable ; mais on peut faire mouvoir tout espace relatif par la pensée.

§ 2. Le lieu qu'un corps occupe dans un espace, s'appelle sa *place*. Le *mouvement* est le changement de place ; le *repos* est la permanence en une place. Tous deux se nomment *relatifs* ou *absolus*, selon qu'ils se rapportent à un espace absolu ou à un espace relatif.

§ 3. Lorsque toutes les parties d'un corps ont un mouvement commun, la ligne que parcourt un quelconque de ses points se nomme la *trajectoire* du corps. Selon que la ligne parcourue est droite ou courbe, on nomme le mouvement *rectiligne* ou *curviligne*. On l'appelle *uniforme*, lorsque le corps parcourt en temps égaux des espaces égaux. Le mouvement qui n'est pas uniforme s'appelle *mouvement varié*. Il est *accéléré*, lorsque les espaces parcourus dans les mêmes intervalles de temps sont de plus en plus considérables. Il se nomme *retardé*, lorsque les espaces deviennent progressivement moindres, le temps restant le même.

§ 4. L'espace que parcourt un corps mû uniformément dans une unité de temps, par exemple dans une seconde, se nomme sa *vitesse*. Dans un mouvement non uniforme, la vitesse change à chaque instant ; et cette vitesse, dans un instant donné, est égale à l'espace que le corps parcourrait en une unité de temps, s'il conservait uniformément le mouvement qu'il a alors.

§ 5. Dans un mouvement uniforme, l'espace parcouru est proportionnel au temps. On connaît donc la vitesse, en divisant le chemin parcouru par le temps employé à le parcourir (*).

(*) Soit S l'espace parcouru pendant le temps T, par un corps animé d'un mouvement uniforme ; si l'on désigne par V la vitesse, on aura $V = \frac{S}{T}$.

Cette formule fondamentale de toute la Mécanique, sert aussi pour les mouvemens infiniment petits, pourvu que T et S puissent être regardés comme *infiniment petits*.

Dans cette équation, S ne représente pas une ligne, mais le nombre d'unités linéaires, de mètres, par exemple, qui ont été parcourus ; et, de même, T représente le nombre d'unités de temps employées à les parcourir, par exemple, de secondes, si c'est la seconde que l'on prend pour unité. De

§ 6. Relativement à l'espace absolu, un corps ne peut avoir qu'un seul mouvement à la fois : par rapport aux espaces relatifs, il peut en avoir un nombre indéfini ; car si le corps a un mouvement par rapport à un espace relatif, cet espace peut avoir un deuxième mouvement par rapport à un autre espace relatif, qui lui-même peut avoir un troisième mouvement par rapport au corps et au premier espace ; et ainsi de suite.

§ 7. *Si un corps qui se trouve en* A (fig. 1) *a deux mouvemens uniformes dans les directions* AB *et* AC, *et que* AB *et* AC *représentent des espaces qui seraient parcourus en des temps égaux, en vertu de chacun de ces mouvemens séparés, le corps, en vertu de leur ensemble, parcourra dans le même temps, et d'un mouvement uniforme, la diagonale* AD *du parallélogramme* ABCD, *qui se peut construire sur les lignes* AB *et* AC.

D'après l'article précédent, on ne peut faire prendre au corps placé en A deux mouvemens à la fois, que d'une seule manière ; savoir, en lui en donnant un dans un espace relatif, et en donnant un autre mouvement à cet espace relatif lui-même, ensemble avec le corps. Soit donc AC la ligne que le corps parcourt en mouvement uniforme, dans un temps donné, dans l'espace relatif où il se meut, et qu'en même temps la ligne AC elle-même se meuve avec le corps, d'un mouvement uniforme, suivant la direction AB, de sorte qu'après le temps donné elle doive se trouver dans la situation BD ; on conçoit facilement que le corps, par la combinaison de ces deux mouvemens non interrompus, passe par la diagonale AD, et qu'il la parcourt en mouvement uniforme (*).

---

cette manière, S, T, et leur quotient V, sont des nombres abstraits. En général, on ne peut comparer immédiatement ensemble des quantités hétérogènes, comme l'espace et le temps ; il faut d'abord les réduire chacune en unités de leur espèce, et alors on n'a plus à comparer que des nombres abstraits. Il en est de même toutes les fois que l'on introduit dans le calcul des données physiques.

(*) Ces deux propositions se démontrent rigoureusement d'après les principes mathématiques de la Mécanique, c'est à dire qu'on les déduit de la seule idée abstraite des forces par le moyen du calcul, sans avoir besoin de recourir à la supposition qu'emploie l'auteur.

Si l'on fait mouvoir le corps dans la direction AB, et qu'on fasse passer cette ligne AB à la situation CD, la conséquence sera la même.

§ 8. On nomme les mouvemens AB et AC, *mouvemens simples* ou *latéraux;* le mouvement AD, *mouvement moyen* ou *composé*. Cette proposition très utile et très importante se nomme le *théorème de la composition du mouvement.*

§ 9. Il est tout-à-fait équivalent de dire que le corps a les deux mouvemens AB et AC, ou qu'il n'a que le seul mouvement AD. On peut composer les deux mouvemens en un seul, et réciproquement décomposer chaque mouvement AD en deux autres AB et AC, dans des directions prises arbitrairement.

§ 10. En répétant l'application du théorème, un nombre quelconque de mouvemens peuvent être composés en un seul; ou un mouvement unique peut être décomposé en un nombre quelconque de mouvemens dans des directions arbitraires.

§ 11. Notre théorème peut même être appliqué aux mouvemens en lignes courbes et aux mouvemens non uniformes, si l'on se représente par AB et AC des espaces infiniment petits, qui soient aussi parcourus en des temps infiniment petits. Cette proposition peut donc ainsi s'étendre à toutes les sortes de mouvemens imaginables.

§ 12. Chaque mouvement absolu peut être considéré comme relatif, si on le rapporte à un espace limité. Chaque mouvement relatif peut être considéré comme absolu, si l'on regarde l'espace relatif comme étant en repos. Il est donc indifférent pour nous, dans tous les cas physiques, de savoir si un corps en mouvement ou en repos l'est d'une manière relative ou absolue.

CHAPITRE VI.

Lois physiques du Mouvement, ou connaissances des Forces motrices.

§ 1. Chaque mouvement, et même chaque changement qui se produit dans la direction ou dans la vitesse du mouvement, doit avoir une cause, comme tout autre changement d'état des corps. Nous attribuons une force motrice au principe, quel qu'il soit, que nous reconnaissons être la cause immédiate d'un changement dans l'état de repos ou de mouvement d'un corps.

§ 2. Toutes les forces motrices naturelles peuvent être comprises dans les divisions suivantes :

1°. La force de volonté des êtres animés peut produire des mouvemens au moyen des muscles du corps. C'est la seule espèce de forces motrices que nous connaissons d'une manière immédiate, par la sensation.

2°. La mobilité de tous les corps, jointe à leur impénétrabilité, produit une force motrice ; car si deux corps impénétrables se choquent l'un l'autre, il doit nécessairement arriver un changement dans leurs états respectifs, c'est-à-dire qu'ils exercent l'un contre l'autre des forces motrices opposées.

3°. Il existe encore des forces motrices dans les propriétés particulières de beaucoup de corps, entre autres dans l'élasticité des corps solides, et dans la dilatabilité des corps aériformes.

4°. Enfin, il y a beaucoup de mouvemens dont nous ignorons, ou du moins dont nous ne connaissons les causes que très imparfaitement, ou même pas du tout. Tels sont les mouvemens produits par la pesanteur, la matière magnétique, la chaleur, l'électricité, etc. (*).

(*) Les mouvemens imprimés aux corps matériels, par les forces électriques et magnétiques, sont aujourd'hui parfaitement expliqués dans tous leurs détails.

§ 3. Il est impossible, dans la réalité, de soustraire physiquement un corps à l'influence de toutes les forces motrices ; mais il est possible de le faire par la pensée : cela est même nécessaire pour faciliter la théorie. Alors il ne reste que l'idée d'une masse inerte, privée de toutes forces, et qui ne peut rien changer à son propre état. D'après cette considération, la première loi à laquelle Newton ramena la théorie du mouvement, fut : *que le corps immobile persiste à l'état de repos, et que le corps rendu mobile persiste à l'état de mouvement uniforme et en ligne droite, jusqu'à ce qu'une force motrice change leurs états.* On considère cette indifférence au mouvement ou au repos, comme une propriété générale des corps, et on la nomme *force d'inertie.*

§ 4. La *masse* d'un corps est la quantité de matière qu'il contient : on ne doit jamais la confondre avec sa *grosseur* ou son *volume.* Dans le chapitre de la Pesanteur, nous verrons que le *poids* d'un corps est la mesure de sa masse.

§ 5. La quantité du mouvement dépend en partie de la masse du corps mis en mouvement, et en partie de sa vitesse : cette quantité de mouvement est, pour des masses égales, dans le rapport de la vitesse ; et pour des vitesses égales, dans le rapport de la masse : d'où il suit qu'elle est généralement comme le produit de la masse et de la vitesse (*).

§ 6. Puisque nous n'avons qu'une idée imparfaite des forces motrices en elles-mêmes, ou plutôt que nous n'en avons aucune, nous ne connaissons pas non plus de mesure immédiate de ces forces; mais nous pouvons mesurer par leurs effets la grandeur des mouvemens qu'elles produisent, et nous savons

---

(*) Soient les masses des deux corps en mouvement, M et m; leurs vitesses respectives V et v ; les quantités respectives de leurs mouvemens B et b : qu'on suppose alors un troisième corps qui ait la même masse M que l'un, et la même vitesse v que l'autre, et que la quantité de son mouvement soit β : on aura entre les masses égales la proportion $B : \beta = V : v$, et entre les corps de vitesse égale, $\beta : b = M : m$; d'où en composant ces deux proportions, l'on tire $B : b = MV : mv$

que la force employée doit y être proportionnelle (*). La force est donc mesurée *par le produit de la masse et de la vitesse du corps mis en mouvement* (§ 5.) Telle est, en substance, la deuxième loi fondamentale du mouvement de Newton.

§ 7. On conçoit par là comment les forces motrices peuvent être représentées par des nombres ou par des lignes. Cette dernière méthode est surtout commode lorsque deux ou plusieurs forces agissent sur un même corps. Alors les lignes qui expriment les rapports des forces représentent à la fois leurs directions, le rapport des vitesses qu'elles tendent à communiquer au corps, et enfin le rapport des espaces que le corps aurait parcourus s'il eût été mu par chacune des forces séparément.

§ 8. La troisième loi fondamentale du mouvement, découverte par Newton, est la suivante : *Lorsque deux corps agissent l'un sur l'autre, leurs actions et leurs réactions sont toujours égales ;* c'est-à-dire, si le mouvement d'un corps devient lui-même une force motrice par la pression ou par le choc que ce corps produit sur un autre corps, les deux corps subissent un effet égal, mais opposé. Autant l'un gagne en mouvement, autant en perd l'autre, puisque la force doit être égale à son effet (§ 4).

(*) Cette proportionnalité n'est ni évidente par elle-même, ni nécessaire. On peut concevoir une infinité de lois mathématiques du mouvement, dans lesquelles la vitesse ne serait pas proportionnelle à la force; mais les phénomènes qui en résultent dans la composition des mouvemens diffèrent de ceux que l'état actuel de l'univers nous présente, et ceux-ci se passent comme si la vitesse était proportionnelle à la force. Cette loi est donc la seule qui doive être admise physiquement; mais on voit par là qu'elle est de vérité contingente. (*Voyez* le *Système du Monde* de M. Laplace, et la *Mécanique céleste* du même auteur, où cette théorie est développée.)

CHAPITRE VII.

Aperçu historique sur ce qui est connu de la Pesanteur.

§ 1. La pesanteur est, par ses effets, la plus importante de toutes les forces naturelles mécaniques. Sa cause est entièrement ignorée; mais nous connaissons ses lois plus exactement que celles d'aucune autre force naturelle. Comme l'explication de ses effets est un des objets principaux de la Physique mécanique, il est à propos de les exposer dans toute leur étendue. Cependant, la plupart de ces effets ne peuvent être rapportés ici qu'historiquement, car une partie des moyens par lesquels les physiciens ont déterminé les lois de la pesanteur ne doivent être exposés que dans la suite de cet Ouvrage, et le reste n'appartient point à la Physique mécanique, mais à l'Astronomie.

§ 2. Le premier effet de la pesanteur, que nous ayons à considérer, est la pression dirigée vers la terre, que chaque corps exerce sur les corps placés au-dessous de lui. Cette pression, dont l'intensité déterminée s'appelle le *poids* du corps, peut être mesurée très exactement au moyen des balances; elle est invariable, quelques changemens qui puissent se faire dans la forme, la position, l'extension et les propriétés chimiques du corps, pourvu cependant qu'aucune matière pondérable ne lui soit ni enlevée ni ajoutée. Cette circonstance autorise à conclure que le poids d'un corps dépend seulement de la quantité de matière corporelle qu'il contient, par conséquent que la masse doit lui être proportionnelle (chap. VI, § 4) (*).

(*) Pour ne rien faire entrer, dans la définition de la masse, qui dépende de la constitution des corps, on doit entendre par points matériels égaux en masse, ceux qui, animés de vitesses égales et opposées, se feraient exactement équilibre. La même définition s'étend aussi aux masses égales. Par exemple, cette égalité a lieu pour des masses qui se font équilibre dans les deux plateaux d'une balance dont les deux bras sont égaux.

§ 3. L'expérience nous apprend que lorsque plusieurs corps sont *homogènes*, c'est-à-dire absolument identiques dans leur nature et leur constitution, les poids de ces corps sont entre eux comme leurs volumes ; mais cette proportionnalité n'a plus lieu entre les poids des corps qui sont *hétérogènes*, soit par leur nature, soit par l'effet des circonstances où ils sont placés ; de là naît l'idée de la *densité*, qu'on nomme aussi *poids spécifique*, ou *poids propre* du corps. Le poids spécifique est donc le rapport du poids absolu d'un corps au poids absolu d'un autre corps pris pour unité.

§ 4. Pour l'estimation du poids spécifique en nombres, on emploie deux sortes d'unités. Pour les corps solides et les liquides, on prend le poids de l'eau pure comme unité ; on pèse un corps d'un volume donné, et l'on détermine le poids d'un même volume d'eau. On divise le premier poids par le second, et l'on a le poids spécifique du corps (*). Cette évaluation a l'avantage d'être indépendante de toutes les différences des poids et des mesures. Les physiciens ont beaucoup de moyens pour estimer les poids spécifiques des corps. Les méthodes les plus exactes et les meilleures seront exposées quand nous traiterons de l'Hydrostatique.

§ 5. Pour les corps aériformes, on prend communément le poids d'un pouce cubique du gaz lui-même ; mais cette espèce d'évaluation est soumise aux différences des poids et des mesures que l'on veut employer. Nous ne pouvons parler que dans l'Aréométrie, des méthodes qui servent à la déterminer.

§ 6. Si un corps pesant n'est pas soutenu, il tombe avec un mouvement croissant ou accéléré dont nous examinerons les lois dans la Mécanique. On nomme la direction de la chute, *ligne à-plomb* ou *verticale*. Une surface ou une ligne à laquelle cette direction est perpendiculaire s'appelle *surface* ou *ligne hori-*

(*) Soit P le poids absolu d'un corps, exprimé en unités de poids d'une espèce déterminée, par exemple, en grammes : soit A le poids absolu d'un égal volume d'eau, exprimé de la même manière : en nommant X le poids spécifique du corps, on aura la proportion $A : P :: 1 : X$; par conséquent $X = \frac{P}{A}$.

zontale. C'est celle que prend naturellement, dans chaque lieu, la surface des eaux tranquilles. De là viennent les idées de haut et de bas.

§ 7. Lorsque nous comparons les directions de la pesanteur dans des lieux très voisins les uns des autres, elles nous paraissent absolument parallèles ; mais la connaissance plus exacte du globe terrestre a appris qu'elles sont partout effectivement dirigées vers le centre de la terre.

§ 8. *Dans un espace vide d'air, tous les corps tombent avec une vitesse égale.* Cette loi se confirme très bien par la théorie du pendule. Dans cette loi se trouve la démonstration rigoureuse, que les masses des corps sont proportionnelles à leurs poids (chap. VI, §§ 4, 5, 6). Un corps qui tombe sans obstacle parcourt dans la première seconde un espace égal à 15 pieds $\frac{1}{10}$ ou $4^m,9044$ (*). On doit aussi cette connaissance à la théorie du pendule.

§ 9. Tant qu'on reste dans le même lieu, la pesanteur est invariable. Les observations du pendule ont confirmé l'assertion de Newton, que la pesanteur ne doit pas être la même par toute la terre, et que son intensité doit être plus faible à l'équateur que vers les pôles. Cette variation résulte de ce que la terre n'est pas tout-à-fait sphérique. Mais comme la quantité dont elle diffère de la sphère est très peu considérable ; l'inégalité qui en résulte dans la pesanteur est pareillement très petite.

§ 10. On a trouvé la pesanteur un peu moindre sur les montagnes très élevées que dans les plaines. Cette observation aurait conduit naturellement à penser que la pesanteur décroît à mesure que l'on s'éloigne de la terre, si Newton n'avait déjà fait cette découverte d'une autre manière.

§ 11. Newton, par une connaissance profonde des lois générales du mouvement, et de ce que deux mille années de recherches et d'observations avaient appris sur les mouvemens des corps célestes, démontra qu'une attraction réciproque

(*) Ce nombre est celui qui convient à la latitude de Paris.

existe entre tous les corps de la nature, et qu'elle est en raison directe de la masse du corps qui attire, et en raison inverse du carré de la distance du corps attiré. Puis, en comparant, par le calcul, la force qui retient la lune dans son orbite autour de la terre, avec la force qui fait tomber ici-bas les corps vers la surface terrestre, il prouva que cette dernière pesanteur n'est autre chose qu'un cas particulier de cette attraction commune à tous les corps, qu'il nomma, par cette raison, *gravitation universelle*.

§ 12. Newton nous a montré la force de la pesanteur sous des rapports très élevés et très importans. C'est elle qui donne et qui conserve à chaque corps du monde sa forme particulière. C'est elle qui lie ensemble toutes les parties de chaque corps, de manière qu'aucune parcelle de matière pondérable ne puisse être perdue. C'est elle qui unit en un tout immense les corps dont l'univers se compose, et qui contient leurs mouvemens dans un ordre et une harmonie éternels. Si le Créateur du monde rompait ce lien invisible, toute la nature retomberait dans le chaos.

DEUXIÈME SECTION.

DES CORPS SOLIDES.

CHAPITRE VIII.

Propriétés générales des Corps solides.

§ 1. Les parties d'un corps solide se tiennent entre elles, de sorte qu'il faut faire un effort pour les séparer, ou seulement pour changer leurs positions respectives. Le corps solide a, par cette raison, une forme particulière déterminée. La force qui joint ses différentes parties se nomme la *force de cohésion*. Musschenbrock, Buffon, et quelques autres, ont fait sur cette force de nombreuses expériences.

Le premier fit fondre des barres de métal équarries, dont chaque côté était large de 0,17 pouces du Rhin, ou $0^{m},44$, et il y suspendit successivement des poids jusqu'à ce qu'il parvînt à les rompre ; il fallut employer,

Pour le fer d'Allemagne	1930 livres
l'argent fin	116
le cuivre de Suède	1054
l'or fin	578
l'étain d'Angleterre	150
l'étain de Malacca	91
le plomb d'Angleterre	25

Des expériences semblables faites avec des bâtons de bois dont les côtés étaient de 0,27 pouces du Rhin, ou $0^{m},70$, donnèrent les résultats suivans :

Pour rompre le bois de hêtre, il fallut.	1250 livres
le bois de chêne.	1150
le bois de tilleul	1000
le bois de sapin.	600
le bois de pin.	550

(*Voyez* les *Dictionnaires de Physique* de Gehler et de Fischer, art. *Cohésion.*)

La force de cohésion des métaux ductiles est augmentée par des coups de marteau modérés ; mais des coups trop forts la diminuent. Elle est affaiblie par la chaleur, et accrue par le froid. En général, la cohésion est une force variable qui peut être changée de diverses manières par un grand nombre de moyens chimiques et mécaniques. On trouve plusieurs remarques sur ceci dans le livre intitulé : *Erxleben-Lichtenbergische Naturlehre,* 5e édit., pag. 33, § 27.

§ 2. La propriété qu'ont les particules de pouvoir changer leurs positions respectives sans se désunir, n'est pas toujours proportionnelle à la propriété qu'elles ont de pouvoir être séparées. C'est ce qui donne lieu aux diverses qualités des corps solides, qu'on désigne par les mots, pour la plupart assez vagues, de *dur, mou, tenace, friable, raide, flexible,* etc.

§ 3. La force de cohésion manifeste encore son effet lorsque les corps sont divisés en petits fragmens. Il paraît que tous les corps, lorsqu'on les met en contact, ont une tendance à s'attacher les uns aux autres, à moins que le contact ne soit très imparfait, ou que le poids des corps ne rende cet effet insensible. Cette propriété se nomme *adhésion.* Elle se distingue de la cohésion, parce qu'elle s'exerce aussi bien sur les corps hétérogènes que sur les corps homogènes, tandis que la cohésion, proprement dite n'a lieu qu'entre des corps homogènes (*).

§ 4. L'attraction qui existe entre deux corps hétérogènes,

(*) L'adhésion et la cohésion ne paraissent pas devoir être regardées comme des forces distinctes, mais plutôt comme des modifications, ou même simplement des effets analogues de l'affinité qui sollicite les particules les unes vers les autres.

ainsi que nous l'avons remarqué ci-dessus, se nomme proprement *affinité*. L'adhésion n'est donc pas une force particulière; mais elle est, ou une cohésion faible, ou une faible affinité.

§ 5. Nous connaissons maintenant trois sortes d'attractions qui agissent sur toutes les substances matérielles; ce sont la *pesanteur*, la *cohésion* et l'*affinité*. La cause de ces attractions nous est entièrement inconnue, nous ignorons même si elles dépendent d'une seule ou de plusieurs causes; mais les phénomènes qu'elles produisent sont si différens, que la Logique nous engage à leur attribuer des causes variées, jusqu'à ce qu'il soit devenu évident qu'elles agissent d'après une unique loi (*).

§ 6. Il paraît que c'est une propriété commune à tous les corps solides, de pouvoir être comprimés. A la vérité, l'effet de la compression est si faible sur les corps très solides, qu'on peut le plus souvent le regarder comme nul; mais on peut concevoir encore qu'il existe même dans ce cas. On nomme cette propriété *compressibilité*.

§ 7. Quelques corps conservent, lorsque la pression cesse, la forme qu'ils ont reçue par elle; d'autres tendent à reprendre leur première forme et le premier espace qu'ils remplissaient. Ces derniers sont nommés *élastiques*. L'élasticité a une grande influence sur les phénomènes du mouvement, et nous devons, par cette raison, en donner une idée plus précise.

(*) Il est très vraisemblable que les lois de l'affinité chimique diffèrent de la loi de la pesanteur. Cette dernière force est réciproque au carré de la distance; et sans connaître la nature de l'affinité, on voit que son action décroît beaucoup plus rapidement, de manière à cesser d'être sensible à des distances très petites; à la vérité, une force réciproque au carré de la distance, lorsqu'elle anime les divers points d'un corps, peut produire des résultantes d'actions, dépendantes de sa figure, et dont l'intensité décroît très vite : c'est ainsi que la précession des équinoxes produite par les attractions du soleil et de la lune, sur le sphéroïde aplati de la terre, décroît comme le cube de la distance, c'est-à-dire serait huit fois moindre si ces corps étaient deux fois plus éloignés. Mais il est difficile de penser qu'il n'existe point d'autre différence essentielle que celle de la figure, entre des particules de propriétés aussi diverses que celles qui composent les corps.

§ 8. Un corps élastique tend toujours à reprendre sa forme et son volume. S'il est pressé à un endroit, il s'étend dans une autre direction, où s'il se trouve libre ; s'il est étendu, il se resserre dans un autre sens ; s'il est courbé et abandonné ensuite à lui-même, il retourne promptement à sa première situation.

§ 9. Il paraît qu'il n'existe pas plus de corps parfaitement élastique, que de corps parfaitement non élastique ; mais chaque corps solide possède cette propriété à un degré plus ou moins grand. Les corps les plus élastiques sont : l'acier trempé, le laiton battu, l'ivoire, l'os, le bois sec, la gomme élastique, etc. Les corps les moins élastiques sont : les métaux les plus mous, l'étain, le plomb, l'or, l'argent, l'argile molle, etc., etc. Au reste, on ne doit pas confondre cette propriété des corps solides avec la *dilatabilité* des corps aériformes, qu'on a coutume de nommer aussi *élasticité* (*).

§ 10. On peut s'apercevoir, à la simple vue, que beaucoup de corps solides sont poreux ; d'autres sont reconnus tels par les expériences ; mais il y a aussi beaucoup de corps solides, tels que le verre, les métaux bien fondus, etc., dont la porosité ne peut être démontrée ni par le secours de la loupe, ni par aucun autre moyen physique ; même, dans beaucoup de corps, les phénomènes semblent absolument contraires à l'hypothèse de la porosité (**). Aussi, d'après les lois de la Dynamique, la porosité n'est-elle pas nécessaire pour expliquer les diverses densités des corps.

(*) Les phénomènes de l'élasticité ont été l'objet de très belles expériences faites par s'Gravesande et ensuite par Coulomb. (*Voyez* le *Traité de Physique* de BIOT, tome I, page 466 et suivantes.)

(**) Il est présumable que l'auteur ne veut parler ici que de ce qui *semble*, et non de ce qui *est* en réalité ; car je ne crois pas que l'on connaisse aucun phénomène qui ne soit au fond très conciliable avec les idées de la porosité.

CHAPITRE IX.

De la construction intérieure des Corps solides.

§ 1. Une grande partie des corps solides, si même ils ne sont tous dans ce cas, paraissent former un certain assemblage régulier de petites parties. La régularité des fragmens de beaucoup de minéraux, la superposition des lames ou feuillets dans les cristaux transparens, la facilité avec laquelle beaucoup de corps se rompent ou se fêlent en de certaines directions plutôt qu'en d'autres, la rupture des lames de verre appelées bataviques, celle de la bouteille de *Bologne*, etc., etc., sont des faits qui confirment cette remarque.

§ 2. Les découvertes de M. Haüy donnent l'idée la plus exacte de la structure des cristaux. Cette idée est d'autant plus importante, que la cristallisation paraît être une loi générale de la nature. La cristallisation consiste en ce que, dans le passage de l'état fluide à l'état solide, chaque corps prend une forme régulière et déterminée.

§ 3. D'après les recherches de M. Haüy, tout cristal formé naturellement ou artificiellement se laisse fendre et subdiviser, suivant certains plans, avec plus de facilité que dans toute autre direction. Cette opération, différente pour chaque cristal, s'appelle le *clivage*. Si l'on continue de l'effectuer dans tous les sens où elle est possible, en enlevant successivement les lames qui en résultent, jusqu'à ce qu'il ne reste rien de la surface extérieure, on obtient un *noyau* qui a ordinairement une forme différente de celle qu'avait le cristal entier, et que des subdivisions subséquentes ne feraient que rendre plus petit, sans changer la direction des plans qui le terminent. M. Haüy nomme la forme du cristal entier, *forme secondaire ;* celle du noyau, *forme primitive.* Le noyau lui-même peut être divisé en corpuscules de même forme, qu'il appelle *molécules intégrantes.* Les feuillets détachés se composent aussi de molécules semblables, comme leur clivage le prouve, et, par conséquent, le cristal entier en est formé. M. Haüy suppose que ces molécules intégrantes sont elles-mêmes un petit cristal dont la configuration est déterminée par la combinaison des molécules élémentaires qui constituent les principes du cristal entier. Il n'existe pas encore d'expérience qui puisse vérifier cette opinion.

§ 4. Jusqu'à présent, M. Haüy n'a trouvé que trois formes de molécules intégrantes : la pyramide triangulaire, le prisme trièdre, et le prisme quadrangulaire. Il a reconnu seulement six formes primitives : le parallélépipède, l'octaèdre, le tétraèdre, le prisme hexaèdre, le dodécaèdre rhomboïdal, le dodécaèdre triangulaire. Les formes secondaires varient à l'infini, par l'agrégation régulière des formes primitives.

§ 5. Il est extrêmement remarquable que les cristaux d'une même substance ont un noyau et des molécules intégrantes de mêmes formes ; tandis qu'au contraire leur forme extérieure peut varier d'une infinité de manières, qui souvent se trouvent réalisées en grande partie dans les produits de la nature (*).

§ 6. La forme régulière des cristaux, et la propriété qu'ils ont de se laisser facilement diviser suivant certains sens, indiquent que la force de cohésion n'exerce pas son pouvoir au même degré dans tous les points de leurs molécules, mais que ces molécules ont de certains pôles d'attraction qui, d'après leur plus grande force attractive, déterminent leur disposition (**).

§ 7. Lorsqu'on fait passer artificiellement des corps fluides à l'état de solides, ils se forment toujours en cristaux réguliers; seulement ces cristaux sont quelquefois si petits, qu'il faut un

---

(*) Il paraît que l'arragonite fait exception à cette règle. Sa cristallisation diffère de celle du spath calcaire, quoique ses principes chimiques paraissent être les mêmes.

(**) Il y a un certain nombre de cristaux dont le clivage est également facile ou difficile dans toutes les directions où il est possible; si de plus les faces de clivage sont également nettes et d'un aspect pareil, on regarde cette égalité comme l'indice d'une symétrie dans les faces correspondantes de la molécule primitive; en général, la direction des plans de clivage et les caractères des faces composent ce que l'on nomme le système cristallin, et forment des indices auxquels on conforme la molécule intégrante.

microscope pour les apercevoir. Si tous les corps solides, comme cela n'est pas hors de vraisemblance, ont passé d'abord par l'état fluide, on est fondé à croire que leur décomposition exacte, et portée jusque dans leurs moindres particules, ferait reconnaître une pareille régularité dans leur structure intérieure.

Pour connaître parfaitement la théorie de la cristallisation, *voyez* la *Minéralogie* de M. Haüy.

CHAPITRE X.

De l'équilibre des Corps solides, ou premiers fondemens de la Statique.

§ 1. Nous avons ici deux cas à examiner : 1°. celui dans lequel les forces agissent sur un corps libre, c'est-à-dire qui n'est assujetti d'aucune manière ; 2°. celui où elles agissent sur un corps assujetti, de sorte qu'il peut se mouvoir autour d'un point ou autour d'un axe.

Équilibre des corps libres.

§ 2. Lorsqu'un point matériel est sollicité en même temps par deux forces égales, mais opposées l'une à l'autre sur la même ligne, par exemple, par les forces AB, AC, *fig.* 2 (pag. 21, § 7), ce point matériel ne peut prendre aucun mouvement. Dans ce cas, le repos qui résulte de la destruction mutuelle des deux forces se nomme *équilibre.* Des forces inégales, opposées de la même manière, produisent un mouvement vers le côté où tend la plus grande force.

§ 3. Lorsque deux forces AB et AC, *fig.* 3, agissent en directions diverses sur le corps A, il ne peut obéir à tous deux en même temps, si ce n'est en parcourant la diagonale AD du parallélogramme ABCD (pag. 17, § 7). Les deux forces produisent donc exactement ce que produirait une seule force AD.

§ 4. Sur cela se fondent la *composition* et la *décomposition* des forces motrices. Au lieu des deux forces AB et AC, on peut trouver une force unique AD, qui leur est équivalente. AB et AC se nomment les *forces simples* ou *composantes ;* AD la *force résultante* ou *composée*. Réciproquement, on peut décomposer chaque force simple AD, en deux forces AB et AC, prises en des directions arbitraires, et qui agiront précisément comme fait cette force. De là vient la dénomination de *parallélogramme des forces*. Il est facile de concevoir comment plus de deux forces peuvent se composer en une seule, et comment une seule force peut se décomposer en plus de deux.

§ 5. Si trois forces AB, AC, AE, tiennent en équilibre un corps A, *fig.* 3, il faut que la troisième AE soit dans la direction prolongée de la diagonale AD ; et elle doit avoir, par rapport aux deux autres, la même grandeur que la diagonale AD, relativement aux deux lignes latérales AB et AC. On voit aisément, au moyen de cette proposition, comment, pour chaque quantité de forces données, on peut en trouver une qui soit équivalente à toutes.

Équilibre des corps qui se meuvent autour d'un axe fixe.

§ 6. Soit LM (*fig.* 4) un corps sans pesanteur, qui peut tourner autour d'un point fixe C auquel il est attaché. Si ce corps est sollicité par une seule force AC, dont la direction passe par ce point C, l'équilibre a lieu, soit que cette force tende vers le point C, soit qu'elle s'en éloigne (pag. 21, § 8). Car, dans ces deux cas, son effet se trouve également détruit par la résistance du point fixe. Mais toute force dont la direction ne passe pas par ce point produira un mouvement de rotation.

§ 7. Soient deux forces, que nous nommerons P et Q, appliquées à un autre point A du corps, et agissant dans les directions AP et AQ. Supposons encore que le plan des deux droites AP, AQ contienne le point fixe C : formons, à partir du point C, le parallélogramme ABCD. Il est facile de voir qu'alors il y aura équilibre, si P:Q=AB:AD. (*Voy.* § 3 et 6.)

§ 8. Si l'on mène du point E les lignes CE et CF perpendiculaires à la direction des forces, on démontre par des propositions géométriques connues, que AB : AD = CE : CF ; par conséquent, P : Q = CE : CF (*).

§ 9. Il y aurait de même équilibre, si les deux forces P et Q, appliquées au point A, étaient dirigées en d'autres sens, par exemple vers G' et H', pourvu que leur rapport restât le même, et que leur plan passât toujours par le point fixe C. Ces conditions étant remplies, il serait même indifférent que le point A, où se coupent leurs directions, fût placé au-dedans ou au-dehors du corps LM ; et si A était au-dehors du corps, la distance à laquelle il se trouverait ne produirait aucune différence. Il pourrait donc être même éloigné à l'infini ; c'est-à-dire, AP et AQ pourraient être parallèles.

Dans tous les cas, sans exception, il y a équilibre lorsque P : Q = CE : CF, pourvu que le plan des deux forces contienne le point fixe.

§ 10. De cette proportion, en égalant le produit des extrêmes à celui des moyens, on tire : P. CF = Q . CE.

Les perpendiculaires CE, CF, se nomment les *distances des forces ;* et le produit d'une distance, par la force qui lui appartient, se nomme le *moment statique*, ou simplement le moment de cette force. On peut, par conséquent, exprimer la condition de l'équilibre de la manière suivante : *Pour que deux forces* P *et* Q *tiennent en équilibre un corps qui peut se mouvoir autour d'un point fixe* C, *il est nécessaire et il suffit que leurs momens soient égaux* (**).

§ 11. Si plus de deux forces agissent sur un même corps LM,

(*) Les triangles BCF, DCE, ont en F et en E des angles droits, et en B et en D des angles égaux ; car chacun de ces derniers est égal à BAD, par conséquent ces triangles sont semblables, et l'on a DC : BC = CE : CF ; par conséquent AB : AD = CE : CF.

(**) Si le corps se mouvait effectivement autour du point C, les vitesses de rotation des points F et E seraient comme FC à EC. Si l'on nomme V la vitesse du point F, et V' celle du point E, on aura V : V' :: FC : EC ; par conséquent P : Q :: V' : V et P. V = QV'. Le produit P. V, Q. V' de chaque force par sa *vitesse virtuelle*, se nomme le moment mécanique de cette force. On peut, par conséquent, dire aussi que l'équilibre subsiste quand les momens mécaniques des forces P et Q sont égaux.

on considère séparément les forces qui tendent à faire tourner le corps d'un côté, et celles qui le poussent vers l'autre. *L'équilibre a lieu lorsque la somme des momens des forces qui tendent à faire tourner le corps dans un sens, est égale à la somme des momens des forces qui tendent à le faire tourner dans le sens opposé.*

§ 12. Sur ces propositions (§§ 6—11) se fonde la théorie entière des poulies, des roues et des leviers ; mais son exposition détaillée appartient à la science des Machines.

CHAPITRE XI.

Du centre de gravité des Corps.

§ 1. La pesanteur de chacune des particules d'un corps solide peut être considérée comme une force qui agit sur lui en direction verticale. Si l'on essaie de placer un corps AB, *fig.* 5, sur un support CD, qui ait une pointe aiguë, on conçoit, d'après la théorie de l'équilibre présentée ci-dessus, qu'il doit y avoir dans le corps un point qui, étant soutenu, mettra le corps en entier en équilibre. Cette conclusion est toujours exacte, en quelle direction que le corps soit placé sur le support. En faisant cette expérience dans trois directions perpendiculaires les unes aux autres, on déterminera le point unique qui, étant soutenu, tiendra tout le corps en équilibre. Ce point s'appelle le *centre de gravité* du corps, ou le *centre de sa pesanteur.*

§ 2. Lorsque le centre de gravité est soutenu, l'appui supporte tout le poids du corps, comme si toute la pesanteur était réunie dans ce seul point.—Cette supposition est vraie relativement à l'équilibre, mais elle n'a pas toujours lieu dans l'état de mouvement. On peut l'employer dans la Statique ; mais dans la Mécanique elle pourrait conduire à de fausses conséquences.

§ 3. Il ne faut pas confondre le centre de gravité avec le centre de figure. Ils coïncident seulement dans les corps de densité uniforme; mais pour les corps de densité inégale, le centre de gravité est toujours plus rapproché de la partie qui est plus dense; même le centre de gravité n'est pas toujours dans l'intérieur du corps. Par exemple, pour les anneaux et pour beaucoup d'autres corps, il est placé au-dehors.

§ 4. Le centre de gravité peut être soutenu de deux manières : en dessus, si le corps est suspendu ; en dessous, s'il est posé. Lorsqu'un corps est suspendu à un fil, le centre de gravité est toujours dans la direction prolongée du fil. De cette manière, on peut trouver le centre de gravité d'un corps plus promptement que par la méthode exposée dans le § 1, en attachant un fil à deux endroits d'un corps, et en suspendant celui-ci successivement dans les deux directions correspondantes.

§ 5. Lorsqu'un corps est posé, sa situation est d'autant moins assurée que la surface soutenue est plus petite, et que le centre de gravité se rapproche moins du milieu de cette surface.

§ 6. Quand la forme d'un corps est variable, comme il arrive dans les corps des hommes et des animaux, le point où se trouve le centre de gravité est variable aussi. Lorsqu'un homme se tient debout, et que ses mains tombent également des deux côtés, son centre de gravité se trouve dans le bas-ventre, à peu près entre les deux hanches. On peut juger, par ce qui précède, que cette situation est la plus assurée du corps; et l'on peut expliquer ainsi les mouvemens presque involontaires qu'on fait pour éviter la chute.

§ 7. Il y a une infinité de jeux physiques dont l'explication dépend du centre de gravité. Comme ils sont instructifs, ils méritent quelque attention. De ce nombre sont le cylindre montant sur un plan incliné ; le double cône, qui paraît s'élever contre l'effort de la pesanteur ; le petit sauteur, etc. L'art périlleux qu'exercent les danseurs de corde se rapporte encore à cette théorie.

§ 8. Mais ce qui est plus important pour le physicien, c'est l'application du centre de gravité à la théorie des balances. (*Voyez* Gehler, IV, 609.—Fischer, V, 468.)

CHAPITRE XII.

De la chute libre des Corps pesans, et en général des lois du mouvement uniformément accéléré.

§ 1. La Mécanique, c'est-à-dire la connaissance du mouvement des corps, est devenue peu à peu une science très étendue et assez difficile en de certaines parties. Nous allons, par cette raison, expliquer seulement quelques-uns des mouvemens les plus remarquables. (Chap. XII—XVI.)

Chute des Corps pesans.

§ 2. Lorsqu'un corps tombe librement par la seule action de la pesanteur terrestre, sa vitesse croît à chaque instant, parce que la pesanteur agit continuellement sur lui durant la chute; mais comme la pesanteur dans chaque point de la terre, et pour de petites hauteurs de chute, peut être considérée comme une force invariable (pag. 24, § 9), la vitesse d'un corps tombant doit s'accroître précisément autant dans un instant que dans un autre. C'est pour cela qu'on dit que la chute du corps a un *mouvement uniformément accéléré.*

§ 3. La chute d'un corps est beaucoup trop rapide pour que les lois de son mouvement puissent être étudiées par une observation immédiate. Mais la machine inventée par Atwood donne un moyen commode pour retarder la chute; de sorte que, sans changer les lois essentielles du mouvement, on peut en observer les circonstances de seconde en seconde (*).

§ 4. Au moyen de cette machine, on remarque :

1°. *Que dans chaque mouvement uniformément accéléré, l'espace croît comme le carré du temps.* Si l'on nomme donc g

---

(*) On trouve une description de l'appareil d'Atwood dans les *Annales de Physique* de Gilbert, 1803, 5e n°, pag. 1.

Voyez aussi la *Mécanique* de M. Poisson, tom. II, pag. 47, ou le *Précis de Physique* de Biot, tom. I, pag. 58.

l'espace que parcourt le corps dans la première seconde, quelque grand ou petit qu'il puisse être, et qu'on désigne par E le chemin qu'il parcourt en T secondes, on a $E = gT^2$.

2°. *Que les vitesses suivent le rapport des temps, et qu'on trouve la vitesse qu'a le corps à la fin de chaque seconde, en multipliant par le temps le double du chemin fait durant la première seconde.* Si l'on nomme donc V la vitesse que le corps acquiert en T secondes, on a $V = 2gT$.

3°. De ces principes se déduit naturellement cette conséquence; *que les espaces parcourus croissent comme les carrés des vitesses* (*).

(*) Les lois du mouvement uniformément accéléré sont d'une utilité trop générale en Physique, pour que nous ne cherchions pas à les établir par la théorie.

Soit E l'espace parcouru par un corps grave, pendant le temps T, en vertu de l'action de la pesanteur; concevons le temps T partagé en un nombre quelconque n d'intervalles égaux entre eux, que nous nommerons t; en sorte que l'on ait $T = nt$. Nous pouvons assimiler le mouvement cherché à celui d'un corps sans pesanteur, qui recevrait, à la fin de chacun des instans t, $2t$, $3t$, une impulsion capable de lui faire décrire uniformément l'espace v dans l'unité de temps : cette comparaison sera d'autant plus approchée de la vérité, que les intervalles t qui séparent les impulsions successives de la force deviendront moindres; et enfin l'erreur disparaîtra tout-à-fait dans les résultats qui seront indépendans de la valeur absolue de ces instans. Suivons donc les conséquences de notre supposition; et analysons les effets que ces chocs successifs auront produits sur le mobile à la fin du temps t.

L'instant o est celui du départ. Le mobile reçoit alors une impulsion capable de lui faire décrire l'espace v dans l'unité de temps. Cette première impulsion agit sur lui, pendant le temps T; elle lui fera donc décrire dans cet intervalle l'espace vT.

A l'instant suivant t, le mobile reçoit encore une nouvelle impulsion égale à la précédente; mais elle n'agit que pendant le temps $T - t$; elle lui fait donc décrire l'espace $(T - t)\,v$.

En examinant ainsi les espaces que lui font décrire les impulsions successives jusqu'à la fin du temps T, on voit que ces espaces forment la progression arithmétique décroissante

$$Tv;\quad (T-t)\,v;\quad (T-2t)\,v;\ \ldots\ tv.$$

Donc le nombre des termes est égal à celui des instans t, c'est-à-dire égal à n. En mettant pour T sa valeur nt, cette progression devient

$$ntv;\quad (n-1)\,tv;\quad (n-2)\,tv;\ \ldots\ tv.$$

§ 5. Pour pouvoir indiquer en nombre toutes les circonstances d'un mouvement uniformément accéléré, il faut seule-

---

La somme de ces espaces partiels est l'espace total réellement parcouru par le mobile. Or, cette somme est $\frac{n.(n+1)tv}{2}$. Nous avons représenté cet espace par E; on a donc $E=\frac{n.\overline{n+1}.tv}{2}$;

ou, en remettant pour n sa valeur $\frac{T}{t}$,

$$E=\frac{T(T+t)}{2}\cdot\frac{v}{t}.$$

Désignons par g l'espace parcouru de cette manière par le mobile dans l'unité de temps, et supposons que T soit commensurable avec cette unité. On pourra de même diviser l'unité de temps en un nombre n' d'intervalles égaux entre eux et à t; et en reprenant le raisonnement de la même manière, pour ce second cas, où T devient égal à 1, on trouvera

$$g=\frac{1.(1+t)}{2}\cdot\frac{v}{t};$$

d'où l'on tire $\frac{E}{g}=\frac{T.(T+t)}{1+t}$,

ou, ce qui revient au même,

$$\frac{E}{g}=T^2-\frac{T(T-1)t}{1+t}.$$

Plus t sera petit, plus le facteur $\frac{t}{1+t}$ diminuera, et par conséquent plus le rapport $\frac{E}{g}$ approchera d'être égal à T^2. Or, par supposition, t est l'intervalle de temps qui s'écoule entre les impulsions successives de la force; et cet intervalle est tout-à-fait imperceptible à nos sens, dans le cas de la pesanteur. Ainsi, pour nous plier à ce cas, il faut supposer $t=0$, ce qui donne

$$E=gT^2,$$

c'est-à-dire que, dans le mouvement uniformément accéléré, les espaces parcourus sont proportionnels aux carrés des temps.

Examinons maintenant la valeur de la vitesse acquise après le temps T. Soit V cette vitesse; elle sera égale à la somme de toutes les impulsions imprimées au mobile pendant le temps T. Or, puisque $T=nt$, il est clair que le mobile reçoit un nombre n d'impulsions dans cet intervalle; et comme chacune d'elles lui imprime la vitesse v, leur somme sera nv ou $T.\frac{v}{t}$; on aura donc

$$V=T\cdot\frac{v}{t}.$$

ment connaître g, c'est-à-dire l'espace que parcourt le corps dans la première seconde. On voit, au moyen de la machine d'Atwood, citée précédemment, que, pour la latitude de Paris, cet espace est de 15 pieds $\frac{1}{10}$ ou $4^{m},9044$ dans une chute libre, et qui ne rencontre aucun obstacle, ce qui donne en même temps la vitesse du corps à la fin de la première seconde $=31$ pieds $\frac{1}{5}$, ou $9^{m},81$ (§ 4, 2°.). Avec cette donnée, on peut aisément calculer l'espace parcouru et la vitesse acquise après un temps quelconque déterminé; et généralement, connaissant une de ces trois choses, le temps, l'espace ou la vitesse, on peut déduire les deux autres par le calcul.

On peut de même déterminer toutes les circonstances de tout autre mouvement uniformément accéléré, dès qu'on connaît la valeur de g qui s'y rapporte. Cette valeur est donc, pour ainsi dire, la mesure de tous les mouvemens de ce genre, et on la nomme *mesure d'accélération*, ou *force accélératrice* (*).

Or, en nommant g l'espace parcouru dans l'unité de temps, nous avons vu que l'on a

$$g = \frac{(1+t)}{2}\frac{v}{t};$$

divisant ces équations membre à membre, il vient

$$\frac{V}{g} = \frac{2T}{1+t}, \quad \text{ou} \quad \frac{V}{g} = 2T - \frac{2Tt}{1+t}.$$

Plus t diminue, plus le rapport $\frac{V}{g}$ s'approche d'être égal à $2T$; dans le cas de la pesanteur, il faut faire t nul, et l'on a rigoureusement

$$V = 2gT,$$

c'est-à-dire que la vitesse est proportionnelle au temps.

Nous avons supposé que le temps T était commensurable avec l'unité de temps. Si cette condition n'était pas remplie, on la rendrait exacte en ajoutant au temps T une portion de l'intervalle t; et alors on commettrait une erreur dont l'étendue dépendrait de l'espace décrit par le mobile dans ce petit intervalle. Mais comme ensuite on fait t nul, il est clair que l'erreur dont il s'agit devient pareillement nulle aussi; ce qui montre que les résultats précédens sont indépendans de l'hypothèse de la commensurabilité qui nous a servi pour les découvrir.

(*) Les deux formules développées dans le précédent article, $V = 2gT$, et $E = gT^2$, sont les formules fondamentales par lesquelles se résolvent toutes

§ 6. Lorsqu'un corps est lancé vers le haut, en direction verticale, il est clair que la pesanteur diminue uniformément sa vitesse, précisément comme elle l'accroîtrait dans sa chute, et dans un rapport exactement égal. Le corps s'élève donc jusqu'à ce que toute sa vitesse primitive d'impulsion soit détruite par l'action continuée de la pesanteur; ensuite il retombe, et l'on conçoit qu'il reprend, à chaque point de son chemin, la même vitesse qu'il avait à ce point en s'élevant. Cette remarque fournit un moyen de trouver la hauteur où parviendra le corps, si l'on connaît la vitesse de projection avec laquelle il s'élève (*).

§ 7. Les propositions qu'on vient d'exposer ne peuvent avoir rigoureusement leur effet que pour la chute des corps dans un

---

les questions sur le mouvement uniformément accéléré. En supposant que g soit donné, on voit facilement que par son moyen, lorsqu'une des trois quantités T, E, V est donnée, les deux autres peuvent se conclure; car si c'est T qui est donné, les deux équations précédentes donnent immédiatement V et E; si V est donné, on en déduit

$$T = \frac{V}{2g}, \text{ et ensuite } E = gT^2 = \frac{V^2}{4g};$$

enfin si l'on se donne E, on tire de l'équation $E = gT^2$,

$$T = \sqrt{\frac{E}{g}}, \text{ et par suite, } V = 2gT = 2g\sqrt{\frac{E}{g}} = 2\sqrt{gE}.$$

S'il s'agit de la chute libre des corps produite par l'action de la pesanteur, il ne faut que mettre pour g $15^{pi}\frac{1}{10}$ ou $4^{m},9044$. S'il est question de quelque autre mouvement uniformément accéléré, il faut seulement mettre pour g la valeur qui lui appartient.

(*) Soit U la vitesse de projection imprimée au corps, au moment où on le lance de bas en haut, et comptons les temps T, à partir de cette époque. Lorsque le corps cessera de monter, ce sera parce que les impulsions réitérées de la gravité, pour le faire descendre, lui auront imprimé une somme de vitesses, ou une vitesse totale V égale à U. Or, en désignant par T le temps après lequel cela arrive, on aura alors $V = 2gT$, d'après les lois de la pesanteur; il faudra donc que ce produit $2gT$ soit égal à U, ce qui donne $T = \frac{U}{2g}$: c'est le temps après lequel le mobile s'arrête, pour redescendre ensuite. Quant à l'espace E qu'il aura décrit alors, il se trouvera égal à gT^2, ou $\frac{U^2}{4g}$; expression qu'il sera facile de réduire en nombres, quand la vitesse initiale U sera donnée.

espace vide d'air. Dans l'air, au contraire, il ne peut y avoir aucun mouvement tout-à-fait uniformément accéléré, puisque le corps tombant doit mettre à chaque instant une certaine quantité d'air en mouvement, et qu'autant il communique de mouvement à l'air, autant il en perd lui-même (pag. 21, § 8). Si donc un corps tombant a peu de masse, mais beaucoup de volume, on conçoit que son mouvement doit être fort retardé par la résistance de l'air; et c'est aussi ce que confirme l'expérience. Réciproquement, la résistance de l'air est d'autant moins sensible, que la surface du corps tombant est plus petite et sa masse plus grande.

Chute sur un plan incliné.

§ 8. Si un corps pesant D, *fig.* 6, se trouve sur un plan incliné AB, il roule ou glisse vers le bas, mais avec une force moindre que dans une chute libre et verticale. La grandeur de cette force peut être déterminée de la manière suivante : Que D soit le centre de gravité du corps; qu'on mène de ce centre, au plan incliné, la verticale DE qui représente la pesanteur absolue, ou le poids du corps, c'est-à-dire la force qui pousserait le corps dans une chute libre; qu'on mène ensuite les deux lignes DF et DG, dont la première soit perpendiculaire à AB et la seconde lui soit parallèle : la force DE pourra être censée décomposée en deux forces (pag. 32, § 4), dont l'une, DF, est perpendiculaire à AB, et l'autre DG, lui est parallèle. La première ne peut produire aucun mouvement, puisqu'elle est détruite par la résistance du plan; la seconde, DG, agit, au contraire, dans la seule direction où le corps se peut mouvoir, et elle produit ainsi tout le mouvement à elle seule. La force qui produisait la chute verticale, c'est-à-dire le poids du corps, est donc à la force qui produit réellement la chute oblique sur le plan incliné, comme DE est à DG. Si des points A et B, pris à volonté sur la surface inclinée, on tire la ligne verticale AC et la ligne horizontale BC, on a le triangle ABC, semblable au triangle DEG; et DE : DG = AB : AC. Le poids du corps est donc à la force oblique qui le pousse sur le plan incliné, comme la longueur AB de ce plan est à sa hauteur AC. Il y a un instrument particulier destiné à rendre sensible l'exactitude de cette évaluation ; il se nomme *plan incliné*.

§ 9. A quelque endroit que soit le corps sur le plan incliné, la force accélératrice qui le pousse en chute oblique est toujours la même ; ainsi, la chute oblique doit produire, comme la chute verticale, un mouvement uniformément accéléré, mais d'une accélération moindre ; et l'accélération de la chute libre, que jusqu'ici nous avons nommée g, sera, à l'accélération de la chute oblique, comme AB est à AC. Maintenant, puisque l'on connaît $g = 15\frac{1}{16}$ ou $4^m,9044$, il suffira d'avoir le rapport AB : AC, pour trouver toutes les circonstances de la chute oblique (*).

§ 10. Une circonstance importante et très utile par ses conséquences, c'est que le corps, lorsqu'il descend de A jusqu'à B, acquiert la même vitesse que s'il était tombé librement de A en C ; car les vitesses en chaque point sont entre elles comme AB à AC, c'est-à-dire comme les longueurs des plans (**).

§ 11. Si l'on suppose deux corps, desquels l'un tombe verticalement de A à C, et l'autre obliquement de A à B, mais de sorte que tous deux aient déjà en A une vitesse déterminée et égale, il est clair qu'ils parviendront encore en C et en B avec d'égales vitesses. Soit donc ABCD, *fig.* 7, un plan interrompu par les angles B, C, etc., pris à volonté ; qu'on mène par A ou par D les lignes verticales AK et DE, et par A, B, C, D, les lignes horizontales AE, FG, HI, KD ; il est clair qu'un corps qui

---

(*) Galilée, qui développa le premier avec exactitude la loi de la chute, employa le plan incliné pour la rendre sensible.

(**) Si l'on représente par g la force accélératrice due à la pesanteur verticale, celle qui a lieu sur le plan incliné se trouve par la proportion.........

$AB : AC = g : \frac{AC}{AB}g$. Soit maintenant V la vitesse due à la chute libre de A en C, et V' la vitesse de la chute oblique de A en B ; on a, d'après la note du n° 5,

$$V = 2\sqrt{g.AC} \text{ et } V' = 2\sqrt{\frac{AC}{AB}g.AB} = 2\sqrt{g.AC},$$

c'est-à-dire qu'elle est exactement égale à la précédente.

glisse sur le plan interrompu de A en BCD, aura la même vitesse qu'aurait un corps tombant de A en FHK, ou de E en GID.

§ 12. Comme le nombre, la grandeur et la position des interruptions du plan sont absolument arbitraires, cette proposition s'applique aussi à une ligne courbe AB, *fig.* 8. Qu'on mène l'horizontale AC, et d'un point à volonté la verticale CB; on peut ensuite déterminer la vitesse d'un corps glissant de A aux points arbitrairement choisis D et F, en menant de ces points les horizontales DE, FG. La vitesse dans les points donnés est justement aussi grande que si le corps était tombé librement de C en E, ou de C en G.

De là se déduit cette proposition remarquable, *que lorsqu'un corps passe d'une surface inclinée à une autre, il a la même vitesse par quel chemin qu'il y parvienne.*—Cependant, la résistance de l'air peut occasioner quelque différence dans la réalité.

CHAPITRE XIII.

Des Mouvemens libres curvilignes.

1°. *Mouvement de projection.*

§ 1. Lorsqu'un corps pesant est poussé dans une direction oblique à la verticale, par un choc quelconque, il décrit une courbe, dont la forme peut se trouver, par la Géométrie, de la manière suivante :

Au point A, *fig.* 9, où ce corps commence à entrer en mouvement, menez la verticale A 25; prenez A 1 pour unité; déterminez ensuite, d'après cette unité, et à partir du point A, les distances 4, 9, 16, 25, suivant la progression des nombres carrés, et admettons alors que A 1 représente l'espace parcouru par un corps grave dans la première seconde de sa chute; il est clair que les points 4, 9, 16, 25, sont les points où il se trouvera à la fin de la 2e, de la 3e, de la 4e et de la 5e seconde (pag. 37, § 4, 1°.).

Dans l'instant où le corps va tomber, supposons qu'il reçoive, suivant la direction quelconque AF, un choc d'une intensité telle, qu'en supposant le corps sans pesanteur et soumis uniquement à sa force d'inertie, il parcourrait AB dans la première seconde, et dans les suivantes les espaces également grands BC, CD, DE, EF.

Maintenant, un corps ne peut avoir deux mouvemens à la fois, d'aucune autre manière qu'en en recevant un dans un espace mobile qui, lui-même, en a un différent (pag. 17, § 6). Par conséquent, le corps exécute, dans la ligne A 25, le mouvement produit par la pesanteur; et cette même ligne A 25 fait, ensemble avec le corps, le mouvement produit par le choc, de sorte qu'elle se trouve, à la fin de la 1re, de la 2e, de la 3e, de la 4e et de la 5e seconde, dans les situations parallèles Bβ, Cγ, Dδ, Eϵ, Fϕ, etc. Qu'on mène alors 1b, 4c, 9d, 16e, 25f, parallèles à AF; il est clair que le corps sera en b à la fin de la 1re seconde; en c, à la fin de la 2e; en d, à la fin de la 3e; en e, à la fin de la 4e; en f, à la fin de la 5e. Si l'on fait passer alors par ces points la courbe A$bcdef$, on a la forme du chemin qu'a parcouru le corps.

§ 2. On démontre, par le secours d'une Géométrie plus élevée, que cette ligne courbe appartient à l'espèce nommée *parabole* (*).

(*) La parabole est une courbe plane dans laquelle les abscisses sont proportionnelles aux carrés des ordonnées, soit que l'angle des coordonnées soit droit ou oblique. Dans l'exemple que nous avons choisi, la ligne verticale qui répond à la position initiale du corps n'est pas l'axe de la parabole, mais est parallèle à cet axe, et forme un diamètre de la courbe. Les ordonnées doivent être prises parallèlement à la tangente au point A. Si l'on prend A 25 pour axe des abscisses, les abscisses A1, A4, etc., seront comme les carrés des nombres naturels 1, 2, 3; et si l'on prend 25 A F pour l'angle des coordonnées, les ordonnées 1b, 4c, 9d, etc., seront comme les nombres naturels 1, 2, 3, etc. Ainsi les abscisses seront comme les carrés des ordonnées, ce qui constitue la parabole. A25 est un diamètre, et AF est la direction de l'impulsion initiale, ou la tangente à la courbe. Comme tous les diamètres de

§ 3. Ici, l'expérience doit différer beaucoup de la théorie, à cause de la résistance de l'air. Et quoiqu'il soit fort difficile de soumettre cette résistance au calcul, on conçoit aisément que son effet doit consister en ce que, à commencer du point le plus élevé G, la partie G*f* qui, dans une parabole, est parfaitement égale à la partie GA, sera infiniment plus courbée, et se courbera toujours plus vers le bas que la vraie parabole, à mesure qu'on la prolongera.

2°. *Mouvemens centraux.*

§ 4. On peut déjà conclure, par ce qui précède, que, pour qu'un mouvement curviligne ait lieu, deux forces, au moins, doivent y être employées, et que de celles-ci une au moins doit être accélératrice, tandis que l'autre peut être un choc agissant momentanément. Parmi les cas infiniment variés qui se rapportent à ceci, il n'en est aucun qui soit plus intéressant pour le physicien, que celui où une force attire continuellement un corps vers un certain centre, tandis que le corps a reçu d'une autre force une impulsion extérieure. Ces combinaisons de forces se nomment *forces centrales*, et les mouvemens qu'elles produisent se nomment *mouvemens centraux*.

§ 5. Soit C, *fig.* 10, le point vers lequel un corps, qui est en A, est attiré continuellement, mais supposons que le corps reçoive en même temps un mouvement dans la direction AD. Quoique la force centrale agisse d'un mouvement continu et sans interruption, nous admettrons cependant, d'abord, pour la facilité de l'explication, qu'elle agit par secousses, et qu'elle répète son action dans les espaces de temps très petits, mais égaux, que nous nommerons *instans*. Dans le premier instant, la force centrale tend à pousser le corps de A jusqu'en B, et la force latérale tend à le porter de A en D; il parcourra donc

la parabole sont parallèles à son axe, on trouvera celui-ci en menant une verticale par le point G le plus élevé de la trajectoire.

Sur les propriétés de la parabole, voyez l'*Essai de Géométrie analytique* de Biot, 5e édition; à Paris, chez Bachelier, succ. de Mme Ve Courcier, quai des Augustins, n° 55.

la diagonale AE du parallélogramme. Qu'on prolonge AE jusqu'en EG=AE, EG sera le chemin que prendrait le corps au deuxième instant, s'il devenait libre; mais la force centrale le sollicite, au commencement de cet instant, à se porter de E en F; il parcourra donc la diagonale EH du parallélogramme EGHF, et ainsi de suite. On voit facilement que, d'après la supposition précédente, le corps décrirait une ligne brisée AEHL. Mais comme la force centrale n'agit point par secousses, il est clair que le véritable chemin du corps sera une ligne courbe, dont la forme peut varier à l'infini, soit par les différences d'intensité et de direction de la force latérale, soit par les diversités de la puissance et des lois de la force centrale.

§ 6. Beaucoup de physiciens nomment la force qui attire vers C, une force *centripète*, et lui opposent une force contraire, qu'ils appellent force *centrifuge*. Mais quelques écrivains ont introduit un peu de confusion dans ce qui constitue la dernière; et ceci rend nécessaire de déterminer clairement ses conditions, puisque les mots *centripète* et *centrifuge* sont employés même dans l'usage ordinaire. Huyghens, qui s'est le premier servi de la dernière de ces expressions, l'a prise dans un sens que nous allons expliquer. On peut se représenter, un peu autrement que nous n'avons fait dans le précédent article, le jeu des forces par lesquelles le corps est contraint à parcourir la diagonale AE. Qu'on prolonge BA, qu'on fasse AM=AB, et qu'on tire DM; AEDM est un parallélogramme, et l'on peut dire que la force AD est décomposée en deux forces AM et AE, dont la première AM est opposée à la force centripète, mais lui est égale; de sorte que ces deux forces se détruisent mutuellement, et que le corps doit obéir seulement à la force DM ou à son égale AE. Huyghens nomme cette force AM, la force centrifuge; et l'on voit aisément qu'elle est, dans tous les cas, égale à la force centripète, mais qu'elle lui est opposée. Au lieu de celle-ci, beaucoup d'auteurs nomment force centrifuge la force latérale AD, qu'il vaudrait mieux nommer *tangentielle*, puisqu'elle tend toujours à pousser le corps dans la tangente de la courbe qu'il décrit.

§ 7. C'est par un effet de la force centrifuge, proprement dite, que le fil d'une fronde est tendu lorsqu'on la fait tourner. C'est par un effet de la force tangentielle que l'eau jaillit au-dessus des bords d'un vase qu'on meut circulairement. On a inventé une machine ingénieuse, nommée *machine centrale*, qui sert à rendre sensibles aux yeux toutes les lois des mouvemens centraux. Elle peut être utile, mais elle est trop coûteuse pour son usage. On en trouve une description dans l'*Astronomie de Ferguson.*

Une boule suspendue à un fil donne un moyen très facile et très simple d'observer la formation des mouvemens centraux. Comme cette boule ne peut être en repos que quand elle est verticalement au-dessous du point de suspension, elle retourne toujours à cette position lorsqu'on l'en écarte; et ainsi cet effet de la pesanteur représente ici une force centrale. Si l'on prend la boule, et qu'on lui donne une impulsion dirigée obliquement à la verticale, elle commence à prendre un mouvement curviligne autour du point central. Ce mouvement peut être un ovale ou un cercle, selon la différence de direction et de force de l'impulsion.

§. 8 C'est sur ce jeu si simple des forces centrales que repose le cours admirable des astres. Képler découvrit le premier les principales lois de leurs mouvemens; mais il ne les déduisit pas des lois de la Mécanique, et il les reconnut seulement par une grande application et une grande finesse d'observations. Newton fonda leur théorie, et découvrit les lois simples de la gravitation générale, qui retient tous les corps dans un ordre éternel.

La connaissance plus approfondie de la théorie des mouvemens centraux appartient aux Mathématiques appliquées.

CHAPITRE XIV.

Mouvemens sur des lignes données.

§ 1. Un corps peut être forcé, de diverses manières, à prendre une autre direction que celle qu'il aurait prise par le libre jeu des forces. D'après cela, on distingue dans la Mécanique les *mouvemens libres* et les *mouvemens dans des lignes données*. Nous allons examiner ici, avec attention, seulement deux mouvemens de la dernière espèce, les mouvemens curvilignes et les oscillations du pendule.

1°. *Mouvemens curvilignes.*

§ 2. Lorsqu'un corps solide libre reçoit une impulsion qui ne passe pas par son centre de gravité, il prend un mouvement composé, 1°. d'un mouvement de translation uniforme, commun à toutes ses particules; 2°. d'un mouvement de rotation aussi uniforme autour d'un axe passant par le centre de gravité, mais dont la direction peut être variable ou constante dans l'intérieur des corps. Dans tous les corps on peut, par le centre de gravité, mener trois droites rectangulaires entre elles, qui sont des axes de rotation permanens; c'est-à-dire que si la rotation a commencé à se faire autour d'un de ces axes, elle se continuera toujours autour de ce même axe, pourvu toutefois que le corps n'éprouve ni résistance ni choc, qui vienne troubler la liberté que nous lui avons supposée dans ses mouvemens. Ce cas paraît être celui de tous les corps célestes. Tous ces résultats se démontrent dans la Mécanique.

§ 3. Considérons en particulier le cas d'un mouvement de rotation uniforme autour d'un axe permanent, passant par le centre de gravité. Désignons ce centre par C, *fig.* 11, et supposons l'axe de rotation perpendiculaire au plan de la figure.

Dans ce cas, un point quelconque du corps décrira autour de l'axe de rotation une circonférence de cercle ; par exemple, le point A, *fig.* 11, décrira la circonférence AEKD. Pendant ce mouvement de rotation, la force de cohésion qui joint les particules du corps sert de force centripète ; c'est-à-dire que c'est elle qui résiste à la force centrifuge, non pas avec son énergie totale, mais seulement en raison du mouvement et de la forme du corps qui se meut. Pour concevoir ceci facilement, on suppose que AG soit l'arc que le point A parcourt dans un intervalle de temps infiniment petit ; on tire la tangente AB, et l'on achève le parallélogramme AFGH. Maintenant, si AF représente la force avec laquelle A tend à suivre son mouvement dans la tangente AF, AH est la force avec laquelle la force centrale l'attire vers C ; et celle-ci, comme on le voit, ne dépend pas du tout des propriétés physiques du corps, mais de la vitesse du point A, et de sa distance à l'axe de rotation C. Ainsi, dans la rotation d'un corps solide il se produit toujours, à la surface du corps, une force centripète (pag. 47, § 6), qui est nécessaire pour empêcher les particules de s'échapper. Une force pareille doit exister aussi dans chaque point d'un corps tournant, et elle est d'autant plus intense que ce point est plus éloigné de l'axe de rotation C, c'est-à-dire que la vitesse est plus grande. Comme la vitesse de rotation est illimitée, on peut toujours la concevoir assez grande pour que la force centrifuge devienne plus puissante que la force de cohésion ; et alors la particule A doit se détacher et suivre son mouvement dans la tangente AF. Lorsque le point du corps où était la particule arrive en G, la particule que l'on suppose devenue libre, doit se trouver en F ; par conséquent elle se sera éloignée du centre C, de la valeur de la ligne GF, relativement à la place où elle était ; ce qui est un effet sensible de la force centrifuge.

§ 4. Les effets de la force centrifuge, combinés avec ceux d'une force attractive réciproque au carré de la distance, expliquent complètement la forme un peu aplatie des corps célestes, et la diminution de la pesanteur sous l'équateur ; les forces centrifuges sont aussi le principe d'une foule de phénomènes des mouvemens curvilignes qui se présentent chaque jour à nos yeux.

2°. *Oscillations du Pendule.*

§ 5. Quand un corps pesant est attaché à un axe fixe, autour duquel il peut seulement tourner, il ne peut rester en équilibre, à moins que son centre de gravité ne soit soutenu, c'est-à-dire ne se trouve dans le plan vertical mené par l'axe de suspension (pag. 36, § 4). Si un corps, placé en équilibre de cette manière, est mis en mouvement curviligne par un choc latéral, son mouvement ne sera pas uniforme. Il peut être en mouvement sans secousse, par sa seule pesantéur, lorsqu'on l'écarte plus ou moins de sa situation d'équilibre, de sorte que le centre de gravité ne soit pas dans la ligne qui passe verticalement par l'axe. Si ensuite on abandonne le corps à lui-même, il en résulte des *oscillations de pendule*, et la considération de cette sorte de mouvement est très importante.

§ 6. Tout corps AC, *fig.* 12, quelle que soit sa forme, se nomme *pendule physique* ou *composé*, lorsque son centre de gravité B ne coïncide pas avec le point de suspension A. Un pendule *simple* ou *géométrique* est une seule ligne droite AB, *fig.* 13, qui se meut autour de A, et dont la seule extrémité B est pesante. Un semblable pendule ne peut pas exister réellement; mais un petit corps B, *fig.* 14, d'une masse compacte, suspendu à un fil mince AB, peut en tenir lieu. Ce que l'on nomme alors la *longueur* d'un tel pendule, en le considérant comme simple, c'est la distanee du point de suspension A au centre de gravité du petit corps B.

§ 7. Si un pendule simple AB, *fig.* 15, est amené dans la position AC, et alors abandonné à lui-même, le point matériel B est forcé de décrire l'arc de cercle CB. Il le décrit avec un mouvement *accéléré*, puisque la pesanteur agit continuellement sur lui à chaque point de sa course; mais comme la direction de cette force devient de plus en plus oblique à son mouvement, l'*accélération* ira en diminuant et ne sera pas *uniforme*. La vitesse augmente d'abord continuellement de C jusqu'en B, et elle est à son maximum d'énergie en B, où la force accélératrice devient nulle. D'après cela, le corps ne peut demeurer en B; et il continue à décrire l'arc BH, en vertu de sa force d'inertie. Mais on voit aisément que sa vitesse, maintenant que la pesanteur agit d'une manière contraire, doit décroître dans la même proportion suivant laquelle elle croissait auparavant; de sorte que, par exemple, il aura en G la même vitesse qu'il avait eue au point E, lorsqu'il se trouvait à une hauteur égale. Si l'on mène du point C, où commence le mouvement, la ligne horizontale CH, il est clair que le corps doit s'élever jusqu'en H; mais, parvenu en H, il se trouve dans le même cas où il était en C; il reviendra donc de H jusqu'en C, et il continuera ainsi à osciller d'un de ces points à l'autre.

Quelques physiciens entendent par le mot *oscillation* une allée et un retour; d'autres nomment ainsi une seule allée ou un seul retour; nous adopterons cette dernière signification.

§ 8. Il est clair que ces oscillations du pendule devraient continuer ainsi d'une manière égale et non interrompue, s'il ne se trouvait aucun obstacle au mouvement; mais la résistance de l'air, et la force, quoique bien peu considérable, qui est nécessaire pour la flexion du fil en A, ôtent à chaque instant au pendule quelque chose de sa vitesse; par cette raison, il n'atteint jamais la hauteur de l'oscillation précédente, et l'arc d'oscillation devient toujours plus petit, jusqu'à ce qu'enfin le pendule s'arrête tout-à-fait. Cependant, les obstacles au mouvement peuvent être tellement affaiblis, que ces oscillations durent plusieurs heures de suite (*).

§ 9. Autant il est facile d'expliquer la production des mouvemens du pendule, autant il est difficile, sans le secours du calcul, d'en présenter une théorie exacte et entière : nous nous contenterons donc d'exposer les résultats des recherches mathé-

(*) Dans les expériences sur la mesure du pendule, faites à l'Observatoire de Paris, avec l'appareil de Borda, le mouvement était encore sensible au microscope, après un intervalle de vingt-quatre heures. Pour le détail de ce genre d'expériences, voyez le quatrième volume de la *Méridienne*, à Paris, chez Bachelier.

matiques faites d'après les expériences. On trouve, avec la description de la machine d'Atwood, que nous avons indiquée ci-dessus, pag. 37, § 3, celle d'un appareil employé pour cet objet.

(1) La propriété la plus remarquable de cette sorte de mouvement est la parfaite égalité, ou, comme on a coutume de l'appeler, l'*isochronisme* des oscillations. La durée d'une oscillation n'est que très peu changée par la grandeur de l'arc CB ; et comme cet arc n'est en général que de peu de degrés dans les expériences où l'on emploie le pendule, les oscillations sont tout-à-fait isochrones pour nos sens (*).

(2) Dans les arcs d'oscillation égaux, lorsqu'ils sont parcourus dans le vide, le poids, la grandeur, la forme et les quantités matérielles du corps B n'ont aucune influence sur la durée d'une oscillation.

(3) Le temps d'une oscillation change avec la longueur du pendule, et est proportionnel à la racine carrée de sa longueur (**).

(*) Le temps de l'oscillation croît avec la grandeur de l'arc BC, ou de l'angle BAC ; et en le comparant à celui d'une oscillation infiniment petite, qui est toujours sensiblement le même, comme on le voit ci-après, l'accroissement du temps de l'oscillation sera

Si CAB =	30°,	de 0,01675
=	15°,	0,00426
=	10°,	0,00190
=	5°,	0,00012
=	2° ½,	0,00003

Le temps d'une oscillation infiniment petite est pris ici pour unité. On voit que pour des arcs de 2° ½, la différence est à peine sensible. Ces résultats sont calculés d'après la formule rapportée dans la note suivante.

(**) La chose la plus importante, mais aussi la plus difficile, dans la théorie des oscillations du pendule, c'est la détermination du temps que le pendule emploie à faire une partie quelconque de son oscillation. Il est très facile, au contraire, de déterminer la vitesse du corps dans chaque point ; car si, par exemple, le corps est allé de C jusqu'à E, il a, selon le chap. XII, § 12, la vitesse qu'il aurait eue en chute libre de D jusqu'à F. La détermination complète du temps ne se peut trouver que par une intégration compliquée, dont nous allons donner au moins ici le résultat. Soit L la longueur du pendule,

§ 10. Il résulte de ces lois, que le temps d'oscillation du pendule simple est un pur effet de la pesanteur, indépendant de l'influence accessoire de toutes les autres forces ; et même c'est sur cela qu'est fondé le principe rapporté déjà au chapitre VII, que le pendule est parfaitement convenable pour les recherches exactes sur la pesanteur.

De cette considération se déduit la quatrième loi suivante :

(4) Le temps de l'oscillation doit varier, tout le reste demeurant égal, lorsque la pesanteur elle-même varie. Ce temps doit être plus long, si la pesanteur diminue ; plus court, si elle augmente (*).

T le temps d'une oscillation dans l'arc CBH, V le sinus verse de l'angle CAB g la pesanteur, ou l'espace que décrirait un corps grave dans la première seconde de sa chute ; enfin π la demi-circonférence, ou 3,1415926 ; on a

$$T = \Pi\sqrt{\frac{L}{2g}}.\left(1 + \frac{1}{8}V + \frac{9}{256}V^2, \text{ etc.}\right).$$

La quantité comprise entre les parenthèses forme, à la vérité, une série infinie ; mais elle est si convergente, que dans les arcs très petits, le premier terme suffit déjà, en sorte que l'on peut prendre

$$T = \Pi\sqrt{\frac{L}{2g}}.$$

Dans les arcs plus grands, on a besoin du second, et même quelquefois du troisième terme ; on voit que g et L seront tous deux exprimés dans une même mesure, qui est l'unité de longueur, et le temps T est donné en secondes, parce que g correspond à la chute verticale libre, pendant une seconde de temps.

Cette formule sert de fondement à toute la théorie du pendule. Nous ferons seulement une remarque : quand on élève au carré la valeur approchée de T, et qu'on la multiplie par $2g$, on obtient

$$2gT^2 = \Pi^2 L.$$

Cette formule sert quand une des trois quantités T, g et L est donnée, et elle fait trouver la troisième ; résultat indispensable pour la théorie de la pesanteur.

(On trouvera plus de développement sur ce sujet, dans la *Mécanique* de M. Poisson. Il faut seulement remarquer que la quantité représentée ici par g, l'est par $\frac{1}{2}g$ dans son ouvrage.)

(*) D'après la formule approchée $T = \Pi\sqrt{\frac{L}{2g}}$, exposée dans la note du

§ 11. La théorie du pendule composé est encore plus difficile. Nous nous bornerons donc à éclaircir deux idées relatives à ce sujet, c'est-à-dire l'idée de la *longueur* d'un semblable pendule, et celle de son *centre d'oscillation* ou *point d'oscillation*.

Si l'on suspend à côté d'un pendule composé AC, *fig.* 12, un pendule simple AB, *fig.* 14, on peut les amener, par des allongemens ou des raccourcissemens, à osciller en temps égaux. Qu'on prenne alors la longueur AB du pendule simple, et qu'on la porte sur le pendule composé, de sorte que AD, *fig.* 12, =AB, *fig.* 14 : on trouvera que D est toujours au-dessous du centre de gravité B du pendule composé ; il y a même des cas où D tombe tout-à-fait hors du corps AC. Ce point D se nomme le *centre d'oscillation*, et AD (non pas AB, *fig.* 12, et encore moins AC) se nomme la *longueur* du pendule composé. Aussitôt qu'on connaît assez exactement le centre d'oscillation d'un pendule composé, il peut, à tous égards, tenir lieu d'un pendule simple.

3°. *Application du Pendule.*

§ 12. L'isochronisme des oscillations du pendule le rend le moyen le plus sûr de mesurer le temps, et en fait, par conséquent, le meilleur régulateur des horloges. Huyghens fut le premier qui en fit cette application. A la vérité, l'influence du chaud et du froid cause une petite irrégularité dans cet emploi du pendule ; mais on a trouvé le moyen d'y remédier (*).

---

précédent paragraphe, on voit que T est réciproque à la racine carrée de g, qui représente la force de la pesanteur.

(*) On sait que tous les corps se dilatent par la chaleur, et se contractent par le froid. Dans le premier cas, le pendule s'allongeant, le centre d'oscillation s'abaisse, et les oscillations deviennent plus lentes. Dans le second cas, le centre d'oscillation s'élevant, le pendule devient plus court, et sa marche s'accélère. On a imaginé d'opposer cette cause à elle-même, en assemblant des verges de métal de matières différentes, et qui se dilatent inégalement, de sorte que, quand le pendule s'allonge par l'effet de la dilatation, la lentille qui le termine se trouve en même temps rehaussée ; et au contraire, lorsque le pen-

§ 13. L'application du pendule à des recherches sur la pesanteur est encore beaucoup plus importante pour la Physique. A cet égard, nous remarquerons ce qui suit :

1°. L'isochronisme invariable des oscillations, tant qu'on ne change pas beaucoup de lieu, démontre l'invariabilité de la pesanteur elle-même.

2°. Le pendule prouve, non pas, à la vérité, d'une manière aussi frappante qu'une expérience dans le vide, mais néanmoins plus sûrement encore, que tous les corps acquièrent, par la pesanteur, la même vitesse dans la chute; car un corps qui tomberait plus lentement qu'un autre, devrait, s'il était suspendu comme un pendule, faire des oscillations plus lentes.

3°. Le pendule simple, qui bat les secondes, donne un moyen de trouver l'espace parcouru par un corps grave dans la première seconde de sa chute, plus exactement qu'on ne le peut faire avec la machine d'Atwood. En effet, sans avoir besoin d'une démonstration plus précise, on conçoit, qu'entre la lon-

---

dule se raccourcit par le froid, la position de sa lentille s'abaisse; de sorte que, par ces effets opposés, le centre d'oscillation demeure toujours immobile et les oscillations restent isochrones. Les appareils de ce genre se nomment des *compensateurs*. On peut faire un compensateur, en prenant, pour former le pendule, un tube creux de verre, rempli en partie de mercure. Ce tube s'allonge par la chaleur et se raccourcit par le froid; mais le mercure, placé au bas, se dilate et se contracte aussi en même temps dans un plus grand rapport; de sorte qu'on peut enfin trouver une quantité de mercure telle, que ces deux effets se compensent, et que le centre d'oscillation demeure toujours au même point, au moins tant qu'il ne faut obvier qu'aux changemens naturels de température de l'atmosphère. Il existe des pendules ainsi compensés, qui marchent très régulièrement; et l'appareil est si facile à faire, qu'il devrait être employé par toutes les personnes qui, aimant l'exactitude, ne peuvent pas se procurer de compensateurs de métal. On assure aussi que des verges de sapin bouillies dans l'huile, et séchées ensuite, éprouvent des dilatations si peu sensibles, qu'on peut les employer dans les pendules, sans compensation; mais en observant avec de pareils pendules aux îles Shetland, j'y ai reconnu des effets de torsion hygrométriques qui affaiblissaient beaucoup leurs avantages. Les personnes qui désireraient plus de détails sur cette matière importante, peuvent consulter mon *Traité de Physique expérimentale et mathématique*, tome I, page 167 et suiv.

gueur du pendule simple à secondes, et cette hauteur de chute, il doit y avoir un rapport déterminé, puisque ces deux résultats ne dépendent que de la force de la pesanteur. On peut d'ailleurs démontrer par le calcul que la longueur du pendule à secondes est à l'espace que la pesanteur fait décrire en une seconde, comme 1 : 4,93480 (*) ; en sorte que l'on peut déduire l'un de ces résultats de l'autre, par une simple proportion. Or, sous la latitude de Paris, la longueur du pendule simple à secondes est à peu près $440^l,60$, par conséquent on en tire $g=15^{pieds},099$; ce qui ne diffère que d'une petite quantité des 15 pieds $\frac{1}{10}$ dont nous avons fait usage jusqu'à présent.

4°. L'opinion de Newton sur l'affaiblissement de la pesanteur qui doit avoir lieu sous l'équateur est parfaitement confirmée par les observations du pendule. Un pendule qui bat ici les secondes exactement oscille plus lentement sous l'équateur, et plus vite dans les contrées du Nord. Ainsi, pour qu'il continue de marquer les secondes exactes, il faut qu'il soit raccourci sous l'équateur, et allongé sous les pôles. Parmi les nombreuses observations de cette espèce, nous citerons les suivantes :

LIEUX D'OBSERVATION.	LATITUDE septentrionale.	LONGUEUR du pendule à sec. en lig. de Paris.	VALEUR de g en pieds de France.
Quito........	0°13′	439,10	15,0477
Paris	48.50	440,60	15,0991
Kola en Laponie	68.52	441,31	15,1235

On voit, dans la note page 54, comment les nombres de la quatrième colonne peuvent être calculés d'après ceux de la troisième ; les valeurs de g, qui en résultent, doivent être considérées comme la mesure propre de la pesanteur dans les lieux où sont faites ces observations. On trouve plusieurs expériences semblables dans l'ouvrage de Bode, intitulé *Kenntniss der*

(*) Si dans la formule $2gT^2 = \Pi^2 L$, de la page 54, on fait $T = 1$, on trouve $2g = \Pi^2 L$, ce qui donne $1 : \frac{1}{2}\Pi^2 :: L : g$, ce qui est la proportion énoncée dans le texte.

Erdkugel, 2e édit., page 186, Berlin, 1803. (*Voyez* aussi la *Mécanique céleste*, et les *Mémoires de l'Académie des Sciences* de Paris, tome VIII.)

5°. Sur les très hautes montagnes, les oscillations du pendule sont un peu ralenties. Bouguer trouva qu'un pendule qui faisait 98770 oscillations en 24 heures au bord de la mer, n'en faisait sur le Pichincha que 98720 dans le même temps. La pesanteur diminue donc lorsqu'on s'éloigne de la terre.

6°. Le pendule nous indique, lorsqu'il est en repos, la direction de la pesanteur de la manière la plus exacte. Dans le voisinage des grandes chaînes de montagnes, on a trouvé que sa direction dévie un peu de la verticale, et s'incline vers la chaîne de montagnes : ce qui est une preuve évidente d'une force attractive des montagnes, qui s'exerce sur le corps du pendule (*). Les observations les plus exactes de ce genre ont été faites en Écosse, l'année 1774, par l'astronome anglais Maskeline. Il calcula la force attractive de la montagne d'après le petit angle dont le fil-à-plomb déviait de la direction verticale, et il la compara avec la force attractive de la terre entière, qu'il connaissait par les effets de la pesanteur; cela le mit en état de conclure le rapport de la masse de la montagne avec la masse de la terre entière; et le résultat de cette recherche importante, mais délicate, fut que la masse terrestre est environ 4 fois ½ aussi considérable que le serait la masse d'un globe d'eau de semblable volume. L'opinion de ceux qui admettent que l'intérieur de la terre est rempli d'eau est réfutée par ce résultat. Ainsi, nous devons même au pendule quelques inductions sur la nature, ou du moins la densité des substances qui peuvent composer l'intérieur du globe terrestre (**).

(*) On prouve et on mesure cette déviation, en observant les distances méridiennes d'une même étoile au zénith, d'un côté et de l'autre de la montagne. Comme ces distances se comptent à partir de la verticale indiquée par le fil-à-plomb, on voit si elles sont les mêmes ou si elles diffèrent; car l'attraction de la montagne tend à augmenter l'une et à diminuer l'autre.

(**) M. Cavendish est parvenu au même résultat par une expérience très

7°. Enfin, le pendule peut être appliqué à diverses expériences sur le mouvement des corps, puisqu'on peut, par son moyen, produire aisément des mouvemens de grandeur, de direction et de vitesse déterminés; car on peut démontrer, par des raisonnemens géométriques, que la vitesse du pendule au point B, *fig.* 15, quand il tombe de diverses hauteurs, est comme les cordes des arcs parcourus, c'est-à-dire la vitesse du pendule en B, quand il a commencé son mouvement en C, est à la vitesse en B, quand il a commencé son mouvement en E seulement, comme l'arc CB est à l'arc EB. Il est facile maintenant de diviser l'arc BC de manière que les cordes calculées à partir de B soient comme les nombres 1, 2, 3, 4, etc. Si on élève une fois le pendule jusqu'à 12, une autre fois jusqu'à 5, les vitesses en B seront comme 12 est à 5, etc. On peut nommer un arc ainsi divisé, une *échelle de vitesse* (*).

Dans ces circonstances, l'unité de vitesse n'est pas déterminée, et l'échelle donne seulement les rapports de vitesse; mais on peut disposer l'appareil de manière que l'échelle indique en pouces les vitesses absolues qu'acquiert le pendule (**).

---

simple, en rendant sensible l'attraction de deux grosses boules de métal sur les extrémités d'un levier horizontal, suspendu par son centre à un fil métallique susceptible de développer par la torsion une faible résistance propre à mesurer la force attractive. (Voyez la *Mécanique* de M. Poisson, tome II, page 34.)

(*) Nommons V et V′ les vitesses que le pendule acquiert par sa chute dans les arcs CB et EB; ces vitesses sont les mêmes que celle qu'un corps acquiert en chute libre dans les lignes verticales DB et FB, page 44, § 12. On a donc $V^2 : V'^2 :: DB : FB$ (chap. XII, § 4, n° 3). Maintenant, d'après une propriété connue du cercle, $2AB : BC :: BC : BD$, et $2AB : BE :: BE : BF$; ici BC et BE désignent les cordes des deux arcs. Par conséquent, $BD = \frac{BC^2}{2AB}$ et $BF = \frac{BE^2}{2AB}$; ainsi $V^2 : V'^2 :: BC^2 : BE^2$; ou $V : V' :: BC : BE$. C'est-à-dire que les vitesses sont proportionnelles aux cordes des arcs qui restent à parcourir jusqu'au point le plus bas.

(**) La question est de trouver l'angle BAC, sous lequel il faut élever le pendule pour qu'il arrive en B avec une vitesse donnée V. D'après l'article 5, page 48, ligne 1 de la note, on a $DB = \frac{V^2}{4g}$, lorsque le pendule doit avoir en B la vitesse V. Maintenant, soit le rayon de la circonférence décrite, $AB = L$;

CHAPITRE XV.

De la communication du Mouvement par le choc.

§ 1. Puisque dans l'espace où nous vivons, il ne se trouve aucune place absolument vide de toute matière impénétrable, chaque corps qui se meut est en choc continuel avec d'autres corps; par conséquent on ne peut apprécier aucun mouvement avec une parfaite exactitude, si l'on ignore les lois d'après lesquelles les corps se communiquent les uns aux autres leur mouvement par le choc.

§ 2. Les appareils au moyen desquels on fait des recherches sur le choc des corps se nomment *machines à percussion*; et

---

on en tirera $AD = L - \frac{V^2}{4g}$. Or, dans le triangle CDA on a

$$AC : AD :: 1 : \cos BAC;$$

par conséquent $$\cos BAC = \frac{A.}{AC} = 1 - \frac{V^2}{4gL};$$

d'où l'on peut déduire l'angle BAC par les tables trigonométriques. Si, dans cette formule, on exprime g et L en pouces, et qu'on mette successivement pour V les nombres naturels 1, 2, 3, 4, 5, on aura une série d'angles qui montrera de combien le pendule doit être élevé, pour avoir en B, 1, 2, 3, 4.... etc., pouces de vitesse. On peut donc, au moyen de ces angles, former sur l'arc BC une échelle des vitesses absolues.

L'isochronisme du pendule circulaire n'est qu'approché; il n'a lieu que pour les très petits arcs, et l'on a vu que les oscillations deviennent plus lentes à mesure que les arcs sont plus grands. Mais on peut se proposer de chercher la forme qu'il faudrait donner à une ligne courbe pour que l'isochronisme fût rigoureux dans tous les arcs. Les géomètres ont déterminé cette forme. C'est celle de la courbe que l'on nomme *cycloïde* ou *roulette*, parce qu'elle peut être engendrée par un point d'un cercle roulant sur une ligne droite. Cette courbe est telle, que la gravité décomposée suivant chacun de ses élémens est toujours exactement proportionnelle à l'arc qui reste à parcourir jusqu'au point le plus bas; et c'est ce qui y produit l'isochronisme. On a tenté d'appliquer cette courbe aux horloges; mais la difficulté de sa construction rigoureuse l'a fait abandonner; et d'ailleurs, comme on fait toujours les arcs d'oscillation très petits dans ces instrumens, elle y devient tout-à-fait inutile, l'arc de cercle se confondant alors avec celui de la cycloïde rigoureuse.

les parties essentielles de la principale de ces machines sont deux pendules AB et CD, *fig.* 16, de longueur égale, et suspendus près l'un de l'autre, de manière que les corps pesans B et D qui les terminent soient exactement en contact. Derrière eux se trouvent, sur le même support où ils sont attachés, des échelles de vitesses disposées selon ce qui est dit pag. 59, § 13, n° 7. Ces échelles peuvent être tracées sur des arcs décrits des points A et C comme centres; ou plus commodément encore, elles peuvent être tracées sur une ligne droite EF; de sorte que si l'on élève un des pendules jusqu'à un certain point G, le chiffre qui se trouve en G indique la vitesse que le pendule aura au point le plus bas de sa route, où il ira choquer la masse D de l'autre pendule. On peut ainsi faire frapper un seul pendule contre l'autre, ou tous deux à la fois l'un contre l'autre, et observer les changemens qui arrivent dans leurs mouvemens par le choc.

Une autre machine consiste en une rangée de boules contiguës. Celle-ci sert pour montrer comment le mouvement d'une seule ou de plusieurs se transmet à toutes les autres.

Dans un autre appareil, deux pendules peuvent frapper à la fois un troisième corps.

Il existe encore un autre appareil qui appartient aux machines de percussion, c'est celui par lequel on fait tomber des corps pesans d'une hauteur déterminée, sur un corps dur ou mou, afin d'observer les effets de ce choc (*).

§ 3. Selon la troisième loi du mouvement de Newton, p. 21, § 8, il se fait à chaque choc de deux corps une transmission de mouvement de l'un à l'autre; mais on ne peut pas déterminer en général la quantité du mouvement qui se transmet, parce que cela dépend d'un grand nombre de circonstances particulières. Parmi ces circonstances se trouvent la direction des corps mis en mouvement, leur forme, leur masse, leur vitesse, leur force de cohésion, leur élasticité, leur état d'agréga-

(*) Les machines de percussion sont décrites dans s'Gravesande, *Elementa Physices*, et dans les *Leçons de Physique* de Nollet.

tion, etc. Puisqu'il faut avoir égard à toutes ces choses, la théorie du choc doit être assez étendue, et non pas sans difficulté dans quelques parties. Nous sommes donc obligés de nous borner à exposer ici les cas les plus remarquables, et principalement les chocs centraux et droits entre les corps élastiques et non élastiques. Le choc s'appelle *central*, quand les corps se meuvent avant le choc dans la ligne droite qu'on peut mener de leurs deux centres de gravité, et que le choc même arrive dans cette ligne. Il s'appelle *droit*, quand les surfaces sont perpendiculaires à la direction du mouvement à l'endroit où elles se rencontrent.

§ 4. Le seul cas que nous voulons développer avec un peu de détail, est le choc des corps non élastiques, parce que de celui-là se déduisent toutes les recherches sur le choc. Quand deux corps de cette nature se choquent l'un l'autre, le corps mis en mouvement communique à celui qui est en repos, ou qui est mu contradictoirement, la quantité de mouvement nécessaire pour qu'ils prennent tous deux une égale vitesse. Il en est de même de deux corps, dont l'un se meut plus vite et l'autre plus lentement. Lorsqu'ils ont acquis une vitesse égale, l'effet du choc est terminé, puisqu'aucune pression n'a plus lieu entre eux, et qu'ils poursuivent leur mouvement ensemble et avec une égale vitesse, comme s'ils formaient un seul corps.

Le cas qui se présente le plus fréquemment, mais qui est aussi le plus facile à déterminer, est celui où le corps choqué est en repos. On conçoit aisément, même sans calcul, que, dans ce cas, la vitesse après le choc doit être fort variée, et dépendre principalement des rapports des deux masses. Plus la masse du corps choqué est petite, comparativement avec celle du corps qui la vient frapper, moins il faudra de force pour la mettre en mouvement, et moins aussi la vitesse du corps choquant sera changée. Au contraire, plus cette masse est considérable, et plus le mouvement des deux corps sera lent après le choc. Si la masse du corps choqué est beaucoup plus grande que celle du corps choquant, le mouvement après le choc sera, non pas nul, à la vérité, mais absolument inappréciable pour nos sens. Un coup de marteau contre une muraille, une pierre qui tombe sur la terre, peuvent servir d'exemples pour ceci (*).

§ 5. Parmi les circonstances qui modifient l'effet du choc, nous parlerons d'abord de la force de cohésion. Le choc agit d'une manière immédiate seulement sur les parties touchées, et de celles-ci il se propage au loin dans les autres, d'autant plus vite, que les corps sont plus durs et moins flexibles, et d'autant plus lentement que leurs particules cèdent davantage. Dans ce dernier cas, les corps sont comprimés et leur forme est changée ; ou bien, si la force de cohésion est moins considérable que la force du choc, ils sont rompus en fragmens plus ou moins nombreux. Enfin, selon que les corps sont durs ou tendres, solides ou mous, tenaces ou friables, etc., les effets sont modifiés différemment.

§ 6. L'élasticité surtout a une grande influence sur l'effet du choc. Puisque les particules des corps élastiques cèdent,

---

(*) Lorsque les masses et les vitesses qu'avaient les corps avant le choc sont connues, il n'est pas difficile de trouver, par le calcul, la vitesse après le choc. Soient M la masse, et V la vitesse du corps choquant, M′ la masse, et V′ la vitesse du corps choqué. On doit remarquer que V′ doit être pris positivement lorsque les deux corps se meuvent vers le même côté, négativement lorsqu'ils sont dirigés l'un contre l'autre. Dans cette supposition, la somme des quantités de mouvement, avant le choc, est $= MV + M'V'$. Après le choc, les deux corps ont une vitesse égale, que nous nommerons X ; et la masse mise en mouvement est $= M + M'$. Par conséquent la somme du mouvement après le choc $= (M + M')X$. Ces deux sommes doivent être égales, par conséquent $X = \frac{MV + M'V'}{M + M'}$. La conséquence rapportée dans le texte se déduit rigoureusement de cette formule : si M′ est en repos avant le choc, $V' = 0$; par conséquent, $X = \frac{MV}{M + M'}$. Si V′ n'est pas égal à zéro, mais que la masse M′ soit infiniment petite, et comme nulle par rapport à M, on a $X = \frac{MV}{M} = V$, c'est-à-dire que le corps M ne perd qu'une partie infiniment petite de sa vitesse. Si au contraire la masse M est assez petite pour pouvoir être négligée relativement à M′, on a $X = \frac{M'V'}{M'} = V'$; c'est-à-dire que le corps M′ n'acquiert ni ne perd rien par le choc, ou du moins ne perd qu'une partie infiniment petite de sa vitesse.

elles sont comprimées tant que la vitesse des deux corps est encore inégale. Par suite de cela, l'effet du choc ne cesse pas pour eux, comme pour les corps non élastiques, aussitôt que la vitesse est égale dans les deux corps ; mais ils s'écartent alors l'un de l'autre, parce qu'ils s'efforcent de reprendre leur forme ; et s'ils étaient parfaitement élastiques, ils le feraient justement avec la même force qui les a d'abord comprimés. Ainsi, le corps choquant perd justement le double du mouvement, et le corps choqué en gagne justement le double de ce qu'il aurait eu s'ils eussent été non élastiques. Enfin, lorsque les corps sont imparfaitement élastiques, la perte et l'augmentation du mouvement sont, à la vérité, plus considérables que pour les corps non élastiques, mais non pas cependant suivant une proportion double, comme dans les corps dont l'élasticité est parfaite (*).

(*) Soient M la masse du corps choquant, V sa vitesse avant le choc, et u sa vitesse après le choc : soient M′ la masse du corps choqué, V′ sa vitesse avant le choc, et u' sa vitesse après le choc. Si les deux corps n'étaient point élastiques, leur vitesse commune, après le choc, serait $x = \frac{MV + M'V'}{M + M'}$ (§ 4, note), et M aurait perdu en vitesse $V - x$. Cette perte serait double dans les corps parfaitement élastiques, par conséquent égale à $2(V - x)$; et seulement un peu plus grande que $(V - x)$ dans les corps imparfaitement élastiques. Soit donc n un nombre entre 1 et 2 ; on peut supposer généralement la perte de vitesse $= n(V - x)$; il reste donc, après le choc, la vitesse $u = V - n(V - x)$; semblablement le corps M′, s'il n'est point élastique, gagnera par le choc $x - V'$, ou $2(x - V')$ s'il est parfaitement élastique, ou en général $n(x - V')$. Sa vitesse, après le choc, sera donc $u' = V' + n(x - V')$. Si dans les valeurs de u et de u' on met, au lieu de x, sa valeur $x = \frac{MV + M'V'}{M + M'}$, on obtient par une transformation très simple,

$$u = V - n\left(\frac{V - V'}{M + M'}\right)M',$$

$$u' = V' + n\left(\frac{V - V'}{M + M'}\right)M.$$

Ces deux formules sont d'un usage très général. Si l'on suppose $n = 2$, elles servent pour les corps parfaitement élastiques. Si l'on suppose $n = 1$, elles servent pour les corps non élastiques. Enfin, si les corps ont une élasticité imparfaite, n a une valeur moyenne qui peut être trouvée par des expériences.

§ 7. Les variations qui proviennent de la direction du choc sont encore plus multipliées. Nous remarquerons seulement cette seule loi, qu'à chaque choc *excentrique* il se produit toujours un mouvement circulaire autour du centre de gravité ; ce qui rend l'estimation mathématique de l'effet très difficile dans beaucoup de cas. La loi est, au reste, si générale, que, quand deux corps tiennent ensemble par un lien visible, ou même par le lien invisible d'une force attractive, aucun mouvement partiel d'un des corps n'est possible sans que l'autre s'en ressente ; et si l'un d'eux est mis en mouvement, tous deux commencent à tourner autour du centre de gravité commun. Ainsi se meuvent la lune et la terre autour de leur centre commun de gravité ; de même les planètes ne se meuvent pas seulement, à proprement parler, autour du soleil, mais elles tournent avec lui autour du centre de gravité de tout le système solaire, etc.

§ 8. Nous ne rapporterons qu'un seul cas de *choc oblique*. Si une boule élastique A, *fig.* 17, est jetée dans la direction BA contre une paroi élastique, l'expérience apprend qu'elle rebondit dans la direction AH sous un angle égal. Pour expliquer cet effet, il n'y a qu'à prendre la ligne BA pour représenter la force du choc ; et décomposer cette force en deux autres, dont l'une FA est parallèle à la paroi CD, et l'autre EA lui est perpendiculaire. La force EA produit, contre la paroi, un choc dont l'effet consisterait, si cette force agissait seule, à faire bondir le corps avec une force AE, égale à celle avec laquelle il a frappé la paroi dans cette direction. Quant à l'autre force FA, si elle ne trouvait aucun obstacle, le corps serait poussé dans la direction AG. Ce corps est donc sollicité après le choc par deux forces : l'une le pousse vers la direction AE, l'autre vers la direction AG. Il suivra donc la diagonale AH. En général, le choc oblique et le choc excentrique se ramènent, par la décomposition des forces, aux lois des chocs centraux et droits.

§ 9. Nous avons aussi indiqué l'état d'agrégation des corps parmi les circonstances qui modifient l'effet du choc. Si un corps solide se meut dans une matière fluide, ou si un fluide se meut dans un autre, ces corps sont en choc continuel l'un par rapport à l'autre. Mais, comme cette partie difficile de la théorie appartient à l'étude des corps liquides ou aériformes, nous remarquerons seulement que l'on observe encore dans ces mouvemens l'égalité d'action et de réaction qui constitue le troisième principe de Newton; car, conformément à ce principe, le corps qu'on fait mouvoir perd justement autant de mouvement qu'il en communique au milieu fluide. On doit avoir égard à cette loi, si l'on veut juger exactement d'un mouvement quelconque qui se passe dans l'air ou dans l'eau (*).

CHAPITRE XVI.

Des Mouvemens de vibration, et du Son qu'ils produisent, ou premiers principes d'Acoustique.

§ 1. Tout ce que nous savons sur la production du son nous a été appris par l'observation des corps solides sonores; c'est pourquoi l'Acoustique sera exposée ici, et non pas, comme on le fait ordinairement, à l'article de la théorie de l'air.

§ 2. Si un fil de métal élastique tendu, ou toute autre espèce de corde d'instrument AB, *fig.* 18, est tiré de sa direction rectiligne AB, et ensuite abandonné à lui-même, il ne revient pas immédiatement à cette direction; mais, semblable à un pendule écarté de la verticale, il va et revient avec beaucoup de vitesse, de part et d'autre de la ligne AB, en prenant, dans ses écarts, des courbures ACD, ADB, successivement opposées. Un mouvement de ce genre, lorsqu'il est très rapide, se nomme *mouvement d'oscillation* ou de *vibration*. La théorie de ces mou-

(*) On trouve un détail complet des lois du choc pour les corps solides, dans le *Dictionnaire de Physique* de Gehler, à l'article *Stoss*. (Voyez aussi s'Gravesande, *Physices Elementa Mathematica*.)

Voyez surtout la *Mécanique* de M. Poisson.

vemens n'est pas facile : nous allons, par cette raison, exposer d'abord historiquement leurs lois, et ensuite nous les confirmerons par les expériences.

§ 3. Les vibrations d'une corde ont cela de commun avec les oscillations du pendule, qu'elles sont presque exactement isochrones. Le temps d'une vibration dépend de la longueur, du poids, de la tension de la corde, et non pas de la nature de la substance dont elle est formée (*).

§ 4. Lorsque les vibrations sont très vives, on entend un *ton* déterminé, qui est plus ou moins *grave* ou *élevé*, selon la vitesse des vibrations.

§ 5. On appelle *monocorde* une tablette de bois sur laquelle on tend une seule corde ou un très petit nombre de cordes, de manière qu'on peut changer leur longueur ainsi que leur tension. Cet instrument est très commode pour faire concevoir les lois des oscillations. Quand on fait des expériences avec cet instrument, on doit admettre le principe suivant, qui se démontre par le calcul, c'est que *les temps d'oscillation d'une même corde, tout le reste demeurant égal, sont proportionnels à sa longueur.*

(*) Soit T le temps d'une vibration; représentons toujours par g l'espace que la gravité fait décrire aux corps dans une seconde de temps; nommons l la longueur de la corde, p son poids, et f la force qui la tend; on a $T = \sqrt{\frac{lp}{2gf}}$. Cette formule sert pour toutes les cordes en général, quelle que soit la matière qui les compose.

Considérons une corde cylindrique, d'une épaisseur et d'une élasticité constantes dans toute sa longueur. Soit r le rayon de sa section transversale ou la moitié de son épaisseur. Appelons δ le poids spécifique de la matière qui la compose. Si nous désignons par π la demi-circonférence dont le rayon $= 1$, le volume de la corde sera $= \pi r^2 l$, et son poids $p = \pi r^2 l\delta$. Qu'on mette cette valeur dans la formule ci-dessus, on a

$$T = \sqrt{\frac{\pi r^2 l^2 \delta}{2gf}} = rl\sqrt{\frac{\pi\delta}{2gf}}.$$

Cette formule est aussi générale que la précédente, et elle est plus commode pour les cordes qui sont homogènes dans toute leur longueur.

§ 6. Au moyen du monocorde, on démontre qu'à chaque rapport d'oscillations, ou de la longueur de la corde, répond un intervalle musical particulier, ainsi :

	Rapport	Intervalle
Pour le rapport.............	1 : 2	l'octave.
	2 : 3	quinte.
	3 : 4	quarte.
	4 : 5	tierce majeure.
	5 : 6	tierce mineure.
	6 : 7	seconde superflue.
	7 : 8	seconde.
	8 : 9	ton entier.
	9 : 10	ton entier.
	10 : 11	ton entier.
	11 : 12	demi-ton.
	12 : 13	demi-ton.
	13 : 14	demi-ton.
	14 : 15	demi-ton.
	15 : 16	demi-ton.

Les rapports exprimés par des nombres plus composés ne servent que peu dans la musique. Les cinq premiers, en y ajoutant le rapport de 3 : 5, qui donne la sixte, sont appelés *consonnances* ou *intervalles consonnans;* les autres se nomment *dissonances*.

§ 7. Une corde rend le ton qui lui est propre, soit en la frappant, soit en passant sur elle un archet de violon. Dans le premier cas, une oreille exercée entend, outre le ton fondamental de la corde, une infinité d'autres sons qui l'accompagnent. Si l'on nomme 1 le temps de vibration du ton fondamental, $\frac{1}{2}$ sera le temps de vibration du ton relatif le plus prochain, et les suivans seront $\frac{1}{3}$, $\frac{1}{4}$, $\frac{1}{5}$, $\frac{1}{6}$, $\frac{1}{7}$, etc. Ces tons relatifs sont produits, parce qu'en même temps qu'il se fait une oscillation de la corde entière, *fig.* 18, sa moitié, *fig.* 19, son tiers, *fig.* 20, son quart, *fig.* 21, vibrent aussi ; ce qui rend le mouvement composé de la corde fort compliqué. Les points G, *fig.* 19; K, L, *fig.* 20; O, P, Q, *fig.* 21, dans lesquels la direction de la vibration change, se nomment *nœuds d'oscillation.* On peut, avec une certaine adresse, ne produire que des tons relatifs.

§ 8. On peut, au moyen d'un archet, tirer des tons non-seulement des cordes, mais encore de tous les corps tant soit peu élastiques. Chladni, à qui l'Acoustique doit tant de découvertes précieuses, a donné un moyen de rendre presque visibles les oscillations des plateaux et de beaucoup d'autres corps, en les saupoudrant de sable également répandu. (*)

§ 9. Après le monocorde, rien n'est plus utile pour les recherches théoriques sur le son, que les vibrations des lames élastiques assujetties fixément à l'une de leurs extrémités. On peut les prendre assez longues pour pouvoir compter leurs vibrations. On peut aussi, en les raccourcissant par degré, rendre sensible cette loi, que *les temps d'oscillations décroissent comme le carré de sa longueur*. En diminuant leur épaisseur, on parvient à produire des oscillations si rapides, qu'elles donnent un son sensible à l'oreille. On peut, par conséquent, trouver, au moyen du calcul, les temps d'oscillations qui échappent à l'observation. Enfin, en joignant à ceci l'étude du monocorde, on peut confirmer par l'expérience tout ce que la théorie nous a appris sur les tons.

§ 10. On démontre, par des expériences de ce genre, que le plus grave des tons appréciables est celui que donne une corde qui fait environ 32 vibrations par seconde; chacune des octaves de ce son répond à un nombre de vibrations double de celui qui le précède; ce qui donne la série suivante :

Nombre des oscillations de la corde dans une seconde de temps.

Ton le plus grave.	32 oscillations.
1re octave.	64
2e.	128
3e	256
4e	512
5e	1024
6e	2048

Il y a aussi, dans le haut, une limite aux tons appréciables;

(*) Galilée avait déjà indiqué ce procédé dans ses Dialogues.

la 9e octave, au-dessus du ton le plus grave, passe pour le ton le plus élevé qui puisse être sensible à l'ouïe (*).

§ 11. Quoique nous ne devions examiner les propriétés de l'air que dans la cinquième section, nous pouvons cependant supposer comme connu que l'air possède un haut degré d'élasticité, c'est-à-dire qu'il se laisse comprimer par la pression, et que, la pression cessant, il se dilate de nouveau. D'après cela, on comprend facilement que les vibrations d'un corps sonore doivent nécessairement produire un semblable mouvement de vibration, lequel se peut propager jusqu'à une grande distance du corps sonore. Si l'on réfléchit maintenant à ce qui arrive dans l'air environnant, lorsqu'une corde AB, *fig.* 22, commence à vibrer, on se convaincra facilement qu'autour de la corde il doit se produire des couches d'air comprimées A*c*B, A*d*B, A*e*B, A*f*B, A*g*B, A*h*B, etc., qui alternent avec des couches d'air raréfiées. Ces pressions et ces raréfactions alternatives, qu'on nomme *ondulations du son*, se succèdent avec une grande vitesse près de la corde, sans que pour cela les particules d'air isolées qui les composent changent sensiblement de place. C'est un mouvement qui a beaucoup de ressemblance avec les ondulations circulaires que produit une pierre qu'on jette dans l'eau tranquille. Lorsque ce mouvement de l'air se propage jusqu'à notre oreille, le son nous devient sensible.

§ 12. L'expérience apprend que tous les sons se propagent également vite, sans égard à la vitesse des vibrations. Dans l'air atmosphérique, cette vitesse est, selon des observations exactes, de 1042 pieds dans une seconde; mais le son se propage aussi à travers l'eau et les corps solides, et avec une vitesse encore plus grande, ainsi que le prouvent les expériences.

§ 13. Quant à la force du son, les observations ont montré

(*) Wollaston, dont nous déplorons en ce moment la perte, a reconnu que tous les sons ne sont pas également perceptibles par tous les organes. Il serait extrêmement curieux d'étudier comparativement ce phénomène dans les diverses classes d'animaux.

qu'elle croît dans un air plus dense, et qu'elle diminue dans un air plus rare. Elle décroît aussi avec l'éloignement, et vraisemblablement en raison inverse du carré de la distance.

§ 14. Il est difficile de déterminer, par des expériences, si le son ne se propage qu'en ligne droite, ou s'il se transmet aussi dans des directions curvilignes, puisque les jugemens de nos sens, sur la direction du son, ont beaucoup d'incertitude. La répercussion du son par les corps solides, selon les lois du choc élastique, rend la première opinion vraisemblable. C'est à cette répercussion que se rapportent les phénomènes de l'écho, du porte-voix, du cornet acoustique, et des voûtes qui renvoient les sons.

§ 15. Dans les instrumens à vent, ce n'est pas le corps solide, mais la colonne d'air interposée, qui forme le corps sonore. Cependant, les propriétés particulières de ces vibrations ne sont pas encore suffisamment éclaircies.

§ 16. Indépendamment de l'élévation et de la gravité des tons, il y a encore un grand nombre de modifications du son, sur la formation desquelles on ne peut rien dire de déterminé, quoique l'oreille les distingue avec beaucoup d'exactitude. Parmi ces modifications se trouvent les sons particuliers de chaque instrument et de la voix humaine. L'articulation de la voix humaine est surtout remarquable, ainsi que les parties qui la constituent, et que nous nommons *voyelles* et *consonnes*. Nous exprimons les diverses variétés du son par les mots *ton*, *bruit*, *murmure*, etc.

§ 17. On doit chercher la description des organes de l'ouïe et de la voix, dans les ouvrages d'Anatomie et de Physiologie (*).

(*) Depuis la dernière édition de cet ouvrage, l'Acoustique a pris une face toute nouvelle, et elle est devenue d'une utilité singulière pour étudier la constitution moléculaire des corps. Cette extension et cette application importante sont dues principalement, ou même presque entièrement, aux nombreuses recherches expérimentales que M. Savart a faites sur cette branche de la Physique, et qu'on peut lire dans les *Annales de Physique et de Chimie*.

En généralisant et variant le mode d'expérience que Chaldni avait employé pour rendre sensibles les subdivisions spontanées des corps solides mis en vibration, M. Savart s'est attaché à déduire de ces phénomènes composés, les mouvemens individuels des particules, qui en sont évidemment le principe élémentaire et fondamental. Il a examiné comment ces mouvemens pouvaient être produits par divers modes d'ébranlement; quels étaient alors, pour chacun de ces modes, leur sens, leurs lois, leurs caractères physiques; comment, une fois excités partiellement sur certaines molécules d'un corps, ils se transmettaient et se communiquaient à toute sa masse, et même aux particules des corps contigus. Il a cherché en quoi ces phénomènes étaient modifiés par la constitution particulière des divers corps solides, soit cristallisés, soit non cristallisés. Il a reconnu et mesuré les valeurs diverses de la réaction élastique, qu'ils indiquent dans l'intérieur de tous les corps solides observables, quelle que soit l'homogénéité que l'on s'efforce de donner à leur constitution. L'analyse mathématique, éclairée par ces découvertes, y a trouvé les indications nécessaires pour se rapprocher des réalités physiques beaucoup plus qu'on n'avait même essayé de le faire jusqu'alors. M. Poisson et M. Cauchy ont, pour la première fois, parmi les géomètres, établi les équations des mouvemens des corps élastiques, conformément à la véritable constitution physique de ces corps, c'est-à-dire en les considérant comme de simples agrégations de particules matérielles de forme quelconque, maintenues en équilibre solide par des forces inconnues, assujetties à la seule condition de décroître très rapidement avec la distance; et les formules déduites de cette notion générale ont offert l'accord le plus complet avec les observations, dans tous les cas où l'on a pu les leur comparer.

M. Savart a fait des travaux non moins nombreux et non moins importans sur les oscillations de l'air dans les tuyaux où il est mis en vibration, par une embouchure. Il a analysé les effets variés de ce mode d'ébranlement, et en a déduit son influence sur les tons produits; il a également étudié les vibrations des membranes élastiques, ainsi que la nature des ondulations qu'elles peuvent exciter dans l'air qui les environne; et, de tous ces faits réunis, il a déduit une analyse des organes de l'ouïe et de la voix dans les animaux et dans l'homme, incomparablement mieux fondée et plus approfondie que tout ce que l'on avait fait, ou même pu faire, jusqu'alors.

La nature mixte de ces travaux m'engage à indiquer ici une application de l'Acoustique qui pourrait être facilement réalisée par les naturalistes habitués à apprécier musicalement des sons. Elle consiste à observer le ton des sons que font entendre un grand nombre d'insectes pendant le vol, par le seul effet du mouvement de vibration de leurs ailes; car de là on pourrait déduire le nombre de ces vibrations par seconde qui semble devoir être fort considérable; et l'on en tirerait des inductions, peut-être jusqu'ici peu soupçonnées, sur l'énergie de la force musculaire qui les produit.

(L'Éditeur.)

TROISIÈME SECTION.

DE LA CHALEUR.

CHAPITRE XVII.

De la Chaleur en général, de sa force de dilatation, du Thermomètre et du Pyromètre.

§ 1. La chaleur, que nous connaissons d'abord par une sensation particulière, et dont nous nommons les graduations principales, *feu*, *chaleur* et *froid*, a une grande influence dans la nature. Par sa diminution, presque tous les corps liquides, et même beaucoup de substances aériformes, se solidifient; par son augmentation, presque tous les liquides, et même beaucoup de solides, deviennent aériformes. Sans la chaleur, il n'y aurait aucune vie, aucune organisation; enfin, l'emploi que nous en faisons pour nos besoins naturels ou artificiels est si varié, et d'une telle importance, que, si l'usage du feu était retiré à l'homme, il serait rabaissé à l'état d'imperfection des animaux. Ceci doit suffire pour engager à étudier avec soin cette force importante de la nature.

§ 2. La cause de la chaleur échappe à nos sens. Les physiciens mécanistes penchent à l'attribuer à un mouvement intérieur des plus petites particules des corps. Les physiciens chimistes admettent unanimement pour principes de ces phénomènes une matière propre, qu'ils nomment *calorique*. Nous trouverons dans la suite, sinon des preuves décisives, du moins des raisons très fortes à l'appui de cette opinion.

Jusque là nous allons employer le mot calorique, seulement comme une manière commode de s'exprimer.

§ 3. Le premier effet de la chaleur que nous devons observer, c'est qu'elle dilate tous les corps ; les solides assez peu (*), les liquides davantage (**), et les substances aériformes dans une proportion encore plus grande (***).

§ 4. Ce phénomène a offert un moyen naturel et simple pour mesurer, avec la plus grande exactitude, les accroissemens et les diminutions de la chaleur. Les instrumens qui servent à cet usage se nomment *thermomètres*. Ce fut un Hollandais, nommé Drebbel, qui imagina le premier instrument de cette espèce, à la fin du XVIe siècle ; mais il était encore très imparfait. Dans le XVIIe siècle, les académiciens de Florence en perfectionnèrent la construction ; enfin, au XVIIIe, Fahrenheit, à Dantzick, et Réaumur, en France, découvrirent en même temps les principes exacts de la fabrication de ces instrumens. (Pour l'histoire de cette découverte, *voyez* Gehler et Fischer, art. *Thermometer*. On la trouve encore plus détaillée dans la *Pyrométrie* de Lambert, Berlin, 1779.)

§ 5. L'appareil le plus en usage maintenant, est celui qu'on

(*) On prouve la dilatabilité des corps solides par une expérience très simple. On a une barre métallique AB, *fig.* 23, qui, étant froide, passe exactement entre les deux colonnes verticales CD et EF ; on échauffe cette barre sans chauffer l'appareil CDEF, alors elle ne peut plus passer entre les colonnes CD, EF, et elle est retenue dans une situation oblique entre elles.

(**) Quand on remplit un flacon AB, *fig.* 24, avec un liquide, et qu'on y plonge un tube CD, ouvert par les deux bouts, en prenant soin de luter exactement l'orifice F, l'eau s'élève dans le tube lorsque le flacon est échauffé, et finit bientôt par le remplir entièrement.

(***) Si l'on met seulement dans le flacon assez d'eau pour que l'ouverture inférieure d'un tube y plonge, et qu'on échauffe l'air intérieur, l'eau montera très sensiblement dans le tube.

Ou, mieux encore, ne laissez que de l'air dans le flacon, et après avoir luté très exactement l'orifice avec le tube, faites entrer dans celui-ci une goutte de liqueur colorée ; le moindre refroidissement de l'air intérieur fera descendre la goutte et la précipitera dans le flacon ; au contraire, le moindre échauffement la fera monter et la chassera hors du tube.

nomme, avec raison, *thermomètre de Deluc*, parce que cet estimable savant s'en est surtout occupé dans ses recherches, quoiqu'il fût déjà en usage auparavant. Voici la description de ses parties essentielles : une petite boule de verre est soufflée au bout inférieur d'un tube de verre calibré AB, *fig.* 25 ; ensuite on chauffe cette boule, le tube étant ouvert, afin de dilater l'air qu'il renferme, puis on le renverse et on le plonge par le bout dans du mercure. Peu à peu l'air intérieur, en se refroidissant, se condense, et le mercure monte dans le tube par la pression hydrostatique de l'air extérieur, ainsi que nous le démontrerons plus tard. Mais nous donnons ici cette ascension comme un fait que l'on peut aisément vérifier. Quand le tube et une partie de la boule sont remplis de mercure, on retourne l'instrument, on le ferme à la lampe, et l'on plonge la boule dans l'eau bouillante ; le mercure remonte jusqu'à un certain point constant E, qu'on appelle *point d'ébullition*, et il demeure invariablement à ce point, tant que la boule de verre reste dans l'eau bouillante ; ensuite on plonge la boule dans la glace fondante, le mercure baisse, mais seulement jusqu'à un certain point G, où il demeure invariablement fixé, tant que la glace n'est pas entièrement fondue. Ce point se nomme *point de congélation naturelle*. La distance GE entre les deux points ainsi déterminés, se nomme la *distance fondamentale*. On attache le tube à une petite planche, sur laquelle on divise cette distance fondamentale en 80 parties, et l'on continue de marquer des divisions égales au-dessous de G et au-dessus de E, aussi loin que le tube du thermomètre peut s'étendre. En G, on marque zéro, et l'on commence à compter de ce point, soit en allant vers le haut ou vers le bas.

§ 6. Qu'on divise GE en 180 parties, qu'on écrive zéro en K, qui est un point placé à la 32e de ces parties, au-dessous de G, et qu'on commence à compter de là, en allant vers le haut et vers le bas, de sorte que le point G soit marqué 32, et le point E 212, on aura un *thermomètre de Fahrenheit*, dans lequel K se nomme *point de congélation artificielle*. Si l'instrument n'est pas rempli avec du mercure, mais avec de l'alcool, et qu'il soit gradué comme il est dit § 5, on a le véritable thermomètre de Réaumur. La nouvelle échelle française du thermomètre à mercure est la même que l'échelle suédoise de Celsius. La distance fondamentale est divisée en 100 parties, qu'on commence à compter du point de congélation (*).

(*) Cette méthode suppose que le tube est bien cylindrique dans son intérieur, en sorte que des quantités de mercure égales répondent à des divisions égales en longueur. Or, c'est ce qui ne se rencontre jamais, quelque soin qu'on prenne à choisir les tubes; et voilà pourquoi il n'y a presque pas de bons thermomètres, peut-être même pourrait-on dire qu'il n'y en a point du tout. Gay-Lussac, qui a fait des expériences très exactes sur la dilatation des gaz, a eu besoin d'exécuter des thermomètres parfaits; et voici le moyen qu'il a imaginé pour se les procurer, en divisant ses tubes exactement.

Prenez un tube de verre ouvert par les deux bouts, introduisez-y une certaine quantité de mercure, il en résultera une petite colonne intérieure au tube. Marquez sur le verre même les points extrêmes où aboutit cette colonne, et promenez-la ainsi successivement sur toute la longueur du tube, à partir d'une de ses extrémités; vous aurez ainsi une première échelle de parties égales, dont je nommerai la longueur *l*.

Faites ensuite sortir une portion du mercure que vous avez introduit; par exemple, un peu moins de la moitié. Si vous amenez la colonne restante vers l'une des extrémités du tube, de manière qu'elle aboutisse précisément au premier trait, elle n'atteindra plus le second, mais elle dépassera la moitié de l'intervalle *l*; marquez le point où elle se termine. Amenez maintenant son extrémité au second trait; elle n'atteindra plus le premier, mais elle occupera plus de la moitié de l'intervalle *l*. Marquez encore le point où elle s'arrête. Ce point et le précédent sont également éloignés du milieu de l'intervalle *l*. Ainsi vous aurez le milieu, en prenant la moitié de l'intervalle qui les sépare; car si vous avez fait sortir à peu près la moitié du mercure introduit d'abord, et que le tube ne soit pas très inégal, la distance des deux points doit être peu considérable, et le tube peut bien être regardé comme cylindrique dans une si petite étendue. En répétant la même expérience sur toutes les grandes divisions successivement, vous marquerez le milieu de chacune d'elles; ce qui vous donnera une nouvelle échelle de parties égales qui seront deux fois plus nombreuses. Divisez encore ces dernières par la même méthode, et ainsi de suite, vous parviendrez à avoir sur votre tube, tel nombre de divisions égales que vous voudrez.

Alors faites souffler une boule à l'une des extrémités du tube, introduisez-y du mercure bien pur et bien sec, que vous ferez bouillir dans le tube même; puis achevez votre thermomètre comme à l'ordinaire, en marquant le point de la glace fondante, et celui de l'ébullition de l'eau. Comptez combien il se

§ 7. Le thermomètre à air consiste en un tube ABC, *fig*. 26, recourbé en B, et terminé par une boule C. La boule est remplie en partie avec de l'air ; le reste de l'espace contient du mercure, qui s'élève à peu près jusqu'à la moitié de la partie la plus allongée du tube. Lorsque l'air est chauffé en C, il se dilate, et le mercure s'élève ; lorsque l'air est refroidi, il redescend. Si les points de congélation et d'ébullition sont déterminés, comme il est dit ci-dessus (pag. 74, § 5), et si la distance fondamentale est divisée en 370 parties, on a le thermomètre à air de Lambert (*).

---

trouve, entre ces points, de divisions égales. Ce nombre vous donnera l'échelle de votre thermomètre, qui, construit sur ces principes, sera parfaitement exact.

Il sera facile de réduire ces degrés en degrés de Réaumur ou de Fahrenheit, ou en telle autre échelle que l'on voudra ; car, soit n le nombre des divisions comprises entre la glace et l'eau bouillante; il est facile de voir que chaque degré de ce thermomètre en vaudra $\frac{80}{n}$ de Réaumur, $\frac{180}{n}$ de Fahrenheit, et $\frac{100}{n}$ de l'échelle centigrade.

Lorsque l'on marque le degré de l'ébullition de l'eau, il faut noter en même temps la hauteur du baromètre qui indique le poids de l'atmosphère ; car l'eau bout à une moindre chaleur quand le baromètre est plus bas, et elle en exige une plus grande quand le baromètre est haut. C'est ce qu'on verra quand il sera question du poids de l'atmosphère, dans le chapitre suivant.

Le thermomètre est un instrument si généralement utile, et d'un usage si fréquent, que j'ai cru que les physiciens qui aiment l'exactitude ne me sauront pas mauvais gré d'être entré dans ces détails.

(*) Lorsqu'on veut mesurer très exactement de petits changemens de température, on emploie une autre sorte de *thermomètre à air*. On prend, comme pour le thermomètre ordinaire, un tube de verre terminé par une boule creuse ; mais au lieu d'y introduire du mercure, on se sert de l'air même qu'il contient pour mesurer les variations de température par les changemens de son volume. A cet effet, il faut séparer cet air intérieur d'avec l'air extérieur. Pour y parvenir, on prend la boule dans la main, afin d'échauffer un peu l'air qui s'y trouve renfermé ; cet échauffement le dilate et en chasse une partie ; alors on met à l'orifice du tube une petite goutte d'esprit-de-vin coloré, on retire la main ; l'air intérieur se refroidit, se contracte, la petite goutte entre dans le tube, et ensuite elle descend ou elle monte, suivant que la masse d'air intérieur se resserre ou se dilate; ce qui a lieu selon que la chaleur diminue ou augmente. La sensibilité de cet appareil dépend du rapport des volumes du

§ 8. Le mercure a, pour les usages thermométriques, les avantages suivans : 1°. il supporte, avant de bouillir ou de devenir aériforme, plus de chaleur que tous les autres fluides ; et l'on peut, en l'employant, prolonger l'échelle au-dessus du point d'ébullition de l'eau, jusqu'à 252 de Deluc, et 600 de Fahrenheit. Au-dessous du point de congélation, elle peut être prolongée jusqu'à 32 de Deluc, et — 40 de Fahrenheit. A ce degré, le mercure devient solide. 2°. On peut avoir le mercure parfaitement pur, et de propriétés toujours semblables, plus facilement qu'aucun autre fluide ; par conséquent, les thermomètres à mercure peuvent plus aisément être rendus comparables les uns aux autres. 3°. Le mercure est plus sensible à l'action de la chaleur que tout autre fluide, c'est-à-dire qu'il marque plus promptement les effets de la chaleur et du froid. 4°. Son avantage essentiel consiste en ce que sa dilatation est presque proportionnelle à la marche effective de la chaleur, du moins entre les points d'ébullition et de congélation. C'est ce que Deluc a démontré par une série d'expériences très exactes (*).

---

tube et de la boule, et l'on peut la calculer d'après les lois connues de leurs dilatations. Mais on sent qu'à cause de cette sensibilité même, il ne peut être employé qu'entre des limites très peu étendues ; car, si le refroidissement est trop grand, la goutte liquide se précipite dans la boule ; et si, au contraire, il survient une trop grande augmentation de chaleur, la bulle est chassée hors du tube.

Si l'on souffle ainsi deux boules aux deux extrémités d'un même tube, et qu'on y introduise, par un très petit trou que l'on ferme ensuite, une goutte d'esprit-de-vin coloré, cette bulle ne sera influencée que par la différence de température des deux masses d'air qu'elle sépare. Cet instrument, qui peut servir dans une infinité d'expériences délicates, se nomme un *Thermoscope.*

(*) Quand on mêle deux parties d'eau d'un poids égal, mais de températures différentes, un thermomètre plongé dans le mélange doit indiquer le degré justement intermédiaire entre leurs deux degrés de chaleur, pourvu que sa marche soit proportionnelle à celle de la chaleur. C'est sur cela que se fonde la méthode de Deluc, pour éprouver la marche du thermomètre à mercure, comparativement avec celle de la chaleur. (*Voyez* les Recherches de Deluc sur les modifications de l'atmosphère.)

L'expérience précédente est extrêmement difficile à faire avec exactitude ;

Du Pyromètre.

§ 9. On a imaginé divers instrumens pour mesurer les degrés de chaleur très élevés; on les nomme *pyromètres*. La plupart sont fondés sur la dilatation des corps solides, et principalement sur celle des métaux. (*Voyez* Gehler et Fischer, art. *Thermometer* et *Pyrometer*.) Tous ces instrumens sont encore très imparfaits. Le meilleur est celui que Wedgewood a inventé. (Gehler, IV, pag. 360; Fischer, V, pag. 107.)

---

car, pour y parvenir, il faudrait soustraire totalement les corps sur lesquels on opère à l'influence des corps étrangers. Cependant la vérité qu'elle tend à établir, étant extrêmement importante, on a cherché à le faire d'une autre manière qui fût plus sûre et plus exacte. C'est à quoi Gay-Lussac est heureusement parvenu, comme on va le voir.

Ce qui fait que la dilatation d'un corps peut n'être pas proportionnelle à la chaleur, c'est que, si ce corps change d'état, sa capacité pour la chaleur change aussi, en sorte qu'il en faut plus ou moins qu'auparavant pour faire changer sa température d'un même nombre de degrés; et, quoique l'on puisse éviter ces extrêmes, et ne pas aller, par exemple, jusqu'à l'ébullition, qui fait passer les corps de l'état liquide à l'état aériforme, cependant on peut ne pas éviter tout-à-fait ces inconvéniens; car il est de fait que les corps participent long-temps d'avance à ces modifications, et leurs propriétés se préparent, en quelque sorte, par des nuances insensibles, à ces changemens qu'elles doivent subir. On pourrait donc, par cette raison, douter si les dilatations du mercure de o à 80° conservent une marche égale et proportionnelle aux accroissemens de la chaleur, quoique ce dernier terme lui-même soit encore très éloigné du point où le mercure commence à bouillir. Mais on peut, sans aucun doute, admettre cette proportionnalité relativement à l'air et aux autres substances aériformes que nous ne pouvons jamais faire changer d'état par aucun moyen physique quelconque. Or, en observant comparativement, par un grand nombre d'expériences, la marche du thermomètre à mercure et celle du thermomètre à air, Gay-Lussac a trouvé qu'elle est exactement la même; de sorte qu'entre ces limites, les degrés du thermomètre à mercure peuvent être considérés comme indiquant, avec une extrême vraisemblance, des accroissemens égaux de chaleur. Depuis, MM. Dulong et Petit ont fait voir que cette propriété est l'effet d'une compensation qui s'établit entre les inégalités de dilatation du mercure et du verre qui le renferme; ils ont trouvé que chacune de ces dilatations, mesurée à part, et d'une manière absolue, est croissante à mesure que la température s'élève, quand on la compare à celle de l'air sec. Mais le thermomètre à mercure ne montre que

L'idée d'après laquelle il est composé est la suivante. L'argile pure, et toutes les poteries d'argile, font une exception apparente à la loi de la dilatation des corps par la chaleur (pag. 74, § 3). Les morceaux d'argile qui n'ont pas été cuits, mais seulement séchés à l'air, se contractent par la chaleur, d'autant plus qu'elle est plus intense; et lorsqu'ils sont refroidis, ils ne reprennent pas leurs dimensions précédentes. Cela vient de ce que l'argile séchée contient encore une certaine quantité d'eau, qui lui est enlevée peu à peu par la chaleur. D'après cette observation, Wedgewood fit préparer des tubes d'argile de dimensions exactement déterminées; puis il les exposa à l'action de la chaleur qu'il voulait mesurer. Ainsi, il les plaça, par exemple, dans un creuset avec de l'argent en fusion, et après les avoir laissés quelque temps, il les retira; et en mesurant, au moyen d'un appareil fort simple, la diminution de leur diamètre, il en conclut le degré de la chaleur. Il se servit, pour déterminer ce degré, d'une échelle particulière, mais qui est comparable à celle de Deluc et à celle de Fahrenheit. De nouvelles expériences ont cependant appris que les données fournies par cet instrument sont encore un peu incertaines (*).

---

la différence de ces accroissemens, différence qui devient insensible entre 0 et 80; c'est pourquoi ses indications semblent parfaitement exactes dans ces limites. Elles ne le sont pourtant pas tout-à-fait, et l'erreur augmente avec la température, mais toujours par le seul effet des différences de dilatations du mercure et du verre; de sorte, par exemple, que lorsque le thermomètre à mercure marque 300° au-dessus de la température de la glace fondante, le thermomètre à air marque déjà 293, ce qui donne seulement une erreur de 7°.

(*) J'ai moi-même donné un moyen que je crois très exact pour mesurer les plus hautes températures. Il est fondé sur cette propriété que j'ai démontrée par expérience, c'est que, lorsqu'une barre métallique, exposée dans un air tranquille, est plongée par une de ses extrémités dans une source de température constante, les élévations de température de chaque point décroissent en progression géométrique, quand les distances au foyer sont en progression arithmétique. De cette manière, lorsqu'on connaît par expérience la propagation de la chaleur dans une barre, il suffit d'observer la température d'un de

De quelques points remarquables des Échelles thermométriques et pyrométriques.

§ 10. Outre les points de congélation et d'ébullition, on a encore observé, au moyen des instrumens que nous venons de décrire, plusieurs degrés remarquables de chaleur, parmi lesquels nous indiquerons les suivans :

Dégrés du Thermomètre.	Deluc.	Fahrenheit.	Wedgewood.
Mercure congelé	— 32	— 40	
Un mélange de parties égales de neige et d'ammoniaque	— 14 $\frac{2}{9}$	± 0	
Eau gelée	+ 0	+ 32	
Caves profondes, chaleur douce du printemps	+ 10	+ 54	
Chaleur d'été modérée	+ 14	+ 64	
Inflammation du phosphore	+ 20	+ 77	
Chaleur du sang humain	+ 30	+ 99	
Fusion de la cire	+ 48	+ 140	
Ebullition de l'alcool	+ 63	+ 174	
Ebullition du soufre	+ 90	+ 234	
Fusion du zinc	+ 164	+ 400	
—— du bismuth	+ 190	+ 460	
—— du plomb	+ 209	+ 502	
Ebullition du mercure	+ 252	+ 600	
Le fer paraît rouge au jour, à	+ 464	+ 1077	0
Fusion du cuivre	+ 2024	+ 4587	27
—— de l'argent	+ 2082	+ 4717	28
—— de l'or	+ 2315	+ 5237	32
Chaleur nécessaire pour incorporer ensemble des barres de fer	+ 5953	+ 13427	95
Degré extrême de chaleur d'une forge	+ 7687	+ 17327	125
Fusion de la fonte de fer	+ 7976	+ 17977	130

ses points, et la distance de ce point à la source constante de chaleur, pour connaître la température de cette dernière. J'ai fait l'application de cette méthode à la détermination de la température de l'étain et du plomb fondant; c'est ainsi que j'ai trouvé cette dernière égale à 208°,6. Le décroissement de la chaleur avec la distance est si rapide, qu'il n'y aurait aucun moyen physique de faire monter d'un degré la température à l'extrémité d'une barre de fer de deux mètres de longueur et de deux centimètres d'équarrissage, en la chauffant par l'autre extrémité; car la chaleur qu'il faudrait y appliquer serait beaucoup plus forte que celle qu'il faudrait pour la faire fondre. (Voyez la *Bibliothèque Britannique.*)

Puisque les degrés les plus élevés du thermomètre peuvent être observés également avec le pyromètre et avec le thermomètre, on conçoit la possibilité de comparer ensemble les échelles des deux instrumens, quoique le thermomètre ne puisse pas servir au-dessus de 252 de Deluc. On trouve plusieurs autres degrés indiqués dans la *Pyrométrie* de Lambert, § 508. (*Voyez* aussi Gehler, IV, pag. 344 et 363; Klugels, Encycl. III, pag. 393.) (*)

§ 11. Dans le nombre des instrumens qui servent à mesurer la chaleur, il n'en est aucun qui suive parfaitement la même marche qu'elle, et qui puisse être employé sous toutes les températures. Cependant, pour en avoir une mesure générale, au moins en idée, on suppose un thermomètre à mercure dont la marche serait exactement proportionnelle à la chaleur, et qui pourrait ainsi servir sous toutes les températures. Cette mesure idéale de la chaleur s'accorde assez bien avec le véritable thermomètre à mercure, entre les points de congélation et d'ébullition. Au-dessus du point d'ébullition, le vrai thermomètre a une marche plus rapide; au-dessous du point de congélation, il a une marche plus lente. Mais on peut comparer cette mesure fictive avec le pyromètre pour les degrés de chaleur très élevés; et, pour les degrés plus bas que la congélation, peut-être la comparaison avec le thermomètre à alcool serait-elle plus convenable. Il est donc possible, en effet, de mesurer tous les degrés de température, quoique l'estimation

---

(*) Je remarquerai, au sujet de ce tableau, que la température des souterrains n'est pas la même par toute la terre, comme l'auteur semble l'indiquer ici. Le thermomètre monte dans les sables des tropiques à une très grande élévation. On l'a trouvée de 25° centigrades au fond du puits de Joseph en Égypte, à plus de 200 pieds de profondeur. A Paris, dans les caves de l'Observatoire, il se tient à 12° centigrades, environ 10° de Réaumur; et enfin il y a des lieux dans la Sibérie, où la terre, dit-on, ne dégèle jamais, de sorte que la température des souterrains n'y est pas au-dessus de 0. On voit donc que la température de la terre, ou du moins de ses couches extérieures, que nous appelons souterraines, va en diminuant graduellement de l'équateur aux pôles.

des degrés extrêmes de froid et de chaud doive être soumise à beaucoup d'incertitude. En terminant ce chapitre, nous rapporterons les résultats de quelques expériences que l'on a faites sur la dilatation des différens corps par la chaleur.

§ 12. Les corps de nature différente, soit solides, soit liquides, sont inégalement dilatés par la chaleur; la marche de ces dilatations est même inégale pour un même corps, selon les divers degrés de chaleur auxquels on l'expose. On trouve cependant, qu'à quelques exceptions près, ils se dilatent généralement davantage à mesure qu'ils approchent du point où ils doivent perdre leur état d'agrégation. Mais on ne peut pas dire, jusqu'à présent, que pour aucun corps, à l'exception peut-être du mercure, la marche de dilatation ait été observée assez exactement, pour qu'on puisse en déterminer précisément la quantité à chaque température (*). On se borne ordinairement à fixer la dilatation entre les points de congélation et d'ébullition, et d'après cela on l'évalue proportionnellement pour chaque degré du thermomètre. On a rassemblé dans la table suivante les *dilatations linéaires* de diverses substances, depuis 0° jusqu'à 80° du thermomètre de Deluc, ou, ce qui revient au même, depuis 0° jusqu'à 100° du thermomètre centésimal. Par *dilatation linéaire*, on entend celle que l'on mesurerait dans le sens d'une même dimension du corps échauffé, par exemple, celle qui s'opérerait sur la longueur d'une règle qui à 0° serait supposée égale à l'unité (**).

(*) Depuis que l'auteur écrivait ceci, la détermination dont il parle a été obtenue, par MM. Petit et Dulong, avec une exactitude qui ne laisse rien à désirer.

(**) Les dilatations du verre et des métaux solides, rapportées dans le tableau de la page suivante, ne sont pas celles qu'avait données l'auteur. J'y ai substitué les résultats que MM. Lavoisier et Laplace ont obtenus par une longue suite d'expériences qui ont été publiées pour la première fois dans mon *Traité de Physique*. J'y ai joint la dilatation du platine, déterminée par Borda, dans son travail pour la mesure du pendule.

Acier non trempé.	0,0010791
Argent de coupelle.	0,0019097
Cuivre	0,0017173
Cuivre jaune ou laiton.	0,0018782
Étain de Falmouth.	0,0021730
Fer doux forgé.	0,0012205
Fer rond passé à la filière.	0,0012350
Mercure	0,0061592
Flint-glass anglais.	0,0008117
Or de départ.	0,0014661
Or au titre de Paris.	0,0015515
Platine.	0,0008565
Plomb.	0,0028484
Verre de Saint-Gobin.	0,0008909

§ 13. Deux habiles observateurs, Dalton, à Manchester, et Gay-Lussac, à Paris, ont fait, en même temps, des expériences très rigoureuses sur la dilatation des fluides élastiques, tant des vapeurs que des gaz permanens, et ils ont tous deux trouvé que *tous les fluides élastiques sous des pressions égales, se dilatent aussi également par la chaleur.* Cette dilatation, depuis 0 jusqu'à 80°, est, selon Gay-Lussac, de 0,375 du volume primitif, représenté par l'unité à 0°; selon Dalton, ce serait 0,398. (Gilbert, XIII, 314.) Le premier nombre paraît s'approcher davantage de la vérité, parce qu'il s'accorde parfaitement avec des expériences très exactes sur l'air atmosphérique, faites plus anciennement par le célèbre astronome Mayer. On est autorisé par là à conclure que la dilatation des gaz est un effet simple, uniquement dû à la chaleur, mais que la dilatation des autres corps est le résultat composé de plusieurs forces. La dilatation des gaz est exactement proportionnelle à la chaleur; ce qui donne lieu d'espérer qu'on pourra mesurer exactement cette dernière, en faisant usage de cette propriété (*).

(*) *Voyez*, sur les expériences de Gay-Lussac, les *Annales de Chimie*,

La table contenue dans la page précédente ne donne la dilatation des corps que dans une seule dimension ; si l'on voulait avoir la dilatation du volume, il faudrait tripler les nombres exprimés dans la table.

Par exemple, la dilatation du mercure depuis 0 jusqu'à 100° du thermomètre centésimal, est exprimée par 0,061591 ; prenant le centième de ce nombre, on aura la dilatation linéaire pour un degré centésimal, égale à 0,00061591 de la longueur primitive à 0° ; et triplant ce nombre, on aura la dilatation cubique égale à 0,00184773, ou $\frac{1}{5412}$ du volume primitif à 0°, comme cela résulte des expériences de MM. Lavoisier et Laplace.

Cette règle est fondée sur un théorème de Géométrie très simple. Considérons un volume homogène V qui, se dilatant par la chaleur, devienne égal à V' : il conservera une forme semblable dans ces deux états. Or, les volumes des corps semblables sont entre eux comme les cubes des côtés homologues ; par exemple, comme les cubes de leurs longueurs l', l, mesurées dans une même direction ; on aura donc l'équation

$$\frac{V'}{V} = \frac{l'^3}{l^3},$$

d'où $$\frac{V' - V}{V} = \frac{l'^3 - l^3}{l^3} = \frac{(l'^2 + ll' + l^2)(l' - l)}{l^3}.$$

Si la dilatation linéaire $l' - l$ est fort petite, relativement à l, la dilatation $V' - V$ du volume sera pareillement très petite

---

thermidor an 10 ; *Essai de Statique chimique* de Berthollet. Biot, *Traité de Physique*.

Annales de Gilbert, XII, 255. Sur les expériences de Dalton, Gilbert, XII, 310. Biot, *Traité de Physique*.

Voyez aussi la note de la page 76. La valeur de la dilatation linéaire du mercure entre 0 et 100°, a été trouvée, par MM. Dulong et Petit, égale à $\frac{1}{5550}$ au lieu de $\frac{1}{5412}$ qu'avaient trouvé Lavoisier et Laplace. La différence de ces dilatations est 0,0000046 ; ainsi, elle ne produirait qu'une différence de $\frac{46}{100}$ de millimètre sur une longueur de 1 mètre dilatée de 0 à 100°. La plus petite altération dans la pureté du mercure s'il n'est point distillé, peut avoir une influence plus considérable.

relativement à V ; ainsi, en regardant ces dilatations comme assez petites pour qu'on puisse se borner à la première puissance des fractions qui les représentent, on voit que dans le facteur $l'^2 + ll'$, l^2 on pourra les négliger et y supposer $l = l'$; mais alors ce facteur se réduit à $3l^2$, et le numérateur, ainsi que le dénominateur du second membre, deviennent divisibles par l^2 ; effectuant cette division, il reste

$$\frac{V' - V}{V} = \frac{3(l' - l)}{l};$$

c'est-à-dire qu'en triplant la dilatation linéaire $\frac{l' - l}{l}$ qui est donnée par la table de la page 84, on a la dilatation du volume $\frac{V' - V}{V}$, comme nous l'avons annoncé.

Addition. La plupart des données relatives à la dilatation des corps, qui manquaient à l'époque où M. Fischer a composé son Livre, ont été depuis déterminées avec un soin et une précision extrêmes par MM. Petit et Dulong, dans un travail couronné par l'Institut de France, dont je rapporterai ici quelques-uns des résultats.

1°. En comparant la dilatation absolue de l'air sec à la dilatation apparente du mercure dans le verre, ils ont trouvé celle-ci croissante, quoique d'une quantité peu considérable. Le thermomètre de mercure marquait 300°, quand le thermomètre d'air corrigé de la dilatation du verre en marquait 292,70 ; au point de l'ébullition du mercure, le premier marqua 360°, le second 350°. L'erreur n'était donc que de 10° ; les deux échelles partaient de la glace fondante.

Ce peu de différence tenait, comme nous l'avons dit plus haut, à une compensation produite par la dilatation aussi croissante de l'enveloppe du verre ; car, les auteurs ayant observé, par un moyen particulier, la dilatation absolue du mercure, comparativement à celle de l'air, trouvèrent qu'elle croissait beaucoup plus vite ; en effet, de 0 à 100 elle fut $\frac{1}{5550}$ du volume par degré centésimal ; de 0 à 200, $\frac{1}{5425}$; de 0 à

300, $\frac{1}{5300}$. Les températures étaient comptées d'après la dilatation de l'air ; de sorte qu'un thermomètre fondé sur la dilatation absolue du mercure aurait marqué, à ces diverses températures, 0 ; 100° ; 204°,61 ; 314°,15 ; et ainsi à la dernière il se serait trouvé en erreur de 14°,15, lesquels se seraient réduits à 10° seulement, si l'on eût pris la dilatation apparente dans le verre.

MM. Petit et Dulong ayant aussi comparé la dilatation de l'air à celle des solides, ont trouvé celle-ci semblablement croissante, même à des températures bien éloignées du terme de fusion. Ainsi, aux termes de 100°, 200°, 300°, mesurés par la dilatation absolue de l'air, un thermomètre construit d'après la dilatation d'une lame de verre supposée uniforme, marquera 100° ; 213°,2 ; 352°,9 ; avec le fer on aurait, pour les deux extrêmes, 100° ; 372°,6 ; avec le cuivre, 100° ; 328°,8 ; avec le platine, 100° ; 311°,6. Ces résultats, extrêmement remarquables, suffisent pour corriger les températures qui seraient calculées sur la supposition jusqu'alors bien vraisemblable d'une dilatation sensiblement uniforme. (*Voyez* les *Annales de Chimie* pour l'année 1818.)

CHAPITRE XVIII.

Changemens des états d'agrégation par la Chaleur.

§ 1. Un effet très remarquable du calorique, est le changement d'état d'agrégation qu'il fait éprouver à un grand nombre de corps. Nous allons considérer quelques corps sous ce point de vue.

§ 2. L'eau est liquide tant que la température reste entre 0 et 80° de Deluc. Refroidie jusqu'à 0, elle prend l'état solide et devient glace. Durant le refroidissement, sa dilatation diminue jusqu'à ce qu'elle se trouve environ à 3 degrés $\frac{1}{3}$, où elle a sa plus grande densité. Au-delà de ce point, elle se dilate de nouveau, et à 0° elle remplit à peu près le même espace qu'elle occupait à 6 ou 7 degrés. Mais dans l'instant où elle devient glace, elle subit une dilatation beaucoup plus grande, qui agit même avec une telle force, qu'elle peut rompre les vases les plus solides. Après la congélation, la dilatation s'accroît encore un peu, jusqu'à ce que la glace soit environ de $\frac{1}{9}$ plus rare que l'eau; ensuite elle se contracte toujours davantage par l'accroissement du froid, de même que tous les corps solides. (*Voyez* Gehler et Fischer, art. *Eis.*)

§ 3. Quand on échauffe l'eau peu à peu, sa dilatation augmente à mesure qu'elle devient plus chaude. Lorsqu'elle atteint le 80° de Deluc, son volume est environ de $\frac{1}{23}$ plus considérable qu'à 0° (*); mais à 80°, des bulles, en s'élevant, produisent un mouvement particulier qu'on appelle l'ébullition. En faisant l'expérience dans un appareil distillatoire fermé, on peut s'assurer que les bulles qui s'élèvent ne sont pas formées d'air, mais d'eau devenue élastique, et qui reprend, dans le récipient plus froid, son état d'eau liquide. Son volume est si considérablement augmenté par le passage à l'état élastique, qu'un pouce cubique d'eau remplit alors l'espace d'un pied cubique, c'est-à-dire qu'il est dilaté environ 1728 fois. D'après cela, on peut concevoir les effets prodigieux qu'opère la vapeur d'eau dans la *marmite de Papin, l'éolipyle,* la *machine à vapeur,* etc.

§ 4. La dilatation du mercure varie aussi par le refroidissement, mais d'une manière beaucoup plus uniforme que celle de l'eau; il ne se fait même aucun changement de dilatation sensible avant la congélation, qui arrive à — 32° de Deluc; mais on remarque une très forte contraction à l'instant même où le mercure prend l'état solide. S'il est chauffé jusqu'à

(*) M. Fischer avait supposé la dilatation de l'eau égale à $\frac{1}{18}$, depuis 0 jusqu'à 100°; j'ai substitué à cette évaluation celle de $\frac{1}{23}$ qui m'a paru plus exacte, et que j'ai déduite, dans mon *Traité de Physique*, des expériences de Deluc et de Dalton.

252° de Deluc, il commence à devenir vapeur élastique, c'est-à-dire qu'il entre en ébullition (*).

§ 5. L'alcool très pur commence à bouillir à 60° de Deluc. Lorsqu'il est mêlé avec de l'eau, il supporte une chaleur beaucoup plus grande avant de changer d'état. Aussi l'alcool doit-il être fortement étendu d'eau dans le vrai thermomètre de Réaumur; et cependant le point d'ébullition y est toujours trop bas de quelques degrés. Avant l'ébullition, il se dilate avec une force croissante, et sa vapeur possède un haut degré d'élasticité (**). La dilatation de l'alcool décroît par le refroidissement, et il a peut-être pour les degrés de froid considérables une marche plus conforme à celle de la chaleur que le mercure. Nous ne connaissons aucun degré du froid où il prenne l'état solide. Par cette raison, le thermomètre à esprit-de-vin est plus propre que le thermomètre de mercure à mesurer les degrés de froid extrêmes.

§ 6. La chaleur opère les mêmes phénomènes dans beaucoup d'autres corps. Tous les métaux que nous pouvons fondre deviennent liquides à un degré de chaleur déterminé, et élastiques à une chaleur plus grande : il en est de même de tous les corps fusibles. Mais dans beaucoup de corps, le passage de l'état solide à l'état liquide ne se fait pas immédiatement. Les huiles grasses, par exemple, ne peuvent passer à l'état de vapeur élastique sans qu'il n'arrive quelque changement dans leur constitution chimique. Il existe aussi des corps solides sur lesquels la plus haute chaleur est sans aucun effet, et des fluides élastiques dont le plus grand froid ne peut pas changer l'état d'agrégation. C'est pour cela qu'on distingue les vapeurs élastiques des gaz permanens. Cependant, cette division n'est peut-être pas fort essentielle.

§ 7. Il nous reste encore à parler d'un phénomène très re-

(*) Nous avons vu plus haut que de 0° à 100° centésimaux, la dilatation absolue du mercure est $\frac{1}{5550}$ par chaque degré centésimal.

(**) La dilatation absolue de l'alcool le plus rectifié est $\frac{1}{8}$, depuis 0 jusqu'à 100° centésimaux.

marquable produit par les changemens de l'état d'agrégation. Lorsqu'on mêle une livre d'eau à 60° de Deluc, et une livre à 0°, il en résulte deux livres d'eau à 30°. Mais si l'on verse une livre d'eau à 60° sur une livre de glace à 0°, on obtient deux livres d'eau à la température de 0°. Toute la chaleur de l'eau versée est donc employée uniquement à fondre la glace, sans en élever nullement la température. On nomme cette chaleur, qui se dérobe aux sens et au thermomètre, *chaleur latente* ou *calorique combiné,* parce qu'on considère l'eau liquide comme une combinaison intime du calorique avec la matière de la glace.

§ 8. Autant que s'étendent les observations, il paraît qu'un semblable phénomène arrive toutes les fois qu'un corps solide se fond par le seul effet de la chaleur. C'est même sur ceci qu'est fondé le principe, que ce changement s'opère toujours à un degré de température déterminé, qui demeure invariable tout le temps que dure ce changement, parce que le calorique survenant est entièrement employé à fondre le reste du corps solide.

§ 9. Lorsque l'eau passe à l'état élastique, à 80° de Deluc, l'expérience nous apprend qu'aucune chaleur ne peut accroître sa température; et même la vapeur qui s'élève au-dessus de l'eau n'indique pas, tant qu'elle est libre, une température plus élevée que l'ébullition, quoique cette vapeur pût être chauffée beaucoup plus fortement si elle était coercée, et qu'il ne restât plus d'eau en ébullition. Il est donc sensible qu'il y a encore ici de la chaleur combinée, et que tout le calorique qui survient est employé à changer l'eau liquide en fluide élastique : par conséquent, tandis que le changement s'opère, il ne peut y avoir aucune élévation de température. La quantité de chaleur qui disparaît ou qui est combinée dans ce cas est si grande, que, d'après les expériences de Watt, il se produirait une température de 419° de Deluc, si la vapeur repassait à l'état d'eau. (Deluc, *Idées sur la Météorologie.*) Cependant, le point d'ébullition de l'eau ne peut être fixé à aucune température parfaitement constante, puisqu'il varie avec la pression de l'air. Plus l'eau est comprimée, plus elle peut être chauffée avant de bouillir. Aussi prend-elle, dans la marmite de Papin, une chaleur beaucoup plus élevée que celle de 80°. Au contraire, sous la cloche d'une pompe à air, l'eau bout déjà à une température de 20 à 30 degrés. L'instrument qu'on nomme *marteau d'eau* montre cette propriété d'une manière encore plus frappante. (Gehler, IV, 656; V, 106; Fischer, V, 542.) Le point d'ébullition d'un thermomètre doit être déterminé d'après un certain état fixe du baromètre; on le rapporte ordinairement à une hauteur de 28 pouces ou $0^{m},76$.

(*Voyez* Gehler et Fischer, aux art. *Sieden* et *Thermometer.*)

§ 10. Selon toutes les observations qu'on a pu faire, il se passe des phénomènes entièrement semblables dans l'ébullition de toutes les autres substances fluides. Ainsi, on est fondé à considérer comme générale la loi suivante : *Dans l'instant du passage, soit de l'état solide à l'état liquide, soit de l'état liquide à l'état aériforme, une certaine quantité de chaleur disparaît aux sens et au thermomètre, c'est-à-dire qu'elle est combinée.*

§ 11. Dans le retour de l'état aériforme à l'état liquide, ou de celui-ci à l'état solide, cette chaleur, qui avait disparu, reparaît ou devient libre. C'est ce qu'on observe surtout dans le phénomène suivant, qui a lieu quelquefois durant la congélation de l'eau. Fahrenheit observa le premier que l'eau tranquille peut se refroidir considérablement au-dessous du point de congélation, sans cesser d'être liquide; et des observations plus récentes ont prouvé que quelquefois elle peut rester dans cet état jusqu'à — 12° de Deluc; mais si l'on remue cette eau, ou qu'on l'agite d'une manière quelconque, une partie se change très promptement en glace, et un thermomètre plongé dans le fluide monte aussitôt à 0°. C'est là visiblement une conséquence de l'action de la chaleur combinée, qui devient libre au moment où l'eau prend l'état solide. Ainsi, les phénomènes les plus ordinaires de la congélation doivent présenter les mêmes effets lorsqu'on les observe avec assez d'attention.

§ 12. Dans le passage de l'état élastique à l'état liquide, le dégagement de la chaleur échauffe le vase d'une manière beaucoup plus forte qu'on ne devrait s'y attendre, d'après la quantité et la température des vapeurs qui se précipitent. C'est ainsi qu'on échauffe de l'eau dans un réfrigérant, et qu'on fait bouillir une quantité considérable d'eau froide en l'exposant à l'effet d'une petite quantité de vapeur élastique qui s'élève de l'eau bouillante.

§ 13. Comme on aperçoit aussi des phénomènes semblables dans les autres fluides, à mesure qu'ils passent d'un état d'agrégation plus rare à un état plus dense, on doit reconnaître ce qui suit comme un principe général.

Dans le passage de l'état élastique à l'état liquide, et de celui-ci à l'état solide, il y a toujours une certaine quantité de chaleur qui devient libre.

§ 14. Si de telles expériences ne décident pas absolument l'existence d'un calorique matériel, on ne peut cependant pas nier qu'elles ne la rendent très vraisemblable. Ceci confirme aussi l'opinion des chimistes, qui considèrent les fluides liquides et élastiques comme des combinaisons chimiques d'une matière solide avec de certaines quantités de calorique.

§ 15. Nous avons déjà remarqué (pag. 8, § 3) que l'état d'agrégation d'un corps ne dépend pas uniquement de la chaleur libre qui agit sur lui, mais encore de sa combinaison chimique avec d'autres substances. Les phénomènes du dégagement ou de l'absorption du calorique, expliqués dans les §§ 10 et 13, dépendent aussi de la nature des combinaisons et de l'état où elles se trouvent. Entre les expériences qui ont rapport à ceci, nous citerons les suivantes:

Quant on mouille la boule d'un thermomètre avec de l'éther, la liqueur du thermomètre descend durant l'évaporation. Lorsqu'on verse de l'eau sur de la chaux vive, une partie de l'eau devient solide, et le mélange s'échauffe considérablement. Lorsqu'on fait fondre dans de l'eau chaude autant de sulfate de soude qu'elle en peut dissoudre, et qu'on expose cette dissolution à un très grand froid, elle demeure claire et fluide tant qu'elle est en repos; mais si l'on jette dans cette dissolution, déjà très refroidie, un cristal de sulfate de soude, ou seulement si on la remue, une certaine partie du sel se cristallise à l'instant, et un thermomètre plongé dans le fluide s'élève de plusieurs degrés.

On verra, dans le chapitre suivant (§ 13), pourquoi les changemens de température produits par les combinaisons chimiques ne suivent pas toujours les principes rapportés aux articles 9 et 12.

CHAPITRE XIX.

De la propagation de la Chaleur.

§ 1. Lorsque des corps qui ont une chaleur inégale au thermomètre se touchent mutuellement, il se fait une transmission de chaleur du plus chaud au plus froid, jusqu'à ce que le thermomètre indique le même degré pour tous deux.

§ 2. Cette communication de la chaleur ne peut être détournée par aucun moyen. La chaleur est donc une chose qu'on ne peut empêcher de pénétrer dans les corps. Cependant elle se propage plus facilement et plus vite dans quelques corps que dans d'autres. Les meilleurs conducteurs de la chaleur sont les métaux et l'eau (*) ; les plus mauvais sont les substances terreuses, les cendres, le bois, le charbon, le papier, la laine, la toile, les fourrures, etc. On peut éprouver le pouvoir de conductibilité d'un corps, en le chauffant très fortement à l'une de ses extrémités, et observant le temps que la chaleur emploie à se propager à l'autre.

(*) On trouve dans les *Annales* de Gilbert, tom. I, II, V, et surtout tom. XIV, un grand nombre de mémoires relatifs au doute que le comte de Rumford a élevé dernièrement sur la conductibilité de l'eau et de tous les fluides liquides.

§ 3. Il y a dans l'air atmosphérique deux sortes de propagations de la chaleur. La première ne diffère pas de ce qui est décrit ci-dessus ; et l'air, à cet égard, doit être rangé dans la classe des mauvais conducteurs de la chaleur : l'autre consiste en ce qu'autour d'un corps échauffé il se répand, avec une vitesse instantanée, et en ligne droite, une chaleur qui ne se combine pas avec l'air, mais qui paraît seulement le traverser ; c'est ce qu'on nomme *chaleur rayonnante*. Scheele l'observa le premier, par hasard, devant la porte ouverte d'un four. Plusieurs corps la réfléchissent à la manière des rayons de lumière, particulièrement les métaux ; de sorte qu'on peut la réunir au foyer d'un miroir de métal. D'autres corps l'absorbent entièrement ou en partie. Lorsqu'on veut faire des expériences précises sur la chaleur, il faut distinguer avec grand soin ces deux genres de propagation.

On trouve des détails plus étendus sur la chaleur rayonnante, dans la *Physique* d'Haüy ; dans l'*Essai de Physique* de Pictet, 1re partie ; dans le *Voyage aux Alpes* de Saussure ; enfin, dans Gehler, IV, 553 ; Fischer, V, 343 (*).

§ 4. On doit une des plus importantes découvertes sur la théorie de la chaleur à un physicien suédois nommé Wilke, qui, dans l'année 1772, prouva que *les corps de natures différentes qui montrent une température égale au thermomètre, contiennent cependant des quantités de chaleur très inégales.* Les expériences d'après lesquelles il prouva ceci, furent faites de la manière suivante : en mettant une livre d'eau à 0° avec une livre d'eau à une autre température, par exemple à 36°, on obtient un mélange à 18°, par conséquent à la température moyenne ; mais si l'on plonge dans une livre d'eau à 0° une livre d'un métal à 36°, on observe, lorsque l'équilibre de chaleur est établi, une température beaucoup plus basse. Si, par exemple, le corps plongé est une masse de fer, l'eau et le fer, après que l'équilibre est établi, se trouvent seulement à 4°. Or, si l'on suppose qu'on ait pris de grandes précautions pour

---

(*) *Voyez* aussi mon *Traité de Physique*, tom. IV.

qu'il ne s'échappe ou qu'il ne pénètre par le vase que le moins de chaleur possible, il est clair que l'eau reçoit justement autant de chaleur que le fer en a perdu ; ainsi, cette quantité de chaleur dont la perte a fait baisser de 32° la température du fer, n'a produit dans l'eau qu'une élévation de 4° ; d'où il suit qu'il faut huit fois autant de chaleur pour augmenter d'un degré la température de l'eau, ou pour la diminuer, que pour changer d'un degré la température d'une masse de fer d'une pesanteur égale.

§ 5. La quantité de chaleur que demande une unité de poids déterminé d'un corps pour changer sa température d'un degré, s'appelle la *chaleur spécifique* du corps, ou sa *capacité pour le calorique*. On conçoit que cette propriété des corps peut être mesurée par des expériences semblables à celle qui vient d'être décrite. Si l'on prend pour unité la quantité de chaleur qui peut changer d'un degré la température d'une livre d'eau, on se convaincra facilement que *la chaleur spécifique d'un autre corps peut être représentée par une fraction dont le numérateur est le nombre de degrés dont la température de l'eau a changé, et le dénominateur le nombre de degrés dont a varié la température du corps plongé, les masses étant supposées les mêmes*. Ainsi, dans l'expérience que nous venons de rapporter, la chaleur spécifique du corps serait $= \frac{4}{32} = \frac{1}{8} = 0,125$ (*).

---

(1) Que l'on suppose égale à 1 la chaleur spécifique de l'eau, c'est-à-dire la quantité de chaleur qui est nécessaire pour changer de 1° la température d'une livre d'eau, la chaleur nécessaire pour changer cette température de a degrés sera exprimée par a. Soit x la chaleur spécifique du corps plongé, c'est-à-dire la quantité de chaleur nécessaire pour changer de 1° sa température ; pour un changement de température égal à b degrés, il faudra une chaleur représentée par bx : mais dans notre expérience, la chaleur que l'eau reçoit est justement aussi grande que celle que perd le corps plongé ; nous aurons donc $a = bx$. D'où l'on tire $x = \frac{a}{b}$. Si le poids de l'eau n'est pas égal à celui qui est pris pour unité, mais qu'il soit égal à A, et que celui du corps plongé soit B, on trouve, par un raisonnement semblable, $x = \frac{Aa}{Bb}$; car Aa est la quan-

Le Calorimètre.

§ 6. Wilke, Black, Crawford et plusieurs autres physiciens ont déterminé, par ce moyen, la chaleur spécifique de beaucoup de corps. Cependant, il existe un grand nombre de circonstances dans lesquelles cette méthode ne peut être employée; et d'ailleurs ses résultats laissent encore quelque incertitude, puisque la conductibilité des vases et de l'air rend presque impossibles les observations précises. Lavoisier et Laplace ont donc rendu un grand service à cette partie de la science, en inventant le *calorimètre*. On trouve une description complète de cet instrument dans le *Système de Chimie antiphlogistique* de Lavoisier. On en voit une description abrégée dans Gehler et Fischer, aux articles *Warmemesser*. Nous nous bornerons à observer ici que l'idée de cet instrument est fondée sur le principe qu'une certaine quantité déterminée de chaleur est nécessaire pour fondre un poids déterminé de glace. On peut mesurer, au moyen du calorimètre, la chaleur que contient un corps au-dessus de 0°, ou celle qui se développe par un procédé chimique quelconque, puisqu'on trouve avec exactitude combien cette chaleur peut fondre de glace. Pour cela, on place le corps qu'on veut examiner dans un espace rempli de tous côtés avec de la glace pilée, que l'on amène à la température de 0°, en la laissant quelque temps exposée à l'air libre, supposé au-dessus de cette température. On laisse le corps dans cette enveloppe de glace jusqu'à ce que sa température propre soit 0°; ensuite on recueille avec soin toute l'eau devenue liquide, et le poids de cette eau donne la mesure de la chaleur qui a été employée à sa liquéfaction.

§ 7. Lorsqu'on veut déterminer, avec le calorimètre, la chaleur spécifique d'un corps, on le fait au moyen du procédé

---

tité de chaleur acquise par l'eau, et Bbx est celle qui est perdue par le corps; quantités qui doivent être égales entre elles.

Voyez la *Statique chimique* de Berthollet, et le *Traité de Physique* de Biot, où l'on trouvera aussi la description détaillée du calorimètre de glace.

très simple qui suit. On met dans le calorimètre un poids déterminé de la substance de ce corps, à une température connue, par exemple à 30°, et on laisse fondre autant de glace par sa chaleur qu'il lui est possible d'en liquéfier. Supposé que cette fusion produise $\frac{1}{40}$ de livre d'eau, il y a eu, pour cela, autant de chaleur employée qu'il en aurait fallu pour élever $\frac{1}{40}$ de livre d'eau liquide de 0° à 60° (pag. 89, § 7), ou pour changer d'un degré la température de 60 fois autant d'eau, c'est-à-dire une livre $\frac{1}{2}$, puisque $\frac{60}{40}$ = 1 livre $\frac{1}{2}$. Maintenant, comme nous avons représenté par 1 la chaleur qui peut changer d'un degré la température d'une unité de poids d'eau (pag. 95, § 5), toute la quantité de chaleur que le corps avait au-dessus de 0°, avant l'expérience, doit être exprimée par $\frac{60}{40}$, ou 1 $\frac{1}{2}$. Mais cette chaleur avait élevé la température du corps mis en expérience à 30°; par conséquent il en faut la 30e partie pour lui faire changer sa température d'un degré, c'est-à-dire que sa chaleur spécifique est $\frac{1,5}{30} = \frac{1}{20}$. Enfin, pour exprimer ceci en peu de mots, *il faut prendre* 60 *fois le poids de la glace fondue et diviser le produit par la température qu'avait le corps avant l'expérience, pour trouver la chaleur spécifique qui lui est propre.* Si le poids du corps n'eût pas été = 1, il faudrait encore diviser le résultat par le poids du corps (*).

§ 8. L'usage du calorimètre a, sur la méthode des mélanges, l'avantage essentiel de donner la chaleur spécifique de tous les corps solides et liquides, sans exception. Les inventeurs ont même cherché à l'appliquer aussi aux substances aériformes, pour lesquelles toutes les méthodes n'offrent cependant encore que des résultats fort incertains. Mais l'utilité du calorimètre s'étend beaucoup plus loin à d'autres égards, particulièrement puisqu'il peut servir à mesurer la quantité de chaleur qui se dégage ou qui s'absorbe dans les combinaisons chimiques. Il

(*) Le poids du corps étant p, sa température avant l'expérience t°, le poids de la glace fondue a, la chaleur spécifique du corps x, on aura $x = \frac{60a}{tp}$.

faut chercher dans des ouvrages plus étendus la manière de faire ces expériences.

§ 9. Nous allons extraire de Gelher, IV, 603, ou de Fischer, V, 461, quelques chaleurs spécifiques déterminées par Laplace et Lavoisier (*), au moyen de cet instrument.

1	Eau ordinaire.	1
2	Fer-blanc.	0,1100
3	Crown-glass, ou verre sans mélange de plomb.	0,1929
4	Mercure	0,0290
5	Chaux vive	0,2169
6	Eau et chaux vive dans le rapport de 9 : 16. . .	0,4391
7	Acide sulfurique du poids spécifique de 187058.	0,3346
8	Acide sulfurique et eau dans le rapport de 4 : 3.	0,6032
9	Dans le rapport de 4 : 5.	0,6631

On trouve une plus grande liste de chaleurs spécifiques reconnues par différens observateurs, dans les ouvrages indiqués. (Gehler, IV, 575; et Fischer, V, 434.)

Nous ne rapporterons de celles-ci que les suivantes :

10	Glace.	0,900
11	Mercure.	0,033
12	Fer.	0,125
13	Zinc	0,067
14	Plomb	0,050

§ 10. Nous allons expliquer ce que signifie une semblable table.

(1) Si l'on prend pour unité la quantité de chaleur nécessaire pour changer de 1° la température d'un poids déterminé d'eau, le nombre 0,125, par exemple, qui correspond au fer, indique qu'un poids égal de fer n'aurait besoin que de $\frac{125}{1000}$, c'est-à-dire $\frac{1}{8}$ de cette chaleur, pour changer sa température d'un degré.

(*) *Voyez* le beau Mémoire de MM. Lavoisier et Laplace, sur la Chaleur, *Académie des Sciences*, pag. 1780. Pour la chaleur spécifique des différens gaz, *voyez* les Recherches de Berard et Delaroche, rapportées dans le *Traité de Physique* de Biot, tome IV.

(2) Tant qu'il est possible d'admettre que les degrés du thermomètre croissent et décroissent en proportions égales avec la chaleur (pag. 78, § 8), on peut attribuer encore un autre sens aux nombres de cette table. Ils montrent le rapport de la chaleur réelle que deux corps de poids égaux acquièrent depuis o jusqu'à une même température. Ainsi, les nombres 0,033 et 0,125 placés après les numéros 11 et 12, indiquent que les quantités de chaleur au-dessus de o, que le mercure et le fer contiennent à d'égales températures, sont comme 0,033 à 0,125, ou comme 33 : 125. Si ce rapport était invariable sous toutes les températures, ces nombres exprimeraient aussi le rapport des quantités absolues de chaleur; mais on ne peut adopter ce résultat avec certitude qu'entre les températures de o à 80° de Deluc, et on ne doit l'appliquer qu'à la quantité de chaleur qui excède la chaleur contenue dans le corps à la température de la congélation (*).

§ 11. On concevra facilement, d'après ceci, comment on calcule la quantité de chaleur qui existe effectivement dans une combinaison. Si l'on mêle quatre livres d'acide sulfurique et cinq livres d'eau à une égale température, ce mélange doit contenir, outre sa chaleur propre à o, quatre fois 0,3346, plus 5 fois 1, c'est-à-dire 6,3384 de chaleur : chaque livre, qui est la 9e partie de la combinaison, contiendra donc 0,7043. On devrait croire que ce nombre représente la chaleur spécifique de la combinaison; mais, selon l'évaluation donnée dans l'article 9, elle n'est cependant que de 0,6631. Si l'on examine d'autres combinaisons de la même manière, par exemple,

(*) Dans une température de t° au-dessus de la congélation, chaque corps contient, outre sa chaleur primitive à 0°, t fois autant de chaleur qu'il est nécessaire pour changer sa température d'un degré. Ainsi, lorsqu'on multiplie tous les nombres de la table par t, on a l'excédant de chaleur que contient le corps à une température de t° au-dessus de la congélation. Mais comme les rapports des nombres ne sont pas changés quand on les multiplie par un même facteur, les nombres de la table peuvent être employés pour cette comparaison, dans chaque température, sans multiplication préalable.

une combinaison d'eau et de chaux, on trouve un écart analogue.

§ 12. Il se passe donc, dans de semblables combinaisons de corps hétérogènes, des changemens internes de chaleur spécifique, de sorte qu'on ne peut trouver *à priori* la chaleur spécifique de la combinaison par aucun calcul. Ce phénomène remarquable est si général, qu'il n'existe peut-être pas deux substances dont la capacité pour le calorique ne souffre quelque altération par leur combinaison chimique.

§ 13. C'est par cette remarque que l'on explique le phénomène important de la production du chaud ou du froid qui s'opère souvent dans la combinaison chimique de deux substances. On l'observe déjà dans les dissolutions d'un sel. Le muriate de chaux, bien desséché, produit de la chaleur quand il se dissout dans l'eau ; cristallisé, il produit du froid. De la magnésie calcinée, jetée dans l'acide sulfurique concentré, s'échauffe fortement : il en est de même de la chaux, et de même encore de l'acide sulfurique qu'on mêle avec de l'eau, etc.

Ainsi, quand la chaleur qui doit être contenue dans une combinaison, d'après le calcul de l'article 11, est plus grande que la chaleur spécifique réelle, cela signifie que cette combinaison contient moins de chaleur que ses parties constituantes n'en auraient à la même température, c'est-à-dire qu'il doit y avoir de la chaleur rendue libre lors de la combinaison.

Si, au contraire, la chaleur réelle est plus grande que la chaleur spécifique déduite du calcul, il doit se produire du froid dans la combinaison.

Ceci explique aussi pourquoi, dans les changemens d'état d'agrégation, par les combinaisons chimiques, les phénomènes ne sont pas toujours conformes aux principes rapportés pag. 91 et 92, §§ 10 et 13 (*).

(*) Par des expériences très exactes, faites sur diverses substances solides et liquides, MM. Petit et Dulong ont découvert que leurs *capacités de cha-*

CHAPITRE XX.

De la production de la Chaleur et du Froid.

§ 1. Nous avons vu, à la fin du dernier chapitre, comment on peut produire de la chaleur et du froid par les combinaisons chimiques. Nous devons remarquer encore que tous les moyens connus de les produire se rapportent à ces combinaisons.

§ 2. Le meilleur moyen pour développer de la chaleur est, comme on le sait, la combustion du charbon, du bois, de la tourbe, etc. Nous avancerions trop dans la partie de la science qui appartient à la Chimie, si nous voulions analyser ici la théorie de la combustion. Cependant, comme le moyen le plus actif de produire la chaleur ne peut pas rester inconnu au physicien mécaniste, nous allons donner sur ce sujet la courte explication suivante. On sait, depuis environ quarante ans, que la combustion consiste proprement en une combinaison chimique des corps qu'on nomme *combustibles*, avec une

---

leur sont variables aussi bien que leurs dilatations. Voici le tableau qu'ils ont donné de leurs résultats :

Noms des substances.	Capacités moyennes prises entre 0° et 100° centésim.	Capacités moyennes prises entre 0° et 300° centésim.
Antimoine	0,0507	0,0549
Argent	0,0557	0,0611
Cuivre	0,0949	0,1013
Fer	0,1098	0,1255
Mercure	0,0330	0,0350
Platine	0,0335	0,0355
Verre	0,1770	0,0190
Zinc	0,0927	0,1015

Dans ces résultats, la capacité de l'eau pour le calorique est prise pour unité.

certaine partie constituante de l'air atmosphérique, dont nous avons déjà parlé quelquefois sous le nom d'*oxigène*. Cette combinaison est accompagnée d'un dégagement de chaleur beaucoup plus fort que celui qui se fait dans toute autre combinaison chimique. Dans le moment où les deux substances se combinent, le dégagement de la chaleur va jusqu'à produire la couleur rouge: de là naît la flamme. Les produits de cette combinaison sont presque tous volatils; c'est ce qui cause la disparition apparente du corps brûlé. Si le corps qui brûle est composé en tout ou en partie de substances qui deviennent aériformes à une température élevée, ces parties s'élèvent sous forme de vapeur lorsque la température atteint le degré nécessaire pour l'inflammation; et au moment où elles deviennent rouges par la combinaison avec l'oxigène, elles forment la flamme.

§ 3. On favorise la combustion et la chaleur qu'elle produit, lorsqu'on l'excite par un violent courant d'air atmosphérique; tels sont les effets du soufflet et du chalumeau. Quand on emploie un courant d'air oxigène au lieu d'air atmosphérique, on a la plus forte chaleur que nous connaissions.

Il serait peut-être difficile d'expliquer la chaleur que produit la combustion, uniquement par le changement de chaleur spécifique; mais l'incertitude qui existe dans l'évaluation des chaleurs spécifiques des gaz rend impossible un jugement décisif sur cet objet.

§ 4. Un deuxième moyen très puissant de produire la chaleur, est l'effet des rayons solaires; ils ont d'autant plus d'action, 1°. qu'ils tombent plus à-plomb sur la surface d'un corps. De là vient la grande différence de leur force sous les différentes zones de la terre, et dans les divers temps de l'année. 2°. Ils sont d'autant plus actifs, qu'ils sont plus concentrés; de là vient la chaleur obtenue par les lentilles et les miroirs ardens. Lorsque ces appareils sont d'une grandeur suffisante, leurs effets ne le cèdent en rien à la chaleur augmentée par l'oxigène, et même ils peuvent la surpasser. 3°. L'effet des rayons solaires dépend encore de certaines propriétés matérielles, particulières à chaque corps. Ainsi, il paraît que les corps transparens ne sont point échauffés immédiatement par eux ; et parmi les corps opaques, ceux de couleurs claires s'échauffent beaucoup moins que ceux de couleurs foncées, surtout moins que les noirs (*).

§ 5. Il y a encore plusieurs circonstances mal expliquées dans ce genre de production de la chaleur. Autrefois on considérait le soleil comme un feu véritable, et, par conséquent, la chaleur des rayons solaires ne différait point essentiellement de la chaleur rayonnante de notre feu terrestre (pag. 94, § 3). Depuis, on trouva cette opinion peu convenable, et l'on supposa le soleil un corps obscur en soi, et seulement enveloppé d'une atmosphère lumineuse : on refusa une chaleur propre aux rayons du soleil, et à la place on leur attribua une force d'impulsion capable d'exciter le calorique contenu dans les corps. Mais, d'après nos autres connaissances sur le calorique, nous savons qu'une élévation de température ne peut être produite que par une augmentation du calorique lui-même, ou par une diminution de capacité des corps pour le calorique; or, ni l'une ni l'autre de ces causes ne se concilie avec l'opinion ci-dessus. Le célèbre Herschel a fait tout nouvellement des expériences qui tendent à prouver que le soleil ne nous envoie pas seulement des rayons de lumière, mais des rayons d'une chaleur particulière, dont les lois ne s'accordent pas avec celles de notre chaleur rayonnante. (*Voy.* les *Recherches d'Herschel sur la Lumière et la Chaleur,* et les *Annales de Gilbert,* VII, 157; X, 68; XII, 521, 599, etc.) Les expériences d'Herschel sont fort remarquables, et méritent d'être suivies avec soin.

§ 6. Il y a encore un troisième moyen de développer du froid

(*) J'ai vu dans la vallée de Chamouni, au milieu des Alpes, un pan de montagne d'où l'on tire une terre schisteuse et noirâtre, que les habitans du pays répandent sur les terres, au printemps, lorsque des neiges tardives ou imprévues viennent les couvrir tout-à-coup. S'il n'y a qu'un pied ou deux de neige, un jour suffit pour la fondre, lorsqu'on l'a recouverte avec cette terre noire.

et de la chaleur. Ce moyen est fondé sur ce que, *par la compression des corps, il se produit de la chaleur, et du froid par la dilatation de leur volume.* Plusieurs phénomènes qu'on connaissait isolément depuis long-temps se réunissent sous ce point de vue. La chaleur qu'on obtient en frappant et en frottant est sans doute la conséquence d'une compression qui se rapporte à cette propriété. On voit que la chaleur produite est d'autant plus forte, que la pression est plus considérable et plus vive. On avait aussi observé, depuis long-temps, que la condensation de l'air produit de la chaleur, et sa raréfaction du froid. Une expérience faite à Lyon, par Mallet, a appris que cet effet est beaucoup plus fort qu'on ne le croyait autrefois, puisqu'une petite masse d'air, condensée environ douze fois par un coup violent, développe tant de chaleur au premier instant, qu'on peut y allumer non-seulement du phosphore, mais encore de l'amadou et d'autres substances inflammables.

§ 7. Berthollet établit, dans son *Essai de Statique chimique*, partie 1re, § 107, un principe par lequel beaucoup de phénomènes sont facilement expliqués. *La chaleur opère une élévation de température tant que des obstacles s'opposent à la dilatation des corps.* Les phénomènes qui arrivent dans les changemens d'état d'agrégation (chap. 18), la dilatation uniforme de tous les fluides élastiques (pag. 84, § 13), ainsi que le phénomène indiqué ci-dessus (§ 6), paraissent des conséquences nécessaires de ce principe.

Froid artificiel.

§ 8. On connaît maintenant plusieurs moyens de produire un froid plus ou moins grand ; mais ils se rapportent tous à la loi relative aux corps qui passent d'un état d'agrégation plus dense à un autre plus rare (pag. 91, § 10).

Parmi ces moyens, on distingue d'abord l'évaporation, qui produit toujours du froid, et d'autant plus qu'elle se fait plus promptement. L'éther et l'esprit-de-vin produisent, par cette raison, les effets les plus énergiques (pag. 92, § 15). Cependant, l'évaporation de l'eau produit aussi, dans beaucoup d'expériences journalières, un refroidissement considérable ; et même, dans les Indes orientales, on emploie ce moyen pour se procurer de la glace artificielle en grande quantité (Voy. *Voigt's Magazin f. d. Neuste a. d. phys.* IX, pag. 86.)

Un second moyen, c'est la dissolution de la plupart des sels dans l'eau, et vraisemblablement de tous, pourvu qu'ils aient toute leur eau de cristallisation. Cette dissolution rend le sel fluide, de solide qu'il était d'abord. La plupart des sels n'occasionent cependant qu'un refroidissement assez faible. Au contraire, un sel qui est privé de son eau de cristallisation produit de la chaleur par sa dissolution dans l'eau, parce que le sel attire d'abord l'eau et la met à l'état solide avant de se dissoudre lui-même.

La dissolution des sels cristallisés, lorsqu'elle s'opère dans l'acide sulfurique et dans l'acide nitrique, produit encore plus d'effet, particulièrement celle des cristaux de sulfate de soude, qui contiennent beaucoup d'eau à l'état solide (*); mais les effets les plus énergiques sont produits par les mélanges de sels cristallisés, et de neige ou de glace pilée, dans lesquels les deux parties constituantes passent en même temps à l'état liquide. On n'a, jusqu'à présent, trouvé aucun sel qui eût plus d'action à cet égard, que le muriate de chaux, lorsqu'il contient toute son eau de cristallisation. Comme on peut facilement en avoir en grande quantité, il n'est pas difficile maintenant de faire geler des parties considérables de mercure.

[*Voyez* sur tout ceci, Gelher et Fischer, aux articles *Kalte, Kunstliche.* Gren's, *Journal de Physique,* I, 419; II, 358. Gren's neues, *Journal de Physique,* III, 458. *Voyez* aussi H. Crell's, Chem., *Annales,* I, 529, pour les expériences que Lowitz a faites avec le muriate de chaux] (**).

(*) Le sulfate de soude, mêlé avec un peu d'acide nitrique ou sulfurique concentré, produit du froid; mais mêlé avec une grande quantité de ces acides, il produit de la chaleur.

(**) *Voyez* aussi, pour les lois du refroidissement et du réchauffement des corps, le beau Mémoire de MM. Petit et Dulong que nous avons déjà souvent cité, et qui est imprimé dans le *Journal de l'École Polytechnique*, et dans les *Annales de Chimie* de 1818.

QUATRIÈME SECTION.

DES CORPS LIQUIDES.

CHAPITRE XXI.

Des Liquides en général.

§ 1. Parmi les liquides, il en est peu qui le soient par eux-mêmes et dans leur état simple ; néanmoins, indépendamment de l'eau et du mercure, on peut encore compter dans cette classe l'alcool, l'éther et les huiles fluides. Mais ces liquides, et particulièrement l'eau, ont le pouvoir de dissoudre un si grand nombre de substances solides, liquides, et même aériformes, qu'on trouve une quantité infinie de liquides lorsqu'on y comprend toutes les dissolutions.

De l'Eau.

§ 2. L'influence que l'eau exerce, tant sur la nature inorganique que sur les corps organisés, et les usages infiniment multipliés qu'en font les hommes, ne peut échapper à l'observateur le moins attentif.

§ 3. Dans son état pur, l'eau est parfaitement transparente, sans couleur, sans odeur, et sans saveur sensible. Mais on ne peut l'obtenir à ce degré de pureté que par des distillations répétées. Cependant, la nature nous la donne presque pure dans l'eau de pluie et de neige. Les eaux des mers, des rivières, des fontaines et des puits contiennent toujours en dissolution des substances étrangères, particulièrement des matières salines, et même des substances organiques, ce qu'on a trop peu remarqué jusqu'ici. Ces modifications différentes rendent ces eaux plus ou moins appropriées à nos usages.

§ 4. La force d'affinité de l'eau ne lui donne pas seulement le pouvoir de dissoudre beaucoup de corps, mais aussi de se combiner elle-même avec beaucoup de corps solides et fluides, et avec toutes les substances aériformes. Dans les combinaisons de ce genre, elle devient souvent solide ou élastique, et alors elle échappe entièrement à nos sens.

§ 5. L'action de l'eau, relativement à un sel pur et dégagé de tout mélange étranger, doit surtout être remarquée. Selon que la quantité d'eau ou de sel est en excès, le sel est rendu fluide par l'eau, ou l'eau devient solide par le sel; c'est pour cela que chaque sel contient une certaine quantité d'eau solide, qu'on a nommée son *eau de cristallisation,* parce qu'on croyait que les sels n'étaient susceptibles de cristalliser qu'au moyen de cette eau. Quelques sels attirent l'eau si fortement, qu'ils se fondent à l'air; d'autres, au contraire, sont tellement privés de leur eau par l'air, qu'ils se décomposent et tombent en poussière. La première espèce comprend les sels desséchés, qui sont privés artificiellement de leur eau de cristallisation. Les sels de ce genre dont les effets sont les plus remarquables sont la potasse et le muriate de chaux.

§ 6. Nous avons appris, dans la section précédente, comment l'eau est modifiée par la chaleur. Nous avons vu aussi (pag. 12, § 9) que l'eau n'est pas une substance simple, comme on le croyait autrefois, mais un composé d'oxigène et d'hydrogène. On a pourtant recommencé, dans ces derniers temps, à nier la décomposition de l'eau. Pour cela, on a prétendu que l'eau se change en un gaz permanent, par la seule combinaison avec le calorique ou avec quelque autre substance impondérable, et que de cet état elle peut redevenir eau par le procédé contraire; mais cette assertion repose sur des fondemens ou faux ou très incertains. (Voyez *Annales de Gilbert,* IX, 265.)

§ 7. Le poids de l'eau est, parmi les propriétés mécaniques qu'elle possède, la plus importante pour le physicien. Entre les nombreuses expériences qui ont été faites pour la détermination exacte de son poids, on doit regarder les deux suivantes comme des expériences *normales*.

1°. Une pesée faite très soigneusement à Berlin, en 1798, donna 288 grains pour le poids d'un pouce cubique duodécimal de Brandebourg d'eau distillée, prise à la température de 14° de Deluc, ce qui donne 18,8136 grains de Paris pour le poids d'un centimètre cube. *Eytelweins Vergleichung der in den Preuss. Staaten eingeführte Maasse und Gewichte.* Berlin, 1798, § 28.

2°. Lors de l'établissement du nouveau système des poids et mesures, on a fait en France une pesée semblable avec tout le soin possible, et l'on y dut mettre d'autant plus de précaution, que la nouvelle unité de poids, qu'on nomme *gramme,* devait être déterminée d'après le poids d'un centimètre cube d'eau distillée, prise à l'état de sa plus grande condensation, c'est-à-dire à 3 $\frac{1}{3}$ de Deluc (pag. 87, § 2). On trouva ce poids = 18,82715 grains de l'ancien poids de marc français. [Voyez *Physique d'Haüy*] (*).

§ 8. Les expériences ont prouvé que l'eau ne possède qu'à un très faible degré les propriétés de la *compressibilité*, de la *dilatabilité* et de l'*élasticité*; et ce n'est que dans l'application des très grandes forces que leurs effets deviennent sensibles. (*Voyez,* sur les expériences faites à ce sujet, Gehler, IV, 631-640; Fischer, V, 500-512.)

(*) D'après l'ouvrage de Eytelwein, cité ci-dessus, le pied duodécimal de Brandebourg = 139,13 lignes de Paris, § 4; 5 grains de poids médicinal = 87 richtpfennigstheile de Cologne, § 49; enfin l'once de l'ancien poids de marc français = 8575,36 richtpfennigstheile de Cologne, § 55. Si l'on réduit maintenant, d'après ces rapports, la pesée de Berlin en poids et en mesures françaises, on trouve que le centimètre cube d'eau distillée pèse 18,8136 grains de Paris à la température de 14° de Deluc, par conséquent qu'il pèserait un peu plus à 3 $\frac{1}{3}$. Si l'on pense que ce résultat, outre les petites inexactitudes inévitables dans toutes les expériences, dépend encore de la comparaison de trois poids et de deux mesures, on peut être certain de l'attention scrupuleuse avec laquelle on a fait ces comparaisons.

Pour compléter ces résultats intéressans, je joins ici une table des dilata-

§ 9. Ni les expériences ni la théorie ne peuvent déterminer d'une manière décisive que l'eau soit *poreuse*. Elle paraît à nos sens comme une masse parfaitement continue, et l'expérience

---

tions de l'eau, de 0 à 100° du thermomètre centésimal, telle que je l'ai conclue des expériences de Deluc ; elle a été calculée par MM. Pouillet et Deflers.

Tempér. de l'eau.	Volumes.	Densités.	Tempér. de l'eau.	Volumes.	Densités.
0	1,00000000	1,0000000	40	1,01229496	0,9878544
1	0,99995523	1,0000447	41	1,01292812	0,9872370
2	0,99993058	1,0000694	42	1,01357490	0,9866069
2,736	0,99992521	1,0000746	43	1,01423514	0,9859646
3	0,99992589	1,0000739	44	1,01490866	0,9853103
4	0,99994099	1,0000593	45	1,01559531	0,9846441
5	0,99997571	1,0000241	46	1,01629494	0,9839665
6	1,00002990	0,9999700	47	1,01700736	0,9832771
7	1,00010340	0,9998966	48	1,01773243	0,9825766
8	1,00019604	0,9998041	49	1,01846998	0,9818648
9	1,00030766	0,9996925	50	1,01921984	0,9811425
10	1,00043809	0,9995620	51	1,01998187	0,9804094
11	1,00058718	0,9994131	52	1,02075589	0,9796660
12	1,00075476	0,9992457	53	1,02154173	0,9789124
13	1,00094067	0,9990600	54	1,02233925	0,9781423
14	1,00114474	0,9988564	55	1,02314826	0,9773754
15	1,00136682	0,9986350	56	1,02396862	0,9765923
16	1,00160674	0,9983938	57	1,02480016	0,9758003
17	1,00186435	0,9981390	58	1,02564272	0,9749982
18	1,00213946	0,9978650	59	1,02649613	0,9741877
19	1,00243194	0,9975739	60	1,02736024	0,9733683
20	1,00274116	0,9972663	61	1,02823487	0,9725403
21	1,00306829	0,9969411	62	1,02911988	0,9717041
22	1,00341185	0,9965997	63	1,03001508	0,9708595
23	1,00377212	0,9962419	64	1,03092034	0,9700071
24	1,00414893	0,9958681	65	1,03183547	0,9691467
25	1,00454211	0,9954783	66	1,03276031	0,9682788
26	1,00495152	0,9950729	67	1,03369472	0,9674035
27	1,00537698	0,9946517	68	1,03463853	0,9665212
28	1,00581832	0,9942154	69	1,03559156	0,9656317
29	1,00627540	0,9937637	70	1,03655366	0,9647353
30	1,00674805	0,9932970	71	1,03752464	6,9638326
31	1,00723610	0,9928159	72	1,03850440	0,9629232
32	1,00773939	0,9923200	73	1,03949272	0,9620076
33	1,00825777	0,9918098	74	1,04048948	0,9610860
34	1,00879106	0,9912856	75	1,04149451	0,9601585
35	1,00933910	0,9907473	76	1,04250755	0,9592256
36	1,00990174	0,9901952	77	1,04352856	0,9582872
37	1,00147881	0,9896298	78	1,04455740	0,9573433
38	1,01107014	0,9890512	79	1,04559357	0,9563945
39	1,01167558	0,9884592	80	1,04663760	0,9554406

a appris qu'elle est parfaitement impénétrable aux gaz les plus déliés, pourvu qu'aucune affinité chimique n'exerce son influence pour la combiner avec eux (*).

Du Mercure.

§ 10. Comme on fait un très grand usage du mercure dans les expériences, le physicien doit avoir aussi quelques connaissances sur cette substance. C'est un véritable et parfait métal, qui se rapproche même, par ses propriétés chimiques, des métaux les plus précieux. Lorsqu'il est à l'état solide, il ne lui manque rien de l'apparence d'un métal. Le plus pur est celui qu'on retire du cinabre. Dans cet état, son poids spécifique est de 13,586 par rapport à l'eau. On doit remarquer, relativement à ses propriétés chimiques, qu'il dissout facilement tous les métaux à l'exception du fer. On nomme *amalgame* sa combinaison avec les autres métaux. Lorsqu'on fait des expériences, il faut éviter, à cause de cette propriété, de le mettre en contact avec d'autres métaux que le fer. Il peut être conservé dans des vases de verre, de terre ou de bois.

De l'Alcool.

§ 11. Tous les sucs doux végétaux sont susceptibles de fermentation vineuse. Tandis qu'elle se produit, une partie des substances sucrées qu'ils contiennent se change en un liquide inflammable qu'on appelle *alcool.* En distillant cet alcool au moyen d'une chaleur douce, on peut le séparer des autres principes constituans des sucs végétaux, à cause de sa grande volatilité. Cependant on ne peut empêcher qu'il ne s'y mêle encore une assez grande quantité d'eau. Par une nouvelle distillation, il est purifié davantage, et c'est alors ce qu'on nomme *eau-de-vie.* La distillation étant réitérée plusieurs fois, il se sépare toujours de plus en plus d'avec l'eau, et il prend le nom

(*) Il serait, je crois, impossible de trouver des circonstances ou des dispositions d'appareil dans lesquelles cette difficulté n'eût pas son effet.

d'*alcool rectifié*. Cependant il ne peut être tellement purifié par de simples distillations qu'il ne lui reste environ $\frac{1}{4}$ de son poids d'eau. Si l'on veut le rectifier davantage, il faut le faire distiller sur un sel privé de son eau de cristallisation, et parfaitement sec. On croit que cette opération le dégage entièrement de toute l'eau qu'il contenait, et on lui donne alors le nom d'*alcool absolu*.

§ 12. L'alcool pur est donc un liquide qui dérive immédiatement de la nature organique. Il est parfaitement transparent et sans couleur, d'une saveur brûlante, et d'une odeur agréable. Il brûle avec une flamme bleuâtre, et ne produit aucune fumée, aucune suie, ni aucune sorte de résidu. Son poids spécifique, lorsqu'il est pur, est de 0,792, relativement à l'eau. Il se mêle avec l'eau dans toutes sortes de proportions, et paraît produire alors un échauffement intérieur; la combinaison des deux substances occupe moins d'espace que n'en remplissaient les deux parties prises séparément. On a déjà parlé, dans la troisième division, de ses rapports avec la chaleur; il dissout beaucoup de corps, particulièrement les résines, dont il forme, en se combinant avec elles, ce qu'on appelle un *vernis de laque*; il dissout beaucoup de sels, et n'a aucune influence sur d'autres. (On peut voir, sur cela, les Manuels de Chimie, par exemple, *Grey's Handbuch*, 2e partie, § 1831-1835. *Wenzels Lehre von der Verwandschaft der Korper*, Dresde, 1782, XVIIe division, pag. 428.) Dans l'état pur, l'alcool est exempt de toute fermentation et de toute corruption, et il en préserve les corps qui y sont plongés.

De l'Éther.

§ 13. L'éther est proprement un alcool, dans lequel les proportions des principes constituans sont changées. Ordinairement on les prépare à cette nouvelle combinaison, en distillant à un feu doux un mélange d'alcool et d'acide sulfurique. Le produit se nomme alors *éther sulfurique*. Il est sans couleur, d'une odeur très pénétrante et très agréable, et d'une saveur brûlante; il est extrêmement volatil, et s'allume non-seulement comme l'alcool, par le contact, mais même par la seule approche d'un corps enflammé ; il brûle de la même manière que l'alcool, mais il dépose un léger résidu ; il dissout beaucoup de corps, particulièrement les résines ; et pour celle qu'on nomme *gomme élastique*, il est le seul dissolvant connu qui *ne* lui ôte pas son élasticité ; il est le plus léger de tous les liquides connus. Le poids spécifique de l'éther préparé avec beaucoup de soin est seulement de 0,745 ; et, selon Lowitz, il est susceptible d'être encore purifié davantage. Si on le mêle avec une quantité à peu près égale d'eau, il ne se forme pas une combinaison homogène entre ces deux substances ; mais lorsque le mélange devient tranquille, on distingue visiblement deux liquides, dont le supérieur est composé de beaucoup d'éther et d'un peu d'eau, et l'inférieur est un mélange de beaucoup d'eau et de peu d'éther : il ne se combine donc pas avec l'eau dans toutes les proportions.

Remarques générales sur les Liquides.

§ 14. C'est une chose vérifiée par l'expérience, que tous les liquides, à l'exception peut-être des huiles grasses, prennent l'état de fluides élastiques lorsqu'ils sont placés en petite quantité dans un espace vide d'air. Il faut nécessairement conclure de ce phénomène, que pour tous les liquides où il a lieu, l'état liquide n'est pas tant la conséquence d'une attraction interne, que celle d'une pression extérieure produite en partie par la pesanteur du liquide lui-même, en partie par l'air extérieur ; opinion qui s'accorde parfaitement avec l'hypothèse présentée ci-dessus, pag. 9, § 4. — Car, puisque l'état liquide suppose un équilibre absolu entre la force attractive de la matière pesante et la force du calorique qui tend à dilater, il est permis de croire que dans la nature entière, où l'on ne trouve nulle part un exact équilibre, il n'existe peut-être aucun corps qui se pût conserver à l'état liquide au moyen de ses seules forces internes. L'instabilité perpétuelle de l'action de la chaleur serait encore un obstacle à cet équilibre ; mais, au contraire, il peut y avoir beaucoup de corps dans lesquels l'une ou l'autre de ces forces ne soit en excès que d'une petite quantité. Les substances grasses et visqueuses paraissent devoir leur état à une faible prépondérance de la force de cohésion; dans les autres substances, le petit excès de la force expansive est tenu en équilibre par la pression extérieure. Telle était, dans ses parties essentielles, l'opinion de Lavoisier; seulement, il semble avoir fait trop peu d'attention à la pesanteur propre des matières fluides. [*Voyez* le *Système de Chimie* de Lavoisier] (*).

CHAPITRE XXII.

Du poids spécifique des Corps liquides et solides.

§ 1. Quoique les méthodes ordinaires d'évaluer le poids spécifique ne puissent être exposées qu'après l'Hydrostatique, il en existe cependant une qui peut déjà être expliquée ici complètement: c'est la méthode de Klaproth; et elle mérite d'autant plus d'être développée, qu'elle n'est décrite nulle part, à ma connaissance, quoiqu'elle doive obtenir la préférence sur les autres méthodes dans la plupart des cas, à cause de sa simplicité, de sa commodité et de son exactitude. Tout l'appareil

(*) Tous les liquides se vaporisent dans le vide, même les huiles grasses; et la force élastique qu'ils y manifestent est d'autant plus grande, que leur ébullition se fait à une moindre température. Ainsi l'éther qui bout à 30°, a déjà, à la température de 15°, une élasticité considérable qu'il manifeste dans le vide. L'eau, qui ne bout qu'à 80°, n'aurait, à la même température de 15°, qu'une élasticité beaucoup moindre; et moindre encore doit être celle des huiles grasses, qui ne bouillent qu'à une température bien plus élevée: car, comme c'est seulement alors qu'elles ont une force élastique capable de faire équilibre au poids de l'atmosphère, il n'est pas étonnant qu'elles en aient une très faible dans les températures basses. Nous reviendrons sur ce sujet en traitant de l'évaporation.

qu'elle exige consiste en une balance exacte, et un ou plusieurs flacons de verre bouchés à l'émeri.

§ 2. *Trouver le poids spécifique d'un liquide.* On tare le flacon vide, c'est-à-dire on le met en équilibre au moyen de poids ; ensuite on le pèse plein d'eau distillée, en ayant soin de le boucher exactement ; puis on le remplit du liquide qu'on examine, et en divisant le dernier poids par le premier, on obtient le poids spécifique cherché. Supposons que le flacon contienne 864 grains d'eau distillée, et seulement 673 grains d'éther : le poids spécifique de ce dernier est $= \frac{673}{864} = 0,779$.

L'exactitude de ce procédé est sensible, d'après ce que nous avons dit sur le poids spécifique, page 23, § 4.

§ 3. *Trouver le poids des corps solides qui ne se dissolvent pas dans l'eau.* Pour évaluer le poids spécifique des corps solides, il faut seulement que le corps puisse être introduit dans le flacon ; mais il n'est pas nécessaire qu'il soit d'un seul morceau ; il peut même être en poussière fine. On pourrait faire cependant, pour les corps plus volumineux, des flacons avec une ouverture suffisamment large pour qu'ils y pussent passer. La manière la plus simple de faire l'expérience est la suivante :

On tare d'abord un flacon exactement rempli avec de l'eau distillée ; on pose ensuite le corps qu'on veut examiner, dans le même plateau, auprès du flacon, et l'on met dans l'autre plateau le poids nécessaire pour établir l'équilibre ; on voit ainsi quel est le poids du corps ; on enlève alors le flacon et le corps, et l'on introduit le corps dans le flacon rempli d'eau ; on ferme ensuite le flacon, et l'on prend grand soin à ce qu'il ne reste aucune bulle d'air dans l'intérieur. Après l'avoir bien essuyé à l'extérieur, on le replace dans le plateau de la balance où il était auparavant ; ce côté est alors plus léger, et il faut mettre auprès du flacon autant de poids qu'il est nécessaire pour rétablir l'équilibre. Ce poids indique combien le corps a fait sortir d'eau du flacon. En divisant le poids du corps par le poids de l'eau déplacée, on obtient le poids spécifique cherché. Par exemple, en suppposant que le corps pèse 523 grains, et l'eau déplacée 84 grains, le poids spécifique du corps sera $= \frac{523}{84} = 6,226$ (*).

§ 4. Il y a des corps qui s'imbibent d'eau sans se dissoudre ni se décomposer. Pour ceux-ci, la question de la recherche du poids spécifique présente une espèce d'équivoque. Veut-on connaître le poids spécifique d'un grès, par exemple, en faisant abstraction des interstices qui s'y trouvent, et en examinant seulement quel serait le poids spécifique d'un corps qui aurait un même volume et un même poids que ce grès, mais qui serait sans interstices sensibles? ou bien, veut-on savoir le poids spécifique de la masse propre du corps? Dans les deux cas, on peut trouver le poids spécifique de la manière suivante : on détermine d'abord, comme il est dit à l'article 3, le poids du corps sec dans l'air; nous supposons qu'il pèse 1000 grains; ensuite on le plonge dans l'eau jusqu'à ce qu'il soit parfaitement imbibé; alors on voit combien son poids s'est augmenté. Nous admettons que cette augmentation

(*) Pour qu'une balance fût rigoureusement exacte, il faudrait que ses deux bras fussent parfaitement égaux, et que les mêmes poids placés dans un des plateaux ou dans l'autre, fissent toujours équilibre au même corps; mais il est presque impossible d'atteindre une pareille perfection : et si l'on se donne la peine de faire subir cette épreuve aux balances qui passent pour les plus exactes, on n'en trouvera probablement pas une seule qui y satisfasse. Mais on peut très bien se passer de cette perfection; et pourvu que la balance soit sensible, on peut trouver le poids d'un corps aussi bien que si les deux bras étaient exactement égaux. Il suffit pour cela de peser dans un même plateau le corps et les poids qu'on lui compare. On met premièrement dans un des plateaux le corps que l'on veut peser, et on lui fait équilibre de l'autre côté avec du plomb, des feuilles de cuivre ou d'autres matières quelconques; puis, lorsque l'équilibre est bien établi, on ôte le corps et on lui substitue des poids en quantité suffisante pour ramener l'équilibre. Il est clair alors que ceux-ci représentent exactement le poids du corps dont ils n'ont fait que prendre la place, et cela indépendamment des inégalités que les deux bras de la balance peuvent avoir. Cette méthode *des doubles pesées* est due à Borda. Je l'ai exposée en détail dans mon *Traité de Physique*, avec l'indication de toutes les précautions qu'il faut y joindre pour que les résultats soient exacts.

est de 50 grains. On introduit alors le corps dans le flacon, et l'on voit combien il déplace d'eau. Supposons que ce soit 240 grains. Maintenant, si c'est dans le premier sens qu'on veut déterminer le poids spécifique du corps, on divise 1000 par 240, et l'on trouve 4,167.

Si l'on veut, au contraire, savoir le poids spécifique suivant le second sens, on doit considérer que la masse propre du corps n'a pas déplacé 240 grains d'eau, mais 240 — 50 = 190 grains. Son poids spécifique est donc $\frac{1000}{190} = 5,263$.

Lorsqu'un corps se décompose dans l'eau, comme cela arrive pour la plupart des argiles, cette double signification a encore lieu. Seulement dans le premier sens, où l'on considère le corps comme une masse continue, le poids spécifique doit être incertain en soi, puisqu'un corps de cette espèce peut avoir une densité très différente, à cause de la solution de continuité de ses parties. Dans ce cas, on ne peut avoir qu'une évaluation approchée. On l'obtient en opérant justement comme il est dit à l'article 3, et en observant seulement de fermer le flacon avant que le corps qu'on y a introduit se soit déjà décomposé. Si l'on veut, au contraire, connaître le poids spécifique dans le deuxième sens, le mieux est de broyer le corps en parties aussi fines qu'il est possible, et d'opérer ensuite suivant la méthode décrite à l'article 3.

§ 5. *Trouver le poids spécifique des corps qui se dissolvent dans l'eau.* Quand on veut savoir le poids spécifique d'un sel ou d'un corps quelconque qui se dissout dans l'eau, on choisit un autre liquide, comme l'alcool, ou quelque huile où il ne se dissout pas. On détermine d'abord, suivant l'article 2, le poids spécifique de ce liquide, relativement à l'eau. Nous supposons qu'il soit de 0,866. On évalue ensuite le poids spécifique du sel par rapport à ce liquide, selon l'article 3. Nous supposons qu'on le trouve de 3,278. On multiplie alors ces deux nombres l'un par l'autre, et leur produit, 2,829748, exprime le poids spécifique du corps (*).

(*) Le poids spécifique de l'eau étant 1, soit le poids spécifique du liquide α,

§ 6. Nous allons joindre ici une courte liste de poids spécifiques. On en trouve une plus considérable dans Gehler, III, 912 ; et une encore plus étendue dans Fischer, IV, 505.

Platine.	20,722	Klaproth.
Or	19,258	Brisson.
Mercure (*).	13,586	Fischer.

---

et celui du corps b. Que le flacon contienne p d'eau, et q de l'autre liquide; que le poids du sel soit r, et le poids du liquide déplacé par lui soit s; on a

$$1 : a = p : q,$$
$$a : b = r : s.$$

En composant les deux proportions, on a

$$1 : b = pr : qs;$$

donc $b = \frac{qs}{pr} = \frac{q}{p} \times \frac{s}{r}$; ce qui est la règle donnée dans l'article ci-dessus.

Dans toutes les opérations précédentes, il faut, si l'on veut atteindre la dernière exactitude, connaître le poids de l'air que peut contenir le flacon; et cela se déduit de sa capacité; car les corps perdant dans l'air une partie de leur poids égale à celle du fluide qu'ils déplacent, ce poids forme une quantité qu'il faut ajouter à tous ceux que l'on observe; et il est clair qu'en négligeant cette circonstance, on n'aurait pas exactement leur rapport; par la même raison, il faut observer le baromètre et le thermomètre pendant l'expérience; car le poids du volume d'eau déplacé en dépend. Il faut aussi dégager tout l'air contenu dans l'intérieur des liquides. Ceci est très sensible dans les expériences exactes. *Voyez* le *Traité de Physique* de Biot.

(*) M. Fischer donne cette évaluation du poids du mercure, d'après des expériences précises et souvent répétées, qu'il a faites à la température de 13° de Réaumur, en employant du mercure très pur qui lui avait été donné par M. Klaproth.

Nous avons trouvé, M. Arago et moi, par des expériences très exactes, que le poids du mercure réduit au vide et à la température de la glace fondante, est 13,5995. Nous nous sommes servis de mercure distillé que nous a donné M. Berthollet.

Si l'on réduit le résultat de M. Fischer à ces mêmes circonstances, en employant la dilatation du mercure égale à $\frac{1}{5412}$ de son volume pour chaque degré du thermomètre centigrade, et celle de l'eau que j'ai rapportée à la page 109, on trouve la pesanteur spécifique du mercure égale à 13,6183; la différence 0,0188 est $\frac{1}{724}$ de la valeur totale, et elle peut tenir aux différences des nombres employés par M. Fischer et moi pour réduire les dilatations, principalement celle de l'eau, ou peut-être à ce qu'il n'aurait pas eu soin de purger d'air l'eau qu'il a employée dans l'expérience, ou enfin aux erreurs inévitables de ces résultats. La dilatation $\frac{1}{5550}$ n'y produirait qu'une différence d'une unité sur la troisième décimale.

Plomb	11,352	Fischer.
Argent	10,784	Klaproth.
Bismuth	9,070	Brisson.
Cuivre	8,876	—
Laiton	8,395	—
Fer	7,800	Bergman.
Acier	7,767	Musschenbrock.
Étain	7,264	Bergman.
Zinc	6,862	—
Craie	2,25	jusqu'à 2,32.
Marbre de Carrare	2,716	Brisson.
Gypse compacte	1,87	jusqu'à 2,29.
Spath pesant	4,3	jusqu'à 4,4.
Terre à pots	1,8	jusqu'à 2,0.
Cristal de roche	2,653	Brisson.
Silex	2,58	jusqu'à 2,67.
Spath fluor	2,44	jusqu'à 2,60.
Pierre ponce	0,914	Brisson. —
Grès	2,11	jusqu'à 2,56.
Verre vert ordinaire	2,5	jusqu'à 2,6.
Verre blanc	2,4	jusqu'à 2,5.
Flint-glass anglais	3,329	Brisson.
Salpêtre	1,900	Musschenbrock
Sel commun	1,918	—
Ammoniaque	1,420	—
Alcool (absolu)	0,791	Lowitz.
Éther sulfurique (*)	0,716	jusqu'à 0,745.
Cire	0,954	jusqu'à 0,960.
Huile d'olive	0,913	Musschenbrock.
Huile de térébenthine	0,792	—
Bois de chêne (frais)	0,93	—
——— (sec)	1,67	—

(*) L'éther sulfurique est d'autant plus léger, qu'il est plus pur. La première évaluation est de Lowitz; la seconde de Rose, et elle se rapporte à l'éther préparé de la manière ordinaire.

Bois de hêtre.	0,85	Musschenbrock.
— de sapin.	0,55	—
— de liége	0,24	—

§ 7. Une circonstance remarquable dans la combinaison chimique de deux corps, c'est que le poids spécifique de cette combinaison ne peut pas, plus que sa chaleur spécifique, être déterminé *à priori*, parce que la combinaison prend toujours une autre densité que celle qu'elle devrait avoir d'après les proportions des principes constituans. Par exemple, si l'on mêle des volumes égaux d'eau distillée et d'alcool, celui-ci du poids spécifique de 0,824, on devrait croire que le poids spécifique de la combinaison tiendra le milieu entre 1,000 et 0,824, par conséquent qu'il serait de 0,912; mais, en faisant l'expérience, on le trouve de 0,930 à 0,940; de sorte que le liquide est plus dense après la combinaison, et occupe un espace plus petit que celui que remplissaient les principes constituans.

§ 8. Comme la chaleur dilate tous les corps, et diminue par conséquent leur poids spécifique, il faut toujours faire les pesées à une température déterminée, lorsqu'on veut opérer avec exactitude. On choisit ordinairement une température de 14° de Deluc, parce que, aussi bien en été qu'en hiver, c'est la température la plus habituelle des chambres habitées, et qu'une différence d'un ou de deux degrés n'est pas très importante (*).

§ 9. *Trouver la capacité cubique d'un vase ou d'un autre corps.* La détermination exacte du poids de l'eau, et du poids spécifique des divers corps, a, entre autres avantages, celui de fournir un moyen de connaître, par des pesées, la capacité

(*) Il serait quelquefois très difficile de se procurer artificiellement cette température moyenne de 14°, et il faudrait prendre beaucoup de peine pour la conserver; mais, avec un peu de calcul, on peut éviter cet embarras; car si l'on connaît les dilatations des corps sur lesquels on opère, et c'est une donnée indispensable, on peut, en observant les températures où les pesées sont faites, réduire tous les poids à telle température que l'on voudra, et trouver ainsi leurs rapports. *Voyez* sur cela mon *Traité de Physique*.

cubique de tous les corps beaucoup plus exactement que par des mesures géométriques.

S'il s'agit de trouver la capacité cubique d'un vase quelconque, on le remplit d'eau, et l'on pèse combien il en contient. Ce poids, exprimé en grains et divisé par 288 (pag. 107, § 7), donne la capacité cubique du vase en pouces cub. ddc. de Brandebourg. Si l'on exprime le poids en grammes, le nombre de grammes donne immédiatement la capacité du vase en centimètres cubes, sans qu'il soit besoin d'aucun calcul. Si l'on aspirait à la dernière exactitude, il faudrait réduire la pesée à la température de $3^\circ \frac{1}{3}$ de Deluc, d'après la dilatation connue de l'eau.

§ 10. En multipliant le poids spécifique d'un corps par 288, on trouve combien un pouce cubique duodécimal de la substance de ce corps pèse en grains de Brandebourg; et si l'on connaît le poids absolu du corps, on n'a qu'à diviser ce dernier poids exprimé en grains de Brandebourg par le poids d'un pouce cubique, pour trouver combien sa capacité naturelle comprend de pouces cubiques. On voit de quel usage général est cette méthode (*).

Quand on se sert de grammes, le poids spécifique d'un corps exprime immédiatement combien pèse un centimètre cubique de sa substance; et en divisant le poids absolu exprimé en grammes, par le poids d'un centimètre, on connaîtra combien le volume de ce corps comprend de centimètres cubiques.

(*) Soient V la capacité matérielle ou le volume d'un corps quelconque, S son poids spécifique, p son poids absolu exprimé en grains de Brandebourg; 288 S le poids d'un pouce cubique de ce corps; par conséquent $V = \frac{p}{288S}$. Si deux des trois quantités VpS sont données, on trouve aisément la troisième, car $p = 288SV$, et $S = \frac{p}{288V}$.

CHAPITRE XXIII.

De l'équilibre des liquides pesans, ou premiers principes de l'Hydrostatique.

§ 1. Le caractère mécanique essentiel d'un liquide est la parfaite mobilité réciproque de toutes ses parties. De là se déduit le principe suivant, qui doit être considéré comme le fondement le plus important de la théorie de l'équilibre et du mouvement des corps liquides : *Chaque pression qui s'exerce sur un liquide n'agit pas seulement dans sa direction propre, mais elle se propage uniformément de tous côtés dans le liquide entier* (*).

§ 2. Dans un liquide pesant, chaque particule qui se trouve au-dessous de la surface, par exemple, en A, *fig.* 27, est pressée par le poids de la colonne de liquide AB qui s'élève au-dessus d'elle. Cette particule presse avec la même force et dans toutes les directions le reste du liquide dont elle est environnée.

Si l'on fait passer par A un plan horizontal CD, chaque autre particule E qui se trouve dans ce même plan doit être pressée avec la même force, s'il ne se produit aucun mouvement. On déduit de là ce théorème principal de l'Hydrostatique, *que la*

(*) Ce principe de l'égalité de pression en tous sens peut se présenter d'une manière encore plus simple, d'après la considération de l'équilibre. Ce que nous connaissons de plus certain sur la nature des liquides, c'est leur extrême mobilité. Si donc leurs particules sont en équilibre, il faut que chacune d'elles soit également poussée de toutes parts; car si elle l'était plus d'un côté que d'un autre, elle devrait, par l'effet de sa mobilité, se mouvoir du côté où la force serait plus considérable. Il est entendu que dans l'évaluation des forces qui agissent sur un liquide, on comprend l'impénétrabilité des particules qui les font résister les unes aux autres, et aussi l'impénétrabilité des parois des vases qui supportent les mêmes pressions que les molécules d'eau contiguës avec elles.

surface d'un liquide pesant doit être horizontale pour que le liquide soit en équilibre.

Ce théorème suppose que les directions des forces sont parfaitement parallèles. Si l'on imagine un corps céleste formé d'eau seulement, et qui soit en repos, sa surface devra être sphérique; mais, au contraire, s'il se meut autour de son axe, il prendra une forme aplatie, à cause de la force centrifuge qui tend à faire éloigner ses particules sous l'équateur; et cette forme sera d'autant plus aplatie, qu'il tournera avec une plus grande vitesse (pag. 49, §§ 3 et 4).

§ 3. Le théorème (§ 2) conserve son exactitude de quelque forme que soit le vase, et de quelque manière que son intérieur soit divisé, pourvu seulement que les parties de liquide qui se trouvent dans les divers compartimens aient une communication entre elles. Qu'on se représente, par exemple, la ligne EF comme une cloison mince qui sépare le liquide dans toute la largeur du vase. D'après la troisième loi de Newton (pag. 24, § 8), cette surface résistera justement autant qu'elle sera pressée, c'est-à-dire qu'elle agit précisément comme le feraient les particules de liquides si elles se trouvaient à sa place. Une cloison semblable ne peut donc pas détruire l'équilibre. On peut donc introduire dans le vase autant de cloisons de cette espèce qu'on veut; et l'on conçoit que dans tous les compartimens qui auront ensemble la moindre communication, le liquide s'élèvera toujours à une égale hauteur. Par conséquent, un liquide doit toujours se tenir à une hauteur égale dans des tubes recourbés, quelles que soient leur forme, leurs courbures et leur largeur (*).

§ 4. Le lit d'une rivière est rarement formé de matières im-

(*) Il y a une exception à faire pour les cas où les tubes sont très étroits ou capillaires, car les fluides ne s'y mettent pas de niveau; mais cela tient à l'action d'une force attractive propre aux particules matérielles qui composent le tube et le fluide; et l'on fait abstraction de cette force dans les considérations que ce chapitre renferme. Au reste, nous reviendrons plus tard sur cette cause secondaire, et nous apprécierons ses effets.

pénétrables à l'eau. C'est pourquoi l'on trouve toujours de l'eau souterraine dans le voisinage d'une rivière. On conçoit facilement que, selon la règle précédente, cette eau doit se trouver à la même hauteur que l'eau de la rivière, quoiqu'un accroissement ou un décroissement particulier à celle-ci puisse produire une différence passagère dans ces hauteurs (*).

Pression des Liquides contre le fond et les parois latérales d'un vase.

§ 5. Puisque l'intensité de la pression que chaque point d'un liquide supporte et exerce est déterminée par l'article 2, on peut aussi évaluer sans difficulté la pression qu'exerce et supporte une surface pressée par un liquide.

Quand la surface est horizontale, elle supporte précisément le poids d'une colonne de liquide qui a pour base cette surface pressée, et la hauteur de l'eau au-dessus de cette surface pour élevation. Si, par exemple, dans les quatre vases, A, B, E, F, *fig.* 28, 29, 30, 31, le fond AB est d'une égale étendue, et la surface liquide EF d'une égale élévation au-dessus du fond, celui-ci supportera, dans les quatre vases, une même pression, et la force de cette pression est déterminée par le poids d'une

(*) Les communications décrites ici par l'auteur sont celles qui ont lieu près de la surface du sol entre les diverses parties d'un même terrain plus ou moins perméable à l'eau. Mais si, sous un terrain pareil, ou même dans l'intérieur de sa masse, on imagine des couches continues de matières alternativement perméables et imperméables, par exemple de craie, de sable et d'argile superposés, et s'étendant à de grandes distances, il se pourra que, dans la couche de sable intermédiaire, comme dans un canal, il existe des ruisseaux ou des nappes d'eau provenant de réservoirs naturels très éloignés, et fort élevés au-dessus de la surface du sol où il sont ainsi conduits. Alors si l'on perce un puits qui atteigne ces couches, les eaux souterraines s'y élèveront à leur niveau primitif, et pourront même jaillir ainsi au-dessus du sol environnant. C'est ce que l'on appelle des puits *artésiens*, parce que l'ancienne province d'Artois est celle où l'on a d'abord remarqué, si ce n'est découvert, ces communications souterraines. Mais, d'après la continuité de constitution géologique de la plus grande partie de la France et de l'Europe, il paraît que l'on peut obtenir de pareilles eaux en perçant jusqu'à la craie, partout où elle est recouverte d'une couche d'argile assez épaisse pour que les colonne de fluide ABCD qui s'élèverait verticalement au-dessus du fond. Si l'on connaît l'étendue de la base AB, et la hauteur du liquide AC, on trouve aisément l'espace que comprend la colonne ABCD ; et si le poids d'un pied ou d'un pouce cube de ce liquide est connu, on a en même temps le poids de la colonne. — La 31e figure représente un *siphon anatomique*, au moyen duquel on rend sensible la force de la pression. (Gehler, II, § 85 ; Fischer, II, 892.)

§ 6. Les parties d'une paroi oblique AB, *fig.* 32, subissent une pression inégale et proportionnelle à l'abaissement de chaque point au-dessous de la surface supérieure du liquide. Si cette paroi a la forme d'un rectangle, on démontre, par des raisonnemens géométriques, que la pression qu'elle supporte est égale au poids d'un prisme d'eau qui a pour base la moitié du carré de la hauteur de l'eau BF, et la largeur de la surface pressée pour hauteur. La pression totale est la même sur une paroi verticale ou oblique (*).

---

nappes d'eau intermédiaires aient pu être préservées de l'infiltration et de l'évaporation. Par exemple, on réussit très bien dans tout le bassin de Paris, et il n'est pas improbable que les eaux jaillissantes qu'on y obtient par ce procédé soient amenées jusque des montagnes des Vosges. *Voyez* sur cela un Mémoire très curieux de M. Héricart de Thury, inséré dans le tome III des Annales de la Société d'Horticulture de Paris.

(*) Supposons qu'ayant prolongé la ligne CA on mène BF perpendiculaire sur son prolongement. Prenons ensuite AE = BF. Maintenant si l'on considère un point quelconque G de la paroi, et qu'on mène par G l'horizontale HI, BI est la hauteur de la colonne d'eau qui presse sur G. Mais comme les triangles BAF, BGI, sont semblables, de même que BAE et BGH, on a AE : GH = BF : BI, puisque le rapport de BA à BG est commun aux deux triangles ; mais comme dans cette proportion AE = BF, de même GH = BI ; par conséquent GH représente la pression que supporte le point G. On peut faire des raisonnemens semblables pour chaque point, et l'on voit ainsi que le triangle BAE représente la pression que supporte toute la ligne AB. Maintenant, si la paroi AB est un rectangle, chaque ligne parallèle à la section AB subit la même pression. Par conséquent, la pression sur tout le plan AB est le poids d'un prisme d'eau qui a ABE pour base, et la longueur du plan AB pour hauteur. Mais le triangle ABE a sa base AE et sa hauteur égales entre elles et à la ligne BF. Ainsi, sa surface est égale à la moitié du carré de la ligne BF.

§ 7. Lorsque deux ou plusieurs liquides qui ne se mêlent pas, par exemple, le mercure, l'huile et l'eau, sont réunis dans un même vase, ils se superposent d'après leur pesanteur spécifique; mais les surfaces qui les séparent doivent être horizontales dans l'état d'équilibre.

§ 8. Si l'on introduit dans un tube recourbé ABC, *fig.* 33, un liquide très pesant, du mercure, par exemple, et qu'on verse dans un des côtés du même tube un autre liquide plus léger, par exemple, de l'eau, leurs surfaces individuelles seront de même horizontales; mais la surface C du liquide le plus léger s'élèvera beaucoup plus haut que la surface A du plus pesant. Si l'on mène par H, où les deux liquides se séparent, la ligne horizontale DE, la pression doit, pour qu'il y ait équilibre, être égale en D et en E; or, cela ne peut arriver que lorsque la hauteur des deux colonnes de liquides qui exercent une pression sur DE est en raison inverse des poids spécifiques.

Pression d'un liquide sur les corps solides qui y sont plongés.

§ 9. Qu'on se représente dans l'eau tranquille BCD, *fig.* 34, une masse d'eau A de forme et de grandeur arbitraire, circonscrite dans un espace tout-à-fait géométrique, et distincte du reste de la masse : il est clair que la réunion des pressions que l'eau environnante exerce sur elle, doit produire une pression vers le haut, justement aussi grande que le poids de la masse ainsi isolée, puisqu'autrement cette masse ne se trouverait pas à l'état d'équilibre. Qu'on anéantisse maintenant, par la pensée, cette masse d'eau A, et qu'on place au lieu d'elle, dans cet espace, un corps solide de la même forme et de la même grosseur, chaque point de sa surface sera aussi fortement pressé par l'eau environnante, et exercera une pression aussi grande que l'eau dont il remplit la place.

Dans ces circonstances, le corps est sollicité par deux forces, dont l'une agit de bas en haut, et est justement aussi grande que le poids de l'eau déplacée, et l'autre est le poids du corps lui-même qui le pousse vers le bas dans une direction contraire. De là se déduit le théorème de l'équilibre entre les corps liquides et les corps solides : *un corps plongé dans un liquide perd justement autant de son poids que pèse l'eau qu'il déplace.*

§ 10. Si le corps A était précisément aussi pesant que l'eau déplacée, il devrait, aussi bien que la masse d'eau déplacée elle-même, flotter librement dans l'eau; s'il est plus lourd que cette masse d'eau, il tombe, mais non pas avec toute la force de son poids, seulement avec l'excédant sur le poids de l'eau déplacée. Enfin, s'il est plus léger, il s'élève vers le haut avec une force égale à l'excédant du poids de l'eau déplacée sur le sien propre.

Du flottement des Corps.

§ 11. Dans le dernier cas, où le corps plongé est plus léger que l'eau, il s'élève jusqu'à ce qu'une de ses parties dépasse la surface de l'eau. Par l'effet de cette ascension, la quantité d'eau déplacée diminue, et, par conséquent, aussi la force qui l'élève; il doit donc arriver un instant où le poids de l'eau déplacée est égal au poids du corps; alors le corps se trouve dans les circonstances où il peut flotter sur le liquide.

§ 12. Mais l'expérience apprend qu'un corps ne peut pas flotter dans toutes les situations, quoiqu'il soit plongé à la profondeur convenable. Pour concevoir la cause de ceci, et généralement pour rendre raison de tous les phénomènes qui arrivent lorsque des corps flottent, on doit considérer particulièrement deux points : 1°. le centre de gravité du corps, dans lequel on peut supposer toute la pesanteur réunie; 2°. le centre de gravité de l'eau déplacée, dans lequel on peut supposer réunie toute la force qui soulève le corps. Le premier de ces points demeure toujours à la même place dans le corps; mais le second change de situation selon les changemens qui arrivent dans la forme et la situation des parties du corps qui plongent. Si ces deux points ne se trouvent pas dans une même verticale, le corps ne peut pas flotter à la surface du liquide.

Si le premier point est placé verticalement au-dessus du second, le corps ne flotte pas encore nécessairement et d'une manière stable dans cette situation. Il faut encore que les circonstances soient telles, que si sa position venait à changer d'une quantité infiniment petite, il y revînt naturellement et par une suite d'oscillations. Enfin, si le centre de gravité du corps se trouve verticalement au-dessous de celui de l'eau déplacée, le corps doit flotter nécessairement, et d'une manière stable. C'est une condition que l'on a soin de remplir dans l'arrimage des navires.

CHAPITRE XXIV.

De la Balance hydrostatique et des Aréomètres.

§ 1. On nomme *balance hydrostatique* une balance disposée de manière qu'elle peut servir à peser des corps sous l'eau; il n'est besoin pour cela que de faire tenir de petits crochets au-dessous d'une balance ordinaire, mais exacte. On attache le corps qui doit être pesé à un fil mince, délié, par exemple à un crin, dont le poids est négligeable par rapport à la masse du corps entier, et on le suspend au-dessous d'un des plateaux; de manière qu'on peut à volonté le peser dans l'eau ou dans l'air. Cependant, plusieurs physiciens nomment aussi *balances hydrostatiques* les instrumens décrits plus bas sous le nom d'*aréomètres*.

§ 2. *Trouver le volume d'un corps solide.* On le pèse d'abord dans l'air avec la balance hydrostatique, à laquelle il est attaché par un fil de crin; puis, sans le détacher, on fait en sorte qu'il plonge dans l'eau; et comme il perd une partie de son poids, il ne suffit plus pour maintenir l'équilibre; on ajoute donc sur le plateau au-dessous duquel il est suspendu, les poids nécessaires pour que cet équilibre soit rétabli. On connaît ainsi combien le corps a déplacé d'eau (pag. 125, § 9);

et ces poids additionnels exprimés en grammes, et divisés par 1, donnent le volume du corps en centimètres cubiques (*).

§ 3. *Trouver le poids spécifique de l'eau.* Lorsque le volume du corps plongé est connu, le poids ajouté indique combien il a déplacé d'eau. C'est la méthode par laquelle on détermine ordinairement le poids spécifique de l'eau. Pour la pesée faite à Berlin, et mentionnée ci-dessus (pag. 107, § 7), le corps plongé dans l'eau était un cube d'un pouce, fait avec beaucoup de soin : pour celle de Paris, c'était un cylindre mesuré aussi avec la plus grande exactitude.

§ 4. *Trouver le poids spécifique d'un corps solide.* On le pèse d'abord dans l'air, puis on examine combien il perd étant pesé dans l'eau. Le premier de ces poids, divisé par le dernier, donne son poids spécifique; mais pour cela, le corps doit être plus pesant que l'eau, et ne point s'y dissoudre, ni s'y décomposer. Cette méthode est donc surtout à recommander lorsque le corps est trop gros pour pouvoir être introduit dans un flacon (**).

§ 5. *Lorsqu'un corps est mécaniquement composé de deux substances connues, trouver, par le moyen des balances hydrostatiques, combien il contient de chacune de ces matières.* Archimède, qu'on peut considérer comme l'inventeur de l'Hydrostatique, trouva que 18 livres d'or étant pesées sous l'eau, perdaient 1 livre; 18 livres d'argent perdaient 1 $\frac{1}{2}$ livre; et une couronne pesant 18 livres, qui était d'argent recouvert par une

(*) Le poids exprimé en grains, et divisé par 288, donne le volume du corps en pouces cubiques duodécimaux de Brandebourg (page 107, § 7). Si la pesée est faite en grains de Paris, il faut diviser par 373,4, parce que c'est le poids d'un pouce cubique d'eau, mesure de Paris.

(**) On peut même, dans ce cas, se servir de la méthode de Klaproth, en substituant au flacon un vase cylindrique, dont les bords supérieurs soient usés à l'émeri. Lorsque ce vase est rempli d'eau, on le ferme en passant horizontalement sur son orifice une glace dépolie, laquelle exclut toute l'eau qui n'est point comprise dans sa capacité. Comme cette glace adhère naturellement sur l'orifice, on peut essuyer très exactement le cylindre, et enlever toute l'eau qui a pu se répandre sur sa surface.

épaisse feuille d'or, perdit $1\frac{1}{3}$ livre. Il conclut de là, d'après le calcul nommé *règle de société*, que la quantité d'argent était à la quantité d'or comme les différences successives des trois nombres 1, $1\frac{1}{3}$, $1\frac{1}{2}$, c'est-à-dire, comme $\frac{1}{3}$ est à $\frac{1}{6}$, ou comme 2 est à 1, et que, par conséquent, la couronne était composée de $\frac{1}{3}$ d'or et de $\frac{2}{3}$ d'argent. — On nomme cette opération *l'épreuve de l'eau* d'Archimède. Elle ne peut être employée que lorsque deux matières sont seulement mécaniquement mélangées; quand elles le sont chimiquement, cette méthode donnerait de faux résultats [pag. 119, § 7] (*).

Des Aréomètres.

§ 6. Un vase de verre AB, de la forme représentée dans la *fig.* 35, peut être assez léger, non-seulement pour flotter sur l'eau, mais encore pour s'y soutenir en portant dans la boule inférieure B une masse de plomb ou de mercure. Au moyen de ce lest, le centre de gravité peut être porté assez vers le bas pour que l'instrument flotte avec stabilité dans une situation verticale (pag. 126, § 12). Or, on a vu qu'un corps flottant

---

(*) Soit un corps B, dont le poids est p, composé de deux matières A et C; qu'il contienne x de la première A, et par conséquent $p-x$ de la seconde: on sait que le poids p, lorsqu'il consiste seulement en matière A, perd dans l'eau a; que le poids p du corps composé perd b, et que le poids de la matière C perd c. Il s'agit de trouver x. D'après ces données, on a d'abord les proportions $p : x = a : \frac{ax}{p}$, c'est-à-dire lorsque le poids p du corps A perd a dans l'eau, le poids x perd $\frac{ax}{p}$; de même $p : p-x = c : \frac{c(p-x)}{p}$, c'est-à-dire que le poids $p-x$ du corps C perd dans l'eau $\frac{c(p-x)}{p}$. Le corps composé perd donc en tout $\frac{ax}{p} + \frac{c(p-x)}{p} = b$; d'où l'on tire très aisément la valeur $x = \frac{p(b-c)}{a-c}$. Cette formule conduit précisément à la règle donnée dans le texte; car on en tire $p-x = \frac{p(a-b)}{a-c}$; et par conséquent $a-b : b-c = p-x : x$.

déplace toujours un poids de liquide égal au sien propre (pag. 125, § 9) ; il est donc clair qu'un semblable instrument plongera plus profondément dans un liquide léger que dans un liquide plus lourd ; et d'après cela on conçoit la possibilité de disposer l'instrument de manière qu'on puisse déduire le poids spécifique du liquide d'après la profondeur où il y plonge. Pour cet effet, on introduit dans le tube AC un papier sur lequel on a tracé une échelle qui indique immédiatement le poids spécifique. On nomme un tel instrument un *aréomètre*.

§ 7. L'emploi de l'aréomètre pour l'estimation du poids spécifique des liquides devient assez superflu, d'après ce qui a été dit sur ce sujet chap. XXII, pag. 113 et suiv. Mais on s'en sert ordinairement pour un but un peu différent. Par exemple, dans les liquides mélangés, comme la bière, le vin, l'eau-de-vie, les dissolutions de sels, etc., le poids spécifique change avec les proportions des principes constituans, et il est souvent très important de connaître, pour les rapports scientifiques, économiques et mercantiles, combien un tel liquide contient de parties de chacun de ses principes constituans. On emploie ordinairement l'aréomètre pour cette évaluation. Mais on voit facilement qu'il doit avoir une échelle et une disposition différentes pour chaque usage qu'on en veut faire : par cette raison, on lui donne les divers noms de *pèse-liqueur* à vin, à alcool, à bière, etc., etc.

§ 8. La description d'un de ces instrumens suffira pour qu'on puisse se représenter les autres assez exactement. Nous choisissons pour cela l'aréomètre à alcool. Ce ne peut être ici le lieu de donner les détails de sa disposition la plus avantageuse ; il suffira de le décrire simplement, de manière qu'on puisse avoir une idée claire de cet instrument et de son usage. Qu'on se représente l'aréomètre plongé d'abord dans l'eau distillée, puis ensuite dans l'alcool absolu (pag. 110, § 11). Dans la première, il s'enfonce jusqu'à 0 ; dans le second, jusqu'à 100. Après cela, on fait des mélanges de 10 parties d'alcool et de 90 d'eau ; de 20 d'alcool et de 80 d'eau, etc., jusqu'à 90 d'alcool et 10 d'eau.

On plonge l'instrument dans chacun de ces mélanges ; on remarque à quelle profondeur il s'enfonce, et l'on trace sur l'échelle les nombres 10, 20, 30, etc. Les intervalles de ces parties sont inégaux ; mais comme ils ne croissent qu'avec lenteur, on pourrait encore diviser chacun d'eux en 10 parties égales, et l'on aurait ainsi un instrument qui indiquerait immédiatement combien de parties d'alcool sont contenues dans un mélange d'eau et d'alcool.

Pour avoir des degrés plus grands, on fait ordinairement deux aréomètres à alcool, dont l'un sert environ depuis 0 jusqu'à 50 degrés, l'autre depuis 50 jusqu'à 100.

On trouve des détails plus circonstanciés sur l'aréomètre à alcool dans l'ouvrage de Richter, sur les nouveaux objets de Chimie, VIII, 81. (*Voyez* aussi la *Physique de Haüy*.)

§ 9. D'après ce que nous venons de dire, on peut prendre une idée de tous les autres instrumens de cette espèce. Ils indiquent de même les quantités d'un des principes constituans, par exemple, d'un sel, d'un acide, etc. ; ou seulement, comme les pèse-liqueurs à vin, à eau-de-vie, ils marquent des degrés de bonté choisis arbitrairement ; même les aréomètres de Beaumé n'indiquent rien de plus, puisque leurs échelles ont des parties égales, et que les deux points extrêmes sont seuls déterminés avec précision par des pesées ; ce qui fait qu'au moins ces aréomètres s'accordent entre eux.

§ 10. Il y a encore une autre espèce d'aréomètres sans échelle, qu'on nomme *aréomètres à poids*, ou de *Fahrenheit*. Ils diffèrent des précédens en ce qu'ils n'ont qu'une seule marque qui indique la profondeur jusqu'où s'enfonce l'instrument dans le liquide le plus léger qu'on puisse avoir, et en ce qu'on adapte au-dessus du tube un petit plateau pour y poser des poids. Dans les fluides où il ne s'enfonce pas jusqu'à la marque indiquée, on le force à prendre cette situation en ajoutant des poids dans le plateau. Cet appareil très simple donne un moyen assez commode pour comparer les poids spécifiques des liquides. On pèse d'abord l'instrument lui-même. Supposons qu'il pèse 460 grains. Ensuite on le plonge dans l'eau distillée, jusqu'à ce qu'au moyen de poids ajoutés il s'enfonce jusqu'à la marque. Supposons qu'il faille pour cela 104 grains, on sait qu'alors l'instrument déplace $460^g + 104^g$ ou 564 grains d'eau. Si l'on trouve qu'il faut ajouter 160 grains pour un autre liquide, on sait que l'instrument déplace $460^g + 160^g = 620$ grains de ce liquide. 620 grains de ce liquide remplissent donc le même espace que 564 d'eau ; par conséquent, son poids spécifique est $= \frac{620}{564} = 1,099$ (*).

Nicholson a fait un changement ingénieux à cet aréomètre, et l'a rendu ainsi un instrument très convenable pour l'estimation exacte du poids spécifique des corps solides. On trouve dans le *Journal de Physique* de Gren, V, 502, une description de l'aréomètre de Nicholson (**).

§ 11. Pour l'usage de tous ces instrumens, on ne doit pas négliger de faire attention à la température, ainsi que nous l'avons dit (pag. 119, § 8).

On trouvera dans des ouvrages plus étendus des notions plus complètes de ces instrumens. Ainsi, *voyez* les articles *Areometer* et *Hydrostatiche Wage*, dans les *Dictionnaires de Physique de* Gehler et de Fischer ; le *Journal de Physique* de Gren, VII, 186 ; le nouveau *Journal de Physique* de Gren, III, 117 ; et l'ouvrage de Richter, sur les nouveaux objets de Chimie.

(*) Supposons que l'instrument pèse deux grammes : on le plonge dans l'eau, et l'on met dans le plateau autant de poids qu'il est nécessaire pour qu'il s'enfonce jusqu'à la marque. Nous supposons qu'il faudrait ajouter pour cela 0,50 grammes. On sait alors que le volume d'eau déplacé par l'instrument pèse 2 grammes + 0,50 grammes ou 2,50 grammes. S'il faut ajouter 1 gramme dans un autre liquide, pour que l'instrument plonge jusqu'à la même marque, on sait qu'il déplace 2 grammes + 1 = 3 grammes. Trois grammes de ce liquide remplissent donc le même espace que 2,50 d'eau, par conséquent son poids spécifique $= \frac{3}{2,50} = 1,2$.

(**) M. Renard, de Berlin, a très bien exécuté cet instrument, et y a adapté un perfectionnement qui le rend susceptible d'être employé pour les corps plus légers que l'eau.

CHAPITRE XXV.

Influence de l'adhésion et de la cohésion sur les Phénomènes hydrostatiques.

§ 1. Si l'on suspend horizontalement des plaques de verre, de marbre, de métal, etc., à une balance hydrostatique, et, après les avoir mises en équilibre avec des poids, si on les fait toucher à la surface d'un liquide, on voit qu'elles ne peuvent être séparées de ce liquide qu'en ajoutant de nouveaux poids. Le corps solide s'attache donc au liquide, ce qui est incontestablement l'effet d'une affinité qui s'exerce entre eux; mais il suit aussi de cette expérience que les parties du liquide adhèrent entre elles avec une certaine force, puisque autrement le corps solide devrait toujours enlever une partie du liquide, et que, pour effectuer la séparation, il faudrait justement prendre pour contre-poids ce que pèse le liquide enlevé. Mais le résultat de l'expérience est tout-à-fait différent. Le verre, le marbre, le bois, enlèvent effectivement une portion de l'eau, de l'alcool et de la plupart des liquides avec lesquels on les met en contact, c'est-à-dire qu'ils en sont mouillés; mais le poids de ces parties du liquide est beaucoup plus faible que ce qui est nécessaire pour la séparation. Le mercure même ne mouille point du tout ces corps, et cependant il faut un poids considérable pour les détacher de sa surface, etc. (*Voyez* Gelher et Fischer, article *Adhésion.*)

§ 2. Il se déduit de l'universalité de ce phénomène, qu'il existe une attraction réciproque ou une affinité entre tous les corps solides et liquides (pag. 13, § 12; pag. 27 et 28, §§ 3, 4, 5). De même la propriété que possèdent les particules de chaque liquide, d'adhérer entre elles avec une certaine force, est la conséquence d'une cohésion intérieure, ou seulement d'une pression extérieure (pag. 112, § 14). Nous nommerons ce phénomène *attraction*, mais sans désigner par ce mot rien autre chose que le fait lui-même.

§ 3. (*) Dans ce que nous avons dit jusqu'à présent sur les conditions générales de l'équilibre des liquides, nous n'avons eu égard qu'à la pesanteur ; mais les forces attractives dont nous venons de parler apportent, dans ces phénomènes, des modifications que nous devons maintenant considérer. Comme elles sont très variées dans leurs détails, quoiqu'elles dépendent toutes d'une même cause, les physiciens ont cherché à les expliquer de bien des manières différentes ; mais M. Laplace est le premier qui en ait fait connaître avec exactitude la véritable cause, et qui l'ait soumise à un calcul rigoureux. Ne pouvant ici expliquer toute la suite de son analyse savante, nous essaierons du moins d'en faire connaître les principes fondamentaux, et les plus importans résultats.

Si dans une eau tranquille, et dont la surface est horizontale, on plonge verticalement un tube de verre très étroit ou *capillaire*, l'eau s'élance aussitôt dans l'intérieur du tube, et s'y maintient au-dessus de son niveau. Cette élévation est d'autant plus grande que le diamètre du tube est moindre, et elle suit exactement la raison inverse de ce diamètre. Voilà ce que l'expérience donne, et c'est l'effet le plus simple de la capillarité. On ne saurait supposer que ce phénomène soit dû à l'action de l'air, car il a également lieu sous le récipient de la machide pneumatique ; on est donc forcé de le regarder comme le résultat d'une force attractive soit de l'eau, soit du verre, ou même de ces deux corps ; et telle a été aussi l'idée de Newton. Mais ce grand homme n'a point dit précisément en quoi cette attraction consistait, ni comment elle s'exerce ; on voit même, par ce qu'il dit sur l'ascension de l'eau entre des plaques de verre, et sur le mouvement d'une goutte d'huile d'orange entre deux plans très peu inclinés l'un sur l'autre, qu'il ignorait la véritable cause de ces effets. Clairaut a été depuis le seul géomètre qui se soit occupé de ce problème. Il l'a traité dans

(*) Tout le reste de ce chapitre est une addition de l'Éditeur.

son bel ouvrage de la *Figure de la Terre*, comme une véritable question d'Hydrostatique, et il a analysé d'une manière très fine et très exacte les différentes forces d'attraction ou de pesanteur qui se combinent pour déterminer l'ascension du liquide; mais il paraît que cet excellent esprit a été égaré par cette fausse idée, que l'action attractive du tube pouvait s'étendre jusqu'au centre même de la colonne liquide soulevée par la capillarité. Or, il n'en est pas ainsi dans la nature; car le liquide monte toujours à la même hauteur dans un tube de même matière et de même diamètre, soit qu'on le choisisse mince ou épais; en sorte que les couches de verre qui sont à une distance sensible de la surface intérieure ne produisent absolument aucun effet appréciable. Cette expérience, qui est bien certaine, montre donc que la force attractive du verre, ou en général de la matière du tube, décroît très rapidément, à mesure que la distance augmente; en sorte qu'elle n'a d'effet sensible que très près du contact, et que son action est comme nulle dès que les molécules ne sont plus à une distance infiniment petite. En cela, ce genre de force est tout-à-fait semblable à ce que les chimistes nomment *affinité*. Cette idée, fondée sur l'expérience, est la base de la théorie de M. Laplace.

En l'admettant, on voit aussitôt que la petite colonne liquide qui occupe l'axe d'un tube capillaire ne peut pas être ainsi soutenue au-dessus du niveau par l'attraction des parois; car ce tube, quoique capillaire, ayant encore une largeur sensible, puisqu'elle l'est même à nos yeux, l'affinité de la matière qui le compose ne peut pas s'étendre jusque là. Il faut donc que cette colonne se trouve ainsi élevée par l'action de l'eau sur elle-même : or, comment cette action peut-elle produire un pareil effet? c'est en ceci que consiste réellement la découverte de M. Laplace.

Pour la faire concevoir, indiquons la manière dont se produit une action tout-à-fait analogue, celle des corps sur la lumière. Une molécule lumineuse, lorsqu'elle est à une distance sensible d'un corps, n'en éprouve aucune action appréciable;

mais lorsqu'elle approche du contact, l'affinité commence à se faire sentir ; la molécule est de plus en plus attirée vers la surface du corps par l'action de la matière dont il est composé. Enfin, elle y entre et pénètre dans son intérieur. Cette action des corps sur la lumière se manifeste d'une manière évidente dans le phénomène que l'on nomme *réfraction.* En partant de ces principes, on obtient, par le seul calcul, avec la dernière exactitude, la route du rayon réfracté. Or, cette attraction, à petites distances, ne s'exerce pas seulement sur les molécules de la lumière, elle s'exerce aussi de la même manière sur toutes les molécules matérielles qui se mettent en contact avec la surface des corps ; elle agit donc aussi sur les particules qui composent cette surface.

Ainsi, lorsqu'un liquide en repos prend naturellement une surface horizontale, on doit concevoir que ce liquide exerce sur lui-même une action propre, indépendante de la pesanteur terrestre ; action qui tend à faire entrer les molécules de la surface dans l'intérieur du fluide, et qui produirait réellement cet effet sans la résistance qui résulte de l'impénétrabilité. Or, lorsque l'eau s'élève dans un tube capillaire, elle ne prend point à sa surface une figure plane, elle affecte celle d'un ménisque concave fort approchant d'une demi-sphère. Dans cet état, elle exerce encore sur les particules de sa surface une action perpendiculaire de dehors en dedans ; mais cette action est-elle égale à celle qui résulterait d'une surface plane? C'est ce qu'il est nécessaire de savoir pour connaître les conditions de l'équilibre, et c'est aussi ce que M. Laplace commence par examiner.

Il y parvient au moyen des méthodes exposées dans sa *Mécanique céleste,* pour calculer les attractions des sphéroïdes. Il prouve d'abord qu'un corps terminé par une sphère, ou par une portion de sphère d'une étendue sensible, exerce sur les molécules de sa surface, et de dehors en dedans, une action différente de celle du plan : cette action est moins forte si la surface et concave, comme lorsque l'eau s'élève dans des tubes de verre; plus forte, si elle est convexe, comme lorsque le mercure s'abaisse dans un tube qui n'est pas parfaitement desséché. La différence de ces forces est la même dans les deux cas : elle est réciproque au rayon de la sphère, et toujours très petite comparativement à l'action du plan. Pour avoir une idée de la cause qui la produit, on peut se représenter la colonne terminée par une surface concave, comme un corps terminé par un plan, plus un ménisque concave dans sa partie supérieure, et la colonne terminée par une surface convexe, comme un corps terminé par un plan, moins un ménisque concave vers le bas. Or, l'attraction de ce ménisque additionnel est toujours la même, et tend toujours à soulever la colonne fluide, de quelque côté qu'il tourne sa concavité. Mais, dans le premier cas, il faut retrancher son effet de celui du plan, pour avoir l'action du fluide sur lui-même de dehors en dedans, et de haut en bas ; au lieu que, dans le second cas, il faut l'ajouter à l'action du plan sur lui-même, puisque n'étant pas occupé par le fluide, il en résulte une diminution dans la force ascensionnelle, et par conséquent une augmentation dans la force attractive du fluide en lui-même, puisque celle-ci est opposée à la précédente.

Si la surface n'est pas sphérique, son action sur elle-même est encore composée de deux termes, dont l'un représente l'action du plan, l'autre, selon qu'il est négatif ou positif, celle du ménisque concave ou convexe. Ce second terme, toujours très petit par rapport au premier, est la demi-somme des actions de deux sphères qui auraient pour rayons le plus grand et le plus petit rayons osculateurs de la surface au point que l'on a considéré. D'après cette loi, M. Laplace détermine aisément l'équation différentielle partielle qui exprime la nature de la surface ; et en l'intégrant convenablement par des approximations appropriées à chaque circonstance, il en déduit la forme de cette surface et l'action du fluide sur lui-même.

Il résulte de cette analyse, que le terme qui exprime l'action du ménisque sur la colonne fluide placée au centre d'un tube capillaire est réciproque au diamètre du tube.

En partant de ces données, fournies par le calcul, rien n'est plus facile que d'expliquer l'élévation ou l'abaissement des liquides dans les tubes capillaires. En effet, commençons par le cas où la colonne liquide contenue dans le tube a sa surface supérieure concave. Imaginons alors un canal infiniment étroit et de figure quelconque, qui, partant du point le plus bas du ménisque, traverse le tube et se replie par-dessous, de manière à venir se terminer à la surface libre du fluide. Pour que celui-ci soit en équilibre, il faut qu'il y ait équilibre dans le petit canal; or, ce dernier est pressé à ses deux orifices par deux forces inégales : l'une, à l'orifice libre, est l'action d'un corps terminé par une surface plane; l'autre, dans l'intérieur du tube capillaire, est celle du même corps terminé par une surface concave; cette dernière est par conséquent plus faible. Il est donc impossible que l'équilibre subsiste dans cet état, et il faut nécessairement, pour qu'il ait lieu, que le liquide s'élève dans le tube capillaire, jusqu'à ce que le poids de la petite colonne soulevée compense ce qui manque à l'action attractive par l'effet de la concavité de la surface. La différence de ces actions est en raison inverse du diamètre du tube; la hauteur de la petite colonne suivra donc aussi le même rapport, ce qui est conforme à l'expérience.

Si la surface fluide était convexe au lieu d'être concave, les résultats seraient contraires. Dans ce cas, M. Laplace a démontré que son action serait plus forte que celle du plan, toujours dans le rapport inverse du diamètre du tube; par conséquent, si l'on suppose qu'un liquide affecte cette forme dans un tube capillaire, en reprenant tous les raisonnemens que nous venons de faire, avec cette seule modification, on verrait que le petit canal curviligne est encore pressé à ses deux orifices d'une manière inégale, plus fortement du côté de la surface convexe, moins du côté de la surface horizontale. D'où il suit que, pour l'équilibre, le fluide devra s'abaisser dans le tube où l'action est la plus forte, afin que cette dépression produise une différence de niveau qui puisse compenser la faiblesse de la force opposée. L'abaissement du fluide sera donc comme la différence des deux forces, c'est-à-dire réciproque au diamètre du tube; et c'est ce qui arrive en effet lorsque le fluide ne peut pas mouiller le tube et s'attacher à ses parois, comme lorsqu'on plonge un tube de verre dans l'eau après l'avoir un peu enduit de graisse dans son intérieur, ou lorsqu'on plonge dans du mercure un tube de verre qui n'est pas parfaitement desséché. Dans ces circonstances, la surface du fluide, intérieure au tube, prend une forme convexe, et le fluide s'abaisse au-dessous de son niveau, exactement en raison inverse du diamètre du tube. Mais si l'on ôte l'obstacle qui empêchait le verre et le fluide d'adhérer l'un à l'autre, alors celui-ci prend la forme concave et monte au-dessus du niveau. Cela arrive même pour le mercure, lorsqu'il est bien sec et qu'on y plonge un tube dont la surface intérieure a été dépouillée de toute humidité par l'effet d'une longue ébullition. Tels sont, par exemple, les tubes barométriques dont on a exactement chassé l'air et les vapeurs, en y faisant bouillir le mercure à plusieurs reprises. Sur quoi l'on peut remarquer qu'une seule ébullition ne suffit pas pour cela; et les baromètres ordinaires le prouvent, puisque le mercure y conserve encore la forme convexe.

Le caractère distinctif de cette théorie, c'est de faire tout dépendre de la forme de la surface. La nature du corps solide et celle du fluide ne font que déterminer la direction des premiers élémens, de ceux où le fluide touche le corps solide; car c'est là seulement que s'exerce sensiblement leur mutuelle affinité. Ces directions, une fois données, sont toujours les mêmes pour le même fluide et pour la même matière, quelle que soit la figure des corps qui en sont faits, par exemple, pour des tubes et pour des plans; mais au-delà de ces premiers élémens, et hors de la sphère d'activité sensible du corps solide, la direction des autres élémens et la forme de la surface sont uniquement déterminées par l'action du fluide sur lui-même.

Toutes les causes qui, en agissant sur la surface du verre, peuvent changer la direction des premiers élémens, doivent donc aussi changer la courbure de la surface liquide, et par suite l'élévation du fluide. Ceci explique l'abaissement de l'eau dans les tubes enduits de graisse à l'intérieur, l'élévation du mercure dans les tubes secs, et son abaissement dans les tubes humides. Le frottement peut aussi produire des effets analogues, et M. Laplace en cite des exemples : ces effets se conçoivent très bien d'après sa théorie ; et au lieu d'être irréguliers et bizarres comme ils le paraissent d'abord, ils sont au contraire assujettis à des lois certaines, et peuvent se prévoir très exactement.

Les phénomènes capillaires n'ont pas seulement lieu dans les tubes, ils arrivent encore dans des espaces plans ; l'eau s'élève entre deux glaces parallèles placées à une petite distance, et le mercure s'y abaisse. La loi de ces phénomènes est encore celle qu'on observe dans les tubes ; les élévations et les abaissemens sont également réciproques aux distances des plaques ; mais il y a cette différence singulière, et que Newton avait déjà remarquée, c'est que l'effet absolu y est exactement la moitié de ce qu'il est dans les tubes ; c'est-à-dire qu'entre des plaques éloignées, par exemple, d'un millimètre, l'eau s'élève précisément à la même hauteur que dans un tube de deux millimètres. Newton s'est contenté de rapporter ce résultat dans les questions qu'il a placées à la fin de son *Optique ;* et quoiqu'il soit fort remarquable, il ne paraît pas que les physiciens y aient fait attention jusqu'à présent, sans doute parce qu'ils se bornaient à chercher l'explication des effets capillaires dans des tubes, et qu'ils ne soupçonnaient pas qu'ils fussent liés d'une manière aussi intime à ceux qui s'opèrent entre des plans. La raison de ce rapport singulier se déduit très simplement de la théorie de M. Laplace. On a vu que, pour les tubes, l'action de la surface concave ou convexe sur la colonne soulevée est la moitié de l'action des deux sphères qui auraient pour rayons le plus grand et le plus petit rayons osculateurs de la surface au point le plus bas. Si le tube s'aplatit dans un sens, le rayon de courbure correspondant augmente ; enfin, il devient infini lorsque le tube se change en deux plans parallèles ; la partie de l'attraction de la surface, qui était réciproque à ce rayon, disparaît donc par l'effet de ce changement; il ne reste plus que le terme dépendant de l'autre rayon osculateur, et l'action attractive se trouve ainsi réduite de moitié. Tel est le résultat simple et rigoureux donné par la théorie de M. Laplace.

Cette théorie explique également et avec la même simplicité tous les autres phénomènes capillaires sans exception. Ainsi, l'ascension de l'eau dans des cylindres concentriques, ou dans les tubes coniques, la courbure qu'elle affecte lorsqu'elle adhère à un plan de verre, la forme sphérique que prennent naturellement les gouttes de liquides, la marche d'une goutte de fluide entre deux glaces peu inclinées, la force qui pousse les uns vers les autres les corps flottans sur la surface des liquides, l'adhésion des disques plans avec cette même surface, adhésion quelquefois si forte, qu'il faut un poids très notable pour les détacher, etc.; tous ces effets si variés se déduisent de la même formule, non d'une manière vague et conjecturale, mais calculés avec leurs valeurs numériques, et ils acquièrent ainsi des rapports qu'on ne leur connaissait pas. M. Laplace s'est plu avec raison à les développer et à les ramener tous aux mêmes lois. Par exemple, on voit clairement, d'après cette théorie, pourquoi deux glaces plongées parallèlement dans un liquide, à peu de distance l'une de l'autre, tendent à se rapprocher, même dans le cas où le liquide s'élève entre elles. Car, si l'on conçoit entre ces deux glaces, et dans l'axe de la colonne soulevée, un petit canal vertical qui se recourbe horizontalement par son extrémité inférieure, et vienne se terminer perpendiculairement à la surface intérieure d'une des glaces, ce canal sera pressé différemment à ses deux orifices. Il le sera d'abord horizontalement, et de dehors en dedans, par l'action résultante de ce que le liquide, en contact avec la glace, a une surface plane; et ensuite, à l'orifice supérieur, il sera pressé de haut en bas par l'action du plan, moins celle du ménisque, et de plus par le poids de la petite colonne d'eau qui se trouve élevée dans la branche verticale au-dessus du point que l'on a considéré. Ainsi, en ôtant la force du plan qui presse aussi à l'autre orifice, il reste encore, pour la pression de dehors en dedans, l'action du ménisque, moins la colonne liquide soulevée. Ces deux actions se compensent exactement, si le point que l'on considère est au niveau naturel du fluide; mais l'équilibre n'a plus lieu au-dessus de ce point: à mesure que l'on s'élève, la distance à la surface devenant plus petite, le poids de la colonne liquide ne peut compenser l'action attractive du ménisque, et les deux glaces, sollicitées vers le haut par cette force, tendent nécessairement à se rapprocher. Ceux qui voudront comparer ces résultats avec les nombreuses explications des physiciens sur le même sujet, et à celles de Newton même, sentiront quel est l'avantage d'une théorie calculée et mathématique, sur de simples conjectures.

Au reste, M. Laplace a soumis la sienne à l'épreuve la plus rigoureuse, en la comparant aux expériences. Il a choisi pour cet objet celles qui furent faites autrefois par Hauksbée, sous les yeux de Newton, et il y en a même ajouté d'autres, plus exactes encore, faites par M. Gay-Lussac sur son invitation. C'est une chose vraiment remarquable que l'accord qui règne entre ces expériences et les formules, quoique ces dernières ne soient qu'approchées; et l'on sent que cette détermination précise et numérique des résultats est la véritable pierre de touche des théories.

Il n'y a point de découverte dans les sciences qui n'ait tôt ou tard quelque application utile. Les effets de la capillarité se font sentir dans les tubes des baromètres; et comme la surface du mercure y est convexe, il doit en résulter une petite dépression dans la hauteur de la colonne, qui alors n'indique pas exactement le poids de l'atmosphère. Cet effet est nul dans les baromètres à deux branches lorsqu'elles sont d'égal diamètre, parce que la force résultante de la convexité du fluide est égale des deux côtés; mais il subsiste dans les baromètres simples, et peut devenir sensible dans des recherches exactes. M. Laplace indique un procédé très facile pour déterminer, par expérience, les corrections qu'il faut faire, en vertu de cette cause, à toutes les hauteurs observées; et de plus, il a calculé une table dans laquelle la valeur de ces corrections est exprimée numériquement d'après le diamètre du tube. (*Voyez* les *Supplémens à la Mécanique céleste.*)

On voit aussi, d'après les explications précédentes, qu'en observant le baromètre, il faut compter les hauteurs depuis le sommet de la convexité du mercure, et non pas, comme le font quelques observateurs, depuis le point du tube où cette convexité commence. En opérant de cette seconde manière, les hauteurs observées du mercure sont toutes trop petites d'une quantité égale au rayon du ménisque, ce qui étant augmenté proportionnellement à la différence des poids du mercure et de l'air, peut produire des erreurs notables sur les élévations des objets.

CHAPITRE XXVI.

Des mouvemens des Liquides, ou premiers principes de l'Hydraulique.

§ 1. Il y a beaucoup de mouvemens de l'eau dont la considération est d'un grand intérêt pour les hommes qui réfléchissent, parce que leurs effets sont très importans pour les besoins de la vie sociale. Ces mouvemens sont ou naturels ou artificiels. Les sources, les ruisseaux, les torrens, la pluie, toutes les agitations des mers, particulièrement le flux et le reflux, ainsi que les courans continuels et variables, offrent des exemples de la première espèce de ces mouvemens. Parmi les mouvemens artificiels, on doit surtout distinguer les mouvemens de l'eau dans les canaux et dans les ingénieuses machines hydrauliques dont l'usage est pour nous d'une si grande utilité. Par rapport à ces divers mouvemens, la Physique mécanique doit établir et confirmer les principes d'après lesquels ils s'opèrent; mais quant à leur application, la partie qui est relative aux mouvemens naturels appartient à la Géographie physique, et la partie qui se rapporte aux mouvemens artificiels appartient à la science des machines.

§ 2. Des masses détachées de liquides suivent absolument les lois de la mécanique des corps solides, lorsque toutes leurs parties se meuvent avec une égale vitesse et dans une même direction. Ainsi, le mouvement d'une goutte d'eau qui tombe avec les conditions que nous venons d'assigner est absolument le même que celui qu'aurait une masse solide dans des circonstances semblables; mais la mobilité essentielle de toutes les particules d'un liquide, les unes par rapport aux autres, rend presque impossible qu'elles aient des mouvemens dirigés suivant une même direction et avec une vitesse égale; il se produit des mouvemens intérieurs qui sont difficiles à observer, et encore plus difficiles à calculer. Ces mouvemens intérieurs embarrassent la théorie. Les expériences hydrauliques ont aussi en elles-mêmes une difficulté propre, qui vient de ce qu'on peut encore moins soustraire les mouvemens des liquides que ceux des corps solides, à l'influence des forces étrangères, et qu'on ne peut qu'avec beaucoup de peine déterminer exactement par le calcul quel doit être l'effet de chacune de ces forces.

§ 3. Le principal problème que l'Hydraulique ait à résoudre, est relatif à la vitesse avec laquelle s'écoule un liquide par une ouverture faite dans le fond ou aux parois latérales d'un vase. Soient ABCD, *fig.* 38, et EFGH, *fig.* 39, deux vases de hauteurs différentes, AC et EG qu'on suppose remplis d'un certain liquide, et devant toujours rester pleins par une affluence continuelle. Dans le fond CD et GH de tous deux, se trouvent des ouvertures de mêmes dimensions IK et LM, mais qui sont très petites relativement à l'étendue des vases. Si l'on suppose alors que le liquide soit sollicité par sa seule pesanteur, on peut trouver très facilement, par les lois générales du mouvement, *les rapports de vitesses* que doivent avoir les masses d'eau qui s'écoulent par les deux ouvertures.

Car, en supposant, comme nous l'avons fait, que la hauteur du liquide demeure invariable dans les deux vases, il est clair que l'écoulement hors de chacun des vases se fera avec une vitesse uniforme. Les masses qui s'écoulent en des temps égaux sont donc comme la vitesse, quels que soient ces temps. Puisqu'en général la quantité de chaque mouvement se mesure par le produit de la masse et de la vitesse (page 20, § 5), et qu'ici les masses sont proportionnelles aux vitesses, il est clair que la quantité de mouvement produit en un temps quelconque est comme le carré de la vitesse. Mais le rapport des quantités de mouvement est aussi le rapport des forces motrices (page 20, § 6). Ces forces motrices sont, dans le cas que nous examinons, le poids des deux colonnes de liquide qui se trouvent verticalement au-dessus des deux ouvertures. Puisque leurs bases sont semblables, ces colonnes sont comme leurs hauteurs AC et EG; le carré de la vitesse en IK doit donc être au carré de la vitesse en LM, comme AC est à EG, c'est-à-dire

Les vitesses sont comme les racines carrées des hauteurs de pression.

Ceci est le principe le plus essentiel de l'Hydraulique.

§ 4. On peut démontrer aussi, par les lois du mouvement accéléré, que

La vitesse absolue d'un liquide qui s'écoule par la seule force de la pesanteur, est aussi grande que la vitesse d'un corps qui serait jeté de la surface, et qui tomberait depuis la surface supérieure du liquide jusqu'à l'ouverture d'écoulement (*).

(*) Pour démontrer l'exactitude de cette loi, on doit observer que la vitesse totale du liquide qui s'écoule, ainsi que toutes les autres vitesses qui sont causées par des pressions, ne se produit pas instantanément, mais en suivant une *accélération* qui commence par zéro. Cette accélération est uniforme dans le cas que nous examinons, puisque nous avons supposé la hauteur de pression invariable. Notre question doit donc être résolue par les lois du mouvement uniformément accéléré (page 39, § 5). Maintenant, soit PQIK, *fig.* 38, la colonne qui presse; NOIK, une petite partie de cette colonne prise arbi-

§ 5. Un changement dans la grandeur de l'ouverture ne peut pas changer cette vitesse ; car si l'on double la largeur de l'ouverture, le poids de la colonne qui presse sera aussi doublé à la vérité, mais en même temps la masse à mouvoir sera doublée aussi.

Il suit de là que le rapport de la largeur de l'ouverture, relativement à l'étendue du vase, n'a aucune influence immédiate sur cette vitesse ; car si l'ouverture était de la grandeur de tout le fond, la couche inférieure CD devrait tomber, dans l'instant où le fond serait ouvert, avec l'accélération déterminée dans l'article précédent ; mais si le vase doit rester plein, la vitesse de l'eau affluente sera une nouvelle force motrice, à laquelle nous n'avons pas eu égard dans le principe fondamental. C'est pour cette raison que nous avons supposé l'ouverture extrêmement petite, par rapport à l'étendue du vase, afin d'atténuer l'effet de cette force étrangère.

§ 6. Le poids spécifique du fluide ne peut non plus changer rien à ces lois. Si deux vases contiennent une hauteur égale, l'un de mercure, l'autre d'eau, la pression du mercure, pour des ouvertures égales, sera quatorze fois plus forte à la vérité ; mais la masse étant autant de fois plus difficile à mouvoir, la vitesse ne peut pas être différente.

---

trairement : si la masse NOIK tombait par son propre poids, elle aurait, après avoir parcouru le chemin NI, une vitesse $c = \sqrt{4g\text{NI}}$ (page 41, note du § 5). Mais ici la vitesse que nous appellerons x doit être plus grande, puisque son accélération est produite par le poids de toute la colonne PQIK. L'accélération de la chute libre, dont la mesure est g (page 39, note), doit donc être à l'accélération, dans notre cas, comme le poids de NOIK est au poids de PQIK. L'accélération cherchée est donc le quatrième nombre proportionnel pour NI, PI, et g ; c'est-à-dire elle est $= \frac{g.\text{PI}}{\text{NI}}$; donc pour trouver x, nous devons seulement substituer cette valeur à la place de g, dans la formule ci-dessus.

Ainsi, $$x = \sqrt{4g.\frac{\text{PI}}{\text{NI}}\text{NI}} = \sqrt{4g.\text{PI}}.$$

On voit de suite que cette vitesse est la même qu'aurait un corps tombant en chute libre, après avoir parcouru l'espace PI ou AC.

§ 7. Si le vase n'est pas percé à son fond, mais sur ses parois latérales, comme EF, *fig.* 40, les particules d'eau ne s'écoulent pas avec une accélération égale par tous les points de l'ouverture. Cependant, si l'ouverture est petite, et que G en soit le milieu, on peut admettre sans erreur importante que la vitesse moyenne du liquide qui s'écoule appartient à la hauteur de chute B.G.

§ 8. Si l'ouverture se trouve placée dans un plan horizontal tourné vers le haut, comme GH, *fig.* 41, le liquide jaillit au dehors; mais la vitesse primitive de chaque particule reste parfaitement conforme à nos principes.

Sur les Expériences hydrauliques qui peuvent confirmer la théorie précédente.

§ 9. On se sert ordinairement, pour ces expériences, de vases prismatiques ou cylindriques; plus ils sont grands, et plus ils sont convenables. Les expériences sont faites le plus souvent avec de l'eau. Le fond et les parois des vases ont des ouvertures de différentes formes et de diverses grandeurs; et l'on a aussi des tubes cylindriques et coniques de toutes dimensions, qu'on peut assujettir aux ouvertures. On conserve les vases pleins durant les expériences, en y faisant affluer de l'eau continuellement; ou bien, on fait l'ouverture si petite, comparativement à l'étendue du vase, que, pour un écoulement qui dure quelques secondes, la surface de l'eau ne baisse qu'imperceptiblement.

§ 10. Avec un tel appareil, on peut trouver, par expérience, la vitesse de l'eau qui s'écoule dans chaque cas. On laisse l'eau s'écouler pendant quelques secondes, dix, par exemple. Le poids de l'eau écoulée, exprimé en grammes, puis divisé par un et ensuite par le nombre des secondes de temps, c'est-à-dire par dix, donne, en centimètres cubiques, le volume cubique de l'eau écoulée durant une seconde. Si l'on divise ce volume par la grandeur de l'ouverture exprimée en centimètres carrés, le quotient est la longueur de la colonne liquide écoulée par l'ouverture dans l'unité de temps, ou, ce qui revient au même, c'est la vitesse du liquide.

De l'influence des forces différentes de la Pesanteur sur les mouvemens hydrauliques.

§ 11. La théorie présentée jusqu'ici repose sur des principes si incontestables, et les preuves qu'on en a données sont si simples, qu'on peut difficilement douter de son exactitude. Cependant, si l'on compare les résultats de cette théorie avec l'expérience, ils ne paraissent pas s'y rapporter entièrement. Le premier principe de l'article 2 se confirme très bien à la vérité, puisque les vitesses de l'eau qui s'écoule de diverses hauteurs sont, dans le fait, comme les racines des hauteurs de pression, pourvu que les ouvertures d'écoulement soient de dimensions égales : mais ce qui a rapport à la vitesse absolue n'est presque jamais conforme à la loi exprimée dans l'article 4, page 145. Dans la plupart des cas, cette vitesse est moindre, ce qui est facile à concevoir d'après les obstacles qu'elle rencontre. Mais il y a aussi des cas où elle est plus considérable; quelquefois même cette augmentation est de plus de moitié. En outre, pour une égale hauteur de pression, on trouve à chaque fois un changement de vitesse, lorsqu'on donne à l'ouverture une disposition différente, par exemple, lorsqu'on la forme alternativement avec un simple trou percé dans une plaque mince, ou qu'on y adapte des tubes plus longs ou plus courts, cylindriques ou coniques, et, dans ce dernier cas, évasés à l'intérieur ou à l'extérieur. Jusqu'à présent, on n'a pu ramener ces différences à des principes simples. Cependant, ces expériences mêmes prouvent que les écarts ne sont pas causés par la pesanteur, mais dépendent entièrement de circonstances et de forces étrangères. Elles ne prouvent donc rien contre la théorie exposée; mais elles montrent évidemment que l'on n'est pas encore parvenu à soumettre l'influence de ces forces étrangères à des lois mathématiques.

§ 12. Les forces et les circonstances qui modifient la vitesse primitive d'un liquide soumis dans l'origine à la seule pesanteur, peuvent être comprises dans ce qui suit :

1°. L'eau qui s'écoule doit vaincre la résistance de l'air, ce qui diminue la vitesse.

2°. Les mouvemens qui se passent à l'intérieur de chaque liquide qui s'écoule sont une cause très importante de modifications. Ces mouvemens sont difficiles à observer, et encore plus difficiles à soumettre à des lois exactes. Lorsqu'un jet d'eau sort par l'ouverture EF, *fig.* 42, hors du vase ABCD, ce n'est pas seulement la colonne d'eau perpendiculaire au-dessus de EF qui tombe, mais toute l'eau du vase, s'il n'est pas extrêmement grand, a un mouvement de chute. Si ce vase est de verre, et qu'on ait répandu dans l'eau de petits corps légers, de la cire à cacheter pilée, par exemple, on peut observer ce mouvement. Dans le haut, toute la masse du liquide tombe assez uniformément, si le vase est d'une largeur égale; plus profondément, le mouvement ne demeure ni rectiligne ni uniforme; mais les particules d'eau prennent les directions à peu près telles qu'elles sont représentées par les lignes tracées dans la figure 42. L'eau afflue donc de tous les côtés vers l'ouverture; et comme ses mouvemens sont en partie opposés les uns aux autres, ils doivent produire un retard considérable dans la vitesse de l'écoulement.

Les mouvemens intérieurs doivent être encore plus variés, et la diminution de l'écoulement plus remarquable, si le vase n'a pas partout des dimensions égales, surtout s'il est d'une forme irrégulière, et encore plus s'il consiste en un tube recourbé plusieurs fois.

On doit faire une attention particulière à la forme que prend le jet de l'eau qui s'écoule, d'après ces mouvemens intérieurs. Si l'ouverture est simplement pratiquée dans une plaque mince, le jet a, immédiatement au-dessous d'elle, la figure d'un cône tronqué renversé EFGH, *fig.* 42, de manière cependant que les côtés EG, FH soient courbés en dedans. Les dimensions de ce cône sont très constantes dans les circonstances que nous avons supposées. Le plus petit diamètre du jet GH est 0,8 du diamètre de l'ouverture EF ; or, les surfaces des cercles étant proportionnelles aux carrés de leurs rayons, la section de la colonne fluide est 0,64, ou environ les deux tiers de celle de l'orifice : au-dessous de GH, la colonne fluide se dilate. La distance qui se trouve entre GH et EF équivaut seulement au demi-diamètre de l'ouverture EF. On nomme ce phénomène *la contraction des jets*.

La vitesse de l'eau s'accroît très rapidement entre EF et GH, parce qu'elle doit être en GH la moitié plus grande qu'en EF; car, puisqu'en des temps égaux il passe une même quantité d'eau en GH et en EF, et que ces deux sections sont comme 3 est à 2, les vitesses, dans chacune d'elles, doivent être en raison inverse, c'est-à-dire comme 2 est à 3. Les expériences prouvent que la vitesse de l'eau en GH approche beaucoup de la vitesse qui appartient à la hauteur de chute AC. Il semble donc que, dans le trajet EG, l'effet de toutes les forces étrangères a disparu, et que l'eau a repris alors la vitesse qu'elle devait avoir par le seul effet de la pesanteur. Ceci est une preuve très remarquable de l'exactitude de la théorie que nous venons d'exposer.

3°. Enfin, l'adhésion plus ou moins énergique qui peut avoir lieu entre le vase et le liquide, et celle qui existe toujours entre les particules de ce dernier, ont, sur la vitesse de l'écoulement, une influence beaucoup plus grande qu'on ne serait porté à l'imaginer.

C'est sans doute à cette influence qu'on doit attribuer les différentes vitesses qu'on observe suivant les formes différentes que l'on donne à l'orifice. Il est clair que ces adhésions sont des obstacles aux mouvemens dans la plupart des cas ; et même, lorsque l'ouverture est extrêmement petite, tout le mouvement peut être anéanti par elles. Cependant, il paraît que, dans certaines circonstances, ces forces ne diminuent pas le mouvement, et qu'au contraire elles l'augmentent. L'effet le plus remarquable de ce genre a lieu lorsqu'on assujettit à l'ouverture un tube en forme de cône renversé, qui a les dimensions du jet contracté, et qu'on joint au-dessous de celui-ci un autre tube conique qui s'évase insensiblement. (Voyez *Eytelweins Handbuch der Mechan. und Hyd.* pag. 107—126.)

§ 13. Lorsque l'eau jaillit de bas en haut, il se joint encore aux obstacles que nous venons de décrire, un obstacle particulier. Chaque goutte qui s'élève monte avec un mouvement retardé; la vitesse est donc moindre dans les parties élevées du jet que dans les parties inférieures : ainsi, l'eau la plus élevée exerce une pression sur celle qui est au-dessous, et retarde son mouvement. Par cette raison, le jet n'atteint jamais la hauteur à laquelle il devrait parvenir d'après la vitesse primitive de l'eau. De plus, l'eau qui s'élève est encore retardée davantage par l'eau qui retombe, et quelquefois elle est refoulée jusqu'à l'orifice d'où elle sort. Par cette raison, l'eau s'élève plus haut lorsqu'elle ne jaillit pas tout-à-fait en ligne verticale. — Quant à la disposition de l'ouverture, l'expérience a appris que la plus convenable, pour que le jet ait une grande élévation, est aussi la plus simple, c'est-à-dire un petit trou percé dans une plaque mince.

§ 14. C'est une loi générale pour tous les cas, que lorsqu'un liquide s'écoule hors d'un vase, celui-ci subit lui-même une pression dans le sens opposé. Cette pression peut même donner au vase, s'il est suffisamment mobile, un mouvement dans une direction contraire. Cette pression subsiste encore lorsque l'ouverture EF, *fig.* 40, est fermée, et son intensité peut être estimée selon ce qui est dit page 124, § 6.

Mais, quelle que soit sa force, elle ne peut, dans ce dernier cas, produire aucun mouvement, parce que dans la paroi opposée AC, il existe toujours une partie HK dont la longueur et la largeur correspondent exactement à EF, et qui subit une pression égale et opposée. Mais, si EF est ouvert, et qu'il s'écoule de l'eau par cette ouverture, la pression sur HK ne trouve plus aucune contre-pression, et elle peut ainsi, lorsque le vase est suffisamment mobile, lui donner un mouvement contraire (*).

(*) Depuis l'époque à laquelle M. Fischer a écrit son ouvrage, M. Hachette

Sur les mouvemens des Corps solides dans les liquides.

§ 15. Un corps solide ne se peut mouvoir dans un liquide sans mettre une certaine quantité de sa masse en mouvement; mais autant il communique de mouvement au liquide, autant il en perd lui-même, ainsi que l'apprend la théorie de la communication du mouvement, exposée chapitre XV, pages 60 et suivantes.

On considère cette perte comme l'effet d'une force qu'oppose le liquide au corps mis en mouvement, et on la nomme *résistance du liquide*. Les efforts des plus grands mathématiciens n'ont pas suffi, jusqu'à présent, pour ramener à des lois simples et exactes la théorie de cette résistance. — Depuis Newton, on admettait généralement que cette résistance est proportionnelle au produit de trois facteurs, qui sont : le carré de la vitesse du corps en mouvement, l'étendue de la surface qui résiste à cette vitesse, et enfin la densité du liquide, en supposant d'ailleurs toutes les circonstances égales dans chaque cas ; mais un grand nombre d'expériences faites depuis le milieu du dernier siècle, principalement en France, ont prouvé que tous ces principes sont incertains. Ils ne s'accordent passablement avec l'expérience que pour les vitesses moyennes; pour les vitesses très grandes ou très petites, ils s'en écartent beaucoup. Ce qui a été dit ici de la résistance d'un liquide en repos, par rapport à un corps solide, peut être aussi appliqué au choc d'un liquide en mouvement relativement à un corps solide, et de même, au cas où tous deux ont des mouvemens contraires l'un par rapport à l'autre. Pour connaître parfaitement les recherches mathématiques faites à ce sujet, voyez *Newtoni Principia Philos. nat.; Euleri Mecanica; D. Bernouilli Hydrodynamica.* On peut en prendre aussi des notions

---

a fait un très grand nombre d'expériences curieuses et importantes sur l'écoulement des liquides par de petits orifices. M. Girard a fait aussi un nouveau travail sur le mouvement des liquides dans des tubes capillaires. Ce dernier travail est inséré dans les Mémoires de l'Institut pour 1815, tome dernier.

suffisantes dans l'ouvrage de Kastner, sur la Mécanique et l'Hydrodynamique, et dans celui de Kärsten, intitulé *Lehrbegriff der gesammten Math.*, 4e part. On en trouve une courte exposition dans Gehler et Fischer, à l'article *Widerstand der Mittel.*

§ 16. Nous allons d'abord examiner un cas particulier qui n'a aucune difficulté, c'est-à-dire la chute et l'élévation verticales des corps solides dans l'eau.

Si un corps qui pèse 8 grammes ne déplace que 7 grammes d'eau, il tombe au fond. Cependant, comme sa masse de 8 grammes n'est mise en mouvement que par la force d'un seul gramme, il tomberait, à la vérité, avec un mouvement uniformément accéléré, si l'eau ne faisait aucune résistance; mais son mouvement serait, ainsi que la force qui agit sur lui, huit fois plus petit que dans le vide; de plus, comme l'eau lui résiste dans sa chute, son accélération sera affaiblie à chaque moment; et la résistance augmentant à peu près comme le carré de la vitesse, l'accélération diminuera très promptement, et deviendra bientôt nulle. En effet, il doit arriver un instant où la résistance de l'eau enlève au corps justement autant de vitesse que la force accélératrice de la pesanteur lui en communique. Après ce moment, le corps tombe avec un mouvement parfaitement uniforme; ce moment arrive d'autant plus tôt, que la pesanteur spécifique du corps diffère moins de celle de l'eau.

Un corps léger se comporte absolument de même en s'élevant dans l'eau. Si le liquide ne faisait aucune résistance, il monterait avec un mouvement uniformément accéléré, puisque la force qui l'élève est constante; mais la résistance de l'eau doit produire ici justement le même effet que dans le cas exposé ci-dessus.

Dans un vase un peu élevé, on peut rendre ces deux sortes de mouvemens visibles, au moyen de corps seulement un peu plus légers ou un peu plus lourds que l'eau.

§ 17. Les limites d'un ouvrage élémentaire ne permettent que d'exposer seulement les premières notions et les premiers principes de l'Hydraulique. En particulier, la description d'une quantité de machines hydrauliques anciennes et nouvelles, et très ingénieuses pour la plupart, n'appartient point à la Physique, mais à la science des machines (*).

(*) Nous allons seulement donner ici une liste des ouvrages d'Hydraulique les plus nouveaux, et qu'on peut considérer comme classiques dans cette partie. Tels sont : *Nouveaux Principes d'Hydraulique* de Bernard; *Hydrodynamique* de Bossut; *Langsdorff Lehrbegriff der hydraulik*, avec sa suite, 1794 et 1796; *Principes d'Hydraulique* par Du Buat; *Nouvelle Architecture hydraulique* de Prony; *Recherches expérimentales sur le Principe de la Communication latérale du Mouvement dans les Fluides*, par Venturi; Paris, 1797. Parmi les ouvrages originaux allemands, on doit surtout consulter celui d'Eytelwein, *Lerbuch der Mecanik und Hydraulik.* On trouve aussi les descriptions de plusieurs machines hydrauliques, dans la deuxième partie de l'ouvrage de Büsch, intitulé : *Matematik zum Nutzen una Vergnügen des burgerlichen Lebens.* Parmi les livres plus anciens, on doit surtout remarquer l'*Architecture hydraulique* de Bélidor.

CINQUIÈME SECTION.

DES CORPS AÉRIFORMES.

CHAPITRE XXVII.

Des Fluides élastiques en général.

§ 1. On croyait autrefois que l'air atmosphérique était le seul fluide élastique qui existât dans la nature. La Chimie moderne nous a appris qu'il y a un grand nombre de ces fluides auxquels on donne le nom d'*airs* ou de *gaz*. L'étude des gaz appartient évidemment à la Physique chimique ; ainsi, nous ne donnerons sur ce sujet que les notions indispensables au physicien mécaniste.

De l'Air atmosphérique.

§ 2. C'est principalement l'observation exacte de ce qui se passe dans la combustion, qui a fait reconnaître que l'air n'est pas une substance simple, comme on le croyait anciennement, mais qu'il est en effet un mélange de deux gaz, l'oxigène et l'azote, et que ce mélange est à peu près dans le rapport de 1 : 3 (*). Ce sont du moins les principes essentiels de l'air

(*) Plus exactement, un volume d'air atmosphérique égal à l'unité contient 0,21 d'oxigène ; le reste est un mélange encore peu connu d'azote et d'acide carbonique, peut-être aussi de quelques autres gaz. Les évaluations les plus probables donnent 0,785 d'azote, et 0,005 d'acide carbonique ; en sorte que l'azote y est de beaucoup plus abondant. Il n'y a pas d'hydrogène en quantité sensible, c'est-à-dire que l'on n'en peut pas admettre plus de atmosphérique; mais on se tromperait beaucoup si l'on croyait qu'il ne contient rien autre chose que ces deux substances. L'air atmosphérique a la propriété très active, quoique non encore observée suffisamment, de dissoudre la plupart des fluides, ainsi qu'un grand nombre de corps solides, et de communiquer à des parties plus ou moins grandes de ces corps son état élastique. Un peu d'attention sur les phénomènes qui se passent sous nos yeux chaque jour, ne laisse aucun doute sur ceci. Ainsi, chaque corps qui répand une odeur doit être en effet dissous par l'air : tels sont la plupart des métaux, la chaux, l'argile mouillée, etc. Mais l'air se combine aussi avec beaucoup de corps inodores, et l'eau offre une preuve frappante de ceci (*).

De plus, les observations des physiciens démontrent que toutes les espèces de gaz, particulièrement le gaz acide carbonique et l'hydrogène, se produisent naturellement par des opérations chimiques, dans l'intérieur de la terre, ou à sa surface, et que la plupart des gaz se combinent sans changer leur état d'agrégation. Il est évident, en outre, que des millions d'êtres organisés vivent et se corrompent dans l'air atmosphérique; que durant leur vie, il se fait entre eux et l'air un échange continuel d'aliment et de sécrétions dont la plu-

2 ou 3 millièmes. Ces proportions de l'air atmosphérique sont exactement les mêmes par toute la terre, au moins relativement à l'oxigène qu'il contient. Tels sont les résultats des travaux des chimistes sur ces objets, et principalement de MM. de Humboldt et Gay-Lussac.

(*) Les raisons que l'auteur rapporte ici ne sont peut-être pas aussi fortes qu'il le pense. Il paraît, d'après les expériences de Saussure et de Dalton, que l'évaporation de l'eau ou des autres liquides n'exige pas, pour se produire, l'action d'une force dissolvante; car elle se fait également dans le vide, et en même quantité. Il est probable que cette évaporation est le simple effet de la force élastique que tous les liquides possèdent en vertu du calorique combiné; et l'air, par sa pression et sa présence matérielle, loin de favoriser l'évaporation, y apporte plutôt un obstacle mécanique, et la force à se faire avec plus de lenteur. Peut-être que beaucoup d'autres phénomènes du même genre, où les corps se réduisent en vapeurs, appartiennent aussi à des causes intérieures, et non pas à la force dissolvante de l'air ou des gaz; mais il ne faudrait pas trop généraliser cette idée.

part sont à l'état aériforme, et que, pendant la décomposition de ces êtres, leurs principes constituans se changent en des substances simples et en grande partie élastiques. Ces différentes considérations pourront convaincre que l'air atmosphérique, principalement dans les régions inférieures, est une combinaison d'une infinité de fluides élastiques dont un grand nombre échappent, non-seulement à nos sens, mais encore aux agens chimiques les plus délicats, à cause de leur très petite quantité. Dans les hautes régions de l'atmosphère, l'air semble devoir être plus simple et plus pur. Cependant divers phénomènes, tels que l'aurore boréale, les étoiles tombantes, les météores, etc., que la seule combinaison des deux principes essentiels de l'air ne peut produire, prouvent l'influence d'autres matières dont nous ne soupçonnons peut-être pas l'existence dans ces hautes régions (*).

Nous traiterons, dans des chapitres particuliers, des rapports de l'air avec l'eau, et de ses propriétés mécaniques.

De l'Oxigène.

§ 3. Lorsqu'on chauffe fortement de l'oxide de manganèse, ou du salpêtre, dans une cornue exactement fermée, il se dégage, surtout de la première de ces matières, une quantité assez considérable d'air, qui est presque de l'oxigène pur. On trouve, dans les ouvrages de Chimie, les moyens de l'obtenir à un état de pureté absolu. Cette substance, dont nous devons la découverte à Scheele et à Priestley, et l'examen exact à Lavoisier, est d'une telle importance dans la nature, que sa connaissance est presque l'unique cause de la révolution qui s'est opérée depuis trente ans dans la Chimie. Sans oxigène, il n'y a

---

(*) M. Gay-Lussac, dans son voyage aérostatique, a rapporté de l'air des hautes régions de l'atmosphère; et cet air a offert absolument les mêmes principes que celui que l'on recueille à la surface de la terre : en sorte que jusqu'ici rien ne prouve que l'atmosphère ne soit pas partout sensiblement de la même nature; car les phénomènes que nous ne savons pas encore expliquer ne sont pas une preuve suffisante pour admettre l'existence de certaines substances que l'expérience directe ne nous indique pas.

point de vie ; c'est pour cette raison qu'on le nomme aussi *air vital.* Sans lui, aucune combustion n'a lieu ; Scheele, par cette cause, le nommait *air de feu.* Il entre dans la composition de la plupart des substances que les chimistes appellent *acides*, et pour cela Lavoisier lui a donné le nom d'*oxigène*, c'est-à-dire générateur des acides. La dénomination d'*air déphlogistiqué*, qu'on employait avant Lavoisier, était relative à une fausse théorie, et doit être absolument abandonnée. L'oxigène se combine non-seulement avec les substances organiques inflammables, et avec la plupart des matières salines, mais encore avec beaucoup de corps, entre autres, avec les métaux. Par cette combinaison, il enlève à ces derniers leurs propriétés métalliques, et les change en substances terreuses ou vitreuses de diverses couleurs, que l'on nomme *oxides métalliques*, *terres métalliques, chaux métalliques*. L'oxide de manganèse, dont nous avons déjà parlé, et les substances si connues sous le nom de *rouille*, de *vert-de-gris*, de *blanc de plomb* et d'*étain*, d'*arsenic blanc*, etc., appartiennent à cette classe. Quoique l'oxigène soit une des parties principales de l'eau, puisqu'il compose 0,88 de sa masse, l'eau ne prend par absorption que peu d'oxigène (*).

On a imaginé des instrumens, appelés *eudiomètres*, pour déterminer ce que l'air atmosphérique contient d'oxigène ; et l'on a prouvé que cette quantité est constante. La construction ainsi que l'usage de ces instrumens appartiennent entièrement à la Chimie.

De l'Azote.

§ 4. Lorsqu'on brûle une quantité suffisante de phosphore au milieu d'un certain volume d'air atmosphérique exactement renfermé, un quart environ de ce volume disparaît, et

---

(*) Ceci est généralement vrai : mais, en présentant l'oxigène à l'eau, au moment où il se dégage de certaines combinaisons, M. Thénart est parvenu à lui faire absorber plus de 200 fois son volume de ce gaz, avec un degré de combinaison assez intime pour que la suppression même de la pression atmosphérique ne puisse plus en déterminer le dégagement.

ce qui reste est de l'*azote*, substance gazeuse, non respirable, dans laquelle aucune inflammation ne peut avoir lieu. Quoique l'azote ne paraisse pas entrer dans des combinaisons aussi variées que l'oxigène, c'est pourtant une matière d'une extrême importance, puisqu'on a trouvé qu'elle est un des principes constituans de tous les corps organiques vivans. Quelques physiciens allemands la nomment *Salpeterstoff* (matière de salpêtre), parce qu'étant combinée dans de certains rapports avec l'oxigène, elle produit l'acide nitrique; et en combinant cet acide avec la potasse, on obtient le salpêtre. L'ancienne dénomination d'*air déphlogistiqué* doit être rejetée entièrement. On doit chercher dans les ouvrages de Chimie des détails plus circonstanciés sur les différentes manières de considérer cette substance, et sur ses propriétés, dont une grande partie ont encore besoin de beaucoup d'éclaircissemens (*).

De l'Hydrogène.

§ 5. Depuis l'invention des aérostats, on connaît généralement, sous le nom d'*air inflammable*, cette espèce de gaz qui, dans l'état pur, est douze à treize fois moins pesant que l'air atmosphérique, à force élastique égale. Les chimistes anciens le nommaient *esprit inflammable* (**); mais ils avaient négligé d'examiner sa nature avec attention. Il est irrespirable. Au-

---

(*) Il est remarquable que l'on n'a presque, pour reconnaître l'azote, que des caractères négatifs, c'est-à-dire qu'on sait qu'il ne produit pas tel ou tel effet; mais on n'a point de phénomène facilement observable qui lui soit propre, et qui puisse servir à le distinguer directement. Le seul caractère de ce genre est celui que M. Cavendish a fait connaître, et qui consiste dans la faculté qu'a l'azote de former de l'acide nitrique, quand on le combine avec l'oxigène, par le moyen de l'étincelle électrique; mais cette opération est si difficile, qu'on ne peut l'employer habituellement : en sorte que s'il existait dans l'azote, comme cela est possible, plusieurs substances distinctes qui s'accordassent dans leurs propriétés négatives, on pourrait les confondre facilement.

(**) En allemand, *brennbarer Geist*. L'auteur remarque que le mot *gaz* dérive peut-être de cette dénomination.

cune combustion ne peut s'y opérer, quoiqu'il devienne lui-même combsutible, quand il se combine avec l'oxigène. Lorsqu'on mêle deux parties de ce gaz, mesurées d'après le volume, et non d'après le poids, avec une partie d'oxigène ou quatre d'air atmosphérique, on obtient ce qu'on nomme le *gaz tonnant*. Nous avons vu ci-dessus (pag. 12, § 9) que l'inflammation du gaz tonnant produit de l'eau. A cause de cette propriété, Lavoisier donna à cette substance le nom d'*hydrogène*. Une masse d'eau est composée de 0,88 d'oxigène, en poids, et de 0,12 d'hydrogène. Ce gaz n'à que peu d'affinité pour l'eau. On l'obtient à l'état pur, en faisant passer de la vapeur d'eau à travers un tube de fer rougi : l'oxigène de l'eau se combine avec le fer, et l'hydrogène passe. On l'obtient encore plus aisément en dissolvant du fer ou du zinc dans l'acide muriatique ou dans l'acide sulfurique étendu d'eau; alors l'eau est décomposée; un de ses principes, l'oxigène, se combine avec le métal, et l'autre, qui est l'hydrogène, se dégage.

Du Gaz acide carbonique.

§ 6. On nomma d'abord ce gaz *air fixe*, parce qu'on le reconnut primitivement comme un principe constituant de plusieurs corps solides. C'est surtout une partie essentielle des chaux brutes, dont il forme à peu près la moitié du poids. Le spath calcaire, le marbre, la pierre à chaux, la craie, etc., sont dans ce cas. Ce gaz se dégage de ces substances, lorsqu'on verse sur elles quelques acides, particulièrement de l'acide sulfurique étendu d'eau. On a découvert depuis que cet air est le même que celui qui est produit par l'inflammation du charbon, et qui a toutes les propriétés d'un acide; ce qui fait qu'on le nomme *acide carbonique*. Il sort en grande quantité de l'intérieur de la terre, dans beaucoup de contrées, et particulièrement dans les pays volcaniques. Comme il est plus lourd que l'air atmosphérique, et qu'il ne s'y mêle que lentement, il forme en quelques endroits une couche d'air de quelques pieds de hauteur, dans laquelle aucun animal ne peut vivre, parce qu'elle est absolument irrespirable. La grotte du Chien, près de Naples, offre un exemple de ce phénomène. En mêlant et agitant ce gaz avec de l'eau, elle peut en prendre, en combinaison, un volume à peu près égal au sien; et de même ce gaz peut tenir aussi une quantité considérable d'eau en dissolution (*). Il communique à l'eau un goût agréable, restaurant et acide, et, en s'y combinant dans diverses proportions, il est le principe essentiel de toutes les eaux minérales. L'eau de chaux, qu'on prépare en dissolvant dans l'eau de la chaux vive ou de la terre calcaire, donne un moyen commode de découvrir sa présence dans un liquide; car, lorsqu'on verse un peu d'un tel liquide dans l'eau de chaux, celle-ci devient trouble, parce que l'acide carbonique se combine avec la chaux, et que cette combinaison est insoluble dans l'eau.

§ 7. Les chimistes connaissent encore une grande quantité d'autres gaz; de temps en temps même on en découvre de nouveaux; mais, étant le plus souvent employés pour leurs propriétés chimiques seules, ils sont d'une moindre importance pour le physicien mécaniste que ceux que nous avons nommés. Toutes ces substances sont des gaz *permanens*, c'est-à-dire qui demeurent aériformes sous toutes les températures connues (**).

Des Vapeurs élastiques.

§ 8. Nous avons déjà vu, dans la section de la Chaleur, que les liquides peuvent passer à l'état élastique, soit par l'action de la chaleur, soit par celle des forces dissolvantes des autres gaz. Tant qu'ils se trouvent à cet état, leurs propriétés mécaniques ne diffèrent pas essentiellement de celles des gaz permanens, et ils sont soumis aux mêmes lois d'équilibre et de

(*) Depuis que M. Fischer a écrit ceci, les expériences de Dalton, confirmées par tous les physiciens, ont prouvé qu'il ne s'élève pas plus d'eau en vapeur dans un volume donné d'acide carbonique, que dans un même volume de tout autre gaz.

(**) Ce caractère n'a rien d'absolu. Nous verrons plus loin que l'on est parvenu à réduire plusieurs de ces gaz à l'état liquide en les comprimant.

mouvement que ceux-ci. Peut-être même la différence qui existe entre les vapeurs et les gaz est-elle aussi peu essentielle que celle qui se trouve entre le mercure liquide et les métaux solides.

CHAPITRE XXVIII.

De l'Eau dans l'air atmosphérique, ou premiers principes de l'Hygrométrie.

§ 1. Le physicien mécaniste doit nécessairement connaître les effets réciproques de l'air et de l'eau, puisque autrement il peut être conduit à des conclusions inexactes dans plusieurs circonstances ; par exemple, dans l'expérience de la dilatation des gaz par la chaleur.

L'air même le plus sec contient toujours une certaine quantité d'eau, et l'on a inventé un assez grand nombre d'instrumens qu'on nomme *hygromètres* ou *hygroscopes*, au moyen desquels on peut mesurer cette quantité ; mais il est impossible de juger avec exactitude de la construction de ces instrumens et de leur usage, si l'on ne connaît pas les lois d'après lesquelles l'eau se partage dans un système de corps qui ont tous de l'affinité pour elle. Nous devons donc exposer ces lois, quoiqu'elles soient plutôt chimiques que mécaniques.

§ 2. L'eau peut être contenue dans l'air de deux manières. Elle peut y nager, seulement divisée en particules très ténues, sans avoir pris réellement l'état élastique ; ou bien, elle peut y être parfaitement dissoute, et avoir pris en effet l'état aériforme.

§ 3. La vapeur visible qui s'élève des liquides chauffés est formée de petites bulles qu'on peut encore distinguer avec le microscope. Ces bulles, ou cette poussière de vapeur, tomberaient à terre dans un air parfaitement tranquille ; mais il est difficile de trouver dans la réalité une masse d'air parfaitement en repos, et le plus léger mouvement suffit pour élever une grande quantité de ces bulles. S'il ne s'en trouve que très peu dans l'air, elles ne nuisent pas à sa transparence ; mais cependant elles peuvent occasioner quelques erreurs dans les résultats des expériences, parce qu'à la moindre élévation de température, elles peuvent passer à l'état élastique. Si elles sont en grande quantité, elles forment des vapeurs visibles; le brouillard et les nuages n'ont point d'autre origine. On ne doit cependant pas conclure, par réciprocité, que toutes les vapeurs visibles consistent en bulles d'eau. Non-seulement tous les autres liquides peuvent former des vapeurs visibles, mais les corps solides le peuvent aussi lorsqu'ils sont divisés en particules assez ténues. La vapeur ou fumée d'une flamme est formée seulement de charbon finement divisé, et la vapeur blanche que produit le phosphore en brûlant est de l'acide phosphorique primitivement solide, mais divisé à l'infini.

§ 4. Lorsqu'on met de l'eau dans un vase ouvert et qu'on l'expose à l'air libre, elle diminue peu à peu et disparaît bientôt, parce qu'elle se dissout dans l'air. Si cette évaporation se fait dans un espace d'air renfermé et absolument privé d'eau, l'air accroît son volume, et change son élasticité et son poids spécifique. Ceci est une preuve que l'eau évaporée n'est pas seulement mêlée mécaniquement avec l'air, mais qu'elle y est combinée chimiquement, et par conséquent qu'elle a passé à l'état élastique. Non-seulement l'air atmosphérique, mais peut-être tous les gaz sans exception, peuvent se combiner de cette manière, avec une plus ou moins grande quantité d'eau. L'air ne perd point sa transparence par l'addition de cette eau dissoute et combinée; même il peut, dans cet état, paraître encore très sec pour nos sens. Cet effet est réciproque entre l'air et l'eau; et les parties d'eau qui ne sont pas encore vaporisées prennent toujours en combinaison quelques particules d'air auxquelles elles communiquent leur état d'agrégation, c'est-à-dire qu'elles les font passer à l'état liquide.

§ 5. La force dissolvante de l'air n'est pas également grande dans toutes les circonstances : la chaleur et la condensation l'augmentent, le froid et la dilatation la diminuent (*). Ainsi, lorsqu'une masse d'air a absorbé autant d'eau qu'elle en peut contenir, si elle est refroidie ou dilatée, une partie de l'eau devenue élastique reprend l'état liquide, et paraît à l'état de bulles de vapeur. C'est pour cela que la cloche d'une machine pneumatique est souvent revêtue de vapeur d'eau lorsqu'on raréfie l'air; et c'est par la même raison que les corps froids qu'on porte à l'air chaud deviennent humides sur leurs surfaces.

Dans ces circonstances, on dit que l'eau se *précipite*. Au contraire, les bulles de vapeur se dissolvent et se changent en vapeurs élastiques, lorsque l'air dans lequel elles nagent est échauffé ou comprimé.

§ 6. Indépendamment de l'air, beaucoup d'autres corps ont aussi une grande affinité pour l'eau. Lorsqu'un corps de cette espèce est placé dans un espace d'air contenant de l'eau en dissolution, il enlève à cet air une partie de son eau. Plus le corps a déjà attiré d'eau, et moins fortement il continue à en attirer; et au contraire plus l'air en a perdu, et plus il retient le reste avec une force considérable. Il doit donc nécessairement y avoir un moment où tous deux retiennent l'eau avec une égale force; alors l'effet est terminé. On nomme cet état de repos *équilibre hygrométrique*. Si une masse d'air, contenant de l'eau, se trouve en contact avec différens corps de cette espèce, chacun d'eux lui enlève une partie de son eau, les uns plus, les autres moins, selon la mesure de leur affinité pour l'eau; au contraire, si des corps qui ont absorbé de l'eau sont

---

(*) L'air, en se condensant, dégage de la chaleur; en se dilatant, il en absorbe. Ainsi, les effets de la condensation et de la dilatation de l'air sur les vapeurs se rapportent aux changemens de température. Quand la température primitive s'est rétablie, la quantité de vapeurs qui peut exister dans un espace donné redevient exactement la même, quelle que soit la dilatation ou la condensation de l'air que cet espace contient. (*Voyez* l'addition placée à la fin de ce chapitre.)

exposés à un air qui en contient moins qu'il n'est nécessaire pour établir l'équilibre hygrométrique, il leur enlèvera de l'eau jusqu'à ce que cet équilibre soit parfait.

§ 7. Sans doute il n'existe aucun corps qui n'ait quelque affinité pour l'eau ; mais, dans beaucoup d'entre eux, cette affinité est insensible. Ceux qui montrent la plus grande affinité pour ce liquide se nomment des *corps hygroscopiques*. Dans cette classe se trouvent tous les corps qui dérivent de la nature organique, comme le bois, les os, l'ivoire, les cheveux, le papier, le parchemin, l'épiderme qui recouvre les parties internes et externes des corps animaux, ainsi que les cordes d'instrumens qui en sont faites, les tuyaux de plumes, le chanvre, le coton, la soie, etc. Il y a aussi beaucoup de corps inorganiques qui sont hygroscopiques. Par exemple, tous les sels solubles demeurent hygroscopiques, même dans l'état liquide, et quand leur dissolution est saturée. La plupart des acides, surtout l'acide sulfurique, possèdent cette propriété, de même que l'ardoise, l'argile et les autres minéraux qui s'attachent à la langue. On peut aussi compter dans cette classe les corps qui sont trop compactes pour s'imbiber d'eau, mais dont la surface s'en recouvre lorsqu'on les expose à un air chaud et humide ; tels sont les verres, les métaux, etc.

§ 8. Comme la température et la densité changent continuellement dans l'air atmosphérique, il doit y avoir aussi un échange d'eau continuel entre l'air et tous les corps avec lesquels il est en contact.

§ 9. Tels sont les observations et les principes sur lesquels est fondée l'*Hygrométrie*, c'est-à-dire l'évaluation de la quantité d'eau contenue dans l'air. D'après ces principes, on reconnaîtra facilement que l'eau, en se partageant dans un système de corps pour y établir l'équilibre hygrométrique, suit des lois semblables à celles d'après lesquelles la chaleur se propage pour arriver à l'équilibre thermométrique ; et de plus, on apprendra, par l'étude de la Chimie, que les diverses affinités chimiques agissent d'après ces mêmes lois, qui sont générales pour toutes les substances. Ceci est une raison décisive pour admettre la matérialité de la chaleur.

ADDITION RELATIVE A L'HYGROMÉTRIE.

Tout ce que l'auteur dit dans ce chapitre, sur la manière dont l'équilibre hygrométrique s'établit entre diverses substances qui ont de l'affinité pour l'eau, est parfaitement juste; mais la vaporisation de l'eau dans l'air et dans la plupart des gaz paraît ne pas dépendre de cette cause; car les expériences montrent qu'elle s'opère indépendamment de l'affinité, ou du moins comme si l'effet de l'affinité y était tout-à-fait insensible.

Pour sentir la vérité de cette assertion, il faut d'abord se rappeler ce fait important que Saussure, et ensuite Volta et Dalton, ont prouvé par des expériences très exactes; c'est que le *maximum* de vapeur élastique qui peut s'élever dans un espace donné dépend seulement de la température, et demeure invariable lorsque cette température reste la même, soit que cet espace se trouve rempli d'air d'une densité quelconque, ou soit qu'on y ait fait le vide. Dalton a même étendu ce fait à tous les gaz qui n'ont point une très forte affinité pour l'eau. Tels sont, par exemple, l'oxigène, l'azote et l'hydrogène. Il y a peut-être quelque restriction à faire à cette règle pour l'acide carbonique, l'acide muriatique et le gaz ammoniac : mais pour les autres, et en particulier pour l'oxigène et l'azote, qui sont les élémens de l'air atmosphérique, il paraît bien constant que ce n'est point leur affinité pour l'eau qui produit la vaporisation; car cette affinité serait donc alors la même pour tous, ce qui est peu probable; et le vide agirait donc aussi sur l'eau avec une force égale, ce qui est absurde.

D'ailleurs, cette propriété n'est point particulière à la vapeur d'eau; elle est commune à tous les liquides évaporables, comme l'alcool, l'éther, l'ammoniaque, l'acide muriatique, etc. Chacun de ces liquides se vaporise en quantité déterminée dans un espace donné, lorsque la température est la même, que cet espace soit vide ou rempli d'air, et même d'un gaz quelconque, sauf peut-être quelques exceptions que pourrait nécessiter une très forte affinité.

D'après ce principe unique, qui est fondé sur des expériences exactes et rigoureuses, toute la théorie de l'hygrométrie devient extrêmement simple dans ce qui a rapport à l'évaporation. Si un liquide est exposé librement dans un espace vide ou plein d'air, il s'en évaporera une certaine quantité, qui dépendra des dimensions de cet espace et de la température : cette quantité peut se mesurer par son poids et par la pression que sa force élastique produit sur le mercure du baromètre. Si l'espace est indéfini, le liquide s'évaporera entièrement ; c'est ce qui a lieu à l'air libre : s'il est limité, l'évaporation le sera aussi. Elle s'arrêtera à un certain terme dépendant des dimensions de l'espace et de la température ; mais ce terme sera le même, que l'espace soit vide ou plein d'air. Seulement, dans le premier cas, la vaporisation serait instantanée, parce que rien ne s'y oppose ; dans le second, elle sera progressive et exigera un certain intervalle de temps, à cause de l'obstacle mécanique que l'air oppose, par sa présence, à la dissémination des particules du liquide ; et, dans ces deux cas, après un temps plus ou moins long, le baromètre introduit dans cet espace y montrera le même accroissement dans la pression.

Voilà ce qui a lieu pour un liquide qui n'est soumis à aucune force étrangère, et qui cède seulement à l'action répulsive du calorique interposé entre ses particules, cause déterminante de l'évaporation. Mais si le liquide est retenu par un corps solide qui ait de l'affinité pour lui, il sera sans cesse sollicité par deux forces contraires qui, suivant les circonstances, pourront se surpasser ou se contre-balancer. Si l'espace où le corps est plongé est privé de vapeurs, l'action élastique aura toute son énergie, et une partie du liquide se séparera du corps solide en prenant l'état aériforme ; mais, par cet effet même, la prépondérance de la force élastique se trouvera diminuée ; car la tendance à la vaporisation deviendra moindre, et l'action du corps solide, au contraire, sur l'eau qui lui reste, augmentera en raison de ce qu'il a déjà perdu.

De là résultera un *état d'équilibre hygrométrique ;* mais cet état sera troublé par un changement de température. Si celle-ci s'élève, la force élastique l'emporte, et une nouvelle quantité de liquide se vaporise ; si elle s'abaisse, l'affinité redevient prépondérante, et une portion des vapeurs étant absorbée de nouveau, repasse à l'état liquide. Ces échanges continuels sont assez sensibles, relativement à certains corps, comme les cheveux, les plumes, les cordes, pour faire varier leurs dimensions, et l'on peut ainsi en observer toutes les successions : c'est sur cette propriété que sont fondés les instrumens que l'on nomme *hygromètres ;* et l'on voit que le jeu de ces instrumens s'explique avec une extrême facilité d'après ces principes, sans admettre dans l'air une force dissolvante de l'eau que n'indiquent point les expériences, mais par le seul fait de l'*équilibre mobile* entre l'affinité du corps solide pour l'eau, et la force élastique de la chaleur.

Au reste, les résultats que je viens de rapporter n'avaient pas encore été suffisamment répandus lorsque l'ouvrage de M. Fischer fut publié, et ils n'étaient point encore réduits en corps de doctrine ; sans cela, notre judicieux auteur en aurait sans doute fait usage. Il n'a pu qu'indiquer dans une note, à la fin de l'ouvrage, quelques-uns des résultats de Dalton, qui étaient parvenus à sa connaissance pendant le cours de l'impression.

Pour suppléer à cette omission, autant qu'on peut le faire dans un ouvrage où les véritables idées des phénomènes physiques peuvent être indiqués plutôt qu'établies en détail, j'insère ici une table des forces élastiques de la vapeur aqueuse à des températures diverses, comprises depuis —20° au-dessous de zéro, jusqu'à 130 au-dessus. Cette table est déduite par interpolation d'un grand nombre d'expériences faites par MM. Dalton et Gay-Lussac.

Force élastique de la vapeur d'eau, évaluée en millimètres pour chaque degré du thermomètre centigrade.

Degrés	Tension.	Degrés	Tension.	Degrés	Tension.	Degrés	Tension.
— 20	1,333	18	15,353	56	119,39	94	611,18
— 19	1,429	19	16,288	57	125,31	95	634,27
— 18	1,531	20	17,314	58	131,50	96	658,05
— 17	1,638	21	18,317	59	137,94	97	682,59
— 16	1,755	22	19,417	60	144,66	98	707,63
— 15	1,879	23	20,577	61	151,70	99	733,46
— 14	2,011	24	21,805	62	158,96	100	760,00
— 13	2,152	25	23,090	63	166,56	101	787,27
— 12	2,302	26	24,452	64	174,47	102	815,26
— 11	2,461	27	25,881	65	182,71	103	843,98
— 10	2,631	28	27,390	66	191,27	104	873,44
— 9	2,812	29	29,045	67	200,18	105	903,64
— 8	3,005	30	30,643	68	209,41	106	934,81
— 7	3,210	31	42,410	69	219,06	107	966,31
— 6	3,428	32	34,261	70	229,07	108	994,79
— 5	3,660	33	36,188	71	239,45	109	1032,04
— 4	3,907	34	38,254	72	250,23	110	1066,06
— 3	4,170	35	40,404	73	261,43	111	1100,87
— 2	4,448	36	42,743	74	273,03	112	1136,43
— 1	4,745	37	45,038	75	285,07	113	1172,78
0	5,059	38	47,579	76	297,57	114	1209,90
1	5,393	39	50,147	77	310,49	115	1247,81
2	5,748	40	52,998	78	323,89	116	1286,51
3	6,123	41	55,772	79	337,76	117	1325,98
4	6,523	42	58,792	80	352,08	118	1366,22
5	6,947	43	61,958	81	367,00	119	1407,24
6	7,396	44	65,627	82	382,38	120	1448,83
7	7,871	45	68,751	83	398,28	121	1491,58
8	8,375	46	72,393	84	414,73	122	1534,89
9	8,909	47	76,205	85	431,71	123	1578,96
10	9,475	48	80,195	86	449,26	124	1623,67
11	10,074	49	84,370	87	467,38	125	1669,31
12	10,707	50	88,742	88	486,09	126	1715,58
13	11,378	51	93,301	89	505,38	127	1762,56
14	12,087	52	98,075	90	525,28	128	1810,25
15	12,837	53	103,06	91	545,80	129	1858,63
16	13,630	54	108,27	92	566,95	130	1907,67
17	14,468	55	113,71	93	588,74		

§ 10. Nos sens jugent aussi inexactement de l'humidité que de la chaleur. Nous trouvons que l'air ou un corps quelconque est humide lorsqu'il dépose de l'humidité sur notre corps;

nous jugeons qu'il est sec lorsqu'il lui enlève de l'humidité. La même masse d'air peut donc ainsi paraître humide à un observateur, et sèche à un autre. Les physiciens ont, par cette raison, pensé de bonne heure à des instrumens qui pussent indiquer l'humidité de l'air plus sûrement que notre tact. Il faudrait s'étendre beaucoup plus loin qu'un ouvrage élémentaire ne le permet, pour rapporter les nombreux essais qui ont été faits sur cette matière, et d'autant plus que les anciens instrumens de cette espèce sont très défectueux, et que, même les meilleurs que nous ayons, sont loin d'approcher de la perfection du thermomètre. — Il est assez singulier que nous sachions mieux mesurer une substance non perceptible pour nos sens, qu'une substance que nous pouvons immédiatement observer.

§ 11. Nous nous contenterons de remarquer, relativement aux plus anciens hygromètres, que les meilleurs d'entre eux sont fondés sur les propriétés hygroscopiques des cordes à boyau, lesquelles se détordent par l'effet de l'humidité qui s'y introduit, et deviennent ainsi plus courtes parce qu'elles augmentent de grosseur.

§ 12. Parmi les instrumens de cette espèce, nouvellement imaginés, il en est seulement deux qui méritent le nom d'hygromètres : celui de Saussure, et le plus nouveau de ceux de Deluc. Nous ne parlerons que du premier, qui est le plus usité aujourd'hui.

Le corps hygroscopique employé par Saussure est un cheveu dépouillé de toutes substances grasses, par l'ébullition dans une faible dissolution de potasse. Le cheveu, ainsi desséché, se raccourcit par la sécheresse, et s'allonge par l'humidité. On l'assujettit solidement à l'une de ses extrémités ; l'autre bout est attaché à une aiguille indicatrice très mobile, qui est tirée d'un côté par le cheveu, et de l'autre par un petit poids. Cette aiguille, par ses mouvemens sur un arc de cercle gradué, indique les raccourcissemens ou les allongemens que le cheveu subit par suite des variations d'humidité de l'air qui l'environne.

§ 13. L'avantage essentiel de cet hygromètre consiste en ce que l'on y détermine par expérience deux points fixes, ceux de plus grande sécheresse et de plus grande humidité, ce qui sert ensuite pour établir des échelles comparables entre ces deux points. Lambert avait eu déjà cette idée, mais il n'avait pas réussi à l'exécuter si exactement que Saussure et Deluc (*).

§ 14. On détermine le *point de sécheresse absolue*, en plaçant l'instrument sous une grande cloche de verre, avec des sels desséchés au feu (pag. 107, § 5), et en le laissant soumis à cette action tant qu'on peut remarquer un raccourcissement dans le cheveu.

§ 15. On détermine le *point de la plus grande humidité*, en suspendant l'instrument sous une cloche, dont les parois sont mouillées avec de l'eau. La cloche elle-même est placée sur une assiette où il y a de l'eau, afin d'empêcher l'introduction de l'air extérieur : on laisse l'appareil ainsi disposé, jusqu'à ce que le cheveu n'éprouve plus aucun allongement, et l'on observe le point où il s'arrête.

Les distances qui se trouvent entre ces deux points fixes se partagent en 100 divisions que l'on appelle *degrés*.

Remarques générales sur l'Hygrométrie.

§ 16. Qu'indique proprement un hygromètre ? Selon la théorie exposée plus haut, l'allongement du cheveu indique qu'il a enlevé de l'eau à l'air ; son raccourcissement, qu'il lui en a cédé ; et l'état de repos, que le fil et l'air sont arrivés à l'équilibre hygrométrique. Par conséquent, si les forces avec lesquelles l'air et les corps hygroscopiques attirent l'eau étaient

---

(*) *Voyez*, relativement à l'hygromètre et à la théorie de Deluc, plusieurs excellens articles insérés dans les Annales de Chimie, sur l'ouvrage de ce physicien, intitulé : *Idées sur la Météorologie*. Quoique ces articles soient sans nom d'auteur, il est bien facile de reconnaître à la profondeur des vues et à leur justesse, ainsi qu'à l'érudition qui y règne, quelle est la plume qui les a tracés. (Ils ont été décrits par Berthollet.)

entre elles dans des rapports invariables, la marche de l'aiguille indicatrice ne serait soumise qu'à l'augmentation ou à la diminution de l'eau contenue dans l'air, et il n'y aurait aucune difficulté à déterminer dans quels rapports elle s'y trouve pour chaque degré de l'hygromètre. Mais comme la force élastique de la vapeur d'eau augmente quand la température s'élève, et décroît quand elle s'abaisse, l'aiguille de l'hygromètre doit se mouvoir, quoique la quantité absolue des vapeurs ne change point, lorsqu'il arrive un changement dans la température de l'air. Même, comme l'air peut contenir, indépendamment de l'eau, un mélange de beaucoup d'autres substances qui agissent toutes sur l'eau avec une force particulière, il est évident que l'indication que donne un hygromètre est un résultat compliqué de beaucoup de forces. Il arrive aussi que l'eau liquide suspendue dans l'air, et les bulles de vapeur qui y nagent, agissent conjointement sur l'hygromètre, sans qu'on puisse les distinguer. Ces observations ne permettent guère d'espérer qu'on puisse parvenir à donner à ces instrumens le degré de perfection que l'on pourrait désirer.

§ 17. Un autre défaut de presque tous les hygromètres inventés jusqu'ici, consiste en ce que le corps hygroscopique est d'origine organique. A la vérité, les corps de ce genre sont pour la plupart très sensibles à l'humidité; mais c'est une loi générale, que chaque corps produit par une force organique doit, dès que cette force est détruite, changer sa constitution chimique lorsqu'il est exposé à l'air, à l'humidité, et à des variations multipliées de température. Ces corps hygroscopiques doivent donc, avec le temps, devenir hors d'état d'être employés, puisqu'en changeant leurs propriétés matérielles, ils changent aussi leur force attractive relativement à l'eau. Ceci est une circonstance à laquelle on paraît n'avoir fait aucune attention jusqu'à présent.

§ 18. Comme il est sans vraisemblance qu'on puisse jamais trouver un hygromètre dont l'échelle indique immédiatement combien de parties d'eau sont contenues dans l'air, il ne reste d'autre moyen, pour faire exactement cette estimation, que celui des décompositions chimiques. Les sels desséchés présentent une manière assez commode et assez précise de faire cette opération. Pour cela, il faudrait mettre l'air qu'on veut éprouver dans un vase d'une capacité exactement connue, et l'exposer ainsi long-temps à l'action d'un sel desséché, et garanti avec un grand soin de toutes les atteintes de l'humidité. L'accroissement de poids du sel, déterminé avec une balance très sensible, donnerait l'évaluation de l'eau contenue dans l'air; seulement cette évaluation serait un peu trop faible, puisqu'il est clair, d'après la théorie que nous venons d'exposer, qu'aucun corps ne peut enlever à l'air toute l'eau qui y est contenue (*).

Addition. Depuis la publication de cet Ouvrage, M. Gay-Lussac a trouvé un procédé très simple pour mesurer les quantités réelles de vapeur aqueuse, correspondantes aux indications de l'hygromètre de Saussure. Ce procédé consiste à enfermer l'hygromètre dans un grand vase de verre en partie rempli d'eau ou d'une dissolution saline connue, et dont on a préalablement mesuré la force de tension dans le baromètre, à une température connue. Après avoir fermé exactement toute communication entre l'intérieur du vase et l'air du dehors, on laisse l'expérience se continuer pendant plusieurs jours. Le liquide finit par saturer l'intérieur de l'appareil de vapeurs aqueuses, jusqu'au terme que sa force d'émission comporte, et l'hygromètre, après s'être mis en équilibre avec elles, finit

(*) On trouve de plus grands détails sur tous les hygromètres, dans Gehler et Fischer, ainsi que dans l'*Encyclopédie économique* de Krünitz. *Voyez*, sur l'hygromètre de Lambert, les *Mémoires de l'Académie de Berlin*, 1769 et 1772; l'*Hygrométrie* du même, et sa suite. Sur les *Recherches* de Deluc, *voyez* ses *Idées sur la Météorologie*, première partie; Gren's, *Journal de Physique*, V, 279—362; VIII, 141—160 et 293—302. Le travail de Saussure se trouve dans son livre intitulé *Essai sur l'Hygrométrie*. Les recherches de Saussure sont très importantes, et son ouvrage est considéré comme classique.

Voyez aussi le *Traité de Physique expérimentale et mathématique* de Biot.

par s'arrêter à un certain degré de sa propre division. On apprend donc ainsi que ce degré correspond à la tension connue du liquide, et par conséquent à la quantité de vapeur dont on sait que cette tension doit remplir l'espace. En répétant l'expérience avec divers liquides, dont les tensions sont diverses, depuis l'eau pure qui donne la saturation complète jusqu'à un liquide dessiccatif, tel que l'acide sulfurique, qui produit la sécheresse extrême, on obtient une succession de résultats qui, interpolés, donnent la loi générale applicable aux degrés intermédiaires. C'est ainsi qu'a été formée la table suivante, sur les résultats obtenus par M. Gay-Lussac, et que ce savant célèbre a bien voulu me communiquer.

TABLE HYGROMÉTRIQUE

Construite pour la température de 10° centésimaux, d'après les expériences de M. Gay-Lussac.

Tensions de la vapeur.	Degrés de l'hygromètre à cheveu.	Tensions de la vapeur.	Degrés de l'hygromètre à cheveu.	Tensions de la vapeur.	Degrés de l'hygromètre à cheveu.	Tensions de la vapeur.	Degrés de l'hygromètre à cheveu.
0	0,00	26	47,55	52	73,68	78	89,51
1	2,19	27	48,86	53	74,41	79	90,03
2	4,37	28	50,18	54	75,14	80	90,55
3	6,56	29	51,49	55	75,87	81	91,05
4	8,75	30	52,81	56	76,54	82	91,55
5	10,94	31	53,96	57	77,21	83	92,05
6	12,93	32	55,11	58	77,88	84	92,54
7	14,92	33	56,27	59	78,55	85	93,04
8	16,92	34	57,42	60	79,22	86	93,52
9	18,91	35	58,58	61	79,84	87	94,00
10	20,91	36	59,61	62	80,46	88	94,48
11	22,81	37	60,64	63	81,08	89	94,95
12	24,71	38	61,66	64	81,70	90	95,43
13	26,61	39	62,69	65	82,32	91	95,90
14	28,51	40	63,72	66	82,90	92	96,36
15	30,41	41	64,63	67	83,48	93	96,82
16	32,08	42	65,53	68	84,06	94	97,29
17	33,76	43	66,43	69	84,64	95	97,75
18	35,43	44	67,34	70	85,22	96	98,20
19	37,11	45	68,24	71	85,77	97	98,69
20	38,78	46	69,03	72	86,31	98	99,10
21	40,27	47	69,83	73	86,86	99	99,55
22	41,76	48	70,62	74	87,41	100	100,00
23	43,26	49	71,42	75	87,95		
24	44,75	50	72,21	76	88,47		
25	46,24	51	72,94	77	88,99		

Cette Table est construite pour donner les degrés de l'hygromètre à cheveu, quand on connaît la tension de la vapeur aqueuse actuellement existante dans l'air. La tension de la vapeur aqueuse, pour l'état de saturation complète, y est représentée par le nombre 100, et les autres tensions plus petites sont exprimées en parties centésimales de cette unité-là. Par conséquent, si on les suppose observées sous une autre forme, par exemple, en millimètres, il faudra, pour les appliquer à notre Table, les multiplier par 100, et les diviser par 9^{mm}, 475, qui, d'après la Table de la page 169, exprime la tension totale de la vapeur en millimètres à la température de 10° centésimaux.

TABLE HYGROMÉTRIQUE

Construite pour la température de 10° centésimaux, d'après les expériences de M. Gay-Lussac.

Degrés de l'hygromèt. à cheveu.	Tensions	Degrés de l'hygromèt. à cheveu.	Tensions	Degrés de l'hygromèt. à cheveu.	Tensions	Degrés de l'hygromèt. à cheveu.	Tensions
0	0,00	26	12,59	52	29,38	78	58,24
1	0,45	27	13,14	53	30,17	79	59,73
2	0,90	28	13,69	54	30,97	80	61,22
3	1,35	29	14,23	55	31,76	81	62,89
4	1,80	30	14,78	56	32,66	82	64,57
5	2,25	31	15,36	57	33,57	83	66,24
6	2,71	32	15,94	58	34,47	84	67,92
7	3,18	33	16,52	59	35,37	85	69,59
8	3,64	34	17,10	60	36,28	86	71,49
9	4,10	35	17,68	61	37,31	87	73,39
10	4,57	36	18,30	62	38,34	88	75,29
11	5,05	37	18,92	63	39,36	89	77,19
12	5,52	38	19,54	64	40,39	90	79,09
13	6,00	39	20,16	65	41,42	91	81,09
14	6,48	40	20,78	66	42,58	92	83,08
15	6,96	41	21,45	67	43,73	93	85,08
16	7,46	42	22,12	68	44,89	94	87,07
17	7,95	43	22,79	69	46,04	95	89,06
18	8,45	44	23,46	70	47,19	96	91,25
19	8,95	45	24,13	71	48,51	97	93,44
20	9,45	46	24,86	72	49,82	98	95,63
21	9,97	47	25,59	73	51,14	99	97,81
22	10,49	48	26,32	74	52,45	100	100,00
23	11,01	49	27,06	75	53,76		
24	11,53	50	27,79	76	55,25		
25	12,05	51	28,58	77	56,74		

Cette Table est construite pour donner les tensions de la vapeur correspondantes aux degrés de l'hygromètre. Ces tensions y sont, comme dans la Table précédente, exprimées en parties centésimales de la tension totale. En conséquence, si l'on veut les exprimer en millimètres, quand le degré de l'hygromètre les aura indiquées, il faudra les multiplier par $9^{mm},475$, et prendre le centième du produit.

CHAPITRE XXIX.

Du Baromètre et de la Machine pneumatique.

§ 1. Nous devons maintenant nous instruire plus particulièrement des propriétés mécaniques de l'air. Pour cela, nous allons d'abord examiner avec attention deux instrumens qui sont d'une grande importance pour la Physique, et dont la destination propre est de faire reconnaître les propriétés mécaniques de l'air, c'est-à-dire sa pesanteur et sa dilatabilité. Ces instrumens se nomment le *baromètre* et la *machine pneumatique*.

Du Baromètre.

§ 2. On remplit de mercure un tube de verre AB, *fig.* 43, long de trente pouces ou davantage, large au moins d'une ligne, et fermé hermétiquement à l'une de ses extrémités A. On bouche ensuite avec le doigt l'orifice B du tube, on le renverse et on le plonge par cette extrémité dans un vase CD qui contient du mercure, en prenant bien soin qu'il n'y entre point d'air. Alors, si l'on retire le doigt qui fermait l'orifice, le mercure descend dans le tube, mais non pas jusqu'au niveau CD du vase; il reste élevé à une hauteur EF de 28 pouces environ. Si la surface du mercure CD n'était exposée à aucune pression, il devrait descendre jusqu'en E, d'après les lois de l'Hydrostatique (pag. 121, § 2, 3); la colonne de mercure EF ne peut donc être soutenue que par la pression de l'air extérieur sur la surface libre CD du mercure. Cette expérience, que Torricelli fit le premier à Florence, en 1644, ne sert pas seulement à prouver que l'air exerce une pression, mais elle en donne encore la mesure exacte; car on voit que cette pression est justement équivalente à celle qu'exerce une colonne de mercure de la hauteur EF. Lorsque l'opération est faite avec le soin nécessaire, il y a dans le tube, au-dessus du point F, un espace entièrement vide d'air. C'est ce qu'on nomme le *vide de Torricelli*.

L'appareil entier se nomme le *tube de Torricelli*, et quand il est pourvu d'une échelle pour mesurer la hauteur EF, il prend le nom de *baromètre*.

§ 3. On peut voir, dans les Dictionnaires de Gehler et de Fischer, à l'article *Barometer*, les différentes formes qu'on a données au tube, les diverses manières de le purger d'air, et les perfectionnemens qu'on a imaginés pour rendre sensibles les plus légères variations de la hauteur EF. Après tous ces essais, on est revenu aux plus simples dispositions, qui sont représentées *fig.* 44—46 : la *fig.* 44 montre le *baromètre à cuvette* : GBH est un vase de bois ou de verre qui est joint au tube en GH. Il peut y avoir, en cet endroit, une petite ouverture pour faciliter le passage de l'air dans l'intérieur du vase, quoiqu'il pénètre fort aisément, même au travers d'un bois très compacte. La *fig.* 45 représente le baromètre nommé, à cause de la forme du tube, le *baromètre à fiole ;* celui de la *fig.* 46 consiste en un seul tube ABG, d'une largeur aussi égale que possible, et il se nomme le *baromètre à siphon.* C'est celui de ces instrumens qui est le plus en usage pour les expériences exactes (*). On conçoit facilement que l'échelle divisée en pouces, qui est jointe à chacun de ces baromètres, pour mesurer la colonne EF, doit être faite avec une très grande exactitude. Sur le continent d'Europe, on ne se sert, jusqu'à présent, que des anciennes mesures françaises pour ces divisions. Les Anglais, seulement, emploient les leurs (**). Au reste, ce

(*) Son principal avantage est d'être indépendant des effets de la capillarité. Si le tube est sensiblement d'un diamètre égal dans ses deux branches, la convexité de la surface du mercure produit dans l'une et dans l'autre une action égale, ce qui ne trouble point l'équilibre; et le poids de l'atmosphère est exactement représenté par la différence de longueur des deux colonnes.

(**) La plupart des baromètres français portent maintenant deux échelles, l'une en mètres et millimètres, et l'autre en pouces et lignes. On y adapte des verniers qui donnent les dixièmes de millimètre, avec une très grande préciqui est exigé dans chaque bon baromètre, c'est qu'il ne pénètre point d'air dans l'espace AF; et de plus que le diamètre intérieur du tube soit large d'une ligne, ou davantage; car dans les tubes plus étroits, le mercure reste trop bas, même quand ils sont vides d'air, à cause de la capillarité (*).

§ 4. Bientôt après l'invention du baromètre, on remarqua que la pression de l'air est variable, et que le mercure monte ou descend de deux pouces environ au-dessus ou au-dessous de sa hauteur moyenne en F : on observa aussi un certain rapport entre l'état du baromètre et l'état du ciel, parce qu'en effet lorsque le mercure est élevé dans le baromètre, le temps est ordinairement serein, et qu'il devient variable quand le baromètre baisse. Cette règle n'est pourtant pas certaine; mais elle s'observe plus fréquemment qu'elle ne manque. L'explication plus détaillée de ceci doit se rapporter à la Géographie physique (**). Les baromètres ordinaires du commerce, aux-

---

sion. A cet égard, rien de plus simple, de plus exact et de plus commode que les baromètres portatifs de Bunten, à Paris.

(*) Cela est vrai pour les baromètres ordinaires; mais l'on peut dessécher si bien l'intérieur du tube par une ébullition répétée, que la surface du mercure y deviendra plane, et même concave; alors ce fluide se tiendra au-dessus du niveau, et non pas au-dessous. Cette remarque est de simple théorie; car dans la pratique, si la surface du mercure était concave au lieu d'être convexe, il en résulterait un inconvénient opposé. Généralement, il faut éviter les tubes étroits, à cause de la capillarité; c'est ce que l'auteur a eu en vue.

(**) Le tracé graphique est la manière la plus commune de rassembler comparativement de longues suites d'observations barométriques. On se sert pour cela d'une longue bande de papier, au milieu de laquelle on trace une ligne droite qui la traverse d'un bout à l'autre. Cette ligne est destinée à représenter la hauteur moyenne du baromètre dans le lieu de l'observation. On la divise en un certain nombre de parties égales, qui sont destinées à représenter des jours; puis, parallèlement à cette ligne, et tant au-dessus d'elle qu'au-dessous, on en trace plusieurs autres à des distances égales, comme par exemple d'une demi-ligne. Lorsqu'on a observé le baromètre un tel jour, si sa hauteur est la moyenne, on marque d'un trait le point de la ligne principale qui correspond à ce jour-là; s'il est plus haut d'une demi-ligne, on porte l'observation sur la première parallèle, au-dessus de la ligne moyenne; s'il est au-dessous de la hauteur moyenne, on porte l'observation au-dessous de quels on joint ordinairement une indication de l'état du ciel, sans échelle divisée en pouces, sont des instrumens qui ne peuvent servir au physicien; mais ils sont bons pour l'usage auquel on les applique vulgairement, qui est d'indiquer seulement les variations de la pression atmosphérique. En effet, si l'on prend pour point de départ la hauteur moyenne du baromètre dans le lieu où l'on est, lorsqu'il se trouve au-dessus de cette hauteur, le temps est ordinairement serein et constant, et audessous il est presque toujours variable.

Mais les variations de l'état du baromètre ne sont pas égales par toute la terre : sous l'équateur et sur les très hautes montagnes, il ne varie que très peu; ses changemens deviennent plus considérables à mesure qu'on s'approche des pôles, et particulièrement dans les contrées basses. C'est à la Géographie physique qu'il appartient encore de donner des éclaircissemens sur ce phénomène.

§ 5. On remarqua aussi, peu de temps après l'invention du baromètre, que le mercure s'y abaisse lorsqu'on le porte sur un lieu plus élevé : en effet, il descend d'une ligne environ

---

cette ligne, sur la parallèle qui lui correspond. On porte ainsi successivement les observations de tous les jours, chacune au rang et à la hauteur qui leur convient. On peut même, et cela est plus exact, répéter les observations plusieurs fois par jour, et les porter de même chacune à leur place, en divisant en parties égales l'intervalle qui correspond à un jour; et si, par tous les points ainsi déterminés, on fait passer une ligne courbe qui les unisse, et qui en suive toutes les irrégularités, cette ligne, par ses ondulations, représentera fidèlement l'état du baromètre dans les époques successives où l'on aura observé.

Je connais, en Suisse, un propriétaire fort instruit, qui tient ainsi, depuis plusieurs années, un tableau très exact d'observations barométriques, faites trois fois par jour, avec un fort bon baromètre. Il a eu soin de noter l'état de l'atmosphère, près de chaque observation : or, à l'inspection de ce tableau, on voit que, dans le très grand nombre des cas, lorsque le baromètre a baissé, il est tombé de la pluie; et au contraire, lorsqu'il s'est élevé, le temps est devenu serein. On aperçoit par intervalles des exceptions à cette règle; mais elles sont beaucoup moins nombreuses que les cas dans lesquels elle se vérifie. Cette connaissance peut être fort utile à l'Agriculture; et la personne dont je parle en tirait elle-même un très grand parti.

pour 78 pieds. D'après cette observation, on peut comparer la pesanteur de l'air avec celle du mercure ou de l'eau ; car une ligne de mercure exerce la même pression que 78 pieds d'air ; et comme 78 pieds = 11232 lignes, on voit combien de fois le mercure est plus lourd que l'air. Si l'on divise ce nombre par 14, le quotient 802 indique combien de fois l'eau est plus pesante que l'air (*).

Cette observation a donné aussi naissance à l'idée ingénieuse de mesurer les hauteurs avec le baromètre Les principes d'après lesquels se fait cette opération seront exposés dans la suite.

§ 6. On peut déterminer exactement, par le baromètre, la pression qu'exerce l'air sur une surface d'une grandeur donnée. Le calcul suivant se rapporte à une évaluation qui peut faire connaître en même temps la méthode qu'il faudrait suivre dans un calcul plus exact. Quand le baromètre est élevé de 28 pouces, l'air presse sur la surface d'un pouce carré autant que presserait le poids d'une colonne de mercure qui aurait un pouce carré de base et 28 pouces de hauteur. Cette colonne comprend donc 28 pouces cubiques. Maintenant, comme un pouce cubique d'eau, mesure de Paris, pèse 373,4 grains à 4° (pag. 128 *), un pouce cubique de mercure, qui est 14 fois plus pesant, pèsera 5228 grains, ou environ 9 onces ; par conséquent, 28 pouces cubiques pèseront 15,9 livres. Telle est donc la pression de l'air sur un pouce carré de Paris, et par conséquent la pression sur un pied carré est équivalente à 2287 livres, ou près de 23 quintaux.

§ 7. Si l'on voulait faire un baromètre avec de l'eau au lieu de mercure, il faudrait qu'il fût 14 fois plus long. Si l'on multiplie la hauteur moyenne du baromètre, c'est-à-dire 28 pouces ou $2\frac{1}{3}$ pieds par 14, on a $32\frac{2}{3}$ pieds : l'instrument devrait donc être de 30 et quelques pieds. Par plus d'une raison, un baro-

---

(*) Nous avons trouvé, M. Arago et moi, par une expérience faite avec soin, qu'à la température de la glace fondante, et sous la pression de $0^{m},76$, le poids de l'air est à celui de l'eau comme 1 à 770.

mètre à eau serait un instrument très incommode ; mais il est important de savoir à quelle hauteur une colonne d'eau peut être portée par la pression de l'air. Par exemple, c'est d'après cette connaissance qu'on conçoit pourquoi les tubes aspirans de toutes les espèces de pompes à eau ne doivent pas excéder la longueur d'une trentaine de pieds.

§ 8. Pour les observations barométriques très exactes, il faut faire une petite correction à cause de la chaleur ; car, puisque la chaleur dilate le mercure, on conçoit que la pression restant la même, si le mercure s'échauffe, la colonne barométrique s'allongera davantage, et son sommet montera plus haut dans le tube qui la soutient. On n'aurait besoin d'aucune correction, s'il était possible de conserver toujours le mercure à une même température, par exemple, à 0° ; mais comme cela ne se peut, il faut ramener, par le calcul, les diverses hauteurs de la colonne de mercure à une température déterminée. On choisit ordinairement, pour cela, la température 0°. D'après les observations de Deluc, une colonne de mercure, haute de 27 pouces, se dilate justement d'un demi-pouce lorsque le baromètre est échauffé de 0 jusqu'à 80° de Deluc, ou si l'on divise chaque pouce en 160 parties, la colonne de 27 pouces en contient 4320, et elle se dilate depuis le point de congélation jusqu'à celui d'ébullition de 80 de ces parties ; c'est-à-dire qu'à chaque degré du thermomètre de Deluc elle se dilate de $\frac{1}{4320}$ de sa longueur. Ainsi, pour réduire une hauteur de baromètre à la température 0°, on doit soustraire, pour chaque degré au-dessus de 0, $\frac{1}{4320}$ de toute la hauteur de la colonne, et en ajouter autant pour chaque degré au-dessous de 0°. Cette règle n'est pas tout-à-fait exacte, mais elle suffit dans presque tous les cas. Pour avoir la température du mercure aussi précisément qu'il est possible, on attache un thermomètre de correction sur la même planchette où est le baromètre (*).

(*) Réellement, lorsque la température du mercure est t degrés du thermomètre de Deluc au-dessus de 0, on devrait, pour la réduire à ce dernier terme, en soustraire, non pas $\frac{1}{4320}$, mais $\frac{1}{4320+t}$ de sa longueur pour

La Machine pneumatique.

§ 9. Dans l'année 1650, Guericke de Magdebourg inventa un des instrumens de Physique les plus importans, la *machine pneumatique*, au moyen de laquelle on peut enlever tout l'air qui se trouve dans un vase, ou du moins on peut le raréfier à un très haut degré. Les bornes de cet ouvrage ne nous permettent pas de décrire sa construction primitive, ni les divers changemens qu'on y a faits dans la suite. On peut voir ces détails dans Gehler et Fischer, article *Luftpumpe*. Nous allons seulement indiquer ici les parties essentielles du plus simple appareil de ce genre. ABCD, *fig.* 47, est un cylindre de métal qui doit être calibré avec une exactitude extrême. Le piston EF peut être élevé et abaissé dans l'intérieur de ce cylindre, au moyen de la poignée G, sans que l'air puisse y pénétrer. Le piston est percé dans le milieu en HI; un morceau de taffetas gommé est tendu en H au-dessus de l'ouverture, et attaché à ses deux bouts; de sorte que l'air qui vient de dessous par

---

chaque degré; et lorsque la température est à t degrés et au-dessous de o, on devrait ajouter $\frac{1}{4320 - t}$ pour chaque degré. Car, soit l la longueur de la colonne à zéro, l' sa longueur, à t degrés, on aura

$$l\left(1 + \frac{t}{4320}\right) = l',$$

d'où l'on tire

$$l = \frac{l'}{1 + \frac{t}{4320}} = l' - \frac{l't}{4320 + t},$$

La vraie valeur de la dilatation du mercure, trouvée par MM. Petit et Dulong, est $\frac{1}{5550}$ pour chaque degré du thermomètre centigrade, entre les températures de o et 100°. Cette évaluation ne s'éloigne pas beaucoup de celle de Deluc; car si la dilatation est de $\frac{1}{5550}$ pour chaque degré du thermomètre centésimal, elle sera plus grande pour un degré de Deluc, dans la proportion que ces degrés ont entre eux, c'est-à-dire comme 10 à 8; elle deviendra donc $\frac{10}{8.5550}$ ou $\frac{10}{44400}$, fraction, qui, étant divisée haut et bas par 10, se réduit à $\frac{1}{4440}$.

l'ouverture HI, puisse le lever et s'échapper, et que l'air qui vient d'en haut le presse contre l'ouverture, et se bouche ainsi lui-même le passage. Cet appareil, adapté au piston, se nomme une *soupape*. Dans le fond du cylindre, il se trouve une seconde soupape de cette espèce, qui laisse passer l'air de dessous dans le cylindre, mais qui ne lui permet pas de revenir; l'ouverture de cette soupape correspond avec le tube KLMN, et à l'extrémité N de ce tube on assujettit un plateau de glace dépolie OP. Mais l'ouverture du tube s'élève un peu au-dessus du plateau en N, et l'on y place extérieurement une vis pour pouvoir la boucher s'il est nécessaire. Dans la plupart des expériences, on pose sur le plateau un récipient de verre Q, dont les bords sont usés à l'émeri, pour qu'ils puissent s'appliquer exactement contre le plateau de glace. Alors il suffit de presser un peu le récipient, en le posant sur le plateau, pour qu'il y adhère.

Enfin, on fait encore à quelque endroit du tube, par exemple en L, une ouverture qu'on ferme avec un bouchon usé à l'émeri, ou, mieux encore, avec une vis bien exacte, afin de pouvoir établir à volonté une communication entre le tube et l'air extérieur.

Au lieu des deux soupapes, il y a, dans quelques machines pneumatiques, un simple robinet placé dans le tube KL, immédiatement au-dessous du cylindre. On le perce de manière qu'on peut faire, si l'on veut, communiquer ensemble le cylindre et le tube, ou le cylindre et l'air extérieur, ou enfin l'air extérieur et le tube. Cette disposition a quelques inconvéniens, mais elle a aussi de certains avantages.

§ 10. Supposons le récipient placé, l'ouverture en L fermée, et le piston abaissé jusqu'au fond du cylindre. Si l'on élève ce dernier, il se fait un espace vide au-dessous de lui : l'air qui se trouve dans la cloche et dans le tube n'éprouve ainsi aucune contre-pression au-dessus de la soupape K; il ouvre donc cette soupape, et se répand en partie dans le cylindre. De cette manière, la masse d'air renfermée se trouve déjà raréfiée. Si l'on enfonce de nouveau le piston, l'air qui est entré dans le cylindre ne peut pas retourner dans le tube, mais il s'échappe par la soupape du piston. Si l'on continue d'élever et d'abaisser successivement le piston, il passe, à chaque fois qu'on l'élève, quelque peu d'air du récipient dans le cylindre, et à chaque fois qu'on l'abaisse, l'air passé dans le cylindre est chassé au dehors. L'air est donc de plus en plus raréfié. Cependant il est impossible de faire le vide parfait; car, après un certain temps, on arrive à un point où l'on ne peut plus produire aucun effet: c'est lorsque l'air est si raréfié, que sa force n'est pas suffisante pour élever la soupape K. Quand on veut faire rentrer l'air extérieur dans le récipient, on ôte le bouchon placé en L (*).

§ 11. Une partie de la machine pneumatique qui est très nécessaire pour les expériences exactes, c'est un petit baromètre à siphon, ou *éprouvette*, qui consiste en un tube recourbé ABC, *fig.* 48, dont l'une des branches A est fermée, et l'autre B est ouverte. L'espace ABF est rempli de mercure; et comme tout l'instrument est seulement haut d'environ cinq à six pouces, la pression de l'air dans la branche ouverte fait monter le mercure dans l'autre jusqu'au sommet A. Ce tube est attaché à un petit support, de manière qu'on peut le poser sur le plateau de la machine, et placer le récipient par-dessus. Entre les deux branches du tube se trouve une échelle DE qui est divisée en pouces et en lignes. Lorsque l'on met cet appareil sous le récipient, tandis qu'on fait le vide, on s'aperçoit bientôt que l'air ne presse plus assez le mercure pour le faire monter jusqu'en A. Il descend donc de ce côté, et s'élève au-dessus de F,

(*) On voit, d'après cela, que tous les changemens qui tendront à rendre la soupape plus sensible, ou même à la remplacer tout-à-fait, comme on peut le faire, par exemple, par des plateaux polis, glissant l'un sur l'autre, doivent être autant d'améliorations à la machine, et lui donner une plus grande force d'exhausion. Rien de plus parfait, à cet égard, que les machines pneumatiques que construit Fortin, à Paris. Elles font le vide avec une telle exactitude, que la tension indiquée par l'éprouvette n'est jamais que celle inévitablement produite par la vapeur d'eau qui se dégage toujours des parois des vases où elle était attachée.

de sorte qu'au moyen de l'échelle on peut voir à chaque instant quelle est la hauteur de la colonne de mercure à laquelle l'air raréfié fait encore équilibre.

Cet instrument indique proprement la pression que l'air raréfié exerce par sa dilatabilité ; mais nous verrons dans le chapitre suivant qu'elle est proportionnelle à la raréfaction elle-même. Si l'on compare la colonne de mercure à laquelle équivaut l'air raréfié, avec la hauteur du baromètre, on trouve le rapport de la raréfaction. Supposons que le baromètre soit à la hauteur de 28 pouces, et que l'éprouvette, placée sous le récipient, marque 6 lignes ou $\frac{1}{2}$ pouce ; on en conclut que l'air est raréfié dans le rapport de $\frac{1}{2}$ à 28, ou de 1 à 56. Les machines pneumatiques où l'air peut être raréfié jusqu'à ce que l'éprouvette n'indique plus qu'une élévation de 1 ligne $\frac{1}{2}$ à 2 lignes sont considérées comme de très bons instrumens (*). Ordinairement, on est satisfait quand l'air intérieur dans sa plus grande raréfaction n'exerce plus qu'une pression équivalente à 4 à 5 lignes de mercure.

§ 12. Au lieu de poser cette éprouvette sous le récipient, il vaut encore mieux l'adapter à la machine elle-même. Pour cela, la branche ouverte du tube doit s'élever plus que l'autre, et être pourvue d'un robinet. Cette extrémité ouverte doit correspondre, par quelque moyen, au tube LM, *fig.* 47, dans lequel l'air est raréfié de même que dans le récipient ; de sorte que quand le robinet est ouvert, l'éprouvette communique librement avec ce tube. Cet appareil a l'avantage qu'on peut connaître la raréfaction de l'air dans telle espèce de vase qu'on veuille placer sur le plateau au lieu du récipient (**).

(*) Nous avons souvent employé, M. Arago et moi, une machine faite par Fortin, qui fait le vide jusqu'à un millimètre ou un millimètre et demi en hiver, lorsque le temps est froid, et que la tension inévitable due à la vapeur d'eau est peu considérable : c'est un peu moins d'une demi-ligne.

(**) On a même soin, dans de bonnes machines, d'avoir un baromètre entier qui communique avec leur intérieur, afin de connaître ainsi à chaque instant la raréfaction de l'air, que l'éprouvette n'indique que lorsqu'elle est très considérable.

§ 13. On a objecté contre l'emploi de l'éprouvette, qu'elle ne peut donner aucun résultat exact, parce que l'humidité, toujours adhérente au plateau de glace et aux parois des récipiens, produit des vapeurs élastiques tandis qu'on fait le vide, et que, par conséquent, ce qu'on observe n'est pas le simple effet de l'air raréfié : mais, outre que cette quantité peut se calculer d'après la tension connue de la vapeur d'eau à diverses températures, on peut, si l'on veut l'évaluer avec tout le soin nécessaire, employer l'éprouvette de Smeathon, dont on trouve la description dans Gehler et Fischer, sous le nom de *Birnprobe* (*).

La Pompe de compression.

§ 14. On peut seulement raréfier l'air au moyen de la machine qu'on vient de décrire : pour le condenser, l'instrument peut être encore plus simple. Le piston EF n'a pas besoin de soupape; mais il suffit que l'air puisse pénétrer dans le cylindre par une petite ouverture percée dans sa paroi latérale, immédiatement au-dessous du point le plus élevé où le piston puisse atteindre. La soupape K doit être disposée de manière à ce que l'air puisse passer du cylindre dans le tube KL, mais à ce qu'il ne puisse pas revenir. Si l'on veut comprimer l'air dans un récipient, il faut ajouter un appareil pour fixer ce récipient très

---

(*) C'est un petit matras de verre, auquel sont soudés deux tubes de verre opposés l'un à l'autre, et dont l'un est ouvert, l'autre fermé hermétiquement à son extrémité, et divisé en parties égales : tous deux communiquent au matras. Cet instrument est suspendu dans le récipient, et le vide s'y fait comme dans tout le reste de l'appareil. Alors, au moyen d'une tige de métal qui traverse une boîte à cuirs, et qui peut être ainsi introduite sous le récipient, on plonge l'orifice ouvert dans un vase qui contient du mercure, et on laisse rentrer l'air dans le récipient. Cet air ne pouvant pas rentrer dans l'éprouvette, y fait monter le mercure, qui condense l'air et précipite la vapeur qui peut y être restée. L'air ainsi refoulé, occupe dans le tube gradué une petite place dont on juge par l'échelle des parties égales ; et comme la vapeur d'eau a été précipitée, en grande partie, par la condensation de l'espace, il ne reste que la tension produite par l'air, seulement cette tension est réduite proportionnellement à la pression de l'atmosphère.

fortement sur le plateau, parce qu'autrement la force de l'air comprimé le renverserait. On doit aussi avoir soin de n'employer, pour ces expériences, que des vases très solides, parce qu'ils sont fort exposés à se rompre. Pour connaître le degré de condensation de l'air, on adapte au récipient un baromètre beaucoup plus long que ceux qui servent pour la pression ordinaire de l'atmosphère.

Sur les propriétés mécaniques de l'Air.

§ 15. Les propriétés mécaniques de l'air, qui sont, ainsi que lui, non perceptibles pour nos sens, se manifestent par leurs effets au moyen du baromètre et de la machine pneumatique. Toutes les propriétés mécaniques de chaque gaz peuvent se réduire à deux, la *pesanteur* et la *dilatabilité*. Ce qui concerne la première a été exposé suffisamment ci-dessus (chap. VII, pag. 22 et suiv.); et ensuite, en traitant du baromètre (pag. 177 et suiv., §§ 2—6), il a été prouvé qu'elle est au nombre des propriétés de l'air atmosphérique. Nous devons donc parler premièrement de la dilatabilité de l'air.

A. *Dilatabilité de l'Air.*

§ 16. La dilatabilité de l'air consiste en ce que tout volume d'air renfermé montre une tendance à se dilater dans un plus grand espace. Comme chaque liquide exerce par sa seule pesanteur une pression contre les parois du vase qui le renferme, de même chaque volume d'air, si petit qu'il soit, presse également toutes les parois qui le contiennent, par la force de sa dilatabilité. Cette force est d'autant plus considérable, que le volume d'air est plus condensé. Un liquide n'a besoin d'être contenu que par le fond et sur les côtés; un fluide aériforme doit l'être de toutes parts. La plus petite masse d'air se dilate dès qu'on lui en laisse la possibilité, et se répand dans tout l'espace qui lui est offert. Même à l'état de la plus forte raréfaction que nous sachions produire, l'air exerce encore contre les parois qui le contiennent une certaine pression qui peut être mesurée avec l'éprouvette. Réciproquement toute masse d'air peut être comprimée dans un espace moindre que celui qu'elle occupe; seulement elle produit une pression d'autant plus considérable contre les parois qui la retiennent, qu'elle est condensée plus fortement.

Aucune expérience immédiate ne peut faire décider quelles sont les limites de cette condensation et de cette raréfaction, ou même s'il en existe. Quant à la loi qui donne les rapports de la densité et de la dilatabilité, elle ne sera examinée que dans le chapitre suivant. Au contraire, la dépendance qui existe entre la pression et la dilatabilité est claire en elle-même. Dans l'état d'équilibre, elles doivent être en rapports égaux; car, si l'on suppose l'air comprimé dans un cylindre au moyen d'un piston, la force de pression doit, pour que le piston reste en repos, être justement aussi grande que la force que lui oppose l'air dilatable. Par conséquent, si l'air est contenu de tous côtés par des parois solides, ces parois, selon la troisième loi de Newton (pag. 21, § 8), doivent résister avec une force égale à celle que l'air dilatable exerce contre elles. Si leur force de cohésion est plus faible que cette pression, elles se brisent.

Puisque la pression qu'exerce une masse d'air peut être mesurée par le baromètre, nous avons en même temps, de cette manière, une mesure pour la dilatabilité.

§ 17. La dilatabilité de l'air peut être encore rendue sensible sans machine pneumatique, au moyen des expériences très simples, mais très instructives, que nous allons décrire. Dans un vase de verre AB, *fig.* 49, dont le col est un peu long et étroit, on met assez d'eau pour que le vase étant renversé, comme dans la figure, elle s'élève environ jusqu'à la moitié du col. On marque cette place avec un fil, et fermant très exactement avec le doigt l'orifice B du vaisseau AB, on le plonge sous l'eau, dans un vase un peu large DEF; si l'on enfonce l'appareil jusqu'au fil, l'eau sera également à la même hauteur en dedans et en dehors, car l'air intérieur se trouve alors au même état de densité qu'il avait avant d'être renfermé. Il se met donc en équilibre avec l'air extérieur; et nonobstant sa faible masse, il exerce par sa dilatabilité la même pression sur l'eau contenue dans le col du vase, que l'air extérieur exerce par sa pesanteur sur la surface de l'eau. Si l'on enfonce le vase AB plus profondément, par exemple, de sorte que le fil se trouve en G, la pression de l'air extérieur se joint à la pression d'une hauteur d'eau GC; et l'air intérieur, en vertu de sa dilatabilité qui le rend compressible, doit s'élever au-dessus du fil. Au contraire, si l'on élève le vase A de manière, par exemple, à ce que le fil soit en H, l'air, par sa dilatabilité, doit s'étendre assez pour que son ressort combiné avec la pression de la colonne d'eau qui, dans le col du vase, s'est élevée au-dessus de C, soit en équilibre avec la pression de l'air extérieur.

On voit par là combien il est facile de donner à une masse d'air renfermée une dilatabilité égale à celle de l'air extérieur. Les différens gaz agissent de même que l'air atmosphérique, dans les mêmes circonstances.

§ 18. Au moyen de la machine pneumatique, on peut observer la dilatabilité de l'air de plus d'une manière, et avec des raréfactions et des condensations très considérables.

1°. L'opération de la raréfaction et de la compression démontre déjà par elle-même la dilatabilité de l'air.

2°. Une vessie dont on a ôté presque tout l'air, s'enfle lorsqu'on l'enferme sous un récipient où l'on fait le vide.

3°. On nomme *ballon de Héron*, un vase fermé AB, *fig.* 50, dont la forme est arbitraire, qui est environ à moitié rempli d'eau, et auquel on joint un tube CD, dont l'ouverture inférieure touche presque au fond, et dont l'ouverture supérieure se termine par une pointe assez fine. L'orifice OO du vase est exactement bouché partout, excepté dans l'endroit où passe le tube. Si, dans un tel instrument, l'air est d'abord condensé au-dessus de l'eau, au moyen du souffle ou d'une pompe de compression, lorsqu'ensuite on le laisse revenir sur lui-même, l'eau est chassée par l'ouverture D, et jaillit d'autant plus haut que l'air intérieur est plus condensé. Si l'on met un petit ballon de Héron avec de l'air non condensé, sous le récipient de la machine pneumatique, et qu'on raréfie l'air extérieur, on obtient les mêmes effets.

4°. La force de l'air comprimé se remarque d'une manière frappante dans l'effet du fusil à vent. [*Voyez* Gehler et Fischer, art. *Windbüchse* (*).]

B. *Pression de l'Air.*

§ 19. Puisque la pression de l'air et sa dilatabilité sont toujours en rapports égaux (pag. 188, § 16), c'est la même chose de dire que la pression que l'air exerce sur une surface quelconque est l'effet de la pesanteur de l'atmosphère, ou qu'elle est produite par la dilatabilité de l'air. L'air qui nous environne est pressé par tout le poids de l'atmosphère, et il acquiert ainsi, dans chaque point, une dilatabilité qui est égale au poids qui le comprime. Cette force de dilatation doit être toujours la même pour des hauteurs égales; par conséquent, à d'égales hauteurs au-dessus de la surface terrestre, le baromètre doit aussi s'élever au même degré, soit à l'air libre, soit dans les espaces renfermés, pourvu que ceux-ci aient la plus petite communication avec l'air extérieur, et que les lieux où l'on observe ne soient pas trop éloignés les uns des autres. La force de cette pression a déjà été déterminée (pag. 181, § 6).

§ 20. Au moyen de la machine pneumatique, on peut observer cette pression de diverses manières :

1°. Si l'on place sur le plateau de la machine pneumatique un cylindre de métal ouvert par les deux extrémités, et qu'on attache une vessie sur son ouverture supérieure, cette vessie sera fortement comprimée, et même rompue, lorsqu'on fera le vide au-dessous d'elle. Un plateau de verre qu'on assujettirait sur le cylindre avec de la cire serait brisé encore plus facilement.

(*) On trouve une infinité de jeux physiques qui se rapportent à l'effet de la raréfaction et de la condensation, dans les *Leçons d'Adam sur la Physique expérimentale*, traduit de l'anglais en allemand par Geistler, Leipsick, 1798, tom. I, pag. 50—67.

2°. Si l'on pose sur le plateau un cylindre de verre ouvert par les deux extrémités, et qu'on ferme l'ouverture supérieure avec un vase de bois disposé exprès et rempli d'eau, lorsqu'on fait le vide, l'eau pressée par le poids de l'air extérieur pénètre à travers le bois, et tombe goutte à goutte. Dans les mêmes circonstances, le mercure s'échappe comme une fine pluie d'argent.

3°. Le phénomène qu'on observe au moyen des hémisphères de Magdebourg se rapporte surtout à ceci. Deux hémisphères de métal sont disposés de manière que leurs bords peuvent se joindre très exactement. A l'un est attaché un fort anneau; à l'autre un robinet qui peut être vissé à la machine pneumatique : on enduit les bords avec quelque substance grasse, de sorte que l'air ne peut s'introduire entre les deux hémisphères. Tant que l'air intérieur a la même dilatabilité que l'air extérieur, on peut les séparer très facilement; mais si l'on fait le vide intérieurement, ils tiennent si fortement ensemble par la pression de l'air extérieur, qu'il faut un grand poids pour les séparer On peut évaluer ce poids en livres, en multipliant par 50 le carré du diamètre de la sphère, exprimé en pouces (*).

4°. Les différentes espèces de baromètres à siphon offrent des phénomènes qui ne peuvent être expliqués que par la pression de l'air. (*Voyez*, dans Gehler et Fischer, les articles *Heber* et *Stechheber*.)

(*) Si le diamètre de la sphère est r, le plan du grand cercle où doit se faire la séparation sera $= r^2\pi$, π étant la demi-circonférence dont le rayon est l'unité. Si r est donné en pouces, πr^2 est la surface exprimée en pouces carrés. La pression de l'air sur chaque pouce carré est environ de 16 livres (pag. 181, § 6); par conséquent la pression totale $= 16 r^2 \pi$; mais 16π est égal à 50,24, puisque $\pi = 3,14$. Ce résultat est toujours un peu plus fort que la pression véritable, parce qu'on ne peut pas épuiser exactement tout l'air; mais il est augmenté par la cohésion des hémisphères qui adhèrent fortement l'un à l'autre par leur attraction, indépendamment de l'action de l'air.

On voit, dans la *Physique expérimentale d'Adam*, des expériences qui se rapportent à ceci, tom. I, pag. 17—33.

C. *Pesanteur de l'Air.*

§ 21. Si l'air est un fluide pesant, chaque corps qui s'y trouve plongé doit perdre autant de son poids que pèse la partie de fluide dont il occupe la place (pag. 125, § 9). Ainsi, qu'on attache à une petite balance très sensible un corps léger, qui ait beaucoup de volume, par exemple, un morceau de liége, et qu'on le mette en équilibre; qu'on place ensuite la balance sous le récipient de la machine pneumatique, et qu'on fasse le vide, le corps tombe sensiblement, parce qu'il perd d'autant moins de son vrai poids, que l'air environnant est plus raréfié.

En pesant un corps dans l'air, on trouve son poids trop petit, quand sa densité est moindre que celle du poids qu'on lui oppose; on le trouve un peu trop fort dans le cas opposé, et tout-à-fait exact quand sa densité est égale à celle de la matière dont est formé le poids.

§ 22. Pour peser l'air exactement, on se sert d'un ballon de verre aussi léger qu'il est possible, et d'environ 5 à 6 pouces de diamètre : à son orifice est adapté un robinet au moyen duquel il peut être vissé sur le plateau de la machine pneumatique. L'espace cubique compris dans le ballon, après que le robinet est fermé, doit être déterminé de la manière la plus exacte (pag. 119, § 9). On fait le vide ensuite aussi parfaitement qu'il est possible; on ferme le robinet, on enlève le ballon, et on le pèse avec une balance très exacte; on ouvre alors le robinet, et on laisse le ballon se remplir d'air; il devient ainsi plus pesant, et l'on estime avec précision à combien de grains monte cette augmentation. De cette manière, on connaît le poids de l'air que contient le ballon. En divisant ce poids par la capacité du ballon, exprimée en pouces cubiques, on a le poids d'un pouce cubique d'air.

Si l'expérience doit être extrêmement précise, il faut joindre à la machine pneumatique une éprouvette, qui indiquera combien de pouces cubiques d'air sont restés dans le ballon, afin de les soustraire de la capacité cubique du ballon.

En outre, comme la pesanteur de l'air varie avec l'état du

baromètre et du thermomètre, l'expérience doit être faite à une hauteur déterminée de ces deux instrumens, si l'on ne veut faire aucun calcul de réduction. On choisit ordinairement pour cela une température de 10° de Deluc, et une hauteur de 28 pouces de Paris. Mais il vaut mieux recourir aux réductions, car il est presque impossible de réunir exactement ces deux circonstances. (*Voyez* la *Physique* de Biot, tome I.)

D. *Poids spécifiques des autres Gaz.*

§ 23. Après que le ballon est pesé, si l'on y fait entrer quelque autre gaz, on peut en trouver le poids de la manière indiquée dans l'article précédent On peut de même diviser ce poids en pouces cubiques; et nous avons déjà remarqué en un autre endroit (pag. 23, § 5) que c'est ainsi qu'on exprime habituellement le poids spécifique des gaz.

§ 24. Nous allons donner les poids spécifiques de quelques gaz, d'après les expériences de Lavoisier, faites à une hauteur barométrique de 28 pouces, et à 10° de Deluc.

	Poids d'un pouce cubique de Paris, en grains de Paris.	Poids d'un pouce cubique duodécimal de Brandebourg, en grains d'Allemagne.
Air atmosphérique........	0,46005	0,3550
Azote..................	0,44444	0,3430
Oxigène.................	0,50604	0,3912
Hydrogène................	0,03539	0,0273
Acide carbonique.........	0,68985	0,5324

Voyez le *Système de Chimie* de Lavoisier.

Si l'on voulait réduire ce poids spécifique au poids de l'eau, on n'aurait qu'à diviser les nombres de la dernière colonne par 288, pour les poids de Brandebourg (*), et par 373,4 pour

(*) La réduction des poids et mesures français en poids et mesures d'Allemagne, et réciproquement, se peut faire d'après la formule suivante : si *N* est le nombre de grains de Paris que pèse un pouce cubique de Paris, un pouce cubique duodécimal de Brandebourg pèsera 0,772 N grains d'Allemagne, les poids de Paris, parce que ces quantités expriment le poids d'un pouce cubique d'eau.

§ 25. Une autre manière très commode de déterminer le poids et la densité d'une masse d'air dans certaines circonstances, est l'emploi du *manomètre* de Guericke, surtout lorsqu'il est construit d'après les perfectionnemens que Fischer et Gehler y ont apportés. On nomme aussi cet instrument une *balance à air*. (*Voyez* Gehler, III, 135; V, 623; et Fischer, art. *Manometer*.)

CHAPITRE XXX.

De l'équilibre de l'Air, ou premiers fondemens de l'Aérostatique.

§ 1. Tant que l'air est considéré comme un fluide pesant, les lois essentielles de l'Hydrostatique doivent y être applicables. Ainsi,

1°. Chaque pression se propage également de tous côtés dans l'air, de même que dans un liquide (pag. 117, § 1).

2°. Dans l'état d'équilibre, la pression doit être égale sur tous les points de chaque plan horizontal; seulement, à cause de la grande légèreté de l'air, cette pression doit diminuer, à mesure qu'on s'élève, beaucoup plus lentement que dans les liquides (pag. 121, § 2). Mais la loi de ce décroissement n'est pas la même pour l'air et pour les liquides, ainsi que nous le dirons par la suite.

---

poids de médecine. Au contraire, si N est le nombre de grains d'Allemagne que pèse un pouce cubique duodécimal de Brandebourg, le poids d'un pouce cubique de Paris, en grains de Paris, est = 1,2958 N. (*Voyez*, pour ces réductions, les rapports des mesures, donnés pag. 108.)

Pour connaître toutes les précautions qu'il faut prendre afin d'obtenir avec exactitude les pesanteurs spécifiques de l'air et des gaz, on peut consulter le *Traité de Physique* de Biot, tom. I, pag. 347 et suivantes.

3°. La pression de l'air sur une surface donnée peut se déterminer de la même manière que dans l'Hydrostatique, c'est-à-dire qu'elle est égale au poids d'un prisme de mercure dont la base est le plan comprimé, et dont l'élévation est déterminée par la hauteur barométrique. Mais à cause du peu de densité de l'air, sa pression variant très lentement avec la hauteur, on n'y remarque aucune différence, soit que le plan comprimé se trouve horizontal, vertical ou oblique, à moins qu'il ne soit d'une grandeur très considérable. Il n'y a non plus aucune différence, soit que la pression provienne de l'air libre ou d'une masse d'air renfermée, pourvu que celle-ci ait la même dilatabilité que l'air extérieur (pag. 188, § 16). On trouve ci-dessus (pag. 181, § 6) des données pour évaluer facilement la pression.

4°. Chaque corps qui se trouve dans l'air perd autant de son poids que pèse l'air déplacé par lui, ainsi que nous l'avons vu ci-dessus (pag. 193, § 21).

5°. Un corps qui est plus léger qu'un égal volume d'air atmosphérique s'élève dans celui-ci jusqu'à la hauteur où il est en équilibre avec l'air environnant, qui, ainsi que nous le verrons avec détail par la suite, devient toujours plus rare en s'élevant. — Sur cela est fondée la théorie des *aréostats* ou *ballons*, aussi bien de ceux dans lesquels on raréfie l'air par la chaleur, selon la méthode de Montgolfier, que de ceux qui sont remplis d'hydrogène, suivant celle de Charles.

On trouve dans Gehler et Fischer des notices historiques sur cette découverte, et sur sa théorie. (Art. *Aérostats.*)

Loi de Mariotte, ou Rapport de la pression et de l'élasticité avec la densité ou le poids spécifique.

§ 2. Tous les effets de la dilatabilité établissent une différence fondamentale entre les fluides élastiques et les liquides. Parmi ces effets on doit surtout remarquer le décroissement de densité dépendant de la hauteur. Les couches d'air inférieures sont pressées par tout le poids de l'atmosphère. Dans les parties élevées, ce poids devient de plus en plus faible, et par conséquent aussi la densité de l'air diminue Mais pour trouver la loi suivant laquelle décroît la densité, il faut déterminer d'abord par des expériences quel est, en général dans une masse d'air, le rapport de la pression à la densité.

§ 3. La loi suivante, qui est extrêmement simple, se trouve confirmée par toutes les expériences qu'il nous est possible de faire.

La densité d'une masse d'air croît et décroît en proportion égale avec la pression, à moins qu'il arrive quelque changement dans la température ou dans la combinaison chimique de la masse d'air.

Comme la pression et la dilatabilité sont toujours égales entre elles (pag. 188, § 16), et que la densité et le poids spécifique sont deux expressions qui signifient une même chose, c'est seulement exprimer différemment la même loi, que de dire :

La dilatabilité d'une masse d'air est proportionnelle à son poids spécifique, tant que sa température et sa combinaison chimique sont les mêmes.

Ce principe important et particulier à l'Aréostatique se nomme la loi *de Mariotte*, quoiqu'il ait été trouvé en Angleterre, par Robert Boyle et par son élève Townley, un peu avant que Mariotte l'eût découvert à Paris. (*Voyez* Gehler, III, 9 — 16; Fischer, III, 310, 317.)

Les expériences qui ont servi à déterminer l'exactitude de cette loi sont, en peu de mots, les suivantes :

Pour mesurer la condensation de l'air par la pression, on se sert d'un tube de verre qui est recourbé comme un baromètre à siphon, *fig.* 46; seulement avec la différence que la branche courte est fermée en G, et que la longue branche est ouverte en A. Il est même convenable de donner à cette dernière branche une longueur de plusieurs pieds. L'air renfermé entre G et CD sera comprimé à la fois par la colonne de mercure EF, et par l'air extérieur, puisque A est ouvert. Cette dernière pression est égale à la hauteur barométrique. Si l'on remplit donc peu à peu la longue branche avec du mercure, et qu'on mesure toujours l'espace qu'occupe l'air renfermé, on voit facilement comment on peut comparer la pression et la densité ; car la densité est en rapport inverse de l'espace CG, occupé par l'air.

Pour mesurer la raréfaction de l'air, produite par une diminution de pression, on se sert d'un tube de baromètre droit, qui est ouvert à son extrémité inférieure, et muni d'un robinet à son autre extrémité. Ce robinet étant ouvert, on plonge le tube, par son orifice inférieur, dans un vase rempli de mercure, le robinet supérieur étant ouvert, et on l'enfonce jusqu'à ce qu'il ne reste environ qu'un pouce ou deux d'air dans le tube ; alors on ferme le robinet et l'on élève le tube peu à peu : à mesure qu'on l'élève, l'air renfermé se dilate ; mais au-dessous de lui il s'élève aussi une colonne de mercure qui excède la surface du mercure extérieur. On mesure de temps en temps l'espace que comprend l'air renfermé, et la hauteur de la colonne de mercure qui s'élève dans le tube. La force avec laquelle l'air renfermé est pressé se trouve toujours égale à la hauteur barométrique, moins la colonne de mercure qui s'élève dans le tube. La pression et la densité peuvent donc aussi être comparées dans ces circonstances, comme dans l'expérience précédente.

Pour faire en petit des expériences de ce genre, on se sert d'un tube de baromètre un peu long, AB, *fig.* 51, qui est ouvert en A, fermé en B, et dont le diamètre intérieur est d'environ $\frac{1}{2}$ ligne : ce tube doit être d'une largeur égale, surtout depuis son sommet A jusqu'à la moitié de sa longueur ; on doit y ajouter une échelle divisée en pouces ; on introduit dans ce tube une colonne de mercure d'environ 5 à 6 pouces de longueur, ce qui se fait en chassant, par le moyen de la chaleur, une portion de l'air renfermé. Supposons que la colonne de mercure occupe à peu près le milieu du tube. Si l'on tient celui-ci dans une position verticale, l'extrémité ouverte A, étant dirigée vers le haut, la pression que supporte l'air renfermé BD est égale à la pression de la colonne de mercure CD, jointe à la hauteur barométrique. Au contraire, si l'on retourne le tube de manière que l'extrémité ouverte soit dirigée vers le bas, la pression supportée par l'air intérieur devient égale à la hauteur du baromètre, moins la colonne de mercure CD. Dans la position horizontale, elle est justement égale à la hauteur du baromètre. On peut donc, dans ces trois cas, comparer la pression avec l'espace occupé par l'air renfermé. Un tel instrument est, dans ses parties essentielles, semblable au *manomètre* de Varignon ou de Wolf.

On voit des descriptions très exactes de plusieurs expériences de ce genre, dans Gehler et Fischer, aux endroits indiqués à la pag. 195 (*).

§ 4. L'importance de la loi de Mariotte exige que l'on connaisse exactement quelles en sont les limites et les conditions.

1°. Pour l'air atmosphérique, on l'a trouvée exacte jusqu'à une condensation octuple, et par-delà une raréfaction centuple. Nous ne pouvons pas décider *si elle est exacte pour toutes les condensations et toutes les raréfactions imaginables.* Les partisans du système des atomes doivent le nier; au contraire, ceux qui suivent le système dynamique n'y voient aucun obstacle. Pour l'usage, il suffit de savoir que cette loi est applicable dans toutes les expériences que nous pouvons faire.

2°. On n'a fait d'expériences immédiates que par des températures moyennes. Mais c'est une conséquence nécessaire des expériences de Gay-Lussac et de Dalton (pag. 84, § 13), *que la loi demeure exacte sous toutes les températures;* car, si dans les deux masses d'air A et B, dont les propriétés chimiques et les températures moyennes sont égales, la densité est proportionnelle à la pression, la raison de cette proportionnalité doit rester la même pour toutes les températures, puisque les masses d'air sont dilatées également par la chaleur.

3°. Ces expériences sur les pressions n'ont été faites qu'avec l'air atmosphérique, et il reste encore à déterminer, par des

(*) Pour faire ces expériences avec exactitude, il faut que l'air et les tubes soient parfaitement desséchés.

expériences immédiates, *si la loi de Mariotte est exacte pour toutes les autres espèces de fluides élastiques.* Cependant, comme d'après les recherches sur les dilatations, qu'on vient de mentionner, la chaleur agit uniformément sur tous ces fluides, il est très vraisemblable qu'une pression mécanique agit de même uniformément. Ce qui rend cette opinion très probable, c'est que toutes les expériences qu'on a faites avec l'air atmosphérique ont toujours donné les mêmes résultats, quoique l'air employé dans chacune de ces expériences ait peut-être différé dans ses combinaisons chimiques.

D'après ces diverses considérations, jusqu'à ce que la question soit parfaitement décidée, nous admettons comme une hypothèse très probable, que la loi de Mariotte est applicable à tous les fluides élastiques.

4°. Jusqu'à présent nous n'avons parlé de l'application de la loi que par rapport à un fluide élastique pris isolément. Mais on peut demander aussi *si la densité de deux masses d'air* A *et* B, *dont les natures chimiques sont différentes, est proportionnelle à la pression indiquée par leurs volumes.* On doit répondre négativement à cette question ; car l'expérience apprend que des masses d'air différentes ont, par une température et une pression égales, des poids spécifiques différens (pag. 194, § 24). Elles exigent donc des pressions différentes pour avoir la même densité.

Loi d'après laquelle la densité de l'air doit décroître en proportion de la hauteur.

§ 5. Avec quelques raisonnemens mathématiques assez faciles, on peut déduire de la loi de Mariotte le théorème principal de l'Aérostatique, c'est-à-dire que

Dans l'état d'équilibre, la densité de l'air doit décroître de bas en haut en série géométrique, lorsque la nature chimique et la température de la colonne sont égales dans toute sa hauteur.

Ainsi, en divisant la colonne d'air ABCD, *fig.* 52, en couches de hauteurs arbitraires, mais égales entre elles, AEFB,

EGHF, GIKH, ILMK, etc., la densité de l'air décroît en série géométrique dans les points F, G, I, L, c'est-à-dire par des rapports égaux entre chacun des points qui se succèdent (*).

§ 6. L'expression de ce théorème peut être fort variée, et en particulier des six manières suivantes. Lorsqu'une colonne d'air a partout une même température et une même nature chimique, on doit considérer comme décroissant en séries géométriques,

1°. La densité de l'air ;

2°. Son poids spécifique ;

(*) Qu'on suppose les couches d'air assez minces pour pouvoir considérer la densité de chacune d'elles comme égale en toutes ses parties ; qu'on nomme la densité de la couche inférieure α, celle de la suivante β, celle de la troisième γ, etc.

De plus, qu'on nomme a le poids de toute la colonne d'air ABCD ; b son poids lorsqu'on en sépare la couche inférieure, et c son poids après qu'on a retranché aussi la troisième couche, etc. Alors le poids de la première couche est, $= a - b$; le poids de la seconde $= b - c$; le poids de la troisième $= c - d$, etc.

Maintenant la densité de deux corps de volumes égaux est en général comme leurs poids (pag. 23, § 3). Par conséquent, $\alpha : \beta = a - b : b - c$.

Mais, selon la loi de Mariotte, la densité de deux masses d'air est comme la pression qu'elles subissent. Par conséquent $\alpha : \beta = b : c$. Ces proportions combinées donnent $a - b : b - c = b : c$; ou en changeant le membre du milieu, $a - b : b = b - c : c$; ou d'après un principe connu des proportions, comme la somme du premier et du second terme est au second, ainsi la somme du troisième et du quatrième terme est à ce dernier ; c'est-à-dire $a : b = b : c$.

On démontre de la même manière que $b : c = c : d$; de plus que........, $c : d = d : e$, etc.

Les poids a, b, c, d, e, etc., forment donc une série géométrique ; mais comme les densités α, β, γ, δ, etc., sont proportionnelles à ces poids d'après la loi de Mariotte, elles forment aussi une série géométrique.

Cette preuve n'est rigoureusement exacte que pour les couches infiniment petites. Mais c'est une propriété des séries géométriques, que, lorsqu'on en détache quelques-uns des membres intermédiaires, ces membres détachés forment de nouveau une série géométrique, pourvu seulement qu'il y ait un nombre égal de termes entre ceux que l'on a détachés. Il est clair, d'après cela, que le principe conserve son exactitude, lors même que les hauteurs égales AE, CG, GI, IL, etc., sont des grandeurs finies.

3°. Le poids de l'air supérieur;

4°. La pression que l'air subit et exerce;

5°. L'élasticité de l'air;

6°. La hauteur barométrique.

Les nos 1 et 2 ne sont que l'expression différente d'une seule chose. Les nos 3, 4, 5 et 6 ne sont aussi que des manières diverses de considérer une chose unique en soi; car le poids de l'air supérieur n'est que la pression soufferte par l'air placé au-dessous, ou exercée par ce même air dans l'état d'équilibre. De plus, la pression qu'une masse d'air exerce est égale à son élasticité, et la hauteur barométrique est la mesure de la pression.

Ainsi, d'après la loi de Mariotte, les nos 1 et 2 d'une part, et les nos 3, 4, 5 et 6, de l'autre, se rapportent entre eux, et par conséquent le sens général du théorème est celui-ci: *En admettant la loi de Mariotte, les propriétés indiquées* nos 1 *et* 2 *décroissent dans les mêmes rapports que celles exprimées* nos 3, 4, 5 *et* 6, *et réciproquement.*

§ 7. Comme la condition de notre théorème est que la colonne d'air a partout une même température et une même nature chimique, on ne doit pas s'attendre à trouver dans la réalité ce décroissement géométrique de la densité parfaitement exact; mais cependant ce serait conclure avec trop de précipitation, que de considérer la loi de Mariotte, et le théorème qui s'en déduit, comme une simple hypothèse qu'on peut admettre ou rejeter à son gré. On ne peut refuser de reconnaître cette loi, à moins qu'on ne regarde aussi la loi de la chute des corps pesans comme une hypothèse arbitraire, parce que, dans la réalité, les phénomènes s'en écartent à cause de la résistance de l'air. Tous les mouvemens qui se passent dans l'atmosphère ne sont que des efforts continuels de la nature pour rétablir l'équilibre que les causes secondaires troublent à chaque instant; il doit donc y avoir effectivement une tendance continuelle vers cet équilibre. Le physicien ne peut pas rejeter les lois générales, ou les changer à volonté; mais il doit chercher à connaître l'influence des forces perturbatrices, et à la mesurer s'il est possible.

Sur les Mesures des hauteurs par le baromètre.

§ 8. La méthode de mesurer les hauteurs au moyen du baromètre est fondée sur le théorème que nous avons donné (pag. 200, § 5). Cette méthode est si utile pour la Physique, que nous ne pouvons nous dispenser d'en donner une idée, quoique les limites que nous nous sommes fixées nous obligent à n'en présenter qu'historiquement les règles ordinaires. Personne n'a fait sur cet objet des recherches pratiques plus approfondies que Deluc; c'est pourquoi la règle qu'il a donnée a obtenu une sorte de considération classique, quoiqu'on pense qu'elle peut être encore améliorée. La voici (*).

Observation. Deux observateurs, munis de baromètres très exacts, préalablement comparés entre eux, mesurent simultanément la longueur de la colonne barométrique dans les deux stations dont on veut connaître la différence de niveau. On corrige ces longueurs des effets de la dilatation du mercure (p. 182, § 8). On observe aussi la température de l'air dans les deux stations.

Calcul. Après que les deux hauteurs sont exprimées sous la même dénomination, par exemple, en lignes de Paris ou en parties décimales, ou encore, comme Deluc l'a fait, en 16e de ligne, en négligeant le dénominateur, on soustrait le logarithme de la plus grande hauteur du baromètre, du logarithme de la moindre hauteur. On multiplie le reste par 10000, et l'on

(*) La découverte de cette méthode est, je crois, due à Pascal, qui, le premier, l'a indiquée et fait mettre en pratique. La seule formule exacte que l'on ait donnée pour cela, est celle de M. Laplace, dans la *Mécanique céleste*. Elle se trouve rapportée dans ce grand ouvrage, et dans l'*Astronomie physique* de Biot, 3e édition, tome III. Toutes les autres sont empiriques, et lui cèdent de beaucoup en exactitude, parce qu'elle est au contraire fondée sur la plus saine théorie et sur les expériences les plus précises. Quant à la conformité de cette théorie avec les expériences, *voyez* l'excellent ouvrage publié par M. Ramond sur cet objet, ainsi que sur le détail des précautions à prendre pour bien faire les observations barométriques.

a la hauteur cherchée en toises de Paris. Mais, dans la plupart des cas, cette hauteur a encore besoin d'une correction, à cause de la température de l'air.

Pour faire cette correction, on cherche la température moyenne entre les températures des deux stations; ensuite on additionne les hauteurs thermométriques, et l'on divise leurs sommes par 2. Si cette température moyenne se trouve justement de 16° $\frac{3}{4}$ de l'échelle à 80 divisions, ce que Deluc appelle la *température normale,* il n'est alors nécessaire de faire aucune correction; mais si ce n'est pas le cas, il faut ajouter, pour chaque degré au-dessus de la température, $\frac{1}{215}$ de la hauteur trouvée, et soustraire la même quantité pour chaque degré au-dessous de la température normale (*).

(*) Par rapport à cette théorie, nous nous contenterons de renvoyer à des ouvrages plus étendus. (*Voyez* Gehler et Fischer, art. *Hohemessung*; la Dissertation de Kastner sur cet objet, dans son ouvrage intitulé *Anmerkungen zur Markscheidekunft; Gerslners Beobachtungen auf Reisen nach dem Riesengebirge*, etc.

Soit x la différence de niveau que l'on cherche à déterminer. Nommons b la moindre hauteur, a la plus grande hauteur barométrique corrigée; que t indique le nombre de degrés dont la température moyenne de l'air diffère de la température normale; alors la règle de Deluc peut être représentée par la formule suivante :

$$x = 10000\left(1 \pm \frac{t}{215}\right)(\log b - \log a).$$

Trembley a trouvé, par une comparaison exacte de beaucoup d'observations, que l'on approche encore plus près de la vérité, lorsqu'on suppose la température normale de 11° $\frac{1}{2}$ et qu'on ajoute ou qu'on soustrait pour chaque degré, au-dessus ou au-dessous de cette température, $\frac{1}{192}$ de toute la hauteur. (*Voyez* le *Voyage aux Alpes*, de Saussure.)

Voici la formule de M. Laplace. Soit T la température de l'air en degrés du thermomètre centigrade; et H la hauteur du baromètre, dans la station inférieure; t et h les valeurs analogues pour les stations les plus élevées; enfin x la différence du niveau, exprimée en mètres; on aura

$$x = 18332^{met.}\left(1 + 2\,\frac{(T+t)}{1000}\right) L\left(\frac{H}{h\left(1+\frac{T-t}{5412}\right)}\right).$$

Il y a une petite correction à faire pour la diminution de la pesanteur en ligne

Sur la hauteur de l'Atmosphère.

§ 9 Si la loi de Mariotte est exacte pour tous les degrés imaginables de raréfaction et de condensation, il suit du théorème exposé (pag. 200, § 5), que la dilatation de l'atmosphère est illimitée, puisque dans une série géométrique décroissante les termes successifs peuvent devenir infiniment petits, à la vérité, mais jamais nuls. Cette opinion n'éprouve en soi aucune contradiction; mais cependant elle ne paraît pas s'accorder avec les observations des astronomes, qui n'aperçoivent dans les mouvemens des planètes aucune influence d'un milieu résistant. On ne peut donc déterminer absolument quelle est la hauteur de l'atmosphère. On démontre cependant, par la théorie des hauteurs barométriques, qu'à une hauteur de 40,000 toises l'air doit être au moins aussi rare que dans le vide de nos meilleures machines pneumatiques (*). On a coutume, par cette raison, d'évaluer la hauteur de l'atmosphère à 40,000 toises. Cependant, si l'on a estimé exactement la hauteur de quelques météores, tels que les aurores boréales, les globes de feu, etc., il faut admettre qu'à une hauteur de plus de 20 lieues il doit y avoir, non-seulement de l'air atmosphérique, mais encore beaucoup d'autres substances qu'on ne soupçonnerait pas à une telle hauteur.

---

verticale, à mesure que l'on s'élève; mais cette correction est peu sensible. On la trouve indiquée dans la *Mécanique céleste* et dans l'*Astronomie physique* de Biot, 3e édition.

(*) Si l'on néglige la température ici, où il ne s'agit que d'une évaluation approchée, en prenant la formule fondamentale de la mesure de hauteur, § 8, on a

$$x = 10000\,(\log b - \log a);$$

d'où l'on tire

$$\log a = \log b - \frac{x}{10000}.$$

Qu'on fasse maintenant $x = 40{,}000$ et $b = 336$ lignes de Paris, c'est-à-dire 28 pouces, on trouve $\log b = 8{,}5263393 - 10$, à quoi se rapporte le nombre $a = 0{,}0336$; c'est-à-dire que la colonne barométrique à cette élévation égalerait à peine, 0,03 lignes de Paris.

ADDITION.

§ 10. On sait maintenant par des expériences certaines que la loi de proportionnalité observée par Mariotte n'est qu'une approximation dont les limites sont différentes pour les différens gaz. En effet, en soumettant diverses substances gazeuses à de fortes pressions, M. Faraday est parvenu à les réduire en liquides. M. Bussy a fait la même chose pour l'acide sulfureux, en joignant le refroidissement à la pression. Voici le tableau de ces résultats que j'emprunte au Traité de Physique de M. Despretz :

Désignation du gaz.	Température de la liquéfaction.	Pression en atmosphères.
Acide sulfureux.......	— 7°	2
Chlore................	+ 15	4
Hydrogène sulfuré.....	+ 10	17
Acide carbonique......	0	36
Protoxide d'azote.....	+ 7	50
Cyanogène.............	+ 7	3,7
Acide hydrochlorique...	+ 10	40
Ammoniaque...........	+ 10	6,5

Il est visible que la proportionnalité de la contraction étant tout-à-fait détruite lorsque le gaz a pris l'état liquide, elle doit très vraisemblablement s'altérer par gradations avant que ce terme soit atteint.

Évaluation plus précise de l'influence que la chaleur a sur les propriétés mécaniques d'un fluide dilatable.

§ 11. Nous avons déjà mentionné la découverte importante faite en même temps par Dalton et par Gay-Lussac. Elle consiste en ce que *tous les fluides élastiques sont également dilatés par la chaleur, lorsque la pression reste la même. Cette dilatation entre la température de la congélation jusqu'à celle de l'ébullition, est de* 0,375, *ou de* $\frac{3}{8}$ *du volume que la masse avait à la première température.*

Cette découverte remarquable nous met en état de déterminer avec beaucoup d'exactitude l'influence que la chaleur a sur la densité et sur l'élasticité d'une masse d'air.

§ 12. Puisque la loi de Mariotte est applicable à chaque masse de fluide élastique, il suit de là réciproquement :

Que pour une masse d'air parfaitement renfermée, et qui ne peut changer son volume, l'élasticité doit croître par la chaleur dans le même rapport que son volume serait augmenté si, la pression étant la même, il lui était possible de se dilater.

Il faut donc que, depuis le point de la congélation jusqu'à celui de l'ébullition, l'élasticité d'une masse d'air parfaitement renfermée croisse dans le rapport de 1000 : 1375 ou 8 : 11.

§ 13. Si l'on divise maintenant la distance fondamentale d'un thermomètre à air de Lambert (pag. 77, § 7) en 375 parties ; qu'on place au point de congélation le nombre 1000, au point d'ébullition le nombre 1375, et qu'on évalue la température d'après les degrés de ce thermomètre, la comparaison de deux nombres de cette échelle indiquerait exactement quels seraient, sous ces deux températures, les rapports de la dilatation d'une masse d'air, sa pression restant la même, ou ceux de la dilatabilité, si le volume reste le même.

Si l'on ne voulait pas diviser la distance fondamentale en 375 parties, mais en 80, comme le thermomètre ordinaire, il faudrait mettre au point de congélation le nombre 213 $\frac{1}{3}$ (la quatrième proportionnelle de 375, 1,000 et 80), et, par conséquent, 293 $\frac{1}{3}$ au point d'ébullition. Les nombres de cette échelle indiqueraient aussi immédiatement les rapports dont nous venons de parler.

§ 14. La marche d'un thermomètre à air divisé en 80 parties, et celle d'un thermomètre de mercure divisé de même, ne sont peut-être pas parfaitement d'accord ; mais, selon les observations de Lambert, elles ne diffèrent que très peu entre les points de congélation et d'ébullition (*). (*Voyez* la *Pyrométrie de Lambert*, § 141 ; Berlin, 1779.) Qu'on mette donc

(*) M. Gay-Lussac a prouvé par des expériences extrêmement précises, qu'elles sont rigoureusement les mêmes, lorsque l'air et les tubes sont parfaitement desséchés.

$213\frac{1}{3}$ au lieu de 0° au point de congélation, et $293\frac{1}{3}$ au lieu de 80 au point de l'ébullition, ou, ce qui revient au même, que l'on ajoute $213\frac{1}{3}$ à la température indiquée par le thermomètre, ces nombres exprimeront, d'une manière approchée, les rapports déterminés dans l'article précédent. D'après cela, il paraît qu'il serait fort utile pour l'Aérostatique, et peut-être même pour toute la Thermométrie, d'introduire partout l'usage du thermomètre à air, au lieu de celui de mercure, ou du moins qu'on déterminât avec précision les rapports des deux échelles (*).

CHAPITRE XXXI.

Des mouvemens des Fluides élastiques, ou observations sur la Pneumatique.

§ 1. Dans les recherches sur les mouvemens des fluides élastiques, le physicien peut se borner presque exclusivement à examiner l'air atmosphérique; car, pour les autres espèces d'airs que nous ne produisons qu'en petite quantité, et qui ne comprennent jamais que de petits espaces, il arrive rarement que leurs mouvemens aient un intérêt particulier. Mais, au contraire, les grandes agitations de l'immense étendue d'air qui enveloppe le globe terrestre, les vents continuels, périodiques ou accidentels, qui s'y produisent, sont des phénomènes d'une extrême importance par leurs rapports avec la vie sociale; et l'on peut juger de quelle utilité infinie serait la connaissance exacte des lois de ces mouvemens, si l'on pouvait parvenir ainsi à les prévoir et à les déterminer d'avance. Il y a aussi plusieurs mouvemens artificiels de l'air dont l'observation est importante. Dans une infinité de ma-

(*) C'est ce qu'a fait M. Gay-Lussac, depuis la publication de cet Ouvrage en Allemagne, et ses résultats ont été confirmés par le travail de MM. Petit et Dulong, dont nous avons parlé page 79.

chines pneumatiques ou hydraulico-pneumatiques, l'élasticité de l'air ou celle de la vapeur d'eau opère à elle seule le mouvement, ou du moins y contribue essentiellement. Les courans d'air qu'on pratique dans les mines, dans les chambres et dans les cheminées, pour détourner les gaz malfaisans, ou pour nous délivrer d'une fumée incommode, se rapportent à la connaissance de ces mouvemens.

§ 2. Mais cette connaissance, que l'on appelle la *Pneumatique* (*), est tellement compliquée par l'action de la dilatabilité et de la chaleur, qu'on ne peut l'exposer ici que très généralement.

§ 3. C'est pourquoi au lieu des lois fondamentales de la Pneumatique, que nous devrions exposer ici et qui lui sont particulières, nous ne pouvons que rapporter le principe général suivant, qui est assez évident pour n'avoir besoin d'aucune preuve.

Chaque cause qui agit sur une masse d'air contradictoirement à une des lois de l'équilibre, doit produire du mouvement.

§ 4. Comme nous avons exposé d'une manière suffisante les conditions de l'équilibre de l'air dans le précédent chapitre, il nous sera très facile de donner une idée claire des causes des mouvemens de l'air.

§ 5. Une des causes principales des mouvemens de l'air, c'est la chaleur. Les mouvemens qu'elle occasione, quoique fort variés, se produisent tous de la même manière. La chaleur augmente l'élasticité de l'air (pag. 206, §§ 10 et 11); ainsi, lorsqu'en quelque endroit de l'atmosphère une masse d'air est beaucoup plus échauffée que le reste de l'air qui l'environne, elle se dilate et repousse de tous côtés l'air plus froid qu'elle. De cette manière, l'équilibre est rompu; et l'air échauffé, devenu plus léger, doit s'élever, d'après les lois de l'Hydrostatique; car l'air environnant étant plus froid, est par là même plus pesant. Réciproquement, l'air froid doit descendre et se presser vers l'endroit où agit la chaleur; l'air s'accumule alors

(*) De πνευμα, vent.

au-dessus de la place échauffée; ce qui produit nécessairement dans le haut un courant d'air qui se répand de tous les côtés. La chaleur produit donc toujours un double courant d'air, affluent au-dessous de la place échauffée, effluent au-dessus de la même place.

Le froid doit évidemment agir de la manière opposée, et produire un courant d'air effluent au-dessous de la place échauffée, et un courant d'air affluent au-dessus.

§ 6. D'après cette théorie générale, les mouvemens causés par la chaleur et par le froid peuvent être expliqués facilement, en ayant égard aux diverses circonstances qui modifient chaque cas donné.

Ainsi, la plupart des vents proviennent de l'échauffement et du refroidissement des différentes régions de l'atmosphère, particulièrement les vents constans et périodiques qu'on observe sous la zone torride.

C'est d'après les mêmes principes qu'agissent les courans d'air dans les fours et les cheminées, dans la lampe d'Argant, dans les ventouses, etc. On peut observer, au moyen d'une bougie allumée, les deux courans d'air affluent et effluent à l'ouverture de la porte d'une chambre échauffée. On produit de même un courant d'air dans les mines, en y pratiquant un puits, ou une galerie, parce que la température de l'air de la mine est très différente de la température extérieure. Si cette différence ne produit pas assez d'effet, on parvient souvent à ce but en établissant un fourneau dans la mine.

§ 7. Puisqu'à température et à pression égales chaque fluide élastique possède un degré particulier de densité, tout changement qui a lieu dans la combinaison chimique d'une masse d'air est, ainsi que la chaleur et le froid, une cause de mouvement. Chaque augmentation de densité agit comme la chaleur, chaque diminution comme le froid. Or, il se fait continuellement des changemens de combinaisons dans l'air atmosphérique, parce qu'au moyen de procédés organiques et chimiques, dont la plupart nous sont peut-être entièrement inconnus, tantôt il cède aux autres corps quelques-uns de ses principes constituans, et tantôt il se combine avec une partie des leurs. Il doit y avoir ainsi une source intarissable de mouvemens, lesquels, cependant, ne doivent être que rarement considérables, puisque les changemens de combinaisons ne se font qu'avec lenteur.

§ 8. De semblables changemens de combinaisons produisent des mouvemens, non-seulement parce qu'ils changent la force élastique de l'air, mais aussi parce qu'*ils augmentent ou diminuent alternativement sa masse*. Aux endroits où la masse d'air augmente, il doit se produire un courant d'air effluent de tous les côtés; aux endroits où elle diminue, le contraire doit arriver. La cause la plus active de cet effet est sans doute l'évaporation de l'eau. On a observé qu'il s'évapore annuellement une couche d'eau d'environ 30 pouces de hauteur, dans les pays tempérés de l'Europe, et dans le rapport de $\frac{1}{2}$ pouce à peu près pour le mois le plus froid, et de 4 à 5 pouces pour le plus chaud. (*Voyez* Gehler et Fischer, art. *Ausdünstung*.) On peut imaginer, d'après cela, combien la masse d'air qui est au-dessus de l'immense surface des mers augmente continuellement, surtout sous la zone torride; et l'on peut attribuer à cette augmentation une multitude de mouvemens qui se répandent dans toute l'atmosphère.

Mais des mouvemens beaucoup plus forts doivent avoir lieu par la cause opposée, c'est-à-dire lorsque l'eau tombe sur la terre, en pluie, en neige et en grêle : ils sont surtout remarquables dans les violentes pluies d'orage, où souvent un espace limité de l'atmosphère perd, en un temps très court, plusieurs milliers de quintaux de masse; ce qui doit évidemment produire un courant d'air affluent de tous côtés vers cet endroit. En effet, c'est ce qu'on remarque quand on observe attentivement un orage.

§ 9. Les mouvemens des autres corps, et particulièrement ceux de l'eau, se communiquent aussi à l'air. Lorsque l'air est tranquille, on remarque au-dessus de chaque rivière dont le cours est un peu rapide, un courant d'air dans la même direction que ce cours, et il ne devient insensible que par l'effet d'un vent plus fort. Ceux qui connaissent les grands courans qu'on distingue dans les mers concevront facilement qu'ils peuvent produire, de la même manière, des mouvemens considérables dans l'atmosphère. On se sert, dans les mines, d'un moyen qui a rapport à ces phénomènes, pour produire un courant d'air. Dans une galerie où coule un ruisseau, on place à une petite hauteur, sur celui-ci, une cloison de planches : au-dessous de cette cloison, l'air suit le courant du ruisseau ; au-dessus, il prend la direction contraire.

§ 10. On a imaginé une foule de moyens mécaniques pour produire de plus petits mouvemens dans l'air : tels sont le soufflet ordinaire, la pompe de raréfaction, celle de condensation, etc. Ces appareils se fabriquent suivant diverses dimensions, selon l'usage auquel on veut les employer. Dans les fonderies, on emploie la plus grande espèce de soufflet, et l'on pourrait se servir avec avantage de la pompe de condensation (*Annal. de Gilbert,* IX, 45, ff.). Dans les mines, on fait quelquefois usage du soufflet à double courant d'air et de la pompe de raréfaction.

§ 11. De même que l'air est mis en mouvement par d'autres corps, *il peut aussi lui-même faire mouvoir d'autres corps solides et liquides.*

On sait qu'un ouragan peut arracher des arbres et renverser les maisons, et qu'il élève les vagues de la mer jusqu'à une hauteur effrayante.

Les arts ont utilisé cette force motrice de l'air ou des autres fluides élastiques, de diverses manières. La pression d'un vent modéré met en mouvement les ailes d'un moulin. La machine à vapeur élève les plus grands poids par la force expansive de la vapeur d'eau, et elle peut être employée comme un moyen de faire mouvoir toute espèce de machines. Pour les machines hydrauliques qui agissent par secousses, comme toutes les pompes et l'ingénieux bélier hydraulique de Montgolfier (*), on obtient un mouvement uniforme par la condensation de

(*) Voyez *Pfaffs und Friedlanders Franz. Annal.*, 1083, n° V, page 17.

l'air dans un réservoir. Dans le fusil à vent, c'est l'air comprimé qui produit tout l'effet; dans les armes à feu, c'est la dilatation des gaz qui se produisent par l'inflammation de la poudre. Enfin, nous devrions nommer toutes les machines hydrauliques et pneumatico-hydrauliques, si nous voulions donner une idée complète des manières infiniment variées d'appliquer les forces motrices des fluides élastiques. La postérité trouvera encore ici une abondante matière pour d'importantes inventions.

Parmi les machines plutôt amusantes qu'utiles, qui se rapportent à l'emploi de cette force, nous citerons seulement le ballon de Héron, la fontaine de Héron, de laquelle cependant on a fait une application intéressante dans les mines, et la fontaine de feu. On en trouve un plus grand nombre dans Gehler et Fischer, article *Springbrunnen*.

§ 12. Comme tous les mouvemens des corps solides et liquides que nous produisons se passent dans l'air, la théorie de la résistance de ce fluide est un objet très important, mais aussi très difficile à étudier. Les principes que Newton en a donnés ne sont pas aussi bien confirmés par les expériences que ses lois du mouvement des corps solides. (*Voyez* à ce sujet l'article *Widerstand der Mittel*, dans les Dictionnaires de Gehler et de Fischer.)

§ 13. L'incertitude de cette théorie empêche d'exposer complètement les *lois de la chute dans l'air*. Sur cela, ce qu'on peut déterminer en général est ce qui suit : la chute dans l'air ne peut pas, plus que la chute dans un liquide, se faire en mouvement uniformément accéléré; mais son accélération doit de même décroître à chaque instant. Cependant, le mouvement ne peut pas y devenir uniforme comme celui de la chute dans un liquide (pag. 153, § 16), parce que la densité de l'air, et par conséquent aussi sa résistance, s'accroissent continuellement. Ainsi, en supposant qu'un corps tombât dans une colonne d'air suffisamment longue, il aurait d'abord une vitesse croissante, mais son accélération diminuerait continuellement. A une certaine profondeur, l'accélération deviendrait nulle, et la vitesse serait au *maximum*. La résistance croissant toujours, il arriverait qu'au-delà de ce point la vitesse elle-même diminuerait, jusqu'à ce qu'enfin elle deviendrait aussi nulle, et alors le corps demeurerait suspendu dans l'air. Cette conséquence peut paraître paradoxale, lorsqu'on n'a pas une idée exacte de l'accroissement de la densité de l'air. Mais on peut déduire de la formule donnée pour les mesures de hauteur barométrique (pag. 203, § 8), qu'une colonne d'air qui se prolongerait dans l'intérieur de la terre serait déjà, à une profondeur de 50,000 toises, 100,000 fois plus dense qu'à la surface, c'est-à-dire environ cinq ou six fois plus dense que l'or et le platine; de sorte que ces corps, les plus pesans que l'on connaisse, y devraient rester suspendus (*).

(*) Soit a la hauteur barométrique à la surface de la terre; soit h cette hauteur à une certaine profondeur, au point où l'air est n fois plus dense; par conséquent la hauteur barométrique de ce lieu $= na$, d'après la loi de Mariotte. On a ainsi, pag. 203, § 8, $h = 10000\,(\log na - \log a)$; mais comme $\log na = \log n + \log a$, il s'ensuit que $h = 10000 \log n$, si l'on fait $n = 100000$ toises, on a $\log n = 5$, par conséquent $h = 50000$. Si l'on suppose h égal au rayon de l'équateur terrestre, c'est-à-dire $= 3271864$, on tire de notre équation $\log n = 327,1864000$; la valeur de n correspondante à ce logarithme aurait trois cent vingt-huit chiffres, et les premiers seraient 153631... La densité de l'air, au centre de la terre, serait ainsi déterminée par un nombre qu'on peut bien écrire, mais non pas exprimer.

SIXIÈME SECTION.

DE L'ÉLECTRICITÉ.

CHAPITRE XXXII.

De la Machine électrique, et des phénomènes généraux de l'Électricité.

§ 1. Les anciens connaissaient déjà la propriété que possède l'ambre ou succin (*), d'attirer de petits corps lorsqu'il est frotté; mais ils ne soupçonnaient pas que ce phénomène fût l'effet d'une force naturelle très remarquable et très répandue. Ce ne fut qu'au XVIIe siècle qu'on découvrit que le soufre, toutes les résines, et beaucoup d'autres corps possèdent aussi cette même propriété; et l'inventeur de la machine pneumatique fut encore celui qui enrichit les appareils physiques d'un second instrument très important, de la *machine électrique*. Les bornes d'un ouvrage élémentaire ne permettent ni de décrire la construction physique primitive de cette machine, ni de s'étendre sur les divers changemens au moyen desquels on l'a peu à peu perfectionnée. On trouvera des détails sur ceci, dans les Dictionnaires de Physique, à l'article *Machine électrique*. Nous devons nous contenter d'indiquer ce qui est le plus nécessaire pour la construction de

(*) L'ambre s'appelle en grec ἤλεκτρον.

celui de ces appareils qu'on regarde maintenant comme le meilleur.

§ 2. Les deux parties les plus essentielles sont : le *corps frotté*, et le *corps frottant*, ou *frottoir*.

Le corps *frotté* est ordinairement, aujourd'hui, un plateau rond de verre poli ; il est d'autant meilleur qu'il est plus grand. Cependant, on lui substitue quelquefois une boule ou un cylindre de verre. Au milieu du plateau passe un axe métallique, qui est assujetti dans une monture de bois, de sorte que cet axe peut tourner avec le plateau au moyen d'une manivelle.

Le *frottoir* consiste le plus souvent en deux ou quatre coussins allongés qui, pressés par un ressort, serrent entre eux les faces opposées du verre lorsqu'on tourne le plateau. Le fond des coussins est une plaque de métal; ils sont rembourrés avec du crin et recouverts avec du cuir. Ce cuir doit être enduit de quelque substance grasse; puis on y répand, le plus également possible, un amalgame sec de mercure et de zinc. A chaque coussin, et du côté vers lequel se fait la rotation du plateau, on adapte un morceau de taffetas gommé qui s'attache au verre lorsqu'on met la machine en mouvement. La monture qui porte les coussins est de métal ; elle doit être attachée aux montans qui supportent le plateau, non par du métal, mais par une colonne ou un gros tube de verre. Pour l'usage, il faut attacher à la partie métallique des coussins une chaîne de laiton qu'on laisse tomber sur le pied de bois de la machine, ou, mieux encore, sur le sol. Cette circonstance est très essentielle; car les phénomènes sont beaucoup plus forts lorsque le frottoir a une communication métallique avec le sol, que lorsque cette communication manque.

§ 3. Avec les parties de la machine que nous venons de décrire, on peut déjà rendre sensibles les principaux phénomènes dont on a coutume de nommer l'ensemble *électricité*. Lorsqu'on a tourné le plateau, l'air étant chaud et sec, on observe les phénomènes suivans :

1°. On sent une odeur phosphorique.

2°. En approchant peu à peu du plateau la main ou le visage, on éprouve, à une certaine distance, une sensation telle que si des toiles d'araignées venaient vous toucher.

3°. Si l'on approche du plateau la jointure d'un doigt, ou une boule de métal, il se produit une petite étincelle pétillante qui fait éprouver une faible piqûre.

4°. Dans l'obscurité, ce phénomène est beaucoup plus frappant; et, à mesure que l'on tourne la machine, on voit des rayons de feu qui s'élancent de dessous le taffetas gommé, et serpentent sur le plateau (*).

5°. Lorsqu'on cesse de tourner la machine, tous ces phénomènes continuent encore quelque temps, quoique cependant avec une intensité sensiblement décroissante; mais on peut alors observer encore le phénomène électrique, le plus remarquable à beaucoup d'égards, celui de l'*attraction* et de la *répulsion électrique*. Dans cet état, le plateau attire tous les corps légers; il les retient un instant, et ensuite il les repousse. Lorsqu'on approche du plateau des boules de liége suspendues au bout d'un fil, ce phénomène devient très digne d'attention. Si le fil est de soie et sec, la petite boule est attirée, s'attache un instant au plateau, puis est repoussée. Cette répulsion est durable; mais si l'on touche la petite boule, elle est de nou-

---

(*) La lumière qui se manifeste dans l'explosion électrique me paraît être le simple résultat de la compression que l'air et les vapeurs éprouvent quand elles sont traversées par l'électricité. Car nous savons maintenant que la seule compression dégage la lumière des fluides aériformes; et d'un autre côté, les fortes explosions produites par l'électricité prouvent que, dans son passage à travers les corps, elle exerce une énorme compression. Il est vrai que la lueur électrique s'observe aussi dans le vide; mais qu'est-ce que nous appelons le vide, si ce n'est un espace occupé par l'air réduit au plus à $\frac{1}{760}$ de sa densité, ou, à défaut d'air, par les vapeurs de l'eau, du mercure et d'autres corps? Si l'air plus dense laisse échapper de la lumière à une compression moindre, un air plus rare en laissera de même échapper par une compression infiniment plus forte, telle que celle que le rapide passage de l'électricité peut produire. Je crois avoir le premier émis cette idée, en rendant compte de mes expériences sur la formation de l'eau par la seule compression. (*Voyez les Annales de Chimie.*)

veau attirée et repoussée. Au contraire, si le fil est de lin, et surtout s'il est humide, la boule sera de même attirée, mais non pas repoussée.

§ 4. Lorsqu'un corps manifeste ces phénomènes, ou seulement le dernier que nous venons de décrire, on dit qu'il est *électrique* ou *électrisé ;* et la substance inconnue qui produit ces phénomènes se nomme la *matière électrique.*

§ 5. Il reste encore à parler d'une partie principale de la machine électrique, du *conducteur.* C'est un corps qui est ou entièrement de métal, ou du moins recouvert par une substance métallique, fût-elle seulement de papier doré ou argenté. Sa grandeur et sa forme sont arbitraires; cependant, c'est communément un cylindre arrondi par ses deux extrémités : quelquefois on lui donne la forme d'une boule. Pour un plateau de deux pieds, on le fait long d'environ trois pieds, et on lui donne un diamètre de cinq à six pouces. Il est en communication avec le plateau, au moyen de deux branches de métal arrondies qui présentent quelques pointes environ à la distance d'un demi-pouce du plateau, à l'endroit où l'électricité produite s'écoule de dessous le taffetas gommé. On doit éviter qu'il ne s'y trouve aucunes autres pointes ou angles proéminens. Ces branches doivent être disposées de manière qu'on puisse les enlever et les échanger l'une avec l'autre pour un usage très important, dont nous parlerons par la suite, et qui consiste à mettre le conducteur en communication avec le frottoir, au lieu d'y mettre le plateau. Une circonstance essentielle, c'est que le conducteur soit placé sur des supports de verre, et qu'il n'ait aucune communication avec les pieds de la machine.

§ 6. Dès qu'on tourne le plateau, le conducteur devient électrique sur toute sa surface; ce qui se manifeste par tous les phénomènes mentionnés à l'article 3. Il y a seulement, dans la production de l'étincelle, cette différence qu'elle est plus grande, plus pétillante, et qu'elle pique davantage; ainsi, elle peut s'élancer à la distance de plusieurs pouces, surtout lorsque l'air est très sec. Une autre différence, fort remarquable, c'est que, par une seule de ces étincelles, toute l'électricité du conducteur lui est enlevée en une fois; tandis, au contraire, que le plateau ne perd son électricité qu'à l'endroit où l'on tire l'étincelle, même quand on a cessé de le tourner. Si l'on fait communiquer le conducteur à la terre, ou au pied de la machine, par une chaîne de laiton, il ne montre plus la moindre électricité lorsqu'on tourne le plateau.

§ 7. Ces expériences font voir clairement les différentes propriétés du verre et du métal, par rapport à l'électricité. Le verre s'électrise par le frottement; il retient fortement sur sa superficie l'électricité qui y est accumulée, et ne la laisse enlever que précisément à la place où on le touche. Le métal, au contraire, ne s'électrise pas par le frottement; il reçoit l'électricité instantanément dans toute son étendue, lorsqu'il est mis en contact avec le verre; mais instantanément aussi cette électricité l'abandonne, lorsqu'on lui présente pour passage le doigt ou quelque autre corps, principalement les corps métalliques.

On voit par là pourquoi le conducteur doit être supporté par des colonnes de verre, et pourquoi il ne s'électrise pas lorsqu'il est en communication avec la terre. Le métal *conduit* la matière électrique, et le verre ne la conduit pas.

§ 8. Le verre et le métal ne sont pas les seuls corps qui montrent ces dispositions contraires par rapport à l'électricité. Ils sont seulement, chacun dans leur genre, ceux qui les manifestent au plus haut degré (*). On peut donc, sous ce point de vue, diviser les corps en *non-conducteurs* et en *conducteurs* de l'électricité.

Dans la première classe se trouvent, 1°. parmi les substances inorganiques, le verre ordinaire et toutes les vitrifications avec leurs principes constituans chimiques essentiels; les terres et les oxides de métaux, et de plus toutes les cristallisations na-

(*) Les résines, et principalement la gomme-laque, sont encore moins conductrices que le verre; mais on ne peut pas les employer aussi commodément pour faire des machines électriques d'une grande dimension.

turelles de ces substances, par conséquent toutes les pierres précieuses et presque toutes les espèces de pierres dures, qui ne sont vraisemblablement que des conglomérations de petits cristaux. — Le soufre et l'air atmosphérique se rangent encore dans cette classe; cependant, ce dernier a toujours quelque faculté conductrice, tantôt plus forte, tantôt plus faible, qui dépend de la quantité d'eau qui s'y trouve en vapeur. 2°. La plupart des substances animales sèches, particulièrement la soie, la laine, les cheveux, les plumes. 3°. Beaucoup de substances végétales sèches, principalement toutes les résines et les mélanges résineux, la cire à cacheter, l'ambre ou succin, le coton, le papier, le sucre, le bois sec, surtout lorsqu'il est desséché par le feu; les huiles grasses sont aussi comprises dans cette classe. Parmi tous ces corps, il n'en est cependant aucun qui ne conduise l'électricité jusqu'à un certain point. Les meilleurs non-conducteurs sont le verre, le soufre, la résine, la gomme-laque, la soie; les autres sont plutôt seulement de mauvais conducteurs.

Les meilleurs conducteurs sont, parmi les corps inorganiques, les métaux, l'eau et le charbon; parmi les corps organiques, les animaux et les végétaux vivans; et même la fibre végétale, dégagée de toutes les parties huileuses et résineuses, paraît être un assez bon conducteur; du moins il en est ainsi de la toile de lin; et le bois, le coton, etc., sont peut-être seulement mauvais conducteurs, à cause des parties huileuses et résineuses qu'ils contiennent (*).

On nomme aussi les corps non-conducteurs *corps électriques*, et les conducteurs, *corps non-électriques*, dénominations qui ne sont pas bien choisies (**).

(*) Il y a beaucoup de raisons pour souhaiter que des chimistes instruits commencent à s'occuper de l'électricité. Le rapprochement qu'on vient de faire entre des corps conducteurs et les non-conducteurs, fait conjecturer qu'entre les propriétés électriques et les combinaisons chimiques des corps, il y a une certaine connexion que le seul physicien mécaniste ne peut découvrir.

(**) A la rigueur, la distinction des corps conducteurs et non-conducteurs

§ 9. On appelle *isoler* un corps, ne lui laisser de communication avec le reste des corps visibles que par des corps non-conducteurs ou mauvais conducteurs de l'électricité. On a divers supports qui servent à suspendre, poser et assujettir des corps. Un support de cette espèce se nomme un *isoloir*. Les meilleures matières pour isoler sont : le verre, la cire à cacheter, la soie et le bois séché au feu (*).

§ 10. Si l'on compare les phénomènes de l'attraction et de la répulsion (pag. 217, § 5), avec ce qui a été dit sur la faculté conductrice des corps, il en résulte un principe important pour la théorie des phénomènes électriques :

C'est que *les corps électrisés et les corps non-électrisés s'attirent entre eux, et qu'au contraire les corps électrisés de même électricité se repoussent.*

La boule de liége attachée au fil de soie non-conducteur est attirée d'abord, lorsqu'elle n'est pas électrisée ; mais elle est repoussée ensuite dès qu'elle s'est saturée d'électricité, et cette répulsion persiste jusqu'à ce que la boule ait perdu son électricité par le contact avec un conducteur non isolé. Si, au contraire, elle est suspendue à un fil de lin conducteur, et non-isolé, elle ne se peut saturer d'électricité, et par cette raison elle est continuellement attirée.

§ 11. C'est d'après ces phénomènes de l'attraction et de la répulsion électrique, qu'on a imaginé presque toutes les espèces d'*électroscopes* et d'*électromètres*, instrumens qui servent à évaluer ou à mesurer l'intensité de l'électricité, mais qui, pour la plupart, n'atteignent que très imparfaitement ce but. Ils sont cependant utiles dans beaucoup d'expériences, et

---

n'est guère préférable. Tous les corps se laissent pénétrer par une forte électricité. La gomme-laque elle-même, lorsqu'elle est répandue sur un corps en couche très mince, se laisse traverser par l'étincelle électrique. Il faut donc regarder toutes ces distinctions comme relatives. Il n'y a en cela rien d'absolu.

(*) Rien n'isole mieux qu'un petit cylindre de gomme-laque. M. Coulomb a prouvé qu'un fil de gomme-laque tiré à la flamme d'une bougie, est presque un isoloir parfait pour de petites quantités d'électricité.

pour cela nous devons en donner ici quelques notions. Le plus simple instrument de cette espèce est l'*électromètre à fil*. Deux petites boules de liége ou de moelle de sureau sont attachées aux extrémités d'un fil de lin. On les suspend au conducteur ou à un autre corps électrisé, de manière qu'elles se touchent par l'effet naturel de la pesanteur. Aussitôt qu'elles sont électrisées, elles s'écartent l'une de l'autre, et d'autant plus que l'électricité est plus forte. On fait cet électromètre de beaucoup de grandeurs différentes. Pour les faibles degrés d'électricité, il doit être très petit. La plupart des électromètres ne sont que des perfectionnemens de celui-ci. Les limites d'un livre élémentaire ne permettent point de décrire séparément ces divers instrumens, et même les principes de plusieurs d'entre eux ne pourraient être ici exposés avec clarté. Nous indiquerons donc seulement, comme les préférables et les plus utiles, *la bouteille électroscopique* de Cavallo; *l'électromètre à air*, de De Saussure; *l'électromètre à feuilles d'or*, de Bennet, et *l'électromètre à paille*, de Volta. (*Voyez* Gehler et Fischer, aux articles *Electrometer* et *Luftelectrometer*) (*).

Nous ne devons pas pourtant omettre *l'électromètre à cadran* de Henley, puisqu'on le considère comme une dépendance essentielle d'une machine électrique. Un demi-cercle, ou un quart de cercle d'une matière quelconque, est divisé en degrés, et assujetti par un diamètre à une colonne verticale de métal, ou de bois non séché au feu, de manière cependant qu'il soit un peu éloigné de la colonne, mais que son diamètre lui soit parallèle. Au centre est attaché un petit pendule très mobile, qui peut être fait d'un filament de baleine, et à l'extrémité duquel se trouve une petite boule de liége. La colonne, qui est beaucoup plus longue que le pendule, peut être vissée par son extrémité inférieure, perpendiculairement sur

(*) Il est étonnant que l'auteur ne parle point de la balance électrique de Coulomb, seul instrument qui donne la mesure exacte de l'électricité. Je reviendrai plus loin sur ce sujet.

le conducteur de la machine, ou bien, on peut la maintenir droite sur un support particulier de métal qui s'enlève à volonté. Cet électromètre, placé sur le conducteur, partage son électricité; et comme le pendule et la colonne sont électrisés de la même manière, le pendule est repoussé de la colonne, et s'élève d'autant plus haut sur le quart de cercle divisé, que l'électricité est plus forte. (*Voyez* Gehler, I, 808; Fischer, II, 79.) (*).

§ 12. La puissance conductrice des corps ne dépend pas seulement de leur constitution matérielle, mais encore de leur forme. Si, tandis qu'on tourne le plateau, on approche du conducteur un corps aigu, de quelque matière que ce soit, on peut remarquer déjà, à un éloignement considérable, le pouvoir de sa force conductrice. Les pointes de métal montrent cet effet dans sa plus grande force. Ce pouvoir conducteur des pointes se manifeste de même lorsqu'on attache une pointe au conducteur, de manière que la partie aiguë soit dirigée vers l'air. Il est alors impossible d'électriser le conducteur à un degré considérable.

Au contraire, plus les corps sont larges et arrondis, plus la déperdition de la matière électrique est difficile. Il faut alors rapprocher les corps bien davantage, et le passage se fait au moyen d'une étincelle.

§ 13. Il y a toujours dans l'air, en même temps que ce courant effluent d'électricité sort des pointes, un certain mouvement qu'on peut sentir, ou qu'on peut rendre très visible au moyen d'une flamme de bougie, ou de quelque vapeur. C'est sur ce mouvement de l'air qu'est fondée la *roue électrique.* Cette roue consiste en une bande de cuivre en forme d'S, et soigneusement aiguisée aux deux bouts; ce petit instrument peut tourner circulairement sur une pointe placée à son centre.

(*) Parmi les expériences d'électricité seulement amusantes, qui se font au moyen de l'attraction et de la répulsion, nous citerons la *Danse électrique, electrische Tanz*, Gehler, I, 740; et le *Carillon électrique, electrische Glockenspiel*, Gehler, II, 509.

Lorsque cette pointe est vissée sur le conducteur, et qu'on électrise celui-ci, la roue placée dessus tourne en arrière avec une grande vitesse (*).

Une circonstance importante à remarquer ici, c'est que le mouvement de l'air est toujours dirigé vers la partie aiguë de la pointe.

§ 14. De même qu'on peut faire passer l'électricité du plateau au principal conducteur, on peut aussi la communiquer de celui-ci à tout autre conducteur, pourvu qu'il soit isolé. Ainsi, par exemple, un homme peut être électrisé lorsqu'il se tient sur un *isoloir*. On appelle ainsi, dans cette circonstance, un tabouret supporté par quatre pieds de verre verni. Son corps montre alors tous les phénomènes électriques, sans qu'il éprouve aucun effet ni aucune sensation particulière, si ce n'est une légère piqûre, lorsqu'on tire des étincelles de son corps.

§ 15. Les effets chimiques de l'électricité sont extrêmement remarquables. Nous indiquerons seulement ici l'inflammation de l'esprit-de-vin chauffé et du gaz tonnant, au moyen de l'étincelle électrique (**). Dans la suite on trouvera quelques autres phénomènes qui se rapportent à ceci.

Nous réservons pour un autre endroit les phénomènes électriques qui ont lieu dans l'obscurité et dans l'air raréfié.

(*) Ce phénomène peut être présenté d'une manière très différente, mais qui exige trop de préliminaires pour être exposée ici. *Voyez* le *Traité de Physique* de Biot, tome II, page 324.

(**) Ce que l'on nomme le gaz tonnant, est un mélange de deux parties d'hydrogène et d'une d'oxigène en volume.

CHAPITRE XXXIII.

Électricités opposées.

§ 1. Dans la première moitié du siècle précédent, Dufay, physicien français, avait déjà découvert qu'il existe deux espèces d'électricités, lesquelles, considérées isolément, ont la plus grande ressemblance, mais qui, comparées entre elles, se montrent cependant opposées dans les phénomènes. Il nomma l'une *électricité vitrée*, et l'autre *électricité résineuse*, parce que la première est excitée lorsque le corps frotté est de verre, et la seconde quand il est de résine (*). Après la mort de Dufay, les physiciens parurent oublier la subtile différence des deux électricités, dont la distinction fait un grand honneur à l'esprit d'observation de ce savant. Enfin, dans la seconde partie du même siècle, le célèbre Franklin continua cet examen, et montra si parfaitement la différence de ces deux électricités, que cette découverte est devenue, depuis, la clef de l'explication des phénomènes électriques les plus remarquables. Au lieu des noms d'électricité vitrée et résineuse, que Dufay avait choisis, Franklin adopta ceux d'*électricité positive* et *négative;* d'où il est devenu ordinaire d'indiquer l'une par le signe + E, et l'autre par le signe — E. Cependant, comme la dénomination de Dufay se fonde sur un fait, et celle de Franklin sur une simple hypothèse, laquelle a encore beau-

(*) La définition n'est pas tout-à-fait exacte. Le verre frotté avec une étoffe de laine prend l'électricité que l'on nomme vitrée; frotté avec une peau de chat, il prend l'électricité résineuse. Je ne connais pas de corps qui ne puisse acquérir les deux électricités par le frottement, en changeant de frottoir, ou en variant tant soit peu les circonstances où le corps frotté se trouve. Cependant la distinction des deux électricités n'en est pas moins réelle, parce qu'elle repose sur les répulsions et les attractions qui leur sont propres, et non pas sur la nature des corps qui les produisent.

coup perdu de sa vraisemblance dans ces derniers temps, la dénomination de Dufay mérite d'être généralement conservée.

§ 2. On sait à présent que les deux espèces d'électricités peuvent être excitées de beaucoup de manières, et qu'en effet elles se produisent toutes deux en même temps, l'une dans le corps frotté, l'autre dans le corps frottant. Ainsi, lorsque le conducteur de la machine électrique est disposé de la manière décrite dans le précédent chapitre (pag. 218, § 5), il est aussi facile de charger le conducteur d'électricité résineuse que d'électricité vitrée. Il ne faut pour cela qu'isoler le frottoir, et faire communiquer le conducteur avec lui (pag. 217, §§ 2 et 5), puis mettre le plateau en communication avec le sol, ou en tirer continuellement, au moyen de quelques pointes placées de la manière convenable, l'électricité vitrée qui se produit sur sa surface.

§ 3. Lorsqu'on tourne le plateau, après avoir fait ce changement de disposition, le conducteur, qui se trouve alors en communication avec le corps frotté, et qui en fait lui-même partie, devient électrique et montre tous les phénomènes indiqués au chapitre précédent (pag. 217, § 3). Seulement cette électricité est toujours beaucoup plus faible ; ce qui n'est vraisemblablement qu'une circonstance accidentelle qui provient de ce que l'électricité vitrée, qui s'écoule du conducteur au plateau, et qui contrarie les effets de la première, ne peut être entièrement enlevée au plateau à mesure qu'elle s'y attache.

§ 4. La principale différence des deux électricités s'observe dans les phénomènes de l'attraction et de la répulsion ; car deux corps qui se repoussent lorsqu'ils ont la même électricité, s'attirent lorsque l'un a l'électricité vitrée, et l'autre l'électricité résineuse. De là se déduit la loi, que

Les électricités de même nom se repoussent entre elles, et les électricités de noms opposés s'attirent.

Pour se convaincre de l'exactitude de cette loi, on dispose la machine comme nous venons de le dire, de manière à donner au conducteur l'électricité résineuse, le plateau absorbant toujours l'électricité vitrée. Celui-ci, comme corps non-conducteur, retient toujours un peu de cette électricité, quelque moyen qu'on prenne pour la lui enlever à mesure qu'elle s'y dépose. Alors, on prend une boule de liége, ou de moelle de sureau, suspendue à un fil de soie; si l'on approche cette boule du conducteur, elle est attirée par lui; puis dès qu'elle est saturée de l'électricité résineuse, elle est repoussée : mais dans cet état elle est attirée par le plateau de verre; son électricité résineuse est détruite, elle se charge d'électricité vitrée, et alors elle est repoussée par le plateau; dans cet état elle est de nouveau attirée par le conducteur, et l'on peut facilement trouver une position où la boule est alternativement repoussée, et jetée, pour ainsi dire, de l'un à l'autre.

§ 5. On voit sensiblement, dans cette expérience, qu'une électricité détruit l'autre. Cela devient encore plus visible lorsqu'on dispose la machine pour produire l'électricité vitrée, avec la seule précaution d'isoler le frottoir et de le faire communiquer par une chaîne au conducteur. Alors on ne trouve pas la moindre trace d'électricité dans le conducteur. Généralement, lorsqu'on réunit des degrés inégaux des deux électricités, la moins intense est toujours détruite, et la plus forte diminue. On conçoit, d'après cela, pourquoi il faut toujours que le plateau communique avec le conducteur, lorsque la machine est disposée pour l'électricité vitrée; et pourquoi ce doit être le frottoir, si la machine est disposée pour l'électricité résineuse (*).

(*) Généralement, quand deux corps isolés s'électrisent par leur frottement mutuel, l'un prend l'électricité vitrée, l'autre la résineuse. Cela arrive donc au plateau et au frottoir quand ils sont isolés : cela a encore lieu quand le frottoir, toujours isolé, communique au conducteur. Mais l'effet a bientôt un terme; car l'électricité vitrée qui s'accumule sur le plateau, ne pouvant pas s'échapper, empêche de nouvelles quantités d'électricité vitrée d'y arriver, et par conséquent de se produire. Au lieu que, si l'on soutire cette électricité vitrée du plateau par des pointes, à mesure qu'elle y arrive, alors la décomposition du fluide naturel du conducteur, et l'arrivée de l'élec-

§ 6. Sur ces rapports entre les deux électricités, exposés dans les deux précédens articles, se fonde la manière de les distinguer. L'appareil dont on se sert ordinairement pour cet objet, consiste en un électromètre à fil, suspendu et isolé, et en un bâton de cire à cacheter. On sait par expérience que la cire frottée avec la laine, le cuir et le lin, acquiert toujours l'électricité résineuse. On communique à l'électromètre l'électricité qu'on veut éprouver, de sorte que les boules se repoussent, et demeurent quelque temps éloignées l'une de l'autre; alors on en approche la cire à cacheter frottée : si l'électromètre a l'électricité vitrée, une partie de cette électricité se trouve dissimulée par celle de la cire, et les fils se rapprochent; au contraire, s'il a l'électricité résineuse, ils s'éloignent plus qu'auparavant.

Phénomènes électriques dans l'obscurité et dans l'air raréfié.

§ 7. Dans l'obscurité, les deux électricités se distinguent encore d'une autre manière remarquable, c'est-à-dire par une différence dans les phénomènes lumineux qui se produisent lorsque l'électricité est soutirée par des pointes.

Si le conducteur est chargé d'électricité vitrée, et qu'on en approche une pointe, on voit déjà, à une distance considérable, un point lumineux à l'extrémité de cette pointe, lequel devient plus brillant à mesure qu'on approche davantage. Si l'on assujettit la pointe au conducteur, et qu'on en approche la main, ou quelque autre corps conducteur, ce n'est pas un point lumineux qu'on aperçoit, mais un faisceau de rayons divergens.

Au contraire, si le conducteur est chargé d'électricité résineuse, les deux phénomènes sont justement en sens inverse.

§ 8. Nous allons joindre à ceci encore une autre expérience qui, à la vérité, ne montre pas si clairement la différence

---

tricité vitrée sur le plateau, se continuent sans interruption; ce qui, par réciprocité, met le conducteur dans un état durable et croissant d'électricité résineuse.

des deux électricités, mais qui est remarquable à d'autres égards.

Quoique l'air atmosphérique sec soit un mauvais conducteur de l'électricité, l'air très raréfié se laisse cependant traverser par elle. L'expérience suivante en est une preuve. On raréfie l'air dans un vase de verre quelconque qui est fermé avec un couvercle métallique, par exemple dans un récipient adapté à une machine pneumatique, ou dans un tube de verre préparé pour cet objet; alors, en faisant communiquer au conducteur une des extrémités du vase, et établissant à l'autre extrémité une communication avec le sol, on peut, dans l'obscurité, voir l'électricité s'écouler dans l'air raréfié sous l'apparence d'une lumière blanchâtre. Ce phénomène, qu'on pourrait nommer *aurore boréale électrique*, dure aussi long-temps qu'on tourne le plateau.

Il y a beaucoup de manières de varier cette expérience, et la plupart produisent des phénomènes lumineux très agréables. Si l'on place aux deux extrémités du vase deux pointes dirigées vers l'intérieur, la lumière s'échappe de l'une en divergeant, et pénètre dans l'autre en convergeant. Si le vase est un récipient, et qu'on assujettisse en dedans du couvercle supérieur une tige de métal au bout de laquelle est appliquée horizontalement une étoile de métal, la lumière électrique s'écoule de chacune de ses pointes vers le plateau inférieur; ce qui lui donne l'aspect d'une fontaine de feu. Si au lieu d'une étoile on place à cet endroit un anneau ou un corps de quelque autre figure, on peut produire toutes sortes de changemens dans la forme du courant de lumière.

§ 9. Dans ces expériences, la circonstance suivante est digne d'attention. Lorsqu'on avance un conducteur près du vase dans lequel s'écoule la lumière électrique, il se fait un mouvement particulier de cette lumière à l'endroit dont il s'approche. On peut alors tirer des étincelles de ce conducteur; mais elles sont de forces très variables. Cette observation prouve que l'attraction électrique agit même à travers le verre, quoiqu'il soit non-conducteur.

Nous remarquerons encore sur cela que la phosphorescence que montrent quelques baromètres, qui ne sont pas absolument privés d'air, lorsque dans l'obscurité on fait monter et redescendre le mercure en penchant le tube, a sa cause dans ce même phénomène électrique.

§ 10. Ces phénomènes lumineux ne diffèrent que peu ou point du tout pour les deux électricités. Franklin et beaucoup de partisans de son hypothèse croyaient qu'il y avait une différence, en ce que, lorsque le conducteur est chargé d'électricité vitrée, l'électricité s'écoule toujours du conducteur; et quand, au contraire, il est chargé d'électricité résineuse, la lumière électrique passe du sol dans le conducteur. Mais c'était là plutôt une conséquence de l'hypothèse qu'une véritable observation; car, avec l'attention la plus exacte sur tous les mouvemens de la lumière électrique, il est impossible de reconnaître les directions de ce mouvement, parce qu'il se fait avec une vitesse extrême. Il paraît, à l'œil le plus attentif, tantôt venir et tantôt s'éloigner, et tantôt la lumière électrique paraît se diriger en même temps vers les deux côtés.

Hypothèse de Franklin.

§ 11. Selon Franklin, les phénomènes électriques sont les effets d'une seule matière infiniment subtile, qui se répand dans tous les corps, d'après des lois semblables à celles du calorique; ses particules se repoussent entre elles, mais elles sont plus ou moins attirées par les autres corps. Tant que cette matière électrique se trouve à l'état d'équilibre dans un système de corps, aucun phénomène électrique n'a lieu; mais si, au contraire, cette matière s'accumule ou diminue quelque part au-dessus ou au-dessous de l'état d'équilibre, le corps est électrisé dans les deux cas, positivement dans le premier, négativement dans le second, et les phénomènes électriques sont produits par les efforts que fait la matière électrique pour rétablir l'équilibre rompu.

§ 12. C'était surtout la remarque que le frottoir ne doit pas être isolé, qui conduisit très naturellement Franklin à cette opinion. Car, dans le fait, on est presque forcé d'admettre que l'électricité qui s'accumule sur le plateau s'écoule du frottoir. La possibilité de charger successivement le conducteur avec les deux électricités s'explique très facilement par cette hypothèse. On ne peut pas nier non plus que la plupart des phénomènes électriques ne s'en déduisent assez bien. Cependant l'explication de l'attraction et de la répulsion n'est pas encore sans difficulté. Lorsque l'on approche l'un de l'autre deux corps électrisés positivement, ce sont, dans cette hypothèse, leurs atmosphères électriques environnantes qui, étant pressées, les forcent à se repousser. Si deux corps négativement électriques sont approchés l'un de l'autre, c'est l'électricité naturelle placée entre leurs atmosphères raréfiées, et par là même devenue plus intense, qui s'efforce de s'étendre, et oblige ainsi les corps à s'écarter. Enfin, si deux corps électrisés, l'un positivement, l'autre négativement, sont placés près l'un de l'autre, ils s'approchent, parce que l'atmosphère positive du premier est attirée par l'atmosphère négative du dernier. Nous trouverons aussi, par la suite, plusieurs phénomènes qui ne peuvent s'expliquer par cette hypothèse que d'une manière forcée. Parmi les phénomènes de cette espèce dont il a déjà été question, se trouve cette circonstance, que, lors du passage de l'électricité par une pointe, le courant d'air qu'elle produit est toujours dirigé vers la partie aiguë de la pointe (pag. 223, § 13), et qu'il en est encore de même lorsqu'on électrise le conducteur négativement, selon l'expression de Franklin.

Voyez, pour connaître cette hypothèse dans ses détails, la lettre de Franklin sur l'électricité.

Hypothèse de Symmer.

§ 13. Robert Symmer, dans la Ire partie du 51e volume des *Transactions philosophiques*, publia une autre hypothèse qui a détruit celle de Franklin chez la plupart des physiciens, parce qu'effectivement elle satisfait mieux aux phénomènes. Selon Symmer, il y a deux matières électriques qui s'attirent l'une l'autre; tandis, au contraire, que les particules de chacune d'elles, prises isolément, se repoussent entre elles. Leur réunion, qu'on nomme *électricité combinée*, produit l'état d'équilibre; leur désunion, l'état électrique. L'une, prise séparément, donne les phénomènes de l'électricité vitrée; l'autre, ceux de l'électricité résineuse.

Lorsque deux corps ont tous deux l'électricité vitrée, ou tous deux la résineuse, leurs atmosphères homogènes se repoussent; lorsque l'un a l'électricité vitrée, et l'autre la résineuse, leurs atmosphères hétérogènes s'attirent.

L'électricité combinée du frottoir est décomposée par le frottement; le plateau attire l'électricité vitrée; l'électricité résineuse, devenue libre, s'échappe dans le sol par le conducteur attaché au frottoir; à sa place, la nouvelle électricité combinée afflue par ce même conducteur; et tant qu'on tourne le plateau, cet effet continue d'une manière non interrompue.

Par cette hypothèse, on explique de même, sans effort, quelques phénomènes électriques plus compliqués qui se présenteront dans la suite.

§ 14. Les hypothèses plus anciennes sont tout-à-fait inadmissibles. Parmi les plus nouvelles, celle de Deluc, qu'on trouve dans ses *Nouvelles Idées sur la Météorologie*, peut seule mériter quelque attention. Les Dictionnaires de Physique donnent, à l'article *Électricité*, une courte exposition de cette hypothèse et de toutes les autres.

On peut douter qu'aucune de ces hypothèses soit tout-à-fait exacte; mais celle des deux électricités, de Symmer, doit avoir incontestablement la préférence, parce que c'est la manière la plus commode de satisfaire à l'explication des phénomènes électriques.

ADDITION.

De la Balance électrique.

M. Coulomb a singulièrement perfectionné les idées de Symmer; on peut même dire qu'il les a, le premier, réduites en théorie exacte, surtout par la découverte qu'il a faite de la loi suivant laquelle s'exercent les attractions et les répulsions électriques. Car ce n'est pas assez pour un physicien rigoureux de savoir en général que les corps électrisés de telle manière s'attirent, ou de telle autre se repoussent; il faut, s'il veut adapter une hypothèse à ces faits, que cette hypothèse puisse les représenter avec exactitude, c'est-à-dire qu'on puisse en déduire tous les détails des phénomènes par un calcul rigoureux. Or, c'est à quoi a conduit la découverte de M. Coulomb.

Pour la faire concevoir, il est nécessaire de donner une idée de l'instrument avec lequel elle a été faite, et que M. Coulomb a nommé une *balance électrique*.

A un fil d'argent très fin, fixé par une de ses extrémités à quelque corps solide, on suspend une aiguille longue et mince de gomme-laque, substance qui laisse très difficilement écouler l'électricité; on dispose cette aiguille de manière qu'elle soit horizontale, et l'on colle à l'un de ses bouts un très petit cercle de papier doré. Ce cercle est le corps auquel on communique l'électricité; l'aiguille de gomme-laque sert à l'isoler; et le fil d'argent, par sa force de torsion, sert à mesurer la force attractive ou répulsive qu'exercent sur lui les corps électrisés qu'on lui présente.

On conçoit en effet qu'il faut une force, à la vérité fort petite, mais cependant déterminée et constante, pour faire tordre un pareil fil d'un tour ou d'un demi-tour, et par conséquent pour déranger d'autant l'aiguille de gomme-laque de la situation d'équilibre où elle s'était naturellement placée. Ainsi, plus l'action répulsive ou attractive de l'électricité sera forte, plus l'angle décrit par le petit cercle de papier doré sera considérable. On pourrait donc connaître comment l'action électrique varie avec la distance, si l'on connaissait les forces de torsion correspondantes à des déviations différentes de l'aiguille de gomme-laque. Or, c'est à quoi l'on peut fort aisément parvenir; car M. Coulomb a prouvé, par des expériences très précises, que la force de torsion, dans un fil de métal d'une certaine longueur, est exactement proportionnelle à l'angle de torsion ; et, pour éviter les différences que la forme irrégulière des corps pourrait produire, on emploie, pour corps attirant ou repoussant, une sphère de cuivre pareillement isolée à l'extrémité d'un cylindre de gomme-laque. Le petit cercle de papier doré sur lequel elle doit agir peut être considéré comme un point. On place la sphère de manière qu'elle touche le cercle, dans la position d'équilibre, où il s'arrête naturellement ; et, pour éviter les erreurs que l'agitation de l'air pourrait produire, tout l'appareil est enfermé dans une cage de verre, sur les parois de laquelle on trace des divisions horizontales qui servent à mesurer les angles décrits depuis le point de contact.

Cet instrument se nomme une *balance électrique*, parce qu'il sert à mesurer et à peser, pour ainsi dire, l'électricité.

Voici maintenant la manière d'en faire usage :

On ôte la sphère de cuivre en la prenant par son support de gomme-laque, et on lui communique une certaine quantité d'électricité en la faisant toucher à un conducteur électrisé ; puis on la replace dans la balance, à sa position ordinaire. Alors, le petit morceau de papier doré qui la touche dans sa situation naturelle, prend, par le contact, une portion de cette électricité, et il est repoussé à l'instant. L'aiguille décrit donc un angle, en s'éloignant de la sphère électrisée ; et, après plusieurs oscillations, elle se fixe dans une certaine position. Il est clair qu'alors la torsion éprouvée par le fil d'argent fait équilibre à la force répulsive, et peut ainsi lui servir de mesure. Pour fixer les idées, supposons que cette torsion, ou la force répulsive qui agit sur l'aiguille, soit de 36°.

Alors, si vous tordez le fil par force en sens contraire, ce que l'on peut faire au moyen d'un index placé au sommet de la machine, et auquel ce fil est attaché, il est clair que la torsion, devenant prépondérante, l'emportera sur la force répulsive, et le petit cercle se rapprochera de la sphère. Ce rapprochement sera d'autant plus sensible, que le fil sera tordu davantage. Supposons donc que l'on tourne l'index jusqu'à ce que l'écart de l'aiguille ne soit plus que de 18°, au lieu de 36° qu'il était d'abord; on trouvera que, pour la ramener à cette position, il a fallu tordre le fil de 126°.

Cette torsion s'ajoute évidemment aux 36° qui avaient été précédemment occasionés par l'action de la force répulsive; et la torsion totale serait de 162°, si, dans le second cas, le petit cercle était resté à la même position que dans le premier; mais comme il s'est rapproché de 18°, il s'ensuit que le fil sera détordu d'autant; ainsi, la torsion véritable est 162° — 18°, ou 144°.

En rapprochant ces résultats, on voit que, lorsque les écarts de l'aiguille ont été 36° et 18°, les forces de torsions qui faisaient équilibre à la force répulsive, ou, ce qui revient au même, les intensités de cette force répulsive étaient représentées par 36° et 144°; d'où il suit que, si les écarts de l'aiguille sont comme 2 à 1, ou comme 1 à $\frac{1}{2}$, les forces répulsives sont comme 1 à 4; c'est-à-dire que la force répulsive de l'électricité augmente comme le carré de la distance diminue, ou diminue comme le carré de la distance augmente, et généralement qu'*elle est réciproque au carré de la distance*. Toutes les autres expériences faites de la même manière et avec des intensités diverses, donneraient le même rapport. En appliquant la même méthode aux attractions électriques, on les trouve soumises à la même loi.

Pour plus de simplicité, on a supposé ici que la distance de la sphère et du petit morceau de papier doré est mesurée par l'arc de cercle qui les sépare. Cela n'est point tout-à-fait exact, et c'est la corde de l'arc qui est la mesure de la distance. Mais, lorsque les arcs sont petits, comme nous le supposons dans cet exemple, la différence n'est pas très considérable, et d'ailleurs on a soin d'y avoir égard dans un calcul rigoureux. C'est même avec cette correction que la loi précédente est exacte. Il est remarquable qu'elle est la même que celle des attractions célestes.

Au moyen de ce qui précède, la théorie des deux fluides, telle que M. Coulomb la présente, peut être réduite à cette hypothèse.

On suppose les phénomènes électriques produits par l'action réciproque de deux fluides invisibles et impondérables, dont les propriétés sont que les molécules de chacun d'eux se repoussent entre elles, et attirent celles de l'autre fluide, suivant la raison inverse du carré des distances.

D'après cette hypothèse, qu'il faut bien se garder de prendre pour une réalité, on représente tous les phénomènes électriques; et l'on peut même assujettir à un calcul rigoureux tous ceux *dans lesquels les deux électricités se trouvent à l'état de repos*; mais il faut toutefois n'y voir autre chose qu'un moyen commode de les expliquer, et l'on peut seulement en conclure que les phénomènes se passent comme s'ils étaient produits par deux fluides doués des propriétés précédentes; car la vraie nature de l'électricité est encore inconnue.

CHAPITRE XXXIV.

Distance explosive, Sphère d'activité, Électricité accumulée.

§ 1. Lorsqu'on approche d'un conducteur électrisé un corps conducteur non aigu, il se fait à un certain éloignement, ainsi que nous l'avons vu (pag. 218, § 6), un passage de l'électricité au moyen d'une étincelle, et la même sorte d'électricité que possède le conducteur est communiquée par là au corps approché. Cette manière d'électriser un corps se nomme *communication de l'électricité*. Si le corps qui l'a reçue est bien isolé, il conserve cette électricité lors même qu'il n'est plus en présence du conducteur qui la lui a donnée. On nomme l'espace environnant autour du corps électrisé, au-dedans duquel s'opère cet effet, sa *distance explosive*; et l'on dit qu'un conducteur donne des étincelles de 4 à 6 pouces, quand le passage se fait à ces distances. Au reste, la distance explosive est très variable, selon la force de l'électricité, selon la puissance conductrice du corps approché, selon la forme de ce corps, enfin selon les qualités de l'air environnant.

Sphère d'activité.

§ 2. L'action de l'électricité n'est pas limitée à la distance explosive ; elle se manifeste au-delà de cette distance, d'une manière à la vérité moins frappante, mais peut-être encore plus digne d'attention. La loi de cette action se démontre très clairement par l'expression suivante :

On prend un conducteur isolé, par exemple un tube de métal ; on applique à l'une de ses extrémités un électromètre sensible, et l'on présente son autre extrémité au conducteur de la machine. On remarque alors, par l'électromètre, que le conducteur isolé donne des signes d'électricité bien avant la distance explosive, et toujours de la même électricité que le conducteur de la machine. Cependant, cette électricité se distingue de celle que produit l'étincelle, par cela que si l'on éloigne le corps du conducteur, elle diminue de même qu'elle avait augmenté lorsqu'on l'approchait ; tandis qu'au contraire l'électricité communiquée par une étincelle ne subit aucun affaiblissement par le changement de place, si ce n'est celui que produit inévitablement la force conductrice de l'air humide. On nomme cette manière d'électriser un corps, *développement de l'électricité.*

Si l'on approche de nouveau le conducteur jusqu'au point où il donne des marques sensibles d'électricité, et si on le touche alors avec le doigt, les fils de l'électromètre se rapprochent, et toute trace d'électricité disparaît. Mais alors, en éloignant peu à peu le conducteur, et le tenant toujours isolé, les fils divergent de nouveau, et toujours davantage à mesure qu'on s'éloigne. Ce phénomène, précisément contraire à ce qui arrive avant qu'on ait touché le corps du conducteur, indique que ce corps a passé à l'état d'électricité opposée, et c'est ce qui est parfaitement confirmé au moyen de l'épreuve par l'électromètre.

§ 3. On nomme tout l'espace en-dedans duquel cet effet a lieu, la *sphère d'activité électrique ;* et l'influence de cette sphère d'activité est une des choses les plus importantes de la théorie de l'électricité, parce qu'aucune autre ne montre si clairement les lois particulières de la Statique électrique.

§ 4. Selon le système de Symmer, il arrive ce qui suit dans la sphère d'activité électrique :

Si le conducteur de la machine est chargé d'électricité vitrée, le conducteur isolé qu'on en approche apporte les deux électricités combinées. Son électricité résineuse est attirée par l'électricité vitrée du conducteur ; elle n'est pas pour cela enlevée, mais dissimulée ; de sorte que son effet sur l'électricité vitrée du corps conducteur est affaibli. Cette dernière électricité est donc libre à un certain point, et le devient d'autant plus que le corps est plus rapproché du conducteur. Si l'on éloigne le corps conducteur, l'effet répulsif que l'électricité du conducteur de la machine produisait sur son électricité vitrée naturelle, est affaibli ; par conséquent, les deux électricités de ce corps se recomposent en partie, et l'effet de son électricité vitrée naturelle devient moins sensible ; enfin, lorsque le corps du conducteur est tout-à-fait hors de la sphère d'activité du conducteur de la machine, il se trouve dans l'état d'équilibre où tous les phénomènes électriques disparaissent.

Mais si l'on touche le corps conducteur tandis qu'il est dans le voisinage de la machine, on lui enlève seulement son électricité vitrée, qui alors n'est qu'imparfaitement combinée ; et son électricité résineuse reste, parce qu'elle est retenue et dissimulée par l'électricité vitrée du conducteur ; de sorte qu'elle ne peut s'échapper. Si, ensuite, on éloigne le corps conducteur, ce qui lui reste de son électricité vitrée naturelle ne suffit plus pour saturer son électricité résineuse ; par conséquent celle-ci redevient de plus en plus libre, et produit ainsi son effet accoutumé.

Il n'est besoin que de changer les expressions d'électricité vitrée et résineuse, pour expliquer le cas où le conducteur de la machine est chargé de cette dernière.

On voit comment ces phénomènes se déduisent naturellement de l'hypothèse de Symmer.

§ 5. Pour expliquer la formation de la sphère d'activité d'après la même hypothèse, il faut seulement admettre que les deux électricités agissent déjà l'une sur l'autre à distance, mais que cette action n'a d'autre influence que de diminuer leur activité réciproque, et ne peut enlever ni l'une ni l'autre des corps où elles sont fixées.

Si l'une des deux, l'électricité vitrée par exemple, est accumulée en un corps quelconque, elle attire l'électricité résineuse contenue dans la combinaison des deux électricités de l'air environnant; en même temps elle repousse l'électricité vitrée; ainsi, par cette double influence, elle diminue l'action mutuelle qui rendait jusque là sans effet l'électricité vitrée combinée avec la résineuse. Par là l'électricité vitrée de la couche d'air la plus voisine devient presque entièrement libre, et produit un effet semblable, mais plus faible, sur la combinaison des deux électricités des couches d'air environnantes; et cette influence se propage ainsi de couche en couche, à une distance plus ou moins grande, selon que la force de l'électricité vitrée, qui a commencé tout l'effet, était plus ou moins considérable. D'après cette explication, dans toute la sphère d'activité, ni l'une ni l'autre des électricités ne se trouve nulle part à l'état naturel; mais l'une des deux est à l'état de lien; et ce lien est d'autant plus fort, qu'il est plus près du corps électrisé réellement.

Quand un conducteur isolé est placé dans la sphère d'activité, l'électricité résineuse de son état naturel se trouve combinée à un certain degré avec l'électricité vitrée de la sphère d'activité, et par conséquent son électricité vitrée devient sensible à un certain point.

Quand, au contraire, un conducteur non isolé est placé dans cette même sphère d'activité, quoique la même chose ait lieu, l'effet est différent, parce que l'électricité vitrée s'échappe par le conducteur qui lui est offert, et il ne lui reste que l'électricité résineuse, mais à un état combiné.

C'est dans ce sens qu'il faut entendre ce qu'on dit, que la sphère d'activité tend toujours à exciter dans le corps qui y est placé, une électricité opposée à la sienne.

§ 6. Qu'on garnisse les deux côtés d'un plateau de verre mince, avec des feuilles d'étain laminé, de sorte pourtant que quelques pouces des deux surfaces du verre restent à découvert sur les bords, et qu'il n'y ait pas la moindre communication conductrice entre ces deux garnitures métalliques : qu'on place le plateau de manière que ces deux garnitures demeurent isolées, et qu'on communique alors l'électricité du conducteur à la surface supérieure ; la surface inférieure manifestera la même électricité. Si l'on enlève à la surface supérieure son électricité au moyen d'une pointe dirigée vers elle, l'électricité de la surface inférieure disparaît aussi ; cependant, l'électricité s'échappe dans ces circonstances avec plus de difficulté que dans toute autre disposition. Si, au contraire, on enlève l'électricité de la surface inférieure par le contact, avant de détourner l'électricité de la surface supérieure, et qu'ensuite on approche une pointe de cette dernière, la surface inférieure indique une électricité croissante, mais opposée.

§ 7. On ne peut méconnaître, dans les circonstances essentielles de cette expérience, une parfaite ressemblance avec l'expérience décrite pag. 237, § 2, dès qu'on admet que la sphère électrique de la surface supérieure s'étend à travers le verre jusqu'à la surface inférieure. Cette opinion semble parfaitement confirmée par l'observation rapportée ci-dessus (pag. 229, § 9). Si la surface supérieure est chargée d'électricité vitrée, elle neutralise l'électricité résineuse naturelle de la surface inférieure, et alors l'électricité vitrée de celle-ci devient libre. Si l'on enlève l'électricité vitrée de la surface supérieure, l'électricité résineuse de la surface inférieure est de nouveau combinée avec l'électricité vitrée de la même surface, et celle-ci ne paraît pas électrique. Mais si l'on touche d'abord la surface inférieure, on en détourne l'électricitré vitrée devenue libre ; il ne lui reste plus que son électricité résineuse, mais dissimulée, et rendue sans effet par l'électricité vitrée de la surface supérieure, tant que cette électricité vitrée y reste fixée ; enfin, dès qu'on enlève cette dernière, l'électricité résineuse de la surface inférieure doit devenir libre.

§ 8. D'après la comparaison des deux expériences, les conditions essentielles pour la formation d'une sphère d'activité se déterminent plus exactement encore dans l'énoncé suivant.

Un corps conducteur doit être près d'un autre corps qui se trouve à l'état électrique, et en être séparé par un milieu non conducteur. Nous verrons dans la suite que le corps électrisé peut être aussi bien un non-conducteur qu'un conducteur. Dans l'air, la distance entre ces deux corps peut être assez grande, parce que la sphère d'activité s'y étend très loin. Au contraire, si le milieu non-conducteur est dense et compacte, comme le verre, par exemple, la sphère d'activité ne s'y étend qu'à de petites distances : par cette raison, le verre employé à cette expérience ne doit pas être trop épais. Dans ces circonstances, le conducteur qu'on approche montre toujours les phénomènes de la sphère d'activité, pourvu cependant que l'électricité ne soit pas tellement accumulée, que la distance explosive puisse atteindre le conducteur. Ce dernier cas, comme nous le verrons par la suite, peut arriver spontanément par l'effet d'une trop forte charge, même lorsque le milieu qui sépare est de verre.

Électricité accumulée.

§ 9. Quand on fait communiquer la surface inférieure du plateau avec le sol, et qu'on électrise alors la surface supérieure, celle-ci reçoit une beaucoup plus grande quantité d'électricité que lorsque les deux surfaces sont isolées. Si le plateau de verre est électrisé de cette manière, on dit qu'il est *chargé*, et l'on nomme avec raison l'électricité obtenue par ce moyen, *électricité accumulée*, puisque ses effets se distinguent singulièrement de ceux de l'électricité ordinaire, considérée jusqu'ici. Si l'on touche seulement la surface inférieure du plateau, on n'en éprouve rien, puisque son électricité libre a pu s'écouler dans le sol. Si l'on touche seulement la surface supérieure, on reçoit son électricité, non comme celle du conducteur, par une seule étincelle, mais par plusieurs étincelles plus petites, très piquantes, et se succédant rapidement les unes aux autres. Enfin, si l'on touche les deux surfaces en même temps (il est mieux de toucher d'abord celle de dessous), on reçoit toute l'électricité du plateau par une seule et forte étincelle, qui ne fait pas seulement éprouver une sensation piquante à l'endroit où on la reçoit, mais qui produit dans les deux bras, surtout aux jointures des coudes, une violente secousse qu'on nomme *coup électrique*, et qui ne se fait jamais sentir par l'électricité ordinaire. Cette décharge du plateau de verre peut s'effectuer, non-seulement au moyen des mains, mais aussi par toute autre communication conductrice entre les deux garnitures métalliques. Si l'on continue toujours à charger le plateau, l'électricité s'accumule toujours davantage, jusqu'à ce qu'enfin il se fasse une décharge *spontanée*, au moyen d'un étincelle qui, de la surface supérieure, va frapper la surface inférieure en traversant le verre, ce qui brise ordinairement le plateau.

C'est encore une circonstance digne de remarque, que cette électricité accumulée n'agit pas à beaucoup près aussi fortement sur l'électromètre que l'électricité libre. On peut se convaincre de cela en faisant communiquer un électromètre à cadran avec la surface supérieure du plateau, tandis qu'il est chargé, ou, ce qui revient au même, en l'assujettissant au conducteur (*).

§ 10. Il est, dans le fait, étonnant de voir comme tous ces phénomènes s'expliquent avec facilité par l'hypothèse de Symmer.

Si le conducteur fournit de l'électricité vitrée, cette électricité s'accumule sur la surface supérieure du plateau jusqu'à ce que sa sphère d'activité atteigne la surface inférieure au travers du verre. Aussitôt que cela arrive, l'électricité vitrée de la surface supérieure neutralise l'électricité résineuse de la surface inférieure; mais comme chaque combinaison est réciproque, elle est elle-même neutralisée à un certain degré, et par conséquent la surface supérieure du plateau est mise jusqu'à un certain point à l'état non-électrique, au moins tant qu'elle ne

(*) Car malgré la grande quantité d'électricité accumulée, l'électromètre n'indiquera qu'une faible tension, à cause de l'action attractive de l'électricité opposée qui se trouve répandue sur l'autre face du plateau.

contiendra pas plus d'électricité vitrée qu'elle n'en aurait pu recevoir sans cette combinaison. Mais l'électricité vitrée devenue libre sur la surface inférieure, s'écoule et fait place à la nouvelle électricité combinée qui arrive du sol. Celle-ci est décomposée par l'électricité vitrée qui s'accumule sur la surface supérieure, comme celle qui existait d'abord; et l'on conçoit facilement que la même opération se continue sans interruption, tant que la surface supérieure reçoit un excès d'électricité vitrée. Mais tandis que l'électricité s'accumule ainsi, la distance explosive de la surface supérieure pénètre plus avant dans le verre; et si elle atteint la surface inférieure, il doit y avoir une décharge spontanée.

Si l'on décharge le plateau avant ce moment, toute l'électricité accumulée sur la surface supérieure se combine tout d'un coup avec toute l'électricité résineuse accumulée sur la surface inférieure, par le plus court chemin qui lui est offert, et produit le coup électrique au moment du passage instantané à travers le corps.

La diminution de l'effet électrique sur l'électromètre vient de ce que les deux électricités ne peuvent avoir d'effet qu'à l'état libre, et qu'elles se trouvent dans le plateau de verre à l'état d'une certaine combinaison. Cette combinaison n'est cependant pas une vraie union de deux matières, puisque celle-ci se fait ensuite par la décharge. Chacune des électricités adhère à la surface où elle est amenée; mais dans le voisinage où elles se trouvent, l'action de l'une dissimule celle de l'autre.

§ 11. Si l'on recouvre la surface supérieure du verre avec une matière qui conduise mal l'électricité, par exemple, avec un vernis mêlé de poudre métallique, le plateau se charge de même, mais l'électricité ne se répand pas tranquillement sur sa surface supérieure; au contraire, du milieu où elle afflue, elle se lance vers tous les côtés en éclairs serpentans. Si l'on fait communiquer la garniture inférieure avec le bord de la garniture supérieure, au moyen d'une bande conductrice d'étain, la charge a lieu encore; mais lorsque l'électricité est accumulée à un certain point, il se fait par la bande d'étain une décharge spontanée qui embellit le phénomène. Un semblable plateau s'appelle un *carreau magique*.

§ 12. Comme la forme du plateau de verre qu'on emploie pour cette expérience est tout-à-fait arbitraire, on se sert ordinairement, pour produire l'électricité accumulée, de l'appareil nommé *bouteille de Leyde*. La disposition de cet appareil, qu'on regarde maintenant comme la plus convenable, est la suivante : un bocal de verre mince est recouvert en dedans et en dehors avec des feuilles d'étain laminé, de sorte qu'extérieurement et intérieurement il ne reste qu'un pouce et demi ou deux pouces du bord supérieur du verre, qui ne soient pas couverts. On enduit ordinairement ce bord avec une couche de cire à cacheter dissoute dans l'alcool, parce que cette couche isole encore mieux que le verre seul. C'est la garniture intérieure de la bouteille, qui est chargée immédiatement par le conducteur; et pour pouvoir la charger plus commodément, on ajoute à la bouteille un petit appareil qui consiste en une tige ronde de métal, plus haute que la bouteille, de trois ou quatre pouces, pourvue d'un bouton à son extrémité supérieure, et attachée par le bas à une plaque ronde de plomb, qui s'ajuste exactement au fond de la bouteille. On place cet appareil dans la bouteille, et dans le haut on l'assujettit au moyen d'un couvercle de carton enduit de cire à cacheter, à peu près à l'endroit où finit la garniture intérieure.

Pour charger la bouteille, on la tient à la main et l'on présente le bouton au conducteur; ou bien on la place sur une table, et l'on fait communiquer le bouton au conducteur par le moyen d'une chaîne (*).

(*) Il est dit dans les Dictionnaires de Physique (Gehler, II, 288 ; Fischer, II, 508), et vraisemblablement dans beaucoup d'autres ouvrages, que le verre épais est moins exposé au danger de se rompre que le verre mince. Les bouteilles que fabrique M. Elckner, à Berlin, sont, ainsi que tous les instrumens de cet habile artiste, faites avec le plus grand soin ; elles ne se brisent jamais par une décharge artificielle, et supportent presque toutes les décharges spontanées ; et elles doivent cet avantage à ce qu'il choisit du verre très mince, d'une densité et d'une épaisseur aussi égales que possible. Si l'explication de

§ 13. Comme il serait dangereux de décharger avec les mains de trop fortes charges, on emploie pour cela un petit instrument particulier, qu'on nomme un *excitateur*. Il consiste en une verge de métal courbée en arc, arrondie aux deux bouts, et terminée par deux boutons, ou bien encore une des extrémités est arrondie en anneau, et l'autre terminée par un bouton. On place un bout de cet instrument contre la garniture extérieure de la bouteille, et l'on touche, avec l'autre, la tige ou bouton qui surmonte : de cette manière, toute la décharge passe à travers la verge de cuivre, sans que la main en éprouve la plus légère impression. L'excitateur est encore plus commode quand on fait tenir deux arcs métalliques mobiles à un manche isolant, de bois séché, recouvert de cire à cacheter, par exemple, de sorte qu'on puisse varier à volonté la distance des deux extrémités, dont l'une est ordinairement recourbée en anneau, et l'autre terminée par un bouton arrondi.

§ 14. La découverte de l'électricité accumulée fut faite en même temps, dans l'année 1745, par deux physiciens, par le chanoine Kleist, à Cammin, et par Muschenbroëk, à Leyde. C'est pour cela qu'on nomme la bouteille qui sert à cette expérience, *bouteille de Leyde* ou de Kleist, et l'expérience elle-même, *expérience de Leyde*. Les Dictionnaires de Physique de Gehler et de Fischer donnent des détails circonstanciés sur cette découverte, à l'article *Flasche, geladene*.

§ 15. On peut faire, avec la bouteille de Leyde, une quantité d'expériences instructives et amusantes. Par rapport aux premières, nous remarquerons seulement ce qui suit :

La décharge a toujours lieu lorsqu'on établit une communication conductrice entre la garniture intérieure et la garniture extérieure de la bouteille, de quelque étendue que soit cette communication. On peut donc communiquer au même instant *le coup électrique* à un grand nombre de personnes,

---

la sphère d'activité donnée ci-dessus est exacte, ce procédé s'accorde parfaitement avec la théorie.

lorsqu'elles forment une chaîne en se tenant par les mains, et que la première tient la garniture extérieure, tandis que la dernière touche le bouton de la bouteille avec la jointure du doigt.

Si l'on donne à l'électricité le choix pour le passage entre un bon et un mauvais conducteur, elle passe par le premier, et ne touche point du tout au dernier. C'est pour cela qu'on peut tenir hardiment l'excitateur par les deux mains, sans éprouver aucun coup. Cependant, lorsque le chemin par un mauvais conducteur est beaucoup plus court, quelquefois l'électricité le préfère au chemin par un bon conducteur.

La chaîne de communication peut même être interrompue à un ou à plusieurs endroits; et pourvu seulement que la distance ne soit pas trop grande, la décharge a lieu, cependant avec cette modification, qu'à chaque place où la chaîne est interrompue le passage se fait par une étincelle qui donne le coup.

§ 16. Lorsqu'on veut augmenter l'effet de la bouteille de Leyde autant que possible, on fait une *batterie électrique*; c'est-à-dire qu'on réunit plusieurs bouteilles sembables, et qu'on met en communication, d'une part, toutes leurs garnitures extérieures, et de l'autre toutes leurs garnitures intérieures. On établit très simplement la communication entre les garnitures extérieures, en les plaçant toutes sur une même couche d'étain laminé; et celle des garnitures extérieures se fait aussi très facilement, en joignant ensemble les tiges des bouteilles, ou mieux encore les boutons qui les terminent, au moyen d'une tige de métal. Le reste de la disposition extérieure est arbitraire, et doit être cherché dans des ouvrages plus étendus.

On charge cet appareil en tournant le plateau de la machine électrique après qu'on a fait communiquer la garniture intérieure au conducteur, par le moyen d'un fil ou d'une chaîne de métal.

On ne peut pas déterminer généralement combien de fois on doit tourner le plateau pour obtenir une charge complète, puisque cela ne dépend pas seulement de la grandeur de la machine, mais encore de l'état et de la température de l'air.

Comme les effets d'une batterie chargée ont une force qui exige de la prudence, il est fâcheux qu'on n'ait, jusqu'à présent, aucune marque à laquelle on puisse reconnaître avec certitude combien la charge est avancée. Il faut du moins apporter la plus grande attention à distinguer les signes imparfaits qui nous sont offerts. Sous ce rapport, on doit observer ce qui suit : 1°. A chaque expérience on doit compter combien de fois on a tourné le plateau, afin de tirer une règle de ce qui est arrivé à la première expérience pour se diriger dans les suivantes. 2°. On ne doit jamais manquer de placer l'électromètre à cadran sur le conducteur, et de l'observer. Il s'élève à la vérité beaucoup plus lentement par la charge d'une batterie que par l'électricité du seul conducteur, ou par la charge d'une seule bouteille ; mais on peut déduire de son état, durant la première expérience, une règle pour les suivantes, et l'on peut même, dans la première expérience, observer en quelque sorte la progression de la charge. 3°. Avant de commencer les expériences, on place sur les communications métalliques qui joignent ces garnitures intérieures, une verge de métal terminée aux deux bouts par une petite boule d'environ $\frac{1}{4}$ de pouce de diamètre, et qui se prolonge quelques pouces au-delà de la batterie. On approche de temps en temps d'une de ces boules le bouton d'un excitateur isolé. A une certaine distance, une étincelle pétillante vient frapper l'excitateur ; et l'on peut conclure à peu près la force de la charge, par l'éloignement où cette étincelle a lieu. Pour une batterie de 20 à 30 bouteilles de quart de Berlin, une distance d'un demi-pouce indique déjà une forte charge. 4°. Lorsqu'on est attentif à ce qui arrive dans toute la batterie, et qu'on entend un pétillement entre les bouteilles, on ne doit pas tarder à décharger la batterie, puisque ce bruit indique ou qu'il y a une bouteille endommagée, ou qu'il va se faire incessamment une décharge spontanée.

Il faut éviter la décharge spontanée, parce qu'elle fait casser souvent des bouteilles. La décharge artificielle se fait de même que dans une bouteille seule, en établissant une communication entre la garniture intérieure et la garniture extérieure.

§ 17. L'effet d'une batterie augmente avec le nombre des bouteilles qu'on y emploie, ou plutôt avec l'étendue des surfaces qui sont revêtues de métal.

Il faut aussi avoir égard à la force de la machine électrique dont on fait usage : plus elle est faible, plus il faut de temps pour charger une même batterie, et plus aussi il se perd d'électricité par le contact de l'air ; ce qui empêche la charge de s'effectuer.

§ 18. L'excitateur à tiges, de Henley, est une dépendance presque indispensable d'une batterie électrique. Voici en quoi il consiste. Sur une petite planche longue d'environ 12 pouces, et large de 6 à 8, sont placés assez près des deux extrémités les plus étroites, deux montans isolés de 8 à 10 pouces de hauteur. Chacun d'eux supporte une verge de métal posée transversalement, et qui est recourbée en anneau du côté extérieur, et terminée du côté intérieur par une boule ou par une pointe lorsqu'on dévisse la boule. Ces verges de métal sont attachées aux montans par le moyen d'une monture de cuivre, de sorte que chacune d'elles peut faire trois sortes de mouvemens. Elle peut se mouvoir en avant et en arrière dans la monture ; elle peut être tournée horizontalement et verticalement. Entre les deux montans est une espèce de petite table de bois très sec, qu'on peut placer plus haut ou plus bas, à volonté, et qu'on peut même ôter tout-à-fait. Sur la petite table est encore un plateau de la même grandeur qu'elle, et qu'on peut y adapter avec des vis à la manière d'une presse.

Pour se servir de cet instrument, on attache l'un des bouts d'une chaîne de métal à l'anneau d'une des verges de métal, et l'autre bout à la garniture extérieure de la batterie. On met le corps qu'on veut exposer à l'effet du coup, sur la petite table, ou on le presse entre les deux plateaux ; puis on donne aux boutons des deux verges de métal la situation et la distance convenables par rapport au corps; ensuite on attache l'anneau d'un excitateur ordinaire (pag. 245, § 13) à l'anneau de la seconde verge métallique, et l'on touche avec le bouton de l'excitateur ordinaire la garniture intérieure de la batterie; l'étincelle électrique est alors, comme on le voit aisément, forcée de passer par le corps qui est placé entre les deux boutons de l'excitateur.

§ 19. Parmi les innombrables expériences qui se font avec une batterie électrique, nous rapporterons seulement les suivantes :

Les oiseaux et les autres petits animaux sont tués instantanément par la décharge d'une batterie. Pour faire l'expérience sur de plus grands animaux, il faut user de beaucoup de prudence. Les chenilles paraissent faire une exception, et peuvent soutenir, non-seulement la décharge d'une batterie, mais même, selon l'observation d'un de mes amis, la décharge de la poudre.

L'étincelle d'une batterie passe à travers un plateau de verre mince, avec un grand bruit, mais sans le rompre en éclats; il ne s'y fait qu'un trou presque imperceptible.

Elle perce plusieurs doubles de feuilles de carton, un jeu de cartes, des lames d'étain ou de plomb. Il est à remarquer que les ouvertures qu'elle y laisse ont les bords relevés des deux côtés.

L'étincelle électrique rougit, fond et oxide, ou brûle des fils déliés de métal. Il est très facile de faire cette expérience, même avec de petites batteries, en se servant d'un bout très court d'un fil très mince, par exemple, de la plus petite des cordes d'acier que l'on emploie dans les pianos.

Une feuille d'or ou d'argent, pressée entre deux plaques de verre, est incrustée dans le verre par l'étincelle électrique. Une feuille qui contient de l'alliage perd, par cette opération, une partie de sa couleur en plusieurs endroits; ce qui est l'effet d'un commencement d'oxidation.

Si l'on approche de la surface de l'eau les deux boutons de

l'excitateur de Henley, déjà à 5 ou 6 pouces de distance l'un de l'autre, la décharge se fait avec un bruit très fort. Si l'on tient un doigt dans l'eau pendant la décharge, on éprouve quelque commotion. Il est hors de doute que la vapeur d'eau conductrice qui se trouve au-dessus de l'eau favorise la décharge.

Si l'on met les boutons de l'excitateur dans l'eau, à une petite distance l'un de l'autre, l'étincelle paraît dans l'eau entre les boutons, ce qui donne à l'eau un mouvement remarquable.

CHAPITRE XXXV.

De l'Électrophore et du Condensateur.

§ 1. Alexandre Volta, de Pavie, celui des physiciens du dernier siècle qui s'est le plus occupé de l'électricité, a enrichi les appareils électriques de plusieurs instrumens très remarquables, parmi lesquels se trouvent l'électrophore et le condensateur. Les découvertes de ce savant sont caractérisées par cela, qu'aucune n'est due au hasard, mais que toutes sont des fruits de l'étude et de l'application de la théorie.

De l'Électrophore.

§ 2. Qu'on se représente un plateau circulaire de fer-blanc, entouré d'un rebord en saillie, mais peu élevé. Sa grandeur est très variable : il y a de petits électrophores de quelques pouces de diamètre, et de grands, dont le diamètre est de 2 jusqu'à 5 pieds; le bord doit toujours être relativement très bas, d'un huitième de pouce, à peu près, pour les petits électrophores; et d'un pouce environ pour les plus grands. Ce plateau se nomme la *forme de l'électrophore.*

Il est rempli avec de la résine, de la poix, de la cire à cacheter, du soufre, ou une composition résineuse quelconque.

On doit avoir soin que la masse qui le remplit n'ait aucune fente, et que la surface soit bien unie. Cette masse s'appelle le *gâteau de l'électrophore*.

La troisième et dernière partie essentielle de l'instrument s'appelle le *couvercle*. Il consiste en un plateau circulaire, dont le diamètre est plus petit que le diamètre de la forme, d'un huitième ou d'un dixième Il doit être d'une matière conductrice, et n'avoir aucun angle ni aucune proéminence. S'il est de fer-blanc, le bord doit être arrondi; mais il est difficile alors de le conserver parfaitement uni, et, par cette raison, il vaut mieux le faire de plusieurs cartons collés l'un sur l'autre, et recouverts avec du tain. On le suspend à trois cordons de soie, comme un plateau de balance; ou bien on y adapte au milieu un manche de verre. Enfin, il doit pouvoir être enlevé isolément.

§ 3. On excite l'électricité de cet instrument, en frottant le gâteau avec une queue de renard, ou une peau de chat parfaitement sèche, qui lui donne l'électricité résineuse.

Les propriétés qui distinguent l'électrophore se manifestent dans les phénomènes suivans :

1°. Si l'on place le couvercle sur le gâteau électrisé, l'électricité s'y conserve plusieurs jours, même plusieurs semaines. De là vient le nom d'*électrophore*, c'est-à-dire *porteur d'électricité*.

2°. Si l'on pose un électromètre sur le couvercle avant de le placer sur le gâteau, et qu'on l'approche peu à peu de celui-ci, les fils de l'électromètre s'éloignent à mesure qu'on avance vers le gâteau. Le couvercle est donc électrisé alors, et son électricité est la même que celle du gâteau. Mais si l'on enlève le couvercle sans l'avoir touché, les fils se rapprochent d'autant plus qu'on élève le couvercle davantage; enfin, lorsqu'il se trouve hors de la sphère d'activité du gâteau, toute trace d'électricité disparaît (*).

(*) Lorsqu'on fait cette expérience, il ne faut pas laisser trop long-temps le plateau en contact avec le gâteau de l'électrophore, ou même dans sa

3°. Si l'on replace le couvercle sur le gâteau, et qu'on le touche avant de l'enlever, ou, ce qui est encore mieux, qu'on touche en même temps, avec la même main, la forme et le couvercle, le doigt qui touche le couvercle reçoit une petite étincelle, et les fils de l'électromètre se réunissent; de sorte que le couvercle ne paraît plus avoir aucune électricité : mais si on l'enlève alors par le manche isolant, les fils de l'électromètre s'écartent d'autant plus qu'on éloigne le couvercle davantage, jusqu'à ce qu'enfin, lorsqu'il est hors de la sphère d'activité du gâteau, ils conservent entre eux un certain éloignement. Le couvercle est donc électrisé, mais de l'électricité contraire à celle du gâteau. Si l'on abaisse de nouveau le couvercle, les fils se rapprochent, et toute l'électricité semble avoir disparu quand il est posé sur le gâteau. Mais si l'on touche le couvercle avant de l'abaisser, on reçoit une étincelle assez forte, qui lui enlève toute son électricité.

4°. On peut répéter cette expérience autant de fois qu'on veut, et tirer alternativement du couvercle des étincelles, tandis qu'il est élevé et tandis qu'il est sur le gâteau, sans que ce dernier perde rien de son électricité.

§ 4. D'après ce qui a été dit dans le chapitre précédent, sur la sphère d'activité électrique, ces phénomènes offrent peu de chose qui ait besoin d'une explication particulière. Le seul phénomène nouveau qu'on remarque ici, c'est qu'il ne se produit pas une vraie *communication,* mais une simple *séparation* de l'électricité, lorsqu'on pose le couvercle sur le gâteau. Nous avons déjà vu cependant (pag. 223, § 12) que la forme des

sphère d'activité; car, comme l'électricité naturelle du plateau se trouve décomposée, et que la partie vitrée est seule retenue par l'attraction de la résine, tandis que la résineuse est repoussée, celle-ci a une tendance à s'échapper; c'est là ce qui fait diverger les fils de l'électromètre. Or, comme l'air qui environne le plateau ne produit jamais un isolement parfait, une partie de cette électricité s'échappe par ce moyen. Et, quoique cet effet soit assez faible dans un instant très court, comme il est continuel, il augmente avec le temps, de manière que le plateau finit par se trouver déchargé de son électricité résineuse, précisément comme si on l'avait touché; et l'on peut s'assurer de ses pertes successives par le rapprochement graduel des fils de l'électromètre.

corps a une grande influence sur la communication de l'électricité, et que la communication est d'autant plus difficile, que le corps offre moins de pointes et d'angles saillans. L'électrophore nous apprend donc une nouvelle loi de la communication, c'est-à-dire qu'*entre deux surfaces planes, dont l'une est conductrice et l'autre non-conductrice de l'électricité, il ne peut y avoir aucune communication.*

Le reste est clair pour ceux qui comprennent les lois de la sphère d'activité.

§ 5. L'électrophore peut remplacer la machine électrique dans un grand nombre de cas; car, lorsqu'il est une fois électrisé, il est, pour ainsi dire, une source inépuisable d'électricité; même, avec son secours, on peut charger des bouteilles de Leyde, et leur donner à volonté l'une des deux électricités. Pour cela, on place deux bouteilles près de l'électrophore, et l'on fait communiquer la garniture extérieure de l'une avec le couvercle métallique. Cette bouteille tire des étincelles du couvercle lorsqu'il est sur le gâteau, et l'autre bouteille en tire de ce même couvercle, quand il est enlevé. La première est donc par là chargée d'électricité résineuse, et la seconde d'électricité vitrée. On n'obtient cependant de fortes charges que lentement, du moins si l'électrophore n'est pas très grand.

§ 6. Nous devons encore rapporter un moyen facile d'accumuler l'électricité sur le gâteau. On charge une bouteille d'électricité, au moyen de l'électrophore ou de la machine, et on la pose sur le gâteau; cela fait, on la prend par le bouton, et l'on promène ainsi le fond de la bouteille sur l'électrophore : de cette manière, toute l'électricité vitrée de la bouteille passe peu à peu dans la main, et le gâteau prend aussi peu à peu toute l'électricité résineuse qu'elle retenait combinée, et son électricité en est augmentée.

§ 7. Parmi les expériences qui ne se font qu'avec l'électrophore, se trouve celle qu'on désigne sous le nom de *figures de Lichtenberg*. On charge deux bouteilles, l'une d'électricité vitrée, l'autre d'électricité résineuse. On tient chacune d'elles par la garniture extérieure, et l'on dessine quelques traits sur le gâteau avec le bouton, après qu'on a enlevé toute autre électricité au gâteau, en le frottant et l'essuyant avec une toile de lin. On le saupoudre ensuite de poudre fine, par exemple, de soufre, de poudre de résine, de minium, etc., etc., et les traits qu'on y a faits avec l'une ou l'autre des électricités se distinguent très sensiblement par le moyen de ces poudres, qui vont se ranger sur leurs contours.

§ 8. On peut voir dans les Dictionnaires de Physique de Gehler et de Fischer, et dans d'autres ouvrages plus étendus, les autres expériences qui se font avec l'électrophore. On en a fait dernièrement une ingénieuse application pour le *Briquet électrique*, instrument dont le premier et imparfait appareil est décrit dans les Dictionnaires de Physique cités à l'article *Lampe electrische*. Je ne connais aucune description imprimée de sa nouvelle construction ; ce qu'elle a d'essentiel consiste en ce qu'une boîte est adaptée à l'électrophore, au-dessous de la machine, et qu'il n'est besoin que de tourner un seul robinet pour produire l'inflammation. Ces briquets sont très répandus à Berlin, et les meilleurs sont fabriqués par M. Elckner.

Du Condensateur.

§ 9. On a commencé, dans ces derniers temps, à faire des recherches très instructives sur les faibles degrés d'électricité qui se manifestent dans un grand nombre de circonstances. Le physicien qui veut approfondir la science doit donc connaître les instrumens qui peuvent servir pour ces recherches. On y emploie principalement, outre les électromètres très sensibles, le condensateur de Volta, avec lequel les effets de l'électricité la plus faible peuvent être observés.

§ 10. La construction du condensateur peut être variée de différentes manières, mais elle est toujours extrêmement simple. Les parties essentielles sont le *couvercle* et la *base*. Le couvercle est disposé comme celui d'un électrophore (pag. 250, § 2) ; seulement il est ordinairement beaucoup plus petit : il a environ de 2 à 5 pouces de diamètre. Il est convenable de le faire en métal, et de polir la surface inférieure. La *base* est un plateau d'un diamètre un peu plus grand. La matière qui le compose doit ne pas conduire l'électricité; ou, si l'on emploie une matière qui la conduise, elle doit être recouverte de quelque substance qui ne se laisse point pénétrer par l'électricité. Ordinairement c'est un disque poli, couvert d'un taffetas ou d'une couche mince de vernis. On peut employer aussi, pour le même usage, une plaque de marbre très sec et chauffé, un plateau de bois séché et couvert d'une légère couche de vernis, etc., etc.; même, puisque l'air est mauvais conducteur de l'électricité, on n'a besoin que de placer trois petites plaques de verre sur une table, pour servir de supports, et de mettre le couvercle dessus; la couche d'air qui est au-dessous tient lieu de la base.

§ 11. Dans l'électrophore, le gâteau est électrisé; dans le condensateur, on communique immédiatement au couvercle, tandis qu'il est sur sa base, la faible électricité qui doit être examinée. Tant qu'il est posé sur la base, il ne montre presque aucune électricité; mais si on l'élève, il agit sensiblement sur l'électromètre, et donne même des étincelles. On peut en faire l'expérience avec le petit reste d'électricité que conserve une bouteille après la décharge complète.

§ 12. La théorie du condensateur n'a aucune difficulté, d'après ce qui a été dit ci-dessus. Il n'y a aucune communication entre le couvercle et la base (pag. 252, § 4); par conséquent, l'électricité communiquée au couvercle forme une sphère d'activité. Si l'on donne l'électricité vitrée au couvercle, elle neutralise jusqu'à un certain degré l'électricité résineuse contenue dans l'électricité naturelle de la base, et, par une conséquence nécessaire, elle se trouve neutralisée elle-même à un degré égal. Ainsi, le couvercle reçoit par là, de même qu'une bouteille qu'on charge, la faculté d'accumuler plus d'électricité. Il aspire donc toute l'électricité des corps qui lui sont présentés; mais cette électricité est dissimulée entièrement ou en très grande partie, tant que le disque supérieur est posé sur le plateau inférieur ; et ce n'est qu'en l'enlevant, et lorsque la base est tout-à-fait hors de la sphère d'activité du disque supérieur, que l'électricité de celui-ci se manifeste de la manière ordinaire.

On conçoit très facilement comment cet instrument, très ingénieusement inventé pour la recherche des très petits degrés d'électricité, peut avoir une application dans d'autres cas. (*Voyez* l'article *Condensator,* dans les Dictionnaires de Physique de Gehler et de Fischer.)

CHAPITRE XXXVI.

De l'excitation de l'Électricité par d'autres moyens que le frottement, et en particulier du Galvanisme.

§ 1. Plusieurs physiciens du siècle dernier, entre autres Nollet, Winkler et Franklin, eurent en même temps l'idée que le tonnerre est un phénomène électrique. Mais le célèbre Franklin eut non-seulement le mérite incontestable d'avoir décidé la question par l'expérience ; il s'acquit encore une renommée éternelle par l'invention des paratonnerres. Une exposition détaillée de la théorie de la foudre appartient plutôt à la Géographie physique qu'à la Physique mécanique ; mais nous avons toutefois rapporté ici ce phénomène, parce qu'il prouve, d'une manière frappante, que la nature possède, pour l'excitation d'une très forte électricité, des moyens que nous ne connaissons peut-être pas encore : car il n'y a pas la moindre vraisemblance que l'électricité du tonnerre soit produite par le frottement de l'air contre l'air, ou de l'air contre la vapeur d'eau. La circonstance suivante demande quelque attention. Durant un orage, l'atmosphère étant remplie de vapeur d'eau et de gouttes de pluie, elle a une communication très conductrice avec le sol, par laquelle une quantité considérable d'électricité est insensiblement détournée du nuage orageux. Mais comme il se fait cependant de très fortes décharges par les éclairs, et qu'elles se répètent souvent pendant plusieurs heures, on est forcé d'admettre que, dans le nuage orageux lui-même, il s'opère continuellement un phénomène quelconque, par lequel une si grande quantité d'électricité devient libre, que la force conductrice de l'air ne la peut enlever, ni même l'affaiblir sensiblement. Quant à la manière dont se produit ce phénomène, nous l'ignorerons peut-être encore long-temps. (*Voyez* au reste, sur ce sujet, les articles *Blitz*, *Blitzableiter*, *Donner*, *Electricitaet*, *Gewitter*, *Spitzen*, *Wetterleuchten*, dans les Dictionnaires de Gehler et de Fischer.)

§ 2. Le frottement est sans doute le moyen le plus actif d'exciter l'électricité, et il est sûr qu'il s'en produit à chaque frottement de deux corps, surtout lorsque ces deux corps ne sont pas homogènes. Seulement il se peut que cette électricité n'occasione pas d'effet sensible, soit à cause de son peu d'intensité, soit parce qu'elle est aussitôt détournée par les moyens de conductibilité qui lui sont offerts. Mais on sait aussi maintenant exciter l'électricité par d'autres moyens que le frottement, quoique ce ne soit qu'à de faibles degrés.

On doit d'abord ranger parmi ces moyens excitateurs la grande influence que le froid et la chaleur exercent sur les phénomènes électriques : ils changent la conductibilité des corps. Le verre chauffé jusqu'à la couleur rouge devient conducteur ; et la glace, par un très grand froid, cesse d'avoir cette propriété. La terre siliceuse, chauffée dans un creuset, montre une attraction électrique pour les parois de ce vase. Les phénomènes électriques que produit la tourmaline chauffée sont surtout étonnans. (*Voyez* les Dictionnaires de Gehler et de Fischer, article *Turmalin*. — *Voyez* aussi la Physique et la Minéralogie de Haüy.)

Un vaste champ pour les recherches s'offre encore ici aux chimistes ; car il y a apparence qu'à chaque combinaison chimique il se fait aussi des changemens dans l'état électrique des corps. En effet, on reconnaît des traces d'électricité, lors du passage de l'eau liquide à l'état de vapeur, par l'ébullition, lorsque les charbons se consument, lorsque le soufre, la cire, la résine, fondent, et, suivant la belle observation de Lavoisier et de Laplace, lorsque le fer est dissous dans l'acide sulfurique, etc., etc. Il est fort à désirer que les chimistes puissent suivre cet indice, qui conduira peut-être à des éclaircissemens très intéressans à beaucoup d'égards. On conçoit aisément l'utilité que doivent avoir, par rapport à ces recherches, des instrumens qui rendent sensibles les faibles degrés d'électricité (pag. 254, § 9).

Du Galvanisme.

§ 3. La découverte la plus importante qui ait été faite de notre temps sur ce sujet, est celle de l'effet qui se manifeste par le simple contact de deux métaux, dont l'un prend ainsi une électricité résineuse, et l'autre une électricité vitrée. Cette découverte est devenue une source de recherches nouvelles et très remarquables. On a trouvé les moyens d'augmenter considérablement cette électricité, et elle produit ainsi plusieurs effets qui lui sont absolument particuliers ; de sorte que, maintenant encore, quelques physiciens doutent de sa parfaite identité avec l'électricité (*). On a donné à tout ce qui se rapporte à cette nouvelle découverte, le nom de *Galvanisme*, parce que Galvani, physicien de Bologne, a le premier observé le phénomène qui a conduit à s'occuper de ces recherches. Cependant, nous devons encore ce qui a été fait de plus important sur ceci, à la pénétration de Volta.

§ 4. Dans l'année 1791, Galvani s'aperçut, par hasard, que la cuisse d'une grenouille, séparée du corps et dépouillée, éprouvait des contractions au moment où l'on faisait communiquer deux métaux, dont l'un était en contact avec un nerf

(*) Ceci pouvait être vrai lors de la publication de cet ouvrage en Allemagne ; mais depuis l'ingénieuse théorie que Volta a donnée des phénomènes galvaniques, il est impossible de ne pas y reconnaître l'action de l'électricité, et il n'y a plus à cet égard qu'une opinion parmi les physiciens et les chimistes les plus éclairés.

de cette cuisse, et l'autre avec un muscle. Il reconnut ensuite que ce phénomène s'opérait également sur toutes les parties de l'animal tué, mais que l'irritabilité du muscle, nécessaire pour le produire, ne durait que peu de momens après la mort. Ces expériences furent bientôt répétées par tous les physiciens de l'Europe, avec toutes les modifications qu'on peut imaginer. Nous allons donner ici les observations et les découvertes les plus intéressantes qui ont été faites sur ce sujet, soit par Galvani, soit par d'autres physiciens.

1°. Le phénomène se produit avec tous les métaux, et même avec quelques autres corps, comme le charbon, la plombagine, etc.; mais on emploie avec plus d'avantage le zinc mis en communication avec l'or, l'argent ou le cuivre.

2°. Au lieu de deux métaux, on pourrait faire également une sorte de chaîne galvanique, au moyen de plusieurs corps, dont l'une des extrémités serait terminée par un nerf, et l'autre par un muscle : l'effet s'opère aussitôt qu'on ferme la chaîne en réunissant ses extrémités, et les mettant en contact l'une avec l'autre. Cependant, il paraît que tous les corps ne sont pas indifféremment propres à cet usage, et que les conducteurs et les non-conducteurs de l'électricité conservent encore ici ces mêmes propriétés.

3°. On a reconnu qu'il n'est pas nécessaire que l'un des bouts de la chaîne se termine par un nerf, et l'autre par un muscle; tous deux peuvent se terminer par un nerf ou par des fibres musculaires qui sont en communication avec un nerf.

4°. La présence de l'eau paraît être une condition essentielle de ce phénomène; car, lorsque les parties du corps animal, mises en contact, ne sont point humectées, l'effet produit est faible ou presque nul.

5°. L'expérience se fait sur tous les animaux, et même sur les parties séparées du corps humain; mais l'irritabilité dure plus long-temps, après la mort, dans les animaux à sang froid que dans ceux à sang chaud.

6°. Le contact de deux métaux peut aussi produire des phénomènes remarquables sur le corps vivant. Si l'on place deux pièces de métaux différens sur une, ou sur deux plaies, faites à quelques endroits du corps, on ressent une vive douleur dans l'instant où l'on met les deux métaux en contact (*). Si l'on met une pièce de zinc sous l'extrémité de la langue, une pièce d'argent par-dessus, et qu'on fasse toucher alors les deux métaux, on éprouve une saveur acide bien déterminée. Si l'on change l'ordre des métaux, la saveur est différente et comme brûlante, ou, ainsi que le disent quelques personnes, alcaline. Si l'on place un métal contre l'angle interne de l'œil, et l'autre entre la lèvre inférieure et la mâchoire, on voit, au moment du contact, une lueur devant les yeux, à peu près semblable à la réverbération d'un éclair éloigné. On prétend qu'on reconnaît aussi une très subtile différence dans cette lueur, lorsque l'ordre des métaux est changé.

§ 5. Les physiciens étaient d'abord d'avis très différens sur l'explication de ces phénomènes. Quelques-uns croyaient qu'on avait découvert une nouvelle force naturelle qui agissait seulement sur l'organisation animale, et qu'on devait nommer, par cette raison, *électricité animale ;* la plupart considéraient ces phénomènes comme purement électriques ; mais ils n'étaient pas d'accord sur la manière de les expliquer. Galvani présumait que, dans l'état de vie, il se trouvait de l'électricité vitrée à l'intérieur des nerfs ; que les muscles ou l'enveloppe extérieure des nerfs contenaient de l'électricité résineuse, et qu'il se produisait, dans les expériences, quelque chose de semblable à la décharge d'une bouteille de Leyde. Volta, au contraire, avait observé que le simple contact de deux métaux excitait dans tous deux un faible degré d'électricité, de sorte que dans l'un on pouvait reconnaître l'électricité vitrée, dans l'autre l'électricité résineuse ; et il avança que cette propriété, jointe à la grande susceptibilité connue des nerfs relativement

(*) Cette expérience a été faite par M. de Humboldt. C'est lui qui, se faisant appliquer deux vésicatoires sur les épaules, y fit placer des pièces d'or, qui par leur communication produisirent sur lui tous les effets que décrit ici l'auteur. M. de Humboldt observant ainsi ces phénomènes sur lui-même, y trouva le sujet de plusieurs remarques physiologiques importantes.

à l'action des plus faibles électricités, renfermait la cause de ces phénomènes. Cette opinion paraît se confirmer par toutes les expériences faites depuis.

La Pile de Volta, ou Batterie galvanique.

§ 6. Volta fut conduit par la seule force de son raisonnement, et non par le hasard, à la découverte d'un moyen par lequel cette espèce d'électricité peut être augmentée d'une manière surprenante; c'est ce qu'on appelle la *Pile de Volta.* Pour la construire, on place des plaques d'argent et de zinc, ou de cuivre et de zinc, alternativement les unes au-dessus des autres, en séparant chaque couple par une rondelle d'étoffe mouillée d'eau ou d'une dissolution saline. La pile se continue toujours dans le même ordre où on l'a commencée. Ainsi, par exemple, argent, zinc, eau; argent, zinc, eau; argent, zinc, de manière que les deux extrémités de la pile finissent par un métal différent; et, selon le métal qui les termine, chacune de ses extrémités prend le nom de *pôle zinc*, ou de *pôle argent.* Pour observer les effets de la pile d'une manière suffisante, il faut qu'elle soit composée au moins de 50 couples. Les plaques qui y sont convenables doivent être à peu près de la largeur d'un écu. Nous parlerons en particulier de l'effet des plaques plus larges.

La colonne est ordinairement disposée de manière à être tout-à-fait isolée. On commence et l'on termine souvent la pile par des plaques doubles, entre lesquelles on interpose une plaque de laiton battu, qui a d'un côté un petit crochet auquel on peut attacher des fils de métal pour les expériences.

§ 7. Les expériences les plus remarquables qu'on puisse faire avec une pile semblable, sont les suivantes :

1°. Si l'on attache des fils de métal aux extrémités de la pile, et qu'on prenne un de ces fils dans chaque main, on ressent une commotion qui se répète et se prolonge autant que le contact. Cet effet est plus fort lorsque les mains sont mouillées; il l'est encore beaucoup plus quand on tient dans chacune d'elles une pièce de métal mouillée qu'on met en contact avec les fils de métal qui sont attachés à la pile, ou quand on fait plonger les deux fils dans un vase où il y a de l'eau, et qu'on touche ensuite l'eau avec les deux mains, etc., etc.

On peut faire passer cette commotion par telle partie du corps qu'on veut, et par une chaîne de plusieurs personnes.

2°. Les phénomènes lumineux rapportés à l'article 4, § 6, s'opèrent très facilement et de diverses manières; par exemple, il suffit pour cela de prendre un des fils avec la main mouillée, et de faire toucher l'autre à l'œil aussi mouillé, ou même à la langue. Dans ce dernier cas, on éprouve de plus une saveur extrêmement âcre. Du reste, tous les phénomènes indiqués (pag. 258, §§ 3 et 4) ont lieu, et acquièrent même une plus grande intensité au moyen de la pile.

3°. Lorsqu'on fait communiquer avec les fils de la pile deux électromètres extrêmement sensibles, ils indiquent des traces d'électricité, très faibles à la vérité, mais cependant non équivoques. L'extrémité zinc donne toujours de l'électricité vitrée, et l'extrémité argent ou cuivre, toujours de l'électricité résineuse. Ces électricités s'observent encore mieux lorsqu'on se sert d'un petit condensateur (pag. 254, §§ 9 — 12). On peut, avec cet instrument, charger ainsi de petites bouteilles, tracer les figures de Lichtenberg sur un électrophore (pag. 253, § 7), etc.

4°. Si l'on attache un fil de fer à l'une des extrémités de la pile et qu'on touche l'autre extrémité avec le même fil, on voit une étincelle électrique (*). Le phénomène arrive plus sûrement lorsqu'on enveloppe l'extrémité du fil de fer avec une légère feuille d'or. Cette feuille est consumée à l'endroit où l'étincelle a passé. On a enflammé du gaz tonnant avec cette étincelle, et même du phosphore et du soufre, en employant la feuille d'or, etc.

5°. L'expérience la plus importante qui se fasse avec la pile,

(*) Si l'on attache deux fils métalliques très fins aux pôles d'une pile électrique, et que l'on approche doucement ces deux fils l'un de l'autre jusqu'au contact, il s'établit entre eux une attraction qui les retient unis.

se rapporte à la Chimie ; mais elle est si remarquable, que nous ne pouvons pas négliger de la décrire. Il s'agit de la décomposition de l'eau. Pour l'effectuer, on remplit un tube de verre avec de l'eau distillée, et on le ferme à ses deux extrémités avec des bouchons de liége ; à travers ces deux bouchons passent deux fils métalliques qui plongent dans l'eau, et dont les bouts ne sont éloignés intérieurement que de quelques lignes. Ordinairement on aiguise les extrémités intérieures, mais cela n'est pas nécessaire : ces deux fils communiquent extérieurement chacun à un des pôles de la pile. Ces fils peuvent être d'argent ou de quelque métal plus grossier. Dans tous les cas, on observe les phénomènes suivans : l'extrémité du fil qui est attaché au pôle argent ou cuivre dégage, dans l'eau, une quantité de bulles d'air qui s'accumulent dans le haut du tube. Lorsqu'on a rassemblé assez de cet air pour pouvoir l'éprouver, on reconnaît que c'est de l'hydrogène, l'un des principes constituans de l'eau. L'extrémité de l'autre fil qui communique au pôle zinc, se couvre de l'oxide du métal dont le fil est formé ; ce qui prouve qu'il se fait de ce côté un dégagement d'oxigène. De cette manière, on peut distinguer et reconnaître les deux principes constituans de l'eau (pag. 12, § 9, et 107, § 6).

Lorsque les deux fils sont de platine ou d'or pur, il se dégage des gaz des deux côtés ; de l'hydrogène, comme auparavant, du côté argent, et de l'oxigène du côté zinc. On se sert ici d'un tube recourbé en forme de V, afin de recueillir et d'éprouver séparément les deux gaz.

Cette décomposition peut s'opérer aussi par l'électricité ordinaire, mais non pas commodément ni d'une manière si active. (*Annal. de Gilb.* XI, 220.)

6°. En général, l'électricité de la pile exerce, à ce qu'il paraît, une plus grande influence sur les effets chimiques que sur les effets mécaniques. Dans la pile elle-même, il ne se fait pas seulement une décomposition de l'eau dont les rondelles d'étoffe sont mouillées ; mais, lorsqu'on les a trempées dans une dissolution saline, on remarque aussi une décomposition du sel qui attaque et oxide fortement les plaques de métal entre lesquelles est placée la rondelle d'étoffe. D'après cette observation, plusieurs physiciens pensent que l'électricité de la pile doit plutôt être attribuée à ces actions chimiques qu'au contact des métaux; mais les principes qu'a donnés Volta, et les expériences contraires à cette opinion, ne lui laissent que peu de vraisemblance.

§ 8. Parmi les remarques faites nouvellement sur cet objet, la plus singulière, c'est que certains effets augmentent d'intensité avec la hauteur de la pile, ou plutôt avec le nombre des couples qui la composent, et que la force de quelques autres dépend de la largeur des plaques.

Les effets qui se produisent sur les corps animaux sont très différens selon le nombre des plaques; mais le plus ou le moins de largeur des plaques ne paraît influer sur eux que très peu, ou même point du tout. Au contraire, l'étincelle acquiert une grande force et une influence chimique très considérable, lorsqu'on emploie des plaques de 6 à 8 pouces de diamètre. Il y a apparence qu'aucun métal ne peut résister à l'effet de ce feu électrique; et même l'argent, l'or et le platine se fondent ainsi et s'oxident avec une belle lumière bleue, c'est-à-dire qu'ils brûlent. Mais, pour cette expérience, ils doivent être employés en feuilles très minces.

Rapports de l'électricité avec le galvanisme.

§ 9. Il est étonnant que, parmi des ressemblances si marquées entre les phénomènes de l'électricité et du galvanisme, on ne trouve, en aucun point, une concordance parfaite. La commotion que fait éprouver la pile se distingue sensiblement de celle que produit la bouteille de Leyde. Avec de petites plaques, on n'obtient qu'une très faible étincelle; avec des plaques larges, les effets chimiques de l'étincelle surpassent ceux de l'électricité ordinaire. L'attraction et la répulsion électrique, ainsi que la charge de la bouteille, ne se font qu'avec beaucoup de difficultés au moyen de la pile, tandis que la décomposition de l'eau s'opère ainsi, plus facilement, sans comparaison, que par la simple électricité. L'isolement, sans lequel la plupart des expériences électriques ordinaires ne peuvent réussir, paraît à peu près inutile pour une grande partie des expériences faites avec la pile; cependant cette condition devient nécessaire quand on veut mettre l'électromètre en mouvement, ou charger le condensateur ou des bouteilles. La présence de l'eau est entièrement inutile dans presque toutes les expériences électriques; c'est une condition essentielle pour toutes les expériences galvaniques.

Cependant, comme toutes ces différences sont plutôt produites par des diversités d'intensité que par des anomalies véritables dans ce qui constitue les phénomènes, on ne peut pas mettre en doute l'identité de la force qui agit dans les deux cas. — En effet, on peut aisément concevoir qu'il doit exister une grande différence dans les effets, lorsqu'on pense que presque tous les phénomènes de l'électricité ordinaire ont lieu par un mouvement instantané de la matière électrique, et qu'au contraire les phénomènes galvaniques ne s'opèrent qu'au moyen d'un courant continuel de cette même matière.

§ 10. Ceux qui voudront connaître plus exactement les expériences et les recherches innombrables des physiciens sur ces étonnans phénomènes, pourront consulter les *Annales de Gilbert,* où l'on peut prendre une idée de tout ce qui a été fait sur ce sujet. Pour cela, l'éditeur a donné dans un Supplément au douzième volume, une table alphabétique de tous les objets contenus dans les douze premiers, et de plus une revue systématique de tous les mémoires qui ont rapport au galvanisme.

ADDITION AU GALVANISME.

Pour compléter les notions que l'auteur vient de donner sur le galvanisme, et surtout pour assurer dans tous ses points ses rapports avec l'électricité, j'ai cru devoir joindre ici un rapport fait à l'Institut national par la commission du galvanisme, au sujet des expériences de Volta.

Les premiers phénomènes galvaniques consistaient dans des contractions musculaires excitées par le contact d'un arc métallique. Galvani et plusieurs autres physiciens les regardèrent d'abord comme produites par une électricité particulière et inhérentes aux parties animales. Volta montra le premier que l'arc animal introduit dans ces expériences ne servait qu'à recevoir et à manifester l'influence, mais très peu, ou point du tout, à la produire. L'irritation musculaire, que l'on avait cru d'abord la partie importante du phénomène, ne fut plus, selon lui, qu'un effet de l'action électrique, produite par le contact mutuel des métaux dont l'arc excitateur était formé. Cette opinion, qui trouva des partisans et des contradicteurs, fit multiplier les expériences propres à l'appuyer et à la combattre, et il arriva ce qui arrive toujours dans l'enfance des découvertes; on vit paraître, avec les faits, une foule d'anomalies singulières qui rendaient leur liaison plus difficile, et qui même étaient alors absolument inexplicables, parce qu'elles étaient dues à des circonstances très délicates, dont l'influence n'était pas encore bien connue.

Tel était l'état de cette branche de la Physique, lorsque la commission du galvanisme fit son premier rapport à l'Institut: son but avait été de déterminer avec exactitude les conditions propres à développer et à modifier les effets galvaniques; elle n'essaya point de les expliquer, et se borna à les présenter dans l'ordre qui lui parut le plus convenable. On ne connaissait point en France, à cette époque, les recherches par lesquelles Volta, en suivant la route qu'il s'était frayée, a cherché à rattacher à sa première découverte tous les phénomènes que le galvanisme présente. Il en a fait connaître depuis beaucoup d'autres également importans, qu'il a liés par une théorie extrêmement ingénieuse; et s'il reste encore quelque chose à faire pour déterminer avec exactitude les lois de cette action singulière, et les soumettre à un calcul rigoureux, du moins les faits principaux qui doivent lui servir de base paraissent invariablement fixés.

On se propose, dans ce qui va suivre, de rendre compte de

ces expériences fondamentales, et de faire connaître comment Volta les a fait servir à l'établissement de sa théorie. On peut être assuré que toutes ces expériences ont été répétées et vérifiées avec soin.

Le fait principal, celui dont tous les autres dérivent, est le suivant :

Si deux métaux différens, isolés, et n'ayant que leur quantité d'électricité naturelle, sont mis en contact, on les retire du contact dans des états électriques différens, l'un est positif, et l'autre négatif.

Cette différence, très petite à chaque contact, étant successivement accumulée dans un condensateur électrique, devient assez forte pour faire écarter très sensiblement l'électromètre. L'action ne s'exerce point à distance, mais seulement au contact des différens métaux : elle subsiste aussi long-temps que le contact dure ; mais son intensité n'est pas la même pour tous.

Il nous suffira de prendre pour exemple le cuivre et le zinc. Dans leur contact mutuel, c'est le cuivre qui devient négatif, et le zinc devient positif.

Après avoir prouvé le développement de l'électricité métallique, indépendamment de tout conducteur humide, Volta introduit ces conducteurs.

Si l'on forme une lame métallique avec deux morceaux, l'un de zinc, l'autre de cuivre, soudés bout à bout, que l'on prenne entre les doigts l'extrémité de la lame qui est de zinc, et que l'on touche avec l'autre extrémité, qui est de cuivre, le plateau supérieur du condensateur qui est aussi de cuivre, celui-ci se charge négativement. Cela est évident, d'après l'expérience précédente.

Si, au contraire, on tient entre les doigts l'extrémité cuivre, et que l'on touche avec l'autre extrémité, qui est de zinc, le plateau supérieur du condensateur, qui est de cuivre ; lorsqu'on détruit le contact et qu'on enlève le plateau supérieur, il n'a point acquis d'électricité, quoique le plateau inférieur communique avec le réservoir commun.

Mais si l'on place entre le plateau supérieur et l'extrémité zinc un papier imbibé d'eau pure, ou tout autre conducteur humide, le condensateur se charge d'électricité positive. Il se charge encore, mais négativement, lorsque l'on touche avec l'extrémité cuivre le plateau recouvert par le conducteur humide, en tenant entre les doigts l'extrémité zinc. Ces faits sont incontestables; ils ont été vérifiés par la commission.

Voici comment Volta les explique et les rapporte au fait précédent.

Les métaux, dit-il, et probablement tous les corps de la nature, exercent, comme on vient de le voir, une action réciproque sur leurs électricités respectives au moment du contact. Lorsqu'on tient la lame métallique par son extrémité cuivre, une partie de son fluide électrique passe dans la lame opposée, qui est de zinc; mais si ce zinc est en contact immédiat avec le condensateur, qui est aussi de cuivre, celui-ci tend à se décharger de son fluide avec une force égale, et le zinc ne peut rien lui transmettre; il doit donc se trouver, après le contact, dans l'état naturel. Si, au contraire, on place un papier mouillé entre le zinc de la lame et le plateau de cuivre du condensateur, la propriété motrice de l'électricité, qui ne subsiste qu'au contact, est détruite entre ces métaux; l'eau, qui paraît jouir à un degré très faible de cette propriété, par rapport aux substances métalliques, n'arrête que très peu la transmission du fluide du zinc au condensateur, et celui-ci peut se charger positivement.

Enfin, lorsque l'on touche le condensateur avec l'extrémité de la lame qui est cuivre, le papier humide interposé, et dont l'action propre est très faible, n'empêche pas le plateau métallique de faire passer une partie de son électricité positive dans la lame de zinc : alors, en détruisant le contact, le condensateur se trouve chargé négativement.

Il est facile, d'après cette théorie, d'expliquer la pile de Volta. Pour le faire avec plus de simplicité, supposons qu'on la forme sur un isoloir, et représentons par l'unité l'excès d'électricité que doit avoir une pièce de zinc sur une pièce de cuivre qu'elle touche immédiatement (*).

Si la pile n'est composée que de deux pièces, l'une inférieure de cuivre, l'autre supérieure de zinc, l'état électrique de la première sera représenté par $-\frac{1}{2}$, et celui de la seconde par $+\frac{1}{2}$.

Si l'on ajoute une troisième pièce qui doit être de cuivre, il faudra, pour qu'il se fasse un déplacement de fluide, la séparer, par un carton mouillé, de la pièce de zinc inférieure; alors elle devra acquérir le même état électrique que cette dernière, du moins en négligeant l'action propre de l'eau qui paraît fort petite, et peut-être encore la très faible résistance que ce liquide, comme conducteur imparfait de l'électricité, peut opposer à la communication. L'appareil étant isolé, l'excès de la pièce supérieure ne peut s'acquérir qu'aux dépens de la pièce de cuivre qui est au-dessous : alors les états respectifs de ces pièces ne seront plus les mêmes que dans l'expérience précédente, et deviendront

Pour la pièce inférieure qui est de cuivre, $-\frac{2}{3}$;

Pour la seconde qui la touche, et qui est de zinc, $-\frac{2}{3}+1$ ou $+\frac{1}{3}$;

La troisième qui est de cuivre, et qui est séparée de la précédente par un carton mouillé, aura la même quantité d'électricité, c'est-à-dire $+\frac{1}{3}$; et la somme des quantités d'électricité perdue par la première pièce, et acquise par les deux autres, sera encore égale à zéro, comme dans le cas de deux pièces.

(*) Les quantités d'électricité accumulées dans un corps au-delà de son état naturel sont, toutes choses égales d'ailleurs, proportionnelles à la force répulsive avec laquelle les molécules du fluide tendent à s'écarter les unes des autres, ou à repousser une nouvelle molécule qu'on essaierait de leur ajouter. Cette force répulsive qui, dans les corps libres, est balancée par la résistance de l'air, constitue ce que nous nommerons la *tension* du fluide; tension qui n'est point proportionnelle à l'écart des pailles dans l'électromètre de Volta, ni des boules dans celui de Saussure, et qui ne peut être exactement mesurée que par le moyen de la balance électrique.

Si nous ajoutons une quatrième pièce qui sera de zinc, elle devra avoir une unité de plus que celle de cuivre, à laquelle elle est immédiatement superposée : ces excès ne pouvant s'acquérir qu'aux dépens des pièces inférieures, puisque la pile est isolée, on aura :

Pour la pièce inférieure qui est de cuivre, — 1;

Pour la seconde pièce qui la touche, et qui est de zinc, 0; c'est-à-dire qu'elle sera dans l'état naturel;

Pour la troisième pièce qui est de cuivre, et qui est séparée de la précédente par un carton mouillé, 0; elle sera aussi dans l'état naturel;

Enfin, pour la pièce supérieure qui est de zinc, et qui est en contact avec la précédente, + 1.

En poursuivant le même raisonnement, on trouvera les états électriques de chaque pièce de la pile, en la supposant isolée et formée d'un nombre quelconque d'élémens; les quantités d'électricité croîtront, pour chacun d'eux, de la base au sommet de la colonne, suivant une progression arithmétique, dont la somme sera égale à zéro.

Si, pour plus de simplicité, nous supposons que le nombre des élémens soit pair, il est facile de s'assurer par un calcul très simple,

Que la pièce inférieure, qui est cuivre, et la pièce supérieure, qui est zinc, doivent être également électrisées, l'une en plus, l'autre en moins; et il en sera de même pour les pièces prises à égale distance des extrémités de la pile.

Avant de passer du positif au négatif, l'électricité deviendra nulle, et il y aura toujours deux pièces, l'une de zinc, l'autre de cuivre, qui seront dans l'état naturel. Elles se trouveront au milieu de la pile : c'est ce que l'on a vu, par exemple, dans le cas de quatre pièces (*).

Supposons maintenant qu'on établisse la communication entre la partie inférieure de la pile et le réservoir commun; il

---

(*) *Voyez*, à la fin de ce rapport, la note (A).

est évident qu'alors la pièce de cuivre inférieure, qui se trouve électrisée négativement, tendra à reprendre au sol ce qu'elle a perdu; mais son état électrique ne peut changer sans que celui des pièces supérieures varie, puisque la différence électrique des unes aux autres doit être toujours la même dans l'état d'équilibre. Il faudra donc que toutes les quantités négatives de la moitié inférieure de la pile soient neutralisées aux dépens du réservoir commun; et alors il arrivera,

Que la pièce inférieure, qui est cuivre, aura le degré d'électricité du sol, que nous représentons par o;

La seconde pièce, qui est zinc, et qui touche immédiatement la précédente, aura + 1;

La troisième, qui est cuivre, et qui est séparée du zinc inférieur par un carton mouillé, aura, comme lui, + 1;

La quatrième, qui est zinc, et qui touche la précédente, aura + 2;

Et les quantités d'électricité des divers élémens croîtront ainsi, en suivant une progression arithmétique.

Alors, si l'on touche d'une main le sommet de la pile, et de l'autre sa base, ces excès d'électricité se déchargeront à travers les organes dans le réservoir commun, et exciteront une commotion d'autant plus sensible, que cette perte se réparant aux dépens du sol, il doit en résulter un courant électrique, dont la rapidité, plus grande dans l'intérieur de la pile que dans les organes, qui sont des conducteurs imparfaits, permet à la partie inférieure de la pile de reprendre un degré de tension qui approche d'être égal à celui qu'elle avait dans l'état d'équilibre (*).

La communication étant toujours établie avec le réservoir commun, si l'on met le sommet de la pile en contact avec le plateau supérieur d'un condensateur, dont le plateau inférieur communique avec le sol, l'électricité qui se trouvait à cette extrémité de la pile, avec un très faible degré de tension, passera

---

(*) *Voyez*, à la fin de ce rapport, la note (B).

dans le condensateur, où la tension peut être regardée comme nulle; mais la pile n'étant pas isolée, cette perte se réparera aux dépens du réservoir commun : les nouvelles quantités d'électricité recouvrées par la plaque supérieure passeront dans le condensateur comme les précédentes, et elles s'y accumuleront enfin de manière qu'en séparant le plateau collecteur, on pourra en tirer des signes électrométriques très sensibles, et jusqu'à des étincelles.

Quant à la limite de cette accumulation, il est visible qu'elle dépend de l'épaisseur de la petite couche de gomme laque qui sépare les deux plaques du condensateur; car, en vertu de cette épaisseur, l'électricité accumulée dans le plateau collecteur, ne pouvant agir qu'à distance sur celle du plateau inférieur, elle est toujours plus considérable que celle qui lui fait équilibre dans ce dernier, et de là résulte, dans le plateau collecteur, une petite tension qui a ici pour limite la tension existante à la partie supérieure de la pile.

De même que l'électricité de la colonne s'accumule dans le condensateur, elle s'accumulera dans l'intérieur d'une bouteille de Leyde, dont l'extérieur communiquera avec le réservoir commun; et comme, à mesure que la pile se décharge, elle se recharge aux dépens de ce même réservoir, la bouteille se chargera également, quelle que soit sa capacité; mais sa tension intérieure ne pourra jamais excéder celle qui a lieu au sommet de la pile. Si l'on retire alors la bouteille, elle donnera la commotion correspondante à ce degré de tension; et c'est ce que l'expérience confirme (*).

Les choses doivent se passer ainsi, en négligeant comme très petite l'action propre de l'eau sur les métaux, et supposant :

1°. Que la transmission du fluide se fait d'un couple à l'autre, dans la pile isolée, à travers les morceaux de carton mouillé qui les séparent, même lorsqu'il n'existe aucune autre communication entre les deux extrémités de la colonne;

(*) *Voyez*, à la fin de ce rapport, la note (C).

2°. Que l'excès d'électricité que le zinc prend au cuivre est constant pour ces deux métaux, soit qu'ils se trouvent dans l'état naturel ou non.

Volta appuie la première proposition par une expérience que nous avons déjà rapportée, et dans laquelle le condensateur se charge, lorsqu'on touche le plateau collecteur, recouvert d'un papier humide, avec l'extrémité cuivre, d'une lame métallique, dont l'autre extrémité, qui est zinc, est tenue entre les doigts.

Quant à la seconde supposition, elle est la plus simple que l'on puisse imaginer ; M. Coulomb a fait, pour la vérifier, une suite d'expériences très délicates, avec la balance électrique, et elle lui a semblé très axacte ; je suis aussi parvenu de mon côté aux mêmes résultats.

Jusqu'ici nous avons supposé, pour fixer les idées, que la pile était formée de cuivre et de zinc : la même théorie s'appliquerait également à deux métaux quelconques, et les effets des différens appareils qu'ils serviraient à former dépendraient des différences d'électricité qui s'établiraient entre eux au moment du contact.

Ce que nous venons de dire s'étend également à tous les autres corps entre lesquels il existera une action analogue : ainsi, quoique cette action paraisse en général très faible entre les liquides et les substances métalliques, il en existe pourtant quelques-uns, tels que les sulfures alcalins, dont l'action avec les métaux devient très sensible : aussi les Anglais sont-ils parvenus à remplacer par ces sulfures un des élémens métalliques de la colonne, et, avant eux, M. Pfaff les avait employés à cet usage dans ses expériences.

A cet égard, Volta a découvert entre les substances métalliques une relation très remarquable, qui rend impossible la construction d'une pile avec ces seules substances. Nous allons l'exposer d'après lui ; mais nous n'avons pas eu l'occasion de la constater.

Si l'on range les métaux dans l'ordre suivant, argent, cuivre, fer, étain, plomb, zinc, chacun d'eux deviendra positif par le contact avec celui qui le précède, et négatif avec celui qui le suit : l'électricité passera donc de l'argent au cuivre, du cuivre au fer, du fer à l'étain, et ainsi de suite.

Maintenant, la propriété dont il s'agit consiste en ce que la force motrice de l'argent au zinc est égale à la somme des forces motrices des métaux qui sont compris entre eux dans la série : d'où il suit qu'en les mettant en contact dans cet ordre ou dans tel autre que l'on voudra choisir, les métaux extrêmes seront toujours dans le même état que s'ils se touchaient immédiatement ; et par conséquent, en supposant un nombre quelconque d'élémens ainsi disposés, et dont les extrémités seraient, par exemple, argent et zinc, on aurait le même résultat que si ces élémens étaient seulement formés de ces deux métaux ; c'est-à-dire qu'il n'y aura pas d'effet, ou qu'il sera le même que celui qu'aurait produit un seul élément.

Il paraît jusqu'à présent que la propriété précédente s'étend à tous les corps solides, mais elle ne subsiste pas entre eux et les liquides : c'est pour cela que l'on réussit à la construction de la pile par l'intermède de ces derniers. De là résulte la division que fait Volta des conducteurs en deux classes : la première comprenant les corps solides ; la seconde, les liquides. On n'a pu construire encore l'appareil à colonne que par un mélange convenable de ces deux classes ; il devient impossible avec la première seulement, et l'on ne connaît pas encore assez exactement l'action mutuelle des corps qui composent la seconde, pour prononcer s'il en est de même à leur égard.

Nous avons supposé que les cartons mouillés, placés entre les élémens de la pile, étaient imbibés d'eau pure. Si l'on emploie, au lieu d'eau, une dissolution saline, la commotion devient incomparablement plus forte ; mais la tension indiquée par l'électromètre ne paraît pas augmenter, au moins dans le même rapport. Volta nous a prouvé ce fait à l'aide de l'appareil à couronne de Tasse, en y versant successivement de l'eau pure et de l'eau acidulée.

Il conclut de cette expérience, que les acides et les dissolutions salines favorisent l'action de la pile, principalement parce qu'ils augmentent la propriété conductrice de l'eau dont les cartons sont imbibés. Quant à l'oxidation, il la regarde comme un effet qui établit un contact plus étroit entre les élémens de la pile, et contribue ainsi à rendre son action plus continue et plus énergique.

J'ai vérifié depuis ce résultat, par une suite d'expériences extrêmement précises, et je l'ai trouvé parfaitement conforme à la vérité. Quelle que soit la substance interposée comme corps humide, pourvu qu'il y ait le même nombre de couples, le condensateur se charge au même degré; seulement il lui faut plus ou moins de temps, suivant que la substance interposée est plus ou moins conductrice. (Voyez les *Annales de Chimie*.)

Tel est à peu près le précis de la théorie de Volta sur l'électricité que l'on a nommée *galvanique*. Son but a été d'en réduire tous les phénomènes à un seul, dont l'existence est maintenant bien constatée : c'est le développement de l'électricité métallique par le contact mutuel des métaux. Il paraît prouvé, par ses expériences, que le fluide particulier auquel on attribua pendant quelque temps les contractions musculaires et les phénomènes de la pile, n'est autre chose que le fluide électrique ordinaire, mis en mouvement par une cause dont nous ignorons la nature, mais dont nous voyons les effets.

Telle est la destinée des sciences, que les plus brillantes découvertes ne font qu'ouvrir un champ plus vaste à des recherches nouvelles. Après avoir reconnu et évalué, pour ainsi dire, par approximation, l'action mutuelle des élémens métalliques, il reste à la déterminer d'une manière rigoureuse, à chercher si elle est constante pour les mêmes métaux, ou si elle varie avec les quantités d'électricité qu'ils contiennent et avec leur température. Il faut évaluer, avec la même précision, l'action propre que les liquides exercent les uns sur les autres, et sur les métaux. C'est alors que l'on pourra établir le calcul sur des données exactes, s'élever ainsi à la véritable loi que suivent, dans l'appareil de Volta, la distribution et le mouvement de l'électricité, et compléter l'explication de tous les phénomènes que cet appareil présente. Mais ces recherches délicates exigent l'emploi des instrumens les plus précis qu'aient inventés les physiciens pour mesurer la force du fluide électrique.

Enfin, il reste à examiner les effets chimiques de ce courant électrique, son action sur l'économie animale, et ses rapports avec l'électricité des minéraux et des poissons; recherches qui, d'après les faits déjà connus, ne peuvent être que très importantes.

Lorsqu'une science, déjà fort avancée, a fait un pas important, il s'établit des liaisons nouvelles entre les branches qui la composent : on aime alors à porter ses regards en arrière pour mesurer la carrière qui a été parcourue, et voir comment l'esprit humain l'a franchie. Si nous remontons ainsi à la naissance de l'électricité, nous la trouvons, au commencement du dernier siècle, réduite aux seuls phénomènes d'attraction et de répulsion. Dufay, le premier, reconnut les règles constantes auxquelles ils sont assujettis, et expliqua leurs bizarreries apparentes. Sa découverte des deux électricités, résineuse et vitrée, fonda les bases de la science; et Franklin, en la présentant sous un nouveau point de vue, en fit le fondement de sa théorie, à laquelle tous les phénomènes, même celui de la bouteille de Leyde, vinrent naturellement se plier. Épinus acheva de prouver cette théorie, la perfectionna en l'assujettissant au calcul, et parvint, à l'aide de l'analyse, jusqu'à ces phénomènes que Volta a si heureusement employés dans le condensateur et dans l'électrophore. La loi rigoureuse des attractions et des répulsions électriques manquait encore; elle fut établie par des expériences exactes; et, se liant à celle du magnétisme, elle se trouva la même que pour les attractions célestes. On sait que Coulomb est l'auteur de cette découverte.

Enfin, parurent les phénomènes galvaniques, si singuliers dans leur marche, et si différens en apparence de tout ce que l'on connaissait déjà. On créa d'abord, pour les expliquer, un fluide particulier; mais par une suite d'expériences ingénieuses, conduites avec sagacité, Volta se propose de les ramener à une seule cause, le développement de l'électricité métallique; les fait servir à la construction d'un appareil qui permet d'augmenter à volonté leur force, et les lie, par ses résultats, avec les phénomènes les plus importans de la Chimie et de l'économie animale.

Relativement à ces applications, on ne peut rien lire de plus remarquable que les Mémoires de M. Davy sur la décomposition des alcalis, et le bel ouvrage de MM. Gay-Lussac et Thenard sur la même matière. On peut consulter aussi, pour les détails théoriques, le Traité de Physique expérimentale et mathématique de Biot, tome II.

NOTES.

Note (A).

Nommons n le nombre des élémens de la pile, en sorte que le nombre total des pièces qui la composent soit $2n$. Supposons toujours que la pièce inférieure soit de cuivre, la pièce supérieure de zinc, et représentons par x la quantité d'électricité accumulée dans cette dernière au-delà de son état naturel.

Les tensions des différentes pièces de zinc formeront, du sommet de la pile à sa base, la progression arithmétique

$$x, \quad x - 1, \quad x - 2 \ldots\ldots x - (n - 1),$$

dont la somme est

$$nx - \frac{n \cdot n - 1}{2}.$$

Celles des pièces de cuivre formeront de même la progression

$$x - 1, \quad x - 2, \quad x - 3 \ldots\ldots x - n,$$

dont la somme est

$$nx - \frac{n \cdot n + 1}{2}.$$

La somme totale de ces tensions est

$$2nx - n^2.$$

Elle doit être nulle dans l'état d'équilibre, lorsque la pile est isolée, et n'a que sa quantité d'électricité naturelle que nous avons représentée par o; car alors l'excès des pièces supérieures ne peut s'acquérir qu'aux dépens des inférieures. On aura donc alors

$$2nx - n^2 = 0,$$

d'où l'on tire

$$x = \frac{n}{2}.$$

C'est la tension de la pièce supérieure dans l'état d'équilibre, lorsque la pile est isolée. La tension de la pièce inférieure, qui est $x - n$, devient, par cette valeur,

$$x - n = -\frac{n}{2},$$

et elle est la même que la précédente, au signe près.

La tension de la m^e pièce de zinc, en partant du sommet de la colonne, serait

$$x-(m-1),$$

ou

$$\frac{n}{2}-(m-1).$$

Celle d'une pièce de cuivre également distante de l'autre extrémité de la colonne, serait

$$x-n+m-1,$$

ou

$$-\frac{n}{2}+m-1.$$

Elle est, au signe près, la même que la précédente; et par conséquent, lorsque la pile est isolée, et qu'elle n'a que sa quantité d'électricité naturelle, les pièces qui sont à égale distance de ses extrémités se trouvent également électrisées, l'une en plus, l'autre en moins.

S'il y a une pièce de zinc qui soit dans l'état naturel, sa tension sera nulle, et son rang sera déterminé par l'équation

$$\frac{n}{2}-(m-1)=0,$$

qui donne

$$m=1+\frac{n}{2}.$$

m devant être un nombre entier positif, cela n'a lieu que si n est un nombre pair. Alors la pièce de cuivre qui a la même tension, prise avec un signe contraire, est aussi dans l'état naturel, et leurs distances respectives aux deux extrémités de la pile étant $1+\frac{n}{2}$, elles se trouveront à son milieu.

Note (B).

Si l'on suppose la communication établie entre la base de la pile et le réservoir commun, qu'on nomme toujours n le nombre des élémens qui la composent, on aura pour les tensions des pièces de zinc la progression arithmétique

$$n,\quad n-1,\quad n-2\ldots\ldots 1,$$

dont la somme est

$$\frac{n.n+1}{2}.$$

Les tensions des pièces de cuivre formeront la progression

$$n-1,\quad n-2,\quad n-3\ \ldots.\ 0,$$

dont la somme est

$$\frac{n.n-1}{2}.$$

En les ajoutant, on aura les quantités d'électricité que renferme la pile au-delà de son état naturel. Cette somme sera n^2. C'est la charge de la pile; elle est représentée par le carré n, tandis que la tension de la pièce supérieure l'est par la première puissance de n. Ainsi, toutes choses égales d'ailleurs, les phénomènes dépendant de la quantité d'électricité qui s'accumule dans la pile croîtront avec la hauteur de la colonne plus rapidement que ceux qui dépendent uniquement des tensions.

Note (C).

Les signes électrométriques sont très faibles sur la pile isolée; il est même difficile, quand le nombre des élémens métalliques est peu considérable, d'y charger le condensateur d'une manière sensible; le calcul donne aisément la raison de ce phénomène, et nous nous y arrêterons d'autant plus volontiers, que ces résultats sont très propres à faire sentir le jeu du condensateur.

Représentons par q la capacité du plateau collecteur, celle d'une des pièces de la pile étant prise pour unité, en sorte qu'il faille les quantités $q\,a$ et a pour mettre le plateau et la pièce à la même tension a. Nommons i la force condensante de l'instrument, quand ses deux plateaux sont superposés, et que l'inférieur communique avec le réservoir commun; en sorte qu'une tension exprimée par b, quand les plateaux sont unis, devienne bi quand ils sont séparés.

La pile n'étant point isolée, la tension de la pièce de zinc qui la termine est n. (*Voyez* la note (B), page 279.) Si l'on met cette pière en contact avec le plateau collecteur du condensateur, elle lui cédera une partie de son électricité; mais cette perte se réparant aux dépens du réservoir commun, sa tension restera la même, et celle du condensateur deviendra aussi n. La quantité absolue dont il se sera chargé, et que nous nommerons X', sera proportionnelle à sa capacité et à sa force condensante.

On aura donc, dans la pile non isolée,

$$X' = qni.$$

Si, au contraire, la pile est isolée, la pièce supérieure ne peut se mettre en équilibre avec le condensateur, sans que sa tension varie. Soit x cette tension dans le cas d'équilibre, la quantité absorbée par le condensateur sera

$$qix,$$

la somme des tensions des pièces de la pile sera, comme dans la note (A),

$$2nx - x^2;$$

cette somme, jointe à la charge du condensateur, doit être nulle dans la pile isolée, qui n'a que sa quantité naturelle d'électricité. On aura donc, pour déterminer x, l'équation

$$2nx - n^2 + qix = 0;$$

d'où l'on tire

$$x = \frac{n^2}{2n + qi}.$$

C'est l'expression de la tension à la partie supérieure de la pile : il faudra la multiplier par qi, pour avoir la charge du condensateur dans la pile isolée. En la représentant par X, nous aurons

$$X = \frac{n^2 qi}{2n + qi}.$$

Mettant pour qni sa valeur X', il vient

$$X = X' . \frac{n}{2n + qi}.$$

La quantité $\frac{n}{2n + qi}$ est nécessairement une fraction qui devient d'autant plus petite, que la force du condensateur est plus considérable ; ainsi le condensateur se charge beaucoup moins quand la pile est isolée que quand elle ne l'est pas.

Si, par exemple, il y a 30 paires de plaques métalliques, que le condensateur ait seulement la capacité d'une de ces plaques, et qu'il condense 120 fois, comme faisait celui de Volta, il faudra supposer

$$n = 30, \quad q = 1, \quad i = 120 ;$$

ce qui donne

$$X = \frac{1}{6} X'.$$

La charge du condensateur dans la pile isolée est alors six fois plus petite que dans la pile non isolée.

La capacité du plateau collecteur est ordinairement plus grande que 1. Si nous la supposons égale à 4, les autres données restant les mêmes, on trouve

$$X = \frac{1}{18} X',$$

et cette charge, dans le second cas, est dix-huit fois plus petite que dans le premier.

On a vu que, dans la pile isolée, lorsque le nombre des élémens est pair, il existe, à son milieu, deux pièces, l'une de zinc, l'autre de cuivre, qui sont dans l'état naturel. Cela n'a plus lieu de la même manière, quand le condensateur est appliqué à la partie supérieure de la pile ; et le point de passage du positif au négatif varie. En effet, la tension de la m^e pièce de zinc, en partant du sommet de la colonne, est, d'après la note (A),

$$x - (m - 1).$$

Pour que cette tension soit nulle, il faut qu'on ait

$$m = 1 + x,$$

ou, en mettant pour x sa valeur $\frac{n^2}{2n + qi}$,

$$m = 1 + \frac{n^2}{2n + qi}.$$

La valeur de m, et par conséquent le rang de la pièce qui se trouve dans l'état naturel, dépendent, comme on voit, du nombre des plaques et de la force du condensateur. Il faut, de plus, pour que la condition demandée soit possible, que m soit un nombre entier.

Ainsi, dans un des exemples précédens, où l'on avait

$$n = 30, \quad q = 1, \quad i = 120,$$

on aurait

$$m = 6,$$

c'est-à-dire que la sixième plaque de zinc, en partant du sommet de la colonne, serait dans l'état naturel. Sans l'action du condensateur, on aurait eu $m = 16$, et cette plaque eût été la seizième.

En général, la valeur de m diminue à mesure que qi augmente, n restant le même. Le passage du positif au négatif, dans la pile, se fait donc plus près de son extrémité supérieure, à mesure que le condensateur appliqué à cette extrémité est plus fort.

qi étant infini, on a $m = 1$; c'est-à-dire que, si la force du condensateur est assez considérable pour que l'électricité dont la pile se charge n'y produise aucune tension sensible, il absorbera toute cette électricité; la pile deviendra entièrement négative, et la pièce supérieure sera seule dans l'état naturel : c'est le cas d'une pile isolée par la base, et dont l'extrémité supérieure, qui est zinc, communique avec le réservoir commun.

Voyons maintenant ce qui arriverait si le condensateur, au lieu d'être appliqué à la partie supérieure de la pile, l'était à une pièce de zinc quelconque dont le rang fût exprimé par m en partant du sommet : la tension de cette pièce serait

$$x - (m - 1)$$

d'après la note (A); et la charge du condensateur deviendrait

$$qi\,[x - (m - 1)].$$

En lui ajoutant la somme des quantités d'électricité contenues dans la pile, qui est

$$2nx - n^2,$$

il faudra que la somme soit nulle dans l'état d'équilibre; ce qui donne pour déterminer x, l'équation

$$2nx - n^2 + qi\,[x - (m - 1)] = 0,$$

d'où l'on tire

$$x = \frac{n^2 + qi\,(m - 1)}{2n + qi}.$$

Ici l'on voit que la tension varie dans la pièce supérieure avec la position du condensateur. Si $m = 1$, il est appliqué au sommet de la pile, et l'on a

$$x = \frac{n^2}{2n + qi},$$

comme précédemment

On peut trouver, à l'aide de ces formules, le rang de la pièce qui est dans l'état naturel, pour une position donnée du condensateur ; car ce rang étant représenté par m', en partant du sommet de la colonne, la tension de la pièce sera exprimée par $x - (m' - 1)$; et, pour qu'elle soit nulle, il faudra qu'on ait $m' = 1 + x$, ou

$$m' = 1 + \frac{n^2 + qi\,(m - 1)}{2n + qi}$$

Pour suivre la loi de ces variations, il faut remarquer que si $m - 1$ est moindre que $\frac{n}{2}$, le condensateur est appliqué à la moitié supérieure de la pile, et qu'il est appliqué à la moitié inférieure quand $m - 1$ surpasse cette quantité. Lorsque

$$m - 1 = \frac{n}{2},$$

la valeur

$$x = \frac{n^2 + qi\,(m - 1)}{2n + qi}$$

est divisible par $2n + qi$, et donne

$$x = \frac{n}{2},$$

c'est-à-dire que si l'on applique le condensateur au milieu de la pile isolée, la tension de la pièce supérieure sera la même qu'auparavant ; mais aussi la charge du condensateur, qui est exprimée par

$$qi\,[x - (m - 1)],$$

devient

$$qi\left(x - \frac{n}{2}\right),$$

et se réduit à zéro par la substitution de la valeur précédente de x. Par conséquent le condensateur ne prendra point d'électricité.

Faisons

$$m - 1 = \frac{n}{2} - \omega,$$

ω étant positif dans la moitié supérieure de la pile, et négatif dans la moitié inférieure, la valeur de x prendra cette forme

$$x = \frac{n}{2} - \frac{qi\omega}{2n + qi}.$$

Tant que ω sera positif, n sera plus petit que $\frac{n}{2}$; mais lorsque ω sera négatif, il deviendra plus grand que cette quantité : ainsi, la tension de la pièce supérieure diminue lorsque l'on place le condensateur dans la moitié supérieure de la pile ; elle augmente si on le place dans la moitié inférieure.

La charge du condensateur est exprimée par

$$qi\,[x - (m - 1)].$$

En mettant $\frac{n}{2} - \omega$ au lieu de $m - 1$, elle devient

$$qi\left(x - \frac{n}{2} + \omega\right).$$

Enfin, en substituant pour x sa valeur, et représentant la charge du condensateur par X, on trouve

$$X = \frac{2n\omega qi}{2n + qi};$$

X est donc positif ou négatif, suivant que ω est positif ou négatif : ainsi le condensateur se charge positivement quand on le place à la moitié supérieure de la pile ; il se charge négativement quand on l'applique à sa moitié inférieure.

La valeur de x, qui exprime la tension de la pièce supérieure, est, comme on vient de le voir,

$$x = \frac{n}{2} - \frac{qi\omega}{2n + qi}.$$

Si le condensateur est appliqué à la dernière pièce de zinc située à la base de la colonne,

$$\omega = -\frac{n}{2} + 1,$$

ce qui donne

$$m = n$$

et

$$x = \frac{n}{2}\left(1 + \frac{qi}{2n + qi}\right) - \frac{qi}{2n + qi};$$

la tension de la dernière pièce de cuivre, qui est $x - n$, devient alors

$$x - n = \frac{n}{2}\left(-1 + \frac{qi}{2n + qi}\right) - \frac{qi}{2n + qi}.$$

Si la force du condensateur est infinie, la quantité $\frac{qi}{2n + qi}$ se réduit à l'unité ; ce qui donne

$$x = n - 1, \quad x - n = -1;$$

c'est-à-dire qu'alors, si la force du condensateur est assez considérable pour que l'électricité qu'il reçoit de la pile n'occasionne dans le plateau collecteur aucune tension sensible, il neutralisera toute l'électricité négative, excepté celle de la pièce inférieure. La pièce de zinc à laquelle le condensateur est appliqué sera dans l'état naturel ; la pièce de cuivre qui est immédiatement au-dessous aura -1, et le reste de la pile sera positif. C'est le cas d'une pile qui commence par le cuivre, qui finit par le zinc, et dans laquelle la première pièce de zinc, en partant de la base, communique avec le réservoir commun.

Pour donner à l'action du condensateur toute son énergie, il faut que les communications de ses deux plateaux avec le sol, et avec la pile, se fassent par des conducteurs parfaits. Ce que j'ai trouvé pour cela de plus commode relativement à la pile isolée ou non isolée, c'est de poser sa base sur une lame métallique, qui fait partie de la partie inférieure du condensateur, et de mettre sur son sommet un petit godet en fer, rempli de mercure, dans lequel on fait plonger momentanément, au moyen d'une tige de verre, l'extrémité d'une tige métallique, communiquant au plateau collecteur. Il faut que toutes les pièces, et surtout les extrêmes, soient parfaitement nettoyées. Par ce moyen, les communications sont parfaites, et une pile de 20 couples donne déjà des étincelles au condensateur. Celui que j'emploie est en cuivre; il a 6 pouces de diamètre, et condense 20,000 fois.

On pourrait encore soumettre au calcul plusieurs autres phénomènes de la pile de Volta; mais, pour le faire sur des données exactes, il faudrait des expériences très précises, et il nous suffira d'avoir montré comment on peut y parvenir.

ADDITION.

Depuis la publication du livre de M. Fischer, on a fait sur le mode d'excitation et sur le mode d'action du courant voltaïque une foule d'expériences, parmi lesquelles nous allons choisir et ajouter ici celles qui paraissent les plus spécialement propres à caractériser la nature de ce genre d'action.

On a reconnu d'abord que non-seulement l'eau, mais toutes les autres combinaisons peuvent être décomposées par le courant voltaïque, lorsqu'on les amène à l'état de liquide conducteur par la fusion ou la dissolution. Une énergie d'appareil plus ou moins grande est nécessaire, selon leur nature; mais, en accroissant la force, on parvient toujours à séparer les élémens.

Et, de même que dans la décomposition de l'eau par la pile, décrite page 263, on voit constamment l'oxigène se dégager au pôle vitré, l'hydrogène au pôle résineux, de même, dans la décomposition de toute autre combinaison chimique, certains principes se montrent constamment à un des pôles, tandis que les autres se montrent au pôle opposé. Toutefois cette tendance n'est que relative; car, dans des combinaisons diverses, le même principe peut affecter l'un ou l'autre pôle, selon les substances avec lesquelles il est uni.

Ainsi, lorsque la combinaison soumise au courant voltaïque

est un acide ou un oxide qui contient de l'oxigène, celui-ci se dégage toujours au pôle vitré, comme dans la décomposition de l'eau, et les principes qui lui sont unis se montrent au pôle résineux. Mais ces mêmes principes, lorsqu'ils sont combinés avec d'autres substances que l'oxigène, peuvent au contraire se dégager au pôle vitré, laissant le pôle résineux à ces substances.

En soumettant à cette épreuve la potasse et la soude, qui avaient été jusqu'alors regardées comme des corps simples, Davy les sépara en deux principes, l'oxigène et un métal, auquel il donna les noms de *potassium* et de *sodium ;* dès lors ces alcalis durent être rangés parmi les oxides.

La manière dont ces décompositions s'accomplissent présente des particularités extrêmement remarquables. Pour les mettre complètement en évidence, il faut placer, comme l'a fait Davy, les dissolutions que l'on veut éprouver dans des coupes d'or ou d'agate indécomposables par le courant voltaïque. On forme l'arc de jonction avec plusieurs de ces coupes remplies du même liquide ou de liquides différens que l'on fait communiquer par des fils d'amiante également indécomposables, ou par des siphons en verre remplis d'eau distillée. Quand l'action voltaïque s'est exercée quelque temps à travers ce système, si l'on examine l'état des liquides contenus dans chaque coupe, on trouve que les principes que l'électricité a séparés ont éprouvé un mouvement de transport graduel qui a dirigé les uns vers la coupe où le fil vitré plonge, les autres vers celle où plonge le fil résineux ; et ce transport s'opère quelquefois ainsi à travers des milieux qui exercent sur les substances transportées une affinité chimique très puissante sans qu'ils puissent les arrêter à leur passage, excepté lorsqu'ils peuvent former avec elles un sel insoluble qui en se précipitant les enlève à la circulation. Quelques exemples suffiront pour faire bien comprendre cet énoncé général : nous les choisirons dans l'admirable travail publié par Davy en 1807.

Considérons d'abord la transmission dans un milieu homogène. Pour cela, on prend un siphon de verre ACB, *fig.* 1, *pl.* 9, dont les deux branches communiquent par un tube capillaire. On verse dans la branche A de l'eau distillée; dans la branche B, une dissolution de potasse, dont le mélange immédiat avec l'eau est prévenu par la capillarité de la communication. Cela fait, on plonge le fil vitré V d'un appareil voltaïque dans la branche qui contient l'eau, et le fil résineux R dans la branche qui contient le sel. Alors celui-ci est décomposé par l'action voltaïque, et l'acide sulfurique se transporte dans la branche E, où on le reconnaît à ses caractères : le temps après lequel il y devient sensible est d'autant moindre, que le trajet est plus court et l'appareil plus puissant. Dans une première expérience, faite ainsi par Davy, avec une distance d'un pouce entre les extrémités des fils polaires, les traces d'acide sulfurique devinrent appréciables en E après cinq minutes d'action ; mais en éloignant les fils à huit pouces l'un de l'autre, au moyen d'une coupe intermédiaire remplie d'eau distillée, comme la *fig.* 2 le représente, il fallut quatorze heures de communication continue pour que l'acide devînt sensible en E, l'appareil voltaïque étant de même force dans les deux cas.

Autre exemple. Les deux tubes A, B, de la *fig.* 3 contiennent de l'eau distillée. La coupe intermédiaire C contient une dissolution M de muriate de potasse que l'on fait communiquer avec les deux tubes par des fils d'amiante. On prend soin que le niveau du liquide M soit plus bas que le niveau de l'eau dans les tubes, afin qu'il n'ait point tendance à passer mécaniquement dans ceux-ci. On plonge le fil vitré dans un des tubes, le fil résineux dans l'autre; le sel est décomposé, et l'acide est graduellement transporté en V, l'alcali en R. Dans une expérience de Davy, après seize heures d'action, chaque tube se trouvait fort chargé du principe qui lui était propre.

Les substances ainsi transportées résistent, pendant leur trajet, à des affinités très énergiques. Davy le prouve par l'expérience suivante : deux tubes A, B, *fig.* 4, et un vase intermédiaire C, sont unis comme tout à l'heure par des fils d'amiante; mais le tube A, où plonge le fil vitré V, contient de l'eau pure, tandis que le tube B, où plonge le fil résineux R, contient une dissolution de sulfate de potasse. La coupe intermédiaire C contient de l'ammoniaque liquide. Après quelques minutes de communication, l'eau du tube A présente des traces sensibles d'acide sulfurique, qui, pour y parvenir, ont dû traverser l'ammoniaque sans se laisser arrêter par l'affinité.

Mais il en est autrement si la substance intermédiaire est de nature à former un sel insoluble avec l'acide transporté. Par exemple, dans l'expérience précédente, si l'on substitue à l'ammoniaque une solution de baryte, tout l'acide transporté est arrêté par elle au passage et forme du sulfate de baryte qui se précipite au fond du vase sans arriver jamais au tube A, étant ainsi entraîné hors de la circulation par l'affinité chimique.

Telles sont les circonstances générales de ces phénomènes. Davy, dans le travail d'où je tire ces exemples, les a variés de mille manières; mais ce qui précède suffit pour les faire concevoir.

Si nous cherchons à les analyser, nous devrons y distinguer deux particularités très différentes. L'une est la décomposition des substances et leur préservation contre les affinités auxquelles elles obéissent ordinairement; l'autre est le mode mécanique suivant lequel leur transport s'opère dans les milieux qu'elles traversent sous l'influence voltaïque. Ce mode étant évidemment un simple fait physique, nous pouvons essayer de l'éclaircir d'abord. Deux expériences semblent nous conduire à ce but.

Si l'on isole une colonne électrique dont le pôle supérieur soit vitré et le pôle inférieur résineux, que l'on fasse communiquer ces deux pôles par un conducteur imparfait, comme serait, par exemple, *pour ces petites quantités d'électricité*, une bande de papier mouillée d'eau pure, chaque moitié de cette bande manifestera un excès d'électricité libre analogue au pôle auquel elle communique. La partie supérieure sera vitrée, l'inférieure résineuse. Ce phénomène est une conséquence évidente des lois de distribution de l'électricité sur la surface des corps qui la transmettent imparfaitement

Augmentons graduellement par la pensée la faculté conductrice de l'arc qui unit les deux pôles de la pile; les quantités d'électricité libre sur chaque moitié de cet arc deviendront graduellement moindres, et pourront finir par cesser d'être appréciables à nos appareils; mais, à moins que cet arc ne soit un conducteur absolument parfait, et l'on n'en connaît pas de tel dans la nature, la distribution des deux électricités devra s'y opérer suivant les mêmes lois générales qui s'observent dans le cas précédent.

Or, si, au lieu d'une simple bande humide, on emploie une masse liquide pour communiquer entre les deux pôles de la pile, quelle peut être la différence qui en résulte, sinon un plus grand nombre de filets conducteurs juxtaposés, conséquemment une transmission comparativement plus facile, mais cependant toujours imparfaite, et comme telle soumise aux mêmes lois de distribution que nous avons décrites plus haut?

Ainsi, dans cette manière de voir, le système entier des conducteurs liquides interposés entre les pôles de la pile se constituerait intérieurement dans un état électrique double, où toutefois les quantités d'électricités libres de chaque espèce pourraient être si faibles, qu'elles devinssent inappréciables à nos instrumens.

Dans cet état de choses, si l'on plaçait quelque part dans la masse conductrice un élément métallique dont la longueur fût dirigée dans le sens général de la transmission, les quantités d'électricités résineuse et vitrée qui se trouveraient libres dans les deux plages de la masse fluide, quelque faibles qu'elles puissent être, agiraient sur les électricités naturelles de l'élément métallique de manière qu'elles conspireraient pour les séparer. Ceci donnerait donc à l'élément un pôle vitré du côté du fil résineux de l'appareil, et un pôle résineux vers le fil vitré. Les quantités d'électricités libres à ces pôles étant du même ordre que celles qui existent par l'imparfaite conductibilité dans la masse fluide, ne s'y dissiperaient qu'avec une vitesse proportionnée à leur renouvellement graduel; ainsi chaque pôle de l'élément devrait opérer dans la masse environnante l'espèce de pouvoir décomposant analogue à son état électrique propre ; c'est-à-dire que, dans l'eau pure, par exemple, le pôle qui regarde le fil vitré devrait dégager l'hydrogène, tandis que l'oxigène se dégagerait du pôle qui regarde le fil résineux. Or, c'est précisément ce qui s'observe lorsque, dans une masse d'eau soumise au courant voltaïque, on interpose quelque part que ce soit un petit bout de fil métallique dirigé dans le sens général de la transmission. Cette identité de résultats semble donc une confirmation matérielle de ce double état électrique des masses conductrices, que nous avions d'ailleurs pour ainsi dire conclu pour le cas d'une tension très faible, ou même insensible, par une simple déduction des cas où cet état est manifeste pour nos sens.

Il importe de remarquer que les faibles quantités d'électricité libres indiquées alors par nos électroscopes, ne constituent pas nécessairement à elles seules toute la masse des deux électricités qui peut circuler dans l'appareil voltaïque. Il est même très possible qu'elles n'en forment qu'une portion infiniment petite. Car, d'abord, tous nos procédés pour mesurer des charges électriques sont uniquement appropriés à l'état de repos, et fondés sur les lois de partage selon lesquelles chaque fluide électrique, en vertu de sa force répulsive propre, se répartit alors entre des conducteurs en contact lorsqu'on lui laisse le temps de s'y établir à l'état d'équilibre. Ces lois de partage restent-elles les mêmes lorsque l'électricité est en mouvement? On l'ignore; et alors il n'est pas certain que la même indication de l'électroscope réponde à la même masse de fluide libre. En outre, la portion des électricités naturelles qui se montre libre dans le contact des différens élémens de la pile voltaïque, et qui se communique à l'électroscope, n'est peut-être que l'excédant ou la différence de deux quantités infiniment plus considérables qui auraient subi la décomposition par l'effet du contact; quantités qui, dans chaque double élément isolé, se dissimuleraient mutuellement par leur attraction mutuelle, quoique maintenues à distance par la condition de contact qui les a désunies, jusqu'à ce qu'elles vinssent à être entraînées par d'autres attractions que leur énergie ou leur proximité rendraient plus puissantes. Tous ces phénomènes pourraient encore s'opérer sans que l'on en fût averti par l'électroscope, qui accuse seulement la force répulsive des électricités libres, lorsqu'elles sont à l'état de repos. Ce motif de doute et celui que nous avons exposé auparavant doivent nous tenir fort réservés sur les jugemens que nous portons, d'après les indications de l'électroscope, relativement aux quantités absolues d'électricité que l'appareil voltaïque, avec la tension si faible, peut décharger quand on établit la communication entre ses pôles; et ainsi ce ne doit pas être une difficulté pour nous de concilier cette faiblesse avec une action décomposante si énergique, puisque rien ne nous permet de connaître ici le rapport de la tension, ou de la force répulsive apparente, avec les masses absolues d'électricité agissantes dans le contact, ou transmises de molécule à molécule à travers les milieux décomposés.

Du reste, ceci ne nous explique nullement pourquoi les combinaisons chimiques se désunissent sous l'influence du courant électrique, ni pourquoi certaines substances, lorsqu'elles deviennent libres, se portent de préférence vers le pôle vitré, tandis que d'autres se portent vers le pôle résineux. Ces particularités fort remarquables tiennent, sans doute, aux conditions générales qui déterminent les combinaisons chimiques, conditions qui, jusqu'à présent, nous sont complètement inconnues, puisque nous ne savons pas même définir d'une manière précise en quoi consiste l'état de combinaison. Mais une fois que la décomposition d'un produit est supposée faite, l'inégale distribution des deux électricités dans le milieu conducteur, telle que nous avons été conduit à l'admettre, suffit pour faire clairement concevoir le phénomène du transport. En effet, partons de ce résultat d'observation que le transport existe, et considérons, par exemple, une molécule d'un acide qui s'achemine vers le pôle vitré. Puisqu'elle y est portée et conduite à travers le fluide qui l'environne, il faut que sa marche soit déterminée et réglée par la charge électrique qu'elle a reçue à l'instant où elle s'est séparée de la combinaison dans laquelle elle était primitivement engagée. Or, pour cela, il suffit que cette charge ait été résineuse et plus forte que celle des molécules liquides non décomposées qui environnent le fil métallique fixé au pôle résineux; car alors la particule d'acide sera repoussée par la portion de la masse liquide voisine du pôle résineux, et attirée par la portion située du côté du pôle vitré. Donc, si elle ne perd pas immédiatement son excès d'électricité par communication, ce que l'excessive faiblesse de cet excès rend très possible, comme d'ailleurs l'état de liquidité du milieu, qu'elle partage elle-même, rend ses mouvemens parfaitement libres, elle devra céder aux forces de transport qui la sollicitent, et, en suivant toujours la direction que la résultante de ces forces lui imprime, se rendre enfin au fil vitré, où elle déposera l'électricité résineuse qu'elle possède pour recevoir le degré d'électricité vitrée qui convient aux molécules situées dans cette partie de la masse fluide. C'est alors que l'on voit ordinairement s'opérer de nouveaux effets chimiques, opposés à ceux que l'on observe au pôle résineux. Des produits gazeux sont dégagés, des combinaisons nouvelles se forment; mais ces effets, aussi peu explicables que les premiers, ne sont plus du ressort du physicien.

Tous les phénomènes de décomposition et de transport que nous venons de décrire s'opèrent de même et s'observent dans les conducteurs liquides qui séparent les couples métalliques dont l'appareil voltaïque est composé. Par exemple, supposons ces couples formés par des disques de cuivre et de zinc soudés ensemble, puis séparés les uns des autres par des rondelles de drap imprégnées d'une dissolution de muriate de soude, ce qui compose la série cuivre zinc humide, cuivre, etc. Non-seulement le sel est décomposé quand on établit la communication entre les deux pôles, mais si on laisse l'appareil ainsi en action pendant plusieurs jours, on trouve lorsqu'on le démonte que des molécules de zinc oxidé ont été transportées sur le cuivre du couple suivant à travers la rondelle humide qui les séparait, et même parfois s'y revivifient. En outre, lorsque les couples métalliques sont formés de disques simplement posés l'un sur l'autre, et non soudés, on trouve dans toute la longueur de l'appareil le cuivre porté sur le zinc avec lequel il est en contact, précisément dans le même sens que le zinc sur le cuivre. Dans ce cas, le cuivre adhérent au zinc conserve son brillant métallique. Quelquefois, il se combine avec le zinc, et forme ainsi l'alliage connu sous le nom de *laiton*. Ces dépôts de métaux et d'oxide sur les faces des élémens voltaïques doivent nécessairement modifier le développement d'électricité qui s'y opérait primitivement; et aussi trouve-t-on que l'action des appareils s'affaiblit en général lorsqu'on laisse ainsi subsister la communication entre leurs pôles, de manière qu'elle finit par s'éteindre; soit que la conductibilité des conducteurs liquides se trouve trop affaiblie par leur décomposition; soit que les substances transportées neutralisent sensiblement par leur contact le développement de l'électricité dans chaque couple; soit enfin, ce qui semble le plus naturel, que les deux causes d'affaiblissement produisent à la fois cette destruction (*).

Ceci a conduit les physiciens à chercher s'il ne serait pas possible de former des appareils voltaïques qui ne continssent pas de conducteurs humides, et qui, par conséquent, fussent exempts des décompositions chimiques par lesquelles la puissance de ces appareils s'altère toujours avec le temps. On n'y est pas parvenu à la rigueur, quoique l'on se soit approché de ce but, mais, à la vérité, avec un affaiblissement correspondant de tous les phénomènes dépendans de la conductibilité dans l'intérieur de l'appareil.

La première tentative faite avec succès dans cette direction est due à MM. Hachette et Desormes. Ils construisirent une

(*) Ce sont là, je crois, les premiers phénomènes de transport qui aient été observés avec l'appareil voltaïque. Ils se sont présentés à M. T. Cuvier et à moi en 1800, dans un travail que nous faisions en commun; mais nous n'en avions pas aperçu l'application générale. Cette extension importante a été découverte par MM. Berzélius et Hysinger, et Davy la mit dans une évidence plus complète encore dans l'admirable travail que j'ai cité plus haut.

pile avec des couples métalliques de cuivre et zinc soudés ensemble, et séparés les uns des autres par une simple couche de colle de farine mêlée de sel marin. Lorsque cette couche est séchée, l'humidité qu'elle tire de l'atmosphère la rend assez conductrice pour permettre le rétablissement de l'équilibre électrique entre les élémens métalliques, dans un temps inappréciable; aussi elle charge le condensateur par un simple contact sensiblement instantané, et elle conserve cette propriété pendant des mois et des années entières, ce qui en fait un véritable électrophore; mais elle ne donne ni commotion, ni saveur, ni action chimique. M. Zamboni a construit aussi une pile dont l'effet électrique paraît très durable; il la compose avec des disques de papier, doré ou argenté sur une de ses faces, et recouvert sur l'autre d'une couche d'oxide de manganèse pulvérisé. Alors, dans la superposition de ces disques, les couples métalliques se trouvent formés d'argent ou d'or, en contact avec l'oxide de manganèse, et le papier interposé sert de conducteur. De là résulte une transmission d'électricité très faible; aussi obtient-on seulement des signes électriques, de même qu'avec la pile à la colle, mais point d'action chimique, ni de commotion, ni même de saveur. Cette dernière classe de phénomènes exige donc un rétablissement d'équilibre électrique plus rapide. Pour mettre en évidence les effets extrêmes de ce retard, j'ai construit des piles où le corps humide était suppléé par des disques de nitrate de potasse fondus au feu; alors la conductibilité était si faible, que le condensateur mettait un temps sensible à se charger, et se chargeait de plus en plus, avec le temps, jusqu'à une certaine limite, qui était la même qu'avec les piles les plus énergiques, pour un nombre d'étages pareil. D'après la loi de ces charges, j'ai pu conclure que la quantité initiale d'électricité, donnée par une pareille pile au condensateur, dans un temps infiniment petit, était incomparablement moindre qu'avec les piles ordinaires; et, comme ce sont ces charges initiales qui produisent les décompositions chimiques, quand la communication est établie entre les deux pôles, on voit pourquoi ces piles, où la conductibilité est très faible, ne produisent point ces phénomènes, et ne donnent ni action chimique, ni saveur, ni commotion.

La même considération explique aussi pourquoi des appareils voltaïques qui exercent d'abord une action chimique puissante, lorsque les couples métalliques qui les composent viennent d'être mis en contact avec des conducteurs liquides, s'affaiblissent rapidement, et bientôt ne produisent plus que des effets très faibles, quoique le condensateur, en touchant leurs pôles, y prenne toujours des quantités sensiblement égales d'électricité. C'est que ce contact, quelque rapide qu'on le fasse, n'est jamais absolument instantané; et même, à moins que la conductibilité ne soit excessivement affaiblie, comme dans la pile à disques de nitrate de potasse, il dure toujours assez pour permettre au condensateur d'acquérir le maximum de charge qu'il puisse recevoir. Mais le progrès de cette charge avec le temps, pour nous être insensible, n'en est pas moins réel, et peut avoir été incomparablement plus rapide au commencement de l'action : de sorte que les décharges initiales de l'appareil pouvaient produire alors des phénomènes qu'elles ne sont plus maintenant en état d'opérer.

En profitant de ces observations, on voit que la disposition de l'appareil voltaïque la plus favorable pour produire des effets chimiques énergiques, sera celle où les charges électriques développées instantanément, et continuellement, par le contact des plaques métalliques de chaque couple, pourront s'écouler le plus librement possible à travers les conducteurs liquides qui les séparent. Il faudra donc d'abord choisir pour les liquides ceux qui transmettent le mieux l'électricité ; tels paraissent être les acides nitrique et sulfurique fortement étendus d'eau. Une autre condition favorable sera de donner de larges surfaces aux plaques métalliques. A la vérité, cette grande étendue n'est pas nécessaire dans les parties où les deux métaux de chaque couple se touchent mutuellement; car il paraît que l'électricité s'y développe instantanément, et s'y répand avec tant de rapidité, que la plus petite surface de contact métallique suffit pour alimenter complètement, *ou presque complè-*

tement, les masses liquides les plus étendues et les plus conductrices, sous une force répulsive donnée. Mais, d'après cette raison même, dans le contact des plaques avec le liquide, l'étendue des surfaces aura une très grande influence sur la quantité absolue d'électricité transmise en temps égal, surtout par les surfaces qui se détériorent, et ainsi les effets croîtront avec leurs dimensions. Enfin, il faudra que les liquides interposés soient le plus possible entretenus dans leur état primitif de composition ou de conductibilité pendant que l'appareil est mis en usage; et comme on ne peut remplir cette condition par le seul accroissement des masses, ce qui rendrait le maniement de l'appareil incommode, et ce qui pourrait même nuire si l'on augmentait les intervalles par lesquels les couples métalliques sont séparés, il faudra faire en sorte que les liquides conducteurs puissent être renouvelés facilement, et mis seulement en contact avec les couples au moment où l'on en veut faire usage. On obtient tous les avantages que nous venons d'indiquer en formant l'appareil d'une suite de couples métalliques, tel que celui qui est représenté *fig.* 5, *pl.* 9. On fixe tous ces couples parallèlement les uns aux autres sur une même tringle de bois assez forte pour les soutenir sans plier, et l'on dispose au-dessous un nombre égal d'auges en bois ou en verre, que l'on remplit avec les liquides conducteurs, *fig.* 6. Veut-on faire usage de l'appareil, on abaisse la tringle de bois, et chaque couple vient se plonger dans l'auge qui lui correspond. Cesse-t-on d'opérer, on relève la tringle, et les auges remplies de liquide restent disposées pour une autre fois; mais si l'on juge que les liquides ont besoin d'être renouvelés, on vide les auges, et on les remplit de nouveau. L'expérience a montré que, de toutes les dispositions jusqu'à présent en usage, celle-ci est la plus simple, la plus commode et celle qui produit les plus grands effets.

On a construit des appareils voltaïques composés de fils d'un seul métal courbés en arc, et plongeant dans des vases remplis d'un seul liquide, sous lesquels, de deux en deux, on place des lampes qui les échauffent. La seule inégalité de température ainsi établie entre les deux branches des mêmes fils suffit, à ce que l'on assure, pour y déterminer une inégalité de charge électrique. Je n'ai pas eu occasion de vérifier ce fait; mais il rentre complètement dans la théorie générale de Volta, en adoptant l'interprétation étendue que nous avons donnée de ses expériences.

Nous verrons plus loin que, par une action remarquable de l'électricité en mouvement sur l'état magnétique des corps, l'habile physicien M. Schweiger est parvenu à construire un appareil appelé le *multiplicateur électrique*, au moyen duquel on rend sensibles des courans voltaïques dont l'intensité est trop faible pour être manifestée par aucun autre procédé, si ce n'est peut-être à l'aide de grenouilles récemment préparées. On a pu ainsi reconnaître qu'un anneau continu, formé de deux lames de métaux différens, par exemple, de bismuth et d'antimoine soudés ensemble, éprouve intérieurement une rupture d'équilibre électrique, lorsque l'on chauffe l'arc dans un des deux points où les métaux sont soudés. Cette belle observation est due à M. Seebeck. Elle rentre parfaitement dans les idées de Volta; car lorsque la température de l'anneau est partout égale, son état électrique, quel qu'il soit, est le même dans les deux points de soudure; et cette symétrie produit nécessairement un équilibre qui exclut toute circulation intérieure d'électricité. Mais si l'on chauffe un seul des deux points de soudure, l'élévation de la température peut ne pas modifier les forces électromotrices des deux métaux d'une manière égale; alors la symétrie des actions exercées dans les deux points de soudure étant détruite, il peut y avoir circulation dans l'intérieur de l'arc tant que subsiste l'inégalité de température.

Une simple dissimilitude dans l'état des surfaces d'un même corps mises en contact avec un même liquide conducteur suffit pour développer un courant voltaïque, et ceci est encore conforme aux mêmes principes. Par exemple, on assure qu'un physicien anglais a construit un appareil électromoteur avec de simples plaques de cuivre isolées, polies sur une de leurs faces, dépolies sur l'autre, et n'ayant entre elles, pour conducteur, que l'air ambiant. L'action de cet air, ou peut-être de son humidité naturelle, devenant inégale sur les surfaces polies et dépolies, déterminerait de l'une à l'autre un courant électrique sensible aux moyens délicats que nous avons tout à l'heure annoncés.

La tension électrique durable que développent les piles sèches a été employée par M. Bohnenberger, pour construire un électroscope très sensible. Il est représenté *fig.* 7, *pl.* 9. Sur un même plateau de métal isolé, on fixe à peu de distance l'une de l'autre deux piles sèches de même nature et d'un même nombre d'étages, de manière qu'elles touchent le support par leurs pôles contraires. Les deux pôles qui se trouvent libres sont alors naturellement chargés d'électricités différentes et dont les forces répulsives sont égales, ou du moins ne peuvent présenter qu'une inégalité très petite, dépendante des petites diversités accidentelles de construction des deux appareils. Entre ces pôles, à distance égale, on place une tige métallique verticale isolée, dont la position peut être tant soit peu variée vers l'un ou l'autre pôle par un mouvement de rappel; et au bas de ce conducteur l'on suspend une feuille d'or battu, préservée de toute agitation par une enveloppe de verre qui la renferme avec les deux piles; cette feuille peut ainsi recevoir l'électricité du dehors par le conducteur métallique qui la tient suspendue, lequel traverse le sommet du vase. Cela posé, la feuille d'or étant dans l'état naturel, on l'amène par le mouvement de rappel dans la position intermédiaire où les actions des pôles opposés des deux piles s'y neutralisent, et conséquemment n'altèrent point cet état; mais alors si on lui communique la moindre charge d'électricité étrangère, elle est aussitôt attirée par un des pôles, repoussée par l'autre, et se précipite sur celui des deux qui possède l'électricité de nom différent à celle qu'on lui a communiquée. Si l'on visse le bout extérieur du conducteur au plateau inférieur d'un petit condensateur, l'appareil devient propre à manifester l'électricité développée par des causes physiques ou chimiques d'un effet durable, mais susceptibles de ne l'élever qu'à une limite de force répulsive excessivement faible.

Tandis que l'on épuisait toutes les combinaisons pour former un appareil voltaïque uniquement composé de substances sèches, et par conséquent inaltérables, Ritter en découvrait un qui, sans pouvoir développer d'électricité par son action propre, est cependant susceptible d'être chargé par la pile voltaïque de manière à en acquérir passagèrement toutes les propriétés. C'est ce que l'on nomme les *piles secondaires de Ritter*.

Pour s'en former une idée juste et précise, il faut d'abord rappeler l'observation de Volta, rapportée plus haut, sur la distribution de l'électricité dans une bande de papier humide interposée comme moyen de communication entre les pôles de la pile. Les quantités d'électricités contraires qui se trouvent arrêtées sur les deux moitiés de cette bande prouvent évidemment l'imparfaite conductibilité des substances végétales imbibées d'eau.

Concevons maintenant que l'on enlève ce conducteur imparfait avec un corps isolant, comme une baguette de verre ; il est clair qu'à cause même de cette imperfection, l'équilibre ne se rétablira pas instantanément entre ses deux extrémités, et elles resteront pendant quelque temps, l'une vitrée, l'autre résineuse, comme lorsqu'elles communiquaient aux deux pôles de la pile.

Ces différences diminueront peu à peu, à mesure que les électricités contraires se recomposeront, et bientôt leurs actions neutralisées deviendront tout-à-fait insensibles.

C'est à cela précisément que se rapporte l'expérience fondamentale de Ritter. Seulement il remplace le ruban humide par une colonne composée de disques de cuivre et de cartons humides entremêlés. Cette colonne est incapable par elle-même de mettre l'électricité en mouvement, du moins si l'on suppose ses élémens de chaque espèce parfaitement homogènes entre eux, quant à leur force électromotrice ; mais elle se charge par la communication avec la pile, comme la bande de papier humide dont nous avons parlé. Voici toutefois une différence essentielle dans les deux résultats. Il paraît que l'électricité, lorsqu'elle est faible, éprouve quelque difficulté à passer d'une surface à une autre. Cela semble du moins résulter des expériences de Ritter; et peut-être cette résistance est-elle produite par la couche imperceptible d'air non conducteur qui adhère aux surfaces de tous les corps. L'électricité introduite dans la colonne à un seul métal éprouve donc une difficulté pareille à passer du métal au carton humide; et cet obstacle s'accroît à mesure que les alternatives sont plus nombreuses. Ainsi, une pareille pile, une fois chargée, doit perdre son électricité très lentement, lorsqu'il n'y a pas de communication directe entre ses deux pôles; mais, si l'on établit cette communication par un bon conducteur, l'écoulement des deux électricités et leur combinaison s'y faisant avec vitesse, détermineront une décharge qui s'opérera, comme dans la bouteille de Leyde, par une commotion instantanée. A cet effet succédera un nouvel état d'équilibre, dans lequel les forces répulsives des différentes plaques seront diminuées en raison de la quantité d'électricité qui s'est neutralisée instantanément. Les énergies des décharges doivent donc se répéter en s'affaiblissant à mesure que l'on réitère les contacts; mais elles cessent bientôt d'être sensibles, par une suite même de l'égalité de charge qu'elles tendent à rétablir entre toutes les parties de l'appareil. En un mot, le jeu de cette colonne tient à ce qu'elle devient successivement plus ou moins bon conducteur, selon que ses deux extrémités communiquent ou ne communiquent pas entre elles.

Quant à la manière dont l'électricité doit s'y disposer, dans l'état d'isolement, elle doit être telle, que sa force répulsive à la surface de chaque plaque, combinée avec la résistance des surfaces contiguës, fasse équilibre aux actions réunies de toutes les autres. Par conséquent, si l'on suppose le nombre des élémens impairs et tout l'appareil isolé, les quantités d'électricité iront en diminuant depuis les deux extrémités, où elles seront égales et de signe contraire, comme dans la pile primitive, jusqu'au centre, où elles seront nulles; mais si l'appareil communique avec le sol par sa base, l'électricité ira en croissant dans toute l'étendue de la colonne, depuis cette base, où elle sera nulle, jusqu'au sommet, où elle sera égale à celle de la pile primitive.

D'après cette notion de la pile secondaire, on conçoit que sa faculté conductrice doit changer lorsque l'on varie le mode de distribution des élémens qui la composent. C'est en effet ce que Ritter a observé, et il a décrit les variations correspondantes que ces modifications amènent dans les phénomènes chimiques et physiologiques de l'appareil. M. Marianini assure avoir remarqué en outre que les disques métalliques d'une pile secondaire qui a été chargée d'électricité, ne perdent pas complètement leur état électrique lorsqu'on la démonte, même quoiqu'on les touche et qu'on les essuie. Cette permanence s'accorderait avec d'autres phénomènes observés à peu près simultanément par le même physicien et par M. Delarive, lesquels consistent en ce que des plaques ou des fils métalliques employés pendant quelque temps comme conducteurs dans la circulation d'un courant voltaïque, à travers un liquide décomposable, retiennent des traces sensibles d'un état électrique polaire, après qu'on les a retirés du cercle conducteur, et même essuyés et lavés.

Le mode général d'observation de M. Marianini pour mettre ces propriétés en évidence consiste à déterminer le pouvoir électromoteur des métaux en contact avant et après qu'ils ont fait partie d'une chaîne voltaïque, ce qu'il fait avec le multiplicateur de Schweiger; il trouve ainsi le pouvoir changé et quelquefois interverti. Par exemple, si l'on forme un circuit voltaïque avec le platine en contact avec le carbure de fer, la chaîne étant complétée par de l'eau distillée chargée de $\frac{1}{100}$ d'acide sulfurique, on trouve dans le premier moment de l'action que le platine prend l'excès d'électricité vitrée, et le carbure l'excès correspondant d'électricité résineuse. Mais, après quelques immersions, la dissemblance des deux états diminue, puis devient nulle, puis enfin change de signe, de sorte que le platine se trouve alors résineux, le carbure vitré. Si l'on désunit le couple et qu'on essaie ensuite le carbure seul avec d'autres métaux, son pouvoir électromoteur paraît être demeuré sans altération; mais si l'on essaie de même le platine, on trouve qu'il a retenu une tendance notable à prendre l'état résineux. Cette propriété peut s'y conserver pendant plusieurs mois, mais elle disparaît si on le chauffe jusqu'au rouge, ou même si on le plonge dans l'eau bouillante. Le travail de M. Marianini contient une foule de phénomènes analogues au précédent. Les observations de M. Delarive sont faites d'une autre manière : elles portent sur les propriétés que manifestent les fils de platine fixés aux deux pôles d'un appareil voltaïque, lorsqu'on les a tenus plongés pendant quelque temps *dans un liquide décomposable,* pour compléter le circuit électrique. Ces deux fils, retirés de chaque pôle et mis en contact ensemble ou avec un même intermédiaire métallique, manifestent, l'un par rapport à l'autre, des pouvoirs électromoteurs inverses du pôle auquel chacun d'eux avait été attaché, inversion qui se constate de même par le multiplicateur de Schweiger.

Ces résultats physiques me semblent admettre deux modes de représentation entre lesquels les expériences précédentes ne permettent pas jusqu'ici de se décider. D'abord, nous savons que, lorsque le circuit voltaïque est établi dans un liquide décomposable, ceux des élémens chimiques qui se chargent d'électricité vitrée se transportent au pôle résineux, et ceux qui se chargent d'électricité résineuse se transportent au pôle vitré; en outre, on peut, pour plus de généralité, admettre qu'une portion quelconque des électricités qui sortent par chaque fil polaire se transmettent directement à l'autre à travers le liquide, en vertu de sa seule conductibilité. Jusqu'ici nous ne citons que des faits; or, un tel état de choses peut amener deux sortes de conséquences.

Il se peut, par exemple, que les quantités d'électricité déposées sur chaque fil polaire, tant par la conductibilité directe que par les molécules transportées, ne se neutralisent pas complètement à la surface même des fils, mais pénètrent leur substance à une très petite profondeur, comme s'en laisse pénétrer le marbre dans le condensateur à plateau de marbre de Volta. Alors, quand on enlèverait les fils, leurs couches corticales se trouveraient chargées d'une portion de ce résidu qui les aurait pénétrées, et elles ne le céderaient que peu à peu aux autres corps, en vertu d'une force coercitive propre, laquelle, bien que très petite par elle-même et incapable de résister à une force répulsive énergique, suffirait encore pour relever obstinément des charges électriques de tension si faible.

Ou bien encore, il se pourrait que les élémens chimiques transportés vers chaque fil ne se dépouillassent pas instantanément, par le contact, de toute l'électricité qu'ils auraient acquise, et formassent ainsi sur sa surface une sorte de dépôt ou de couche infiniment mince, qui, en vertu d'une force coercitive analogue combinée avec l'attraction du fil polaire, resterait imprégnée de son électricité propre, dont on ne pourrait la dépouiller qu'avec beaucoup de temps, ou par la chaleur ou par l'affluence d'une électricité contraire. C'est ainsi que le minium adhère aux gâteaux de résine dans les expériences de Lichtemberg ; mais ici l'excessive minceur de la couche déposée pourrait rendre son adhésion avec la surface du fil métallique beaucoup plus puissante.

La première supposition que je viens d'indiquer met la petite force coercitive dans le métal des deux fils, la seconde dans les molécules transportées ; or, celles-ci manifestent déjà une force de ce genre dans leur transport même, puisque, en traversant la masse du conducteur liquide pour se rendre vers l'un ou l'autre pôle, elles ne se dépouillent point de la charge électrique qu'elles possèdent et dont l'attraction les y conduit.

En général, le contact voltaïque pouvant développer des courans électriques continus d'une force répulsive indéfiniment faible, la transmission de ces courans à travers les corps conducteurs, liquides ou solides, doit naturellement y rendre sensibles des propriétés de constitution intérieure qui disparaîtraient sous l'impulsion d'une tension plus énergique, telle que les produisent les machines ordinaires. C'est donc dans cet état de faiblesse que l'on peut le mieux étudier comparativement les conductibilités des différens corps ; et alors, non-seulement on y trouve de grandes différences selon leur nature, comme on devait s'y attendre, mais on trouve que dans un même corps les deux électricités, résineuse et vitrée, éprouvent généralement des résistances très inégales dans leur transmission.

C'est ce que prouvent les expériences suivantes, dues à M. Erman de Berlin.

M. Erman isole un appareil électromoteur, monté avec un liquide bon conducteur, tel, par exemple, que la dissolution de muriate de soude. Il fait communiquer chacun de ses pôles à un électroscope à feuilles d'or, très sensible, pareillement isolé. Bientôt chaque électroscope a acquis le degré de divergence déterminé par le nombre des plaques, et le zéro électrique se trouve au milieu de l'appareil.

Cela fait, il prend un prisme de savon alcalin bien sec, et il insère dans un de ses bouts un fil métallique qui communique au sol. S'il touche par l'autre bout l'un quelconque des pôles de la pile, ce pôle est aussitôt déchargé, la divergence de l'électroscope y devient nulle, et au contraire l'électroscope de l'autre pôle diverge davantage. Tout se passe comme si le pôle touché par le prisme eût communiqué avec le sol, et le savon *semble* faire alors l'office de conducteur pour l'une ou l'autre électricité indifféremment.

Maintenant la pile restant toujours isolée, et les forces répulsives de ses pôles étant rétablies, faites communiquer ces pôles ensemble par l'intermédiaire du même savon, en insérant, dans les deux bouts du prisme, des fils métalliques qui se rendent à chaque pôle. Malgré cette communication, les deux électroscopes continueront à diverger comme auparavant, de sorte que le savon *semble* alors faire l'office d'un corps non conducteur.

Mais, lorsque cet isolement est bien reconnu, touchez un instant le savon avec un fil de métal qui communique au sol ; aussitôt le pôle résineux sera neutralisé, et la force répulsive du pôle vitré atteindra son maximum. Ainsi le savon reprend de nouveau sa faculté conductrice, mais seulement pour laisser écouler l'électricité résineuse, et c'est toujours celle-ci qu'il transmet de préférence, même quand on le touche tout auprès du fil qui se rend au pôle vitré de la pile. Ce pôle n'en reste pas moins isolé.

La flamme de l'alcool présenta à M. Erman des effets pareils, mais la disposition conductrice était en faveur de l'électricité vitrée. Tout ceci doit s'entendre seulement des degrés d'électricité très faibles, tels que les donne l'appareil électromoteur; car la flamme de l'alcool et le savon conduiraient imparfaitement, à la vérité, mais d'une manière sensiblement égale, des électricités plus énergiques.

En répétant ces expériences, l'éther sulfurique m'a présenté une propriété qui complète celles qu'a découvertes M. Erman. Ce liquide, interposé entre les deux pôles de la pile, *semble* les isoler comme le savon et l'alcool. Si l'on place dans le cercle un appareil pour la décomposition de l'eau, il ne se dégage point de bulles; enfin, tous les signes de l'isolement des deux pôles sont complets. Mais si l'on touche un seul instant l'éther avec un fil métallique, pour le faire communiquer au sol, en appliquant en même temps un condensateur à l'un quelconque des pôles de la pile, ce condensateur se charge complètement, comme si l'éther était devenu tout à coup conducteur de l'espèce d'électricité qui appartient au pôle où le condensateur est appliqué.

En rendant compte de ces expériences, j'ai dit que les deux pôles de la pile *semblaient* isolés par l'interposition d'un prisme de savon alcalin. C'est qu'en effet l'isolement n'est que partiel; et ceci explique d'abord plusieurs des particularités que les expériences présentent. Le mouvement de l'électricité dans le prisme de savon n'est pas absolument nul; il est seulement beaucoup plus lent que dans la pile même, ce qui permet à celle-ci de se recharger sensiblement, et d'acquérir une tension à ses pôles, pendant que le savon la décharge. La preuve en est que le même prisme de savon conduit absolument toute l'électricité d'une pile moins conductrice, telle que la pile à la colle ; car il ôte absolument toute tension à ses pôles, de sorte que le condensateur ne se charge plus du tout en les touchant. La flamme d'alcool interposée entre les pôles de cette même pile ne la décharge pas si complètement ; elle laisse subsister une tension, et l'on peut y répéter les expériences de M. Erman. Cette flamme conduit donc l'électricité moins bien que le savon alcalin. Quant au phénomène que présente l'éther, il se peut que l'application du condensateur produise au pôle auquel on l'applique une sorte de vide d'électricité subit, qui donne aux charges de même espèce la puissance de surmonter instantanément l'obstacle que l'imparfaite conductibilité oppose à leur transmission à travers l'éther, ou à leur passage, au contact mutuel de l'éther et du métal. J'ai donné le détail des expériences précédentes dans le *Bulletin des Sciences*, pour 1816, page 103.

Les mouvemens qui s'opèrent dans les liquides que le courant voltaïque traverse, surtout lorsque ces liquides se décomposent, sont essentiels à définir avec précision pour établir les lois du transport dont les décompositions chimiques sont accompagnées ; mais on peut présumer en outre que ces mouvemens renferment des caractères de première importance sur la nature des principes électriques mêmes, et sur leur liaison avec les actions chimiques, soit comme cause, soit comme effet.

M. Nobili de Reggio a découvert une disposition d'expériences qui peut conduire très loin dans cette recherche, parce que les décompositions qui en résultent, déposant sur les conducteurs des traces régulières et permanentes, rendent pour ainsi dire sensibles à l'œil les mouvemens des filets fluides pendant la transmission du courant voltaïque qui les a produits.

L'essence du procédé de M. Nobili consiste à conduire le courant d'abord dans un fil vertical de platine F, *fig.* 8, terminé en pointe fine et fixé à l'un des pôles P de la pile, puis de là à travers une dissolution saline L dans laquelle ce fil plonge, et enfin dans une plaque métallique MM, placée aussi horizontalement au fond du liquide, laquelle plaque est mise en communication directe avec le pôle opposé P'. L'action voltaïque s'exerçant, le liquide L se décompose, et celui de ses élémens qui se dépose sur la plaque MM, ou qui se combine avec sa substance, selon les conditions de l'expérience, y trace des cercles concentriques dont le centre C répond verticalement au-dessous de la pointe du fil F. Ces anneaux paraissent ordinairement après quelques secondes de temps; ils sont d'abord très petits et s'étendent graduellement, comme si de nouveaux anneaux plus larges venaient successivement se déposer ou se former sur la plaque autour du même centre. Ces anneaux sont généralement colorés de teintes diverses, disposées circulairement comme eux; la nature de ces teintes, ainsi que la dimension absolue des anneaux, dépendent de la nature de la plaque et du liquide décomposé.

Le mode général par lequel ces phénomènes se produisent est facile à concevoir : l'électricité dégagée au pôle P de la pile se transmettant dans le fil F, se condense à l'extrémité de ce fil; et, si la pointe qui le termine est suffisamment approchée de la plaque MM, qui communique à l'autre pôle, cette électricité peut acquérir une force répulsive suffisante pour se rendre du fil F à la plaque à travers le liquide, soit en le traversant simplement comme conducteur, ou en le décomposant, soit enfin par ces deux moyens à la fois. Cet effet est évidemment favorisé par la communication de la plaque MM avec l'autre pôle de la pile; car l'électricité développée à ce pôle se répandant dans la plaque, est sollicitée par l'électricité de nom contraire à se condenser le plus près possible de la pointe F, de manière à y former une couche d'une épaisseur graduellement décroissante autour de C. Alors les filets d'élémens électrisés repoussés par F doivent tendre à venir se décharger sur cette couche, et d'abord à son centre C plus qu'en tout autre point. Mais, outre que ces élémens se repoussent les uns les autres, ce qui les porte à s'étendre coniquement autour de F, il doit généralement arriver que les premières particules déposées en C modifient l'état électrique de la plaque par leur contact ou par la charge électrique propre qu'elles conservent, ce qui peut encore ajouter à l'extension circulaire des anneaux à mesure qu'ils se superposent. La manière dont M. Nobili dispose généralement l'expérience complique un peu cette exposition, parce que, au lieu de faire communiquer le fil F′ au pôle P′ hors du fluide, il le fait descendre comme l'autre dans le fluide même jusqu'à ce qu'il touche la plaque; mais, à cela près, le principe des résultats doit être le même dans les deux cas. Il est à peine besoin de dire que, toutes choses égales d'ailleurs, les grandeurs et les couleurs des anneaux, ainsi que la matière même qui les forme, varient selon que le fil F, qui ne touche point la plaque, communique à l'un ou à l'autre pôle de la pile. Pour certains liquides et certaines natures de plaques, M. Nobili a obtenu des anneaux en tenant les deux fils FF′ plongés dans le liquide, et l'un et l'autre hors du contact, quoique toujours à une très petite distance de la plaque métallique. Dans ce cas, il se forme deux séries d'anneaux, dont les centres respectifs sont sous chaque pointe; mais lorsque les deux fils sont très rapprochés l'un de l'autre, les anneaux ne sont plus circulaires, ils semblent dilatés dans le sens de la ligne qui joint les deux fils. Cet effet semble très facile à concevoir, d'après le double état électrique que doit prendre alors la plaque MM (voy. *fig.* 9); car si le fil F est, par exemple, positif et F′ négatif, la plaque MM sera négative en C, positive en C′, et son électrisation ira en diminuant entre ces points de manière à devenir nulle au milieu de leur distance, si toutefois les deux électricités ont une égale facilité pour s'y transmettre. Conséquemment les élémens décomposés et repoussés de F et de F′ n'auront aucune tendance vers le point neutre, et généralement en auront moins pour les parties de la plaque situées entre C et C′ que pour les parties situées au dehors; car entre C et C′ l'action de l'espèce d'électricité qui les sollicite et qui est contraire à celle qu'ils possèdent est toujours plus ou moins neutralisée par l'action répulsive de l'électricité de même nom qui domine autour de l'autre centre; ce qui n'a lieu qu'avec beaucoup moins d'énergie dans les parties de la plaque situées hors des centres, à cause du plus grand éloignement. Le simple abrégé que nous donnons ici des phénomènes observés par M. Nobili suffit pour en faire concevoir toute l'importance.

Priestley, dans ses nombreuses recherches sur l'électricité, avait également remarqué la formation d'anneaux colorés sur certaines espèces de plaques métalliques, particulièrement des métaux les plus facilement oxidables, lorsque l'on déchargeait vers leur surface l'électricité accumulée dans une forte batterie, surtout lorsque l'on opérait l'explosion par un conducteur terminé en pointe. Même Priestley observa que ces anneaux étaient intermittens, c'est-à-dire séparés les uns des autres par des intervalles également circulaires où la plaque métallique n'était point altérée. La disposition des deux électricités dans ces expériences semble avoir été la même que dans celles de M. Nobili; mais les anneaux devaient être formés, soit aux dépens des particules du métal de la pointe violemment transportées sur la plaque, soit par l'oxidation de la surface de celle-ci. Telles sont les analogies des deux phénomènes. Quant à la circularité des anneaux, la disposition circulaire de la couche électrique, attirée sur la plaque en présence de la pointe, en rend raison de même dans ces deux cas. Mais l'intermission des anneaux et leur succession est peut-être moins facile à concevoir, ou du moins mériterait d'être examinée de nouveau avec une attention spéciale.

L'interprétation que je viens de donner des expériences de M. Nobili n'est réellement que l'application d'une expérience tout-à-fait semblable, faite long-temps auparavant par M. Pouillet, et qui a été publiée avec son agrément, en 1814, dans la troisième édition de mon *Précis de Physique*. Voici en quoi elle consiste. Un courant d'électricité voltaïque est transmis à travers une masse de mercure recouverte d'eau acidulée, dans laquelle plonge perpendiculairement l'extrémité R d'un fil de platine qui part du pôle résineux, voyez *fig.* 10. La partie inférieure de la masse de mercure communique à l'autre pôle. Il est clair que, dans ce cas, l'eau est décomposée à l'extrémité du fil résineux, et l'oxigène est transporté vers le pôle vitré, c'est-à-dire sur le mercure, où peut-être il s'opère aussi une semblable décomposition et un transport inverse. L'oxigène en arrivant ainsi au mercure et en se développant à sa surface, se combine avec lui et forme de l'oxide; or, en observant le progrès de cette oxidation, M. Pouillet a vu qu'elle commence par s'opérer d'abord sur la partie de la surface du mercure la plus voisine du fil résineux R, et l'on pourrait dire sous ce fil même, s'étendant de là à peu près circulairement autour de ce point, d'autant plus que l'action est plus long-temps prolongée. Si l'on augmente ou si l'on diminue la distance du fil conducteur au mercure, le diamètre du cercle d'oxidation varie de même; et après qu'il s'est bien marqué, si l'on intervertit les communications avec les pôles de l'appareil voltaïque, ce qui amène la réduction de l'oxide, cette réduction s'opère aussi en cercle, en commençant cette fois par le centre; et quand elle est faite en ce point, toute la couche d'oxide glisse sur la surface du mercure, et revient couvrir l'espace circulaire, qui resterait brillant après la réduction si la couche d'oxide environnante était fixée. Ces phénomènes mettent en évidence la symétrie des actions et l'affaiblissement progressif de leur intensité autour de la ligne de moindre distance; ils sont évidemment la clef de ceux que M. Nobili a observés, probablement sans connaître le fait fondamental découvert antérieurement par le physicien français.

Les mouvemens des milieux soumis au courant voltaïque ne se manifestent pas seulement lorsqu'ils se décomposent; on peut dans certains cas les rendre sensibles, quoiqu'il ne s'y opère aucune décomposition. Par exemple, on verse dans un vase de verre ou de porcelaine une petite quantité de mercure que l'on recouvre par une couche d'acide sulfurique, et l'on plonge dans cet acide deux fils de platine communiquant aux deux pôles d'une pile voltaïque. Dès que l'immersion a lieu, la goutte de mercure éprouve une violente agitation, qui se soutient avec les modifications les plus variables tant que la transmission s'opère. Si l'on approche des bords de la goutte les extrémités des fils conducteurs, on la voit s'allonger dans ce sens, surtout vers le fil négatif; et si l'on amène celui-ci graduellement assez près pour que la goutte vienne le toucher, elle est repoussée aussitôt, puis attirée, puis repoussée encore, de manière à éprouver une sorte de palpitation continuelle. Ce phénomène, et tous ceux du même genre, sont très propres à éclaircir la disposition que l'électricité transmise par le courant voltaïque affecte dans les conducteurs qu'elle traverse.

Pour donner à cet égard quelque induction, je considérerai particulièrement l'expérience suivante, tirée de la *Philosophie chimique* de Davy. Un vase de verre AB, *fig.* 11, contient de l'eau distillée chargée d'une faible dissolution saline. On fait tomber au fond un petit globule de mercure *rv*, et l'on fait plonger dans cette même eau deux fils de platine VR, communiquant aux pôles vitré et résineux d'une pile voltaïque de 1000 couples : l'eau est aussitôt décomposée, et l'oxigène séparé suit la route *oo'*, l'hydrogène la route *o'o*. Or, au moment où l'on établit la communication, le globule de mercure est *d'abord* violemment agité; il s'allonge vers l'extrémité *r*, mais conserve sa forme vers l'extrémité *v*. Il se forme en *v* de l'oxide de mercure qui est rapidement détaché et porté vers R. L'extrémité allongée *r* ne dégage point d'hydrogène, du moins si la dissolution saline est faible et si la pile a peu de force; mais si la dissolution est rendue plus riche en sel, et si le pouvoir de la pile est augmenté, l'hydrogène commence à se dégager en *r*, et le globule de mercure cesse d'être agité.

Ces phénomènes me semblent tenir encore à cette double électrisation du milieu conducteur que j'ai plus haut indiquée. Par cette action, les électricités naturelles du globule *m* sont décomposées; la résineuse est attirée en *r* vers V, la vitrée vers R. Mais, de ce côté, l'oxigène qui vient de R étant électrisé résineusement, se combine sans cesse avec l'extrémité *v* du globule, et y neutralise l'électricité libre, dont il détruit ainsi la force répulsive, ce qui rend ce côté du globule à son état capillaire de repos. De l'autre côté, au contraire, vers *r*, il y a toujours allongement si l'hydrogène ne se dégage pas; car alors cet hydrogène conservant sa charge vitrée dans son transport vers R, ne neutralise point l'électricité *r* du globule; et, de plus, l'intensité des électricités instantanément apportées par la pile en V et en R ne pouvant jamais être rigoureusement constante, ne fût-ce qu'à cause des variations qui se produisent par les changemens chimiques dans l'état des conducteurs liquides interposés entre les couples, il s'ensuit que la forme du globule doit varier en même temps, puisqu'elle dépend des attractions qui agissent sur le globule, et de la répulsion propre du fluide libre qu'elle contient. On conçoit donc aussi pourquoi cette extrémité s'agite; mais ces mouvemens cessent, ou du moins doivent considérablement s'affaiblir, lorsque l'hydrogène se dégage en *r*, en totalité ou en partie, parce qu'alors l'électricité vitrée qu'il abandonne se combinant avec la résineuse du globule en *r*, rend nécessairement cette partie du globule à son état capillaire de repos, du moins s'il se dégage assez d'hydrogène pour que la neutralisation de l'électricité soit complète en *r*.

Les mouvemens opérés ainsi dans le mercure ont été, je crois, découverts par M. Serullas. Ils ont été ensuite étudiés par Davy, et surtout par M. Herschell fils, dans un Mémoire très curieux qui fait partie des *Transactions philosophiques*. M. Erman et M. Nobili s'en sont également occupés. Les recherches de M. Erman ont été insérées dans les *Annales de Gilbert*; celles de M. Nobili, dans la *Bibliothèque universelle*, et postérieurement dans les *Annales de Chimie et de Physique*.

Je rapporterai encore ici une expérience de Davy, qui s'opère également à l'aide du courant voltaïque, et qui semble très propre à donner des indications sur la cause de la lumière développée par les explosions électriques. Dans une cloche de verre qui peut s'adapter sur le récipient d'une machine pneumatique, on pratique deux trous opposés garnis de boîtes à cuirs, à travers lesquels on introduit dans la cloche deux tiges de platine qui peuvent ainsi être tirées ou enfoncées du dehors jusqu'à ce que leurs extrémités soient à telle distance que l'on voudra l'une de l'autre. On fixe à ces extrémités des cônes de charbon fortement calcinés et éteints dans le mercure pour les préserver du contact de l'air. Après avoir fixé ces cônes par leurs bases aux deux tiges de platine, on amène leurs pointes en contact, et l'on fait sous la cloche un vide aussi exact qu'il est possible. Alors on met les bouts extérieurs des tiges en communication avec les pôles opposés d'une forte batterie voltaïque. La transmission du courant échauffe bientôt les deux cônes de charbon jusqu'à faire rougir leurs pointes, et même une portion plus ou moins grande de leur masse. Alors on les éloigne lentement l'une de l'autre hors du contact, et l'extrême raréfaction du milieu aériforme permettant encore au courant de se transmettre, non-seulement l'ignition des cônes subsiste si la pile est très énergique, mais encore on voit une gerbe continue de lumière s'élancer à travers l'espace d'une des pointes à l'autre. L'expérience peut se continuer pendant long-temps, dans ces circonstances, sans que les cônes de charbon semblent rien perdre de leur masse ; mais ce point serait d'une extrême importance à constater d'une manière tout-à-fait précise et rigoureuse, parce qu'il constitue évidemment un des caractères les plus saillans du phénomène. Il est d'autant plus difficile de croire à une conservation absolue des deux cônes, qu'ils se consomment indubitablement dès qu'il reste une tension atmosphérique sensible sous la cloche. Enfin, dans le vide le plus parfait que nous puissions faire, il reste toujours des vapeurs plus ou moins rares, ne fût-ce que celles du mercure ou même des parois solides des vases. Or, est-il sûr qu'il y ait des vapeurs que l'on puisse appeler rares pour une vitesse aussi grande que paraît être celle de l'électricité en mouvement ?

Nous avons dit plus haut que, dans les actions chimiques produites par l'appareil voltaïque, l'oxigène se porte constamment vers le pôle positif, tandis que les substances dont il se dégage se portent vers le pôle négatif ; de sorte que les fils conducteurs fixés à ce dernier pôle ne s'oxident point. Si donc une lame d'un certain métal, de cuivre, par exemple, plongée dans un liquide s'y oxide, on peut présumer, par analogie, que l'oxidation n'aurait pas lieu, au moins avec une intensité égale, si l'on mettait cette lame en contact avec un morceau d'un autre métal qui lui communiquerait une tension négative, tel que serait, par exemple, pour le cuivre, le fer; car alors le fer acquérant l'état positif, ce serait lui qui devrait s'oxider, et le cuivre rester intact. Or, c'est là précisément ce qui se passe lorsque l'on place des lames de cuivre dans de l'eau de mer, soit nues, soit en contact avec une lame de fer : dans le premier cas, elles s'y oxident; dans le second, elles ne s'y oxident pas, du moins tant que la surface du fer oxidable conserve de certaines proportions avec la leur. Cette belle observation, due au génie de Davy, et déduite théoriquement des considérations précédentes, l'a conduit par une marche directe à protéger le doublage en cuivre des navires contre la corrosion de l'eau de mer, par la seule addition de lames de fer ou de fonte de dimensions convenables, appliquées à la proue et à la poupe des bâtimens. Mais l'expérience, en réussissant, et en confirmant par son succès les vues théoriques qui l'avaient fait imaginer, a développé un inconvénient d'un autre genre que l'on n'aurait jamais pu prévoir; c'est que la surface préservée du cuivre se recouvre graduellement d'une quantité beaucoup plus considérable de mollusques, de plantes marines et de dépôts terreux, dont la présence, en détruisant le poli du doublage, apporte de grands obstacles à la marche des navires. La corrosion continuelle du cuivre, dans l'état ordinaire, renouvelant incessamment sa surface, empêche vraisemblablement les dépôts de s'y attacher aussi fixement et en aussi grande abondance. D'après cela, ne pourrait-on pas appliquer les plaques protectrices, *seulement* pendant les relâches où le navire est stationnaire, et les enlever avant de remettre en mer, assez de jours à l'avance pour que la corrosion pût la renouveler et en détacher les substances qui s'y seraient déposées pendant l'application des protecteurs?

Davy a proposé de protéger ainsi les surfaces intérieures

des chaudières dans les bâtimens à vapeur, où l'on a coutume de les remplir avec de l'eau de mer. Comme ces chaudières sont en fer, il recommande d'employer des lames de zinc ou d'étain pour les protéger ; mais la convenance de l'étain pour ce but important a été contestée par M. Van Beck, qui assure que dans le contact avec le fer, c'est l'étain qui est préservé. Suivant ce physicien, le zinc seul peut être employé à cet usage. On sent combien la décision de ce point est importante ; car si l'étain est préservé par le fer, son application dans les chaudières accélérerait leur destruction au lieu de la prévenir. Dans le cours de ces recherches M. Van Beck avait tenu des plaques de cuivre pendant quarante-sept jours dans de l'eau de mer, en les préservant contre la corrosion par des plaques de fer qui plongeaient dans un vase séparé rempli de la même eau. La communication était établie entre le fer et le cuivre par un fil de platine ; entre les deux masses d'eau, par un siphon rempli du même fluide. Au bout de ce temps, M. Van Beck coupa (l'auteur ne dit pas enleva) le fil de platine qui communiquait du fer au cuivre, et le cuivre continua d'être préservé. Cependant l'eau du vase où plongeait ce métal n'avait pas perdu sa propriété corrosive ; car une petite quantité séparée de sa masse corrodait *l'autre* cuivre que l'on y plongeait ; et le cuivre aussi ne se préservait que dans cette même eau, car il se laissa corroder étant placé dans une autre. M. Van Beck regarde ces résultats comme confirmant les observations faites par M. de la Rive sur la permanence de l'état électrique acquis par les métaux dans le courant voltaïque ; mais on doit regretter que, au lieu de couper le fil de platine qui formait la jonction du fer et du cuivre, il ne l'ait pas entièrement enlevé ; car qui sait si l'effet protecteur n'était pas dû à sa présence ?

En considérant les grandes modifications qui s'obtiennent dans les effets physiologiques et chimiques d'une même pile, selon la nature des liquides que l'on interpose entre ses élémens métalliques ; en voyant surtout, dans le très grand nombre des cas, l'intensité de ces effets croître en vivacité à mesure que le liquide interposé est de nature à corroder plus fortement les plaques de métal, un grand nombre de physiciens chimistes ont été portés à conclure que c'était l'action chimique même qui était le principe primitif de l'appareil, et que le développement de l'électricité, ainsi que sa circulation continue d'un élément à l'autre, n'en était qu'une conséquence. L'expérience fondamentale de Volta, sur le développement d'électricité qui s'observe dans le simple contact de deux disques de métal isolés dans l'air, ne forme pas, à leurs yeux, une objection décisive contre cette manière de voir, parce que l'air, dans lequel ce contact a lieu, est lui-même composé de deux gaz, dont l'un au moins, l'oxigène, agit chimiquement sur les métaux; et, en outre, il contient toujours de la vapeur d'eau, qui, en quelque petite quantité qu'on la suppose, peut toujours être supposée exercer aussi une pareille action, et même plus activement encore que l'oxigène à l'état de gaz.

Pour discuter cette nouvelle manière d'envisager la pile de Volta, il convient d'abord de fixer bien précisément, et indépendamment de toute hypothèse, la valeur des caractères de fait sur lesquels on peut l'établir. Or, les effets physiologiques et chimiques produits par l'appareil de Volta s'opèrent quand on établit la communication entre ses deux pôles, ce qui fait qu'alors les tensions électriques primitivement développées à ces pôles se neutralisent l'une l'autre, après quoi on ne peut plus en découvrir de sensibles aux condensateurs les plus délicats, aussi long-temps que la communication est établie entre les deux pôles, du moins si elle l'est par un cercle de conducteurs suffisamment parfaits. Ceci toutefois ne prouve point que, dans ce dernier cas, il n'arrive plus d'électricité libre aux deux pôles de la pile, mais seulement que les quantités qui s'y portent, à chaque instant infiniment petit, sont aussitôt déchargées et neutralisées par leur réunion mutuelle directe, ou par une suite de saturations opérées de molécule à molécule, dans le conducteur parfait ou imparfait par lequel les deux pôles sont unis. L'intensité des effets produits est donc alors déterminée par quatre circonstances essentielles.

La première est la quantité absolue des deux électricités qui se développent au contact physique ou chimique de tous les élémens consécutifs de l'appareil; la deuxième est la loi de répartition des deux électricités dans la série des élémens, loi en vertu de laquelle, dans la pile isolée, les quantités d'électricités différentes se maintiennent séparées contre l'effort de leur attraction mutuelle, et se portent spécialement vers chacune des extrémités de la pile, où elles atteignent une limite fixe de force répulsive, et par conséquent une certaine épaisseur de couche graduellement croissante à partir du milieu de la série des élémens, laquelle couche se renouvelle sans cesse, en vertu de l'action intérieure de l'appareil, lorsqu'on l'absorbe graduellement à ses pôles par le contact d'un conducteur imparfait, tel que l'air ambiant, par exemple; d'où l'on doit concevoir que les mêmes lois de production et de répartition subsistent encore lorsque les quantités d'électricité dégagées sont absorbées rapidement à mesure qu'elles se portent aux deux pôles, comme cela arrive lorsque ces pôles sont joints par un conducteur beaucoup plus parfait que l'air atmosphérique. Et de là naît la troisième circonstance essentielle de l'action, qui est la facilité plus ou moins grande que les deux électricités dégagées dans chaque élément éprouvent pour se répartir conformément à la loi précédente, et se porter vers les extrémités de la série; ce qui dépend de la conductibilité propre du système. Enfin, une quatrième et dernière circonstance du même genre, c'est la rapidité plus ou moins vive avec laquelle ces quantités instantanées d'électricité, parvenues aux pôles de la pile, sont déchargées par les milieux à travers lesquels la transmission du courant est établie. Ces quatre conditions fondamentales, s'exerçant à chaque instant dans l'appareil, déterminent simultanément l'énergie des décompositions ainsi que des actions physiologiques qu'il est capable de produire par la continuité de ses décharges initiales, et ainsi tout ce qui les modifie doit modifier aussi ces effets.

D'après cela, lorsque l'on voit ces effets augmenter avec

la corrosion des élémens métalliques par les conducteurs humides qui les séparent, ce n'est pas du tout une preuve que le courant électrique soit immédiatement produit par l'action chimique qui occasione la corrosion ; car il se pourrait que sa circulation en fût seulement favorisée, par exemple, que l'action chimique, plus intime et plus énergique, produisît seulement une plus grande conductibilité dans les élémens humides eux-mêmes, ou une plus grande facilité de passage de l'électricité des plaques métalliques à ces élémens. Il se pourrait encore que ceux-ci, en corrodant les élémens métalliques, en dégageassent de l'électricité, pour ainsi dire, mécaniquement, comme nous voyons que le fait la pression, ce qui contribuerait à rétablir plus rapidement les conditions de répartition électrique exigées par la nature de l'appareil. Il se pourrait également que les changemens de température qui accompagnent presque toujours l'action chimique, et qui doivent être incomparablement plus vifs sur les surfaces attaquées que le thermomètre ne l'indique dans les masses, contribuassent à modifier dans les élémens liquides la faculté d'influencer les électricités naturelles du métal par leur contact, comme nous voyons que cela arrive entre les métaux par l'application de la chaleur artificielle; car, en admettant que le simple contact des substances hétérogènes détermine une séparation plus ou moins énergique de leurs électricités naturelles, Volta et tous les physiciens qui ont adopté sa théorie n'ont jamais entendu borner cette faculté aux métaux seuls; Volta, au contraire, l'étendait à tous les corps hétérogènes quelconques; mais l'ayant trouvée incomparablement plus énergique dans le contact mutuel des métaux que dans le contact des métaux et des liquides intermédiaires *dont il faisait usage*, il avait cru devoir, pour plus de simplicité, en supposer l'effet nul dans l'exposé de la construction de son appareil. Les partisans de l'action chimique pourraient donc, comme nous venons de le dire, imaginer que, lorsque les liquides corrodent les métaux, ce genre de contact intime a, sur la séparation des électricités naturelles, une influence beaucoup plus grande que Volta ne le supposait. Alors cette conception transporterait au contact des liquides avec les élémens solides, le principe de séparation des électricités naturelles que Volta attribuait plus spécialement à ces derniers; et du reste elle ne changerait absolument rien à la théorie mathématique de son appareil. Car, quelle que soit la partie de chaque élément où l'on supposera que s'opère le dégagement des deux électricités naturelles, leur distribution expérimentalement reconnue dans la pile isolée exigera toujours que l'on place dans cette même partie de chaque élément un pouvoir qui sépare les deux électricités, qui les transmette séparées vers les deux pôles, et qui leur permette de se maintenir dans cet état avec des intensités croissantes, depuis le centre jusqu'aux extrémités de la série. Conséquemment tout se réduit à examiner si ce principe de séparation, avec les mêmes caractères que Volta lui attribue, réside dans le simple contact des substances hétérogènes, sans exiger aucune combinaison entre leurs élémens chimiques; ou s'il est *nécessaire* qu'une telle combinaison s'opère pour que la séparation des deux électricités ait lieu. La question ainsi nettement posée est sans doute d'une très grande importance à résoudre; mais d'abord il devient évident que la nécessité de la corrosion, ou en général de l'action chimique *comme cause primordiale*, ne peut pas être légitimement conclue de cela seul, que certains effets de l'appareil voltaïque paraissent augmenter quand elle augmente, puisque nous avons vu qu'un tel accroissement pourrait encore accompagner l'action chimique dans des cas même où celle-ci ne contribuerait en rien au développement primitif des deux électricités; par exemple, si elle facilitait seulement leur transmission, après qu'elles auraient été séparées et distribuées par une cause qui lui serait absolument étrangère.

Le même raisonnement limite encore les conséquences trop absolues que l'on a tirées de l'expérience suivante, qui est due à M. Delarive.

Une lame d'or très pur O, *fig.* 12, et une lame de platine P, sont plongées par leurs extrémités inférieures dans une même masse d'acide nitrique, à quelque distance l'une de l'autre. On joint leurs extrémités supérieures par un arc également de platine M, disposé de manière à former par ses replis cet appareil délicat que nous avons dit s'appeler *le multiplicateur électrique*, parce qu'il agrandit, pour ainsi dire, en les multipliant, certains effets dépendans du passage de l'électricité ; ce qu'il opère toutefois sans accroître la force répulsive propre que cette électricité exerce sur elle-même ou au dehors. Il est clair qu'un tel arrangement constitue un circuit voltaïque, formé par l'or et le platine en contact, communiquant à travers l'acide. Cependant le multiplicateur n'indique aucune transmission d'électricité. On en conclut que les trois corps en contact n'exercent *aucune* influence de décomposition sur leurs électricités naturelles. Dans ce cas, l'acide n'attaque chimiquement aucun des deux métaux.

Sans rien changer à ce système, on introduit une goutte d'acide hydrochlorique très près de la lame d'or : ce mélange constitue l'eau régale. L'or est attaqué chimiquement, et il se forme un hydrochlorate d'or qui se répand dans la liqueur. Aussitôt le multiplicateur indique une transmission d'électricité à travers l'acide. L'or agit dans cette transmission comme pôle vitré ; on en conclut que l'électricité transmise a été développée par l'action chimique du mélange acide sur l'or.

Mais le simple énoncé des faits montre que la première et la seconde conséquence que l'on en veut déduire sont trop absolues. Le multiplicateur n'indique *aucune* transmission d'électricité quand l'acide est pur ; donc il n'y a point alors d'action voltaïque. Cette conclusion n'est point légitime. Il se peut que le platine et l'or pur mis en contact exercent une action réciproque sur leurs électricités naturelles, mais que cette action soit contre-balancée par celle de l'acide nitrique sur un des deux métaux ; et alors les électricités devenues libres restant en équilibre, le multiplicateur n'en donnera aucune indication ; car il n'est ému que par l'électricité en mouvement. Ou bien encore, il se peut que cette action très faible entre le platine et l'or pur ne puisse pas traverser l'acide avec le peu de force répulsive que lui donne un seul couple. A-t-on essayé si elle le pourrait avec cent, avec mille? A ce degré de faiblesse excessif, des milieux peuvent être sensiblement isolans, qui conduiraient très bien une électricité plus intense. Maintenant une goutte d'acide hydrochlorique introduite près de l'or détermine une transmission d'électricité observable dans le multiplicateur : en faut-il conclure que c'est l'action chimique exercée sur l'or qui développe cette électricité? La conséquence serait encore trop absolue; car il se peut que l'introduction du nouvel acide détruise seulement une compensation d'influence électromotrice qui avait lieu dans le premier arrangement; ou bien qu'elle rende plus facile la transmission des électricités développées par le contact du platine et de l'or; ou bien enfin l'action corrosive du mélange sur l'or peut établir entre ces deux corps un contact plus intime qu'auparavant, lequel détruise la résistance qu'une très faible électricité éprouverait à traverser leur surface commune. Toutes ces choses sont également possibles, également admissibles dans les limites de nos connaissances; et, puisqu'elles le sont, chacune d'elles détruit, par voie d'exclusion, la *nécessité* d'admettre les deux conséquences absolues que nous avons d'abord exposées et que l'on en a voulu déduire.

On peut, je crois, trouver un caractère plus décisif dans les expériences suivantes, qui sont depuis long-temps publiées, mais que je n'avais pas encore envisagées sous ce point de vue.

Quel que soit le principe qui détermine le développement des électricités naturelles dans le circuit voltaïque isolé, que ce soit le simple contact des substances hétérogènes, ou l'action chimique qu'elles exercent les unes sur les autres, il est de fait que ce même principe règle l'intensité du développement dont il s'agit, et le limite à certains degrés de force répulsive observables, lorsque la communication n'est pas établie entre les deux pôles. Ce doit donc être ce principe qui, dans une pile isolée d'un certain nombre d'étages, détermine l'espèce et la quantité de l'électricité qui peut rester libre dans chaque élément, selon sa place dans la série entière. D'après cela, concevons plusieurs piles d'un même nombre d'étages, dont les élémens métalliques soient absolument pareils, par exemple, des plaques égales de zinc et de cuivre soudées ensemble par couples ; séparons ces couples, dans les diverses piles, par des liquides divers dont l'action chimique sur eux soit très inégale, et comparons *les états électriques limites* qui résultent de ces différentes combinaisons. Si le développement des électricités naturelles dans ces piles est principalement déterminé par le contact des métaux entre eux, elles pourront offrir des états électriques à peu près pareils ; mais si l'action chimique est le principe de ce développement, ces états devront vraisemblablement présenter des différences correspondantes aux inégalités établies sous ce seul rapport entre les appareils. Or, les expériences suivantes prouvent que c'est le premier de ces deux cas qui a lieu.

J'ai monté quatre piles de vingt couples avec des disques de cuivre et de zinc, soudés ensemble, provenant d'une même fonte pour chaque métal et tous parfaitement neufs. Les liquides interposés étaient des dissolutions de sulfate d'alumine, de chlorate de potasse, d'hydrochlorate d'ammoniaque et d'eau de rivière. Ces piles, montées simultanément, ont été successivement posées par leur base sur un même support métallique, communiquant au plateau inférieur d'un même condensateur très puissant ; le plateau supérieur ou collecteur fut mis en communication avec le couple supérieur de chaque pile, d'une manière parfaite et identique, en abaissant avec une baguette de verre son bouton dans un même petit godet de fer rempli de mercure, que l'on posait sur le sommet de chaque pile en expérience. Les charges électriques communiquées ainsi au condensateur, par un contact sensiblement pareil et instantané, étaient aussitôt mesurées avec un très grand soin à la balance électrique. Je m'étais assuré qu'en prolongeant le contact, le condensateur ne se chargeait pas sensiblement davantage. Voici quels ont été les résultats :

Nature des conducteurs humides.	Arcs de répulsion successifs.	Moyennes.	Forces répulsives correspondantes.
Sulfate d'alumine.......	84° 85° 87° 87°,9	86,8	0,993
Chlorate de potasse	90. 87,9	89	1,079
Hydrochlorate d'ammoniaque	88.87	87,	1.000
Eau..................	89 86 89 88	87.	1.000

On voit que les forces répulsives exprimées dans la dernière colonne sont très peu différentes les unes des autres, et semblent bien peu en rapport avec les énergies excessivement inégales de l'action chimique exercée dans ces diverses piles sur les couples métalliques par les liquides interposés. Rien n'est plus facile à concevoir, si la cause du développement des électricités naturelles réside principalement dans le contact des deux métaux entre eux; mais la concordance est incompréhensible, si c'est l'action chimique qui détermine ce développement et qui en règle les limites.

Or, voici qui l'est davantage encore. J'ai monté une cinquième pile absolument semblable aux précédentes quant à la nature des couples métalliques et à leur nombre; mais au lieu de liquide, j'ai placé entre ces couples des disques de nitrate de potasse solides que j'avais moulés après les avoir fondus au feu. Je ne dirai pas qu'il ne s'opérât absolument aucune action chimique entre la substance de ces disques et le métal des couples; car en défaisant la pile, après l'avoir laissée montée pendant quelques jours, la communication étant continuellement établie entre ses deux pôles, on découvrait sur les disques quelques points oxidés, peut-être en vertu de la petite quantité d'eau que le sel pouvait soustraire de l'atmosphère. Quoi qu'il en soit, cet effet était sans proportion avec l'énergie d'action chimique qui s'observait dans les piles précédentes; néanmoins, la distribution de l'électricité y était exactement la même que dans les autres piles; et enfin la limite de charge libre que chaque étage pouvait atteindre y était la même aussi, ainsi que le démontrait le condensateur. Mais, à cause de l'imparfaite conductibilité des disques de sel placés ici entre les couples, cette limite de charge exigeait un temps sensible pour se rétablir lorsqu'on avait touché la colonne en quelque point; et aussi un contact instantané ne suffisait pas pour communiquer au condensateur le *maximum* de charge qu'il pouvait acquérir. Un tel contact ne donnait qu'une très faible charge : un contact plus long-temps prolongé en donnait davantage; et en construisant ainsi graphiquement, ou par le calcul, la relation des charges et des temps, on trouvait pour limite de répulsion 88°, précisément comme avec les autres piles dont nous avons rapporté les effets tout à l'heure. Or, assurément, il serait sans aucune vraisemblance qu'une action chimique à peine sensible *déterminât* un développement d'électricité égal, et une distribution de cette électricité pareille, dans ses périodes comme dans ses limites, à ce que produirait toute autre action chimique beaucoup plus intense; de sorte que réellement ce développement et cette distribution seraient tout-à-fait indépendans de l'intensité de l'action chimique qui les produirait. Tout se concilie, au contraire, et s'explique, dans les expériences précédentes, si l'on place dans le seul contact des métaux, ou en général des substances hétérogènes, indépendamment de toute action chimique, *la cause et le principe* de la séparation des électricités naturelles qui s'opère dans le circuit voltaïque. Alors on devra également reconnaître, comme le prouvent les expériences, que l'énergie des actions chimiques opérées entre les élémens de l'appareil peut modifier secondairement ses effets d'une manière très puissante, par les changemens qui résultent dans la transmission et le transport des quantités d'électricité développées entre les élémens en contact, peut-être même par une énergie plus grande donnée à ce développement en vertu des modifications que la corrosion des surfaces, par les agens chimiques, peut produire dans leur pouvoir pour séparer par le contact les électricités naturelles. En considérant, comme nous venons de le faire, les conditions mathématiques auxquelles est soumise cette séparation, ainsi que la loi de distribution qui en résulte dans l'appareil voltaïque, il nous semble que la manière dont nous venons de l'envisager est la seule qui se concilie avec ces faits. Si des observateurs très habiles se sont trouvés portés à considérer le phénomène assez vague de l'action chimique comme le principe *primitif* du développement de l'électricité dans l'appareil de Volta, c'est, à ce qu'il nous semble, pour avoir perdu de vue la connexion intime qui doit constamment et essentiellement exister entre un tel principe et la loi de distribution de l'électricité dans les diverses parties du circuit voltaïque à l'état d'isolement; et ils ont été naturellement éloignés de cette espèce d'équation de condition par la nature même des épreuves expérimentales auxquelles ils se sont spécialement livrés; car ces épreuves étant presque toujours faites à l'aide du multiplicateur de Schweiger, la sensibilité excessive de cet instrument ne permettait de l'appliquer qu'à des couples voltaïques simples, où le seul fait du développement des électricités naturelles et celui de leur mouvement étaient mis en évidence. Or, par cela même que ce développement est excessivement faible dans un élément unique, les plus légères modifications dans l'état des surfaces ou dans la constitution des conducteurs liquides, suffisent pour y produire des changemens du même ordre, ou même pour intervertir sa nature. Ceci n'est plus à craindre lorsque l'on opère sur une succession de couples voltaïques assemblés, parce que la loi mathématique suivant laquelle les électricités développées se portent aux extrémités de la série y produit une force répulsive assez énergique pour surmonter toujours les petites altérations accidentelles, et montrer, par cet accroissement d'énergie même, quels sont ceux des élémens constitutifs de l'appareil dans lesquels réside *le principe* de l'action électromotrice par laquelle les électricités naturelles sont séparées et maintenues à un état déterminé de séparation. Ce cas n'est peut-être pas le seul où l'emploi d'un instrument d'épreuve trop minutieusement sensible a empêché de reconnaître des lois physiques, parce qu'il obligeait de les observer dans un trop grand degré d'affaiblissement.

SEPTIÈME SECTION.

DU MAGNÉTISME.

CHAPITRE XXXVII.

Des Propriétés générales de l'aimant.

§ 1. Parmi les différentes espèces de mines de fer que l'on trouve dans la nature, il en est une qui possède particulièrement la propriété surprenante d'attirer le fer par une force invisible. A la vérité, tous les morceaux de cette espèce de mine ne jouissent pas de cette faculté au même degré; mais elle se trouve dans le plus grand nombre et même dans des masses considérables. C'est ce qu'on nomme des *aimans naturels*. On peut communiquer cette propriété au fer et à l'acier, et produire ainsi des *aimans artificiels*. On croyait autrefois que la *force magnétique* appartenait exclusivement au fer; mais on sait maintenant qu'elle est commune encore à deux autres métaux, le nickel et le cobalt; et elle y est d'autant plus énergique, que ces substances sont plus pures. Cependant, comme il est difficile d'avoir des masses considérables de ces deux métaux à un grand état de pureté, toutes nos connaissances sur leurs propriétés magnétiques se bornent à savoir qu'ils sont attirés par un aimant. Mais il serait intéressant d'examiner s'ils sont, ainsi que le fer, susceptibles de recevoir intérieurement et de communiquer le magnétisme (*).

(*) On sait maintenant que cela a lieu pour le nickel et le cobalt purs,

Rapports de l'aimant avec le fer non-magnétique.

§ 2. Le fer à l'état métallique, et à celui d'oxide noir, s'attache à l'aimant avec une force considérable. Dans le dernier cas, il faut pourtant qu'il ne soit pas trop fortement oxidé. Cette force se mesure par le poids du fer que l'aimant peut enlever. Elle ne dépend pas de la grosseur de celui-ci ; car il y a de gros aimans qui n'ont que peu de force, et de petits qui en ont une beaucoup plus grande ; quelquefois même ils peuvent porter des poids dix fois plus considérables que le leur propre. Au reste, l'expérience apprend que la force d'un même aimant est variable, suivant les positions dans lesquelles il agit.

§ 3. La force magnétique ne se manifeste pas avec une égale intensité dans tous les points de la surface d'un aimant. Ordinairement il y a deux portions de cette surface dans lesquelles l'attraction est plus forte ; quelquefois, mais rarement, il y en a davantage. Ces places se nomment les *pôles de l'aimant*. On peut reconnaître les pôles d'un aimant en le plaçant dans de la limaille de fer. Aux environs des pôles elle s'attache beaucoup plus fortement à l'aimant que dans tous les autres points. On peut aussi les découvrir au moyen d'un brin de fil de fer très mince. Aux endroits où sont les pôles, il s'attache à l'aimant par une de ses extrémités, s'en tient éloigné par l'autre, et reste ainsi comme fixé perpendiculairement à la surface ; partout ailleurs il s'attache en prenant une position oblique, dirigée vers le pôle le plus voisin ; aux points à peu près également éloignés des deux pôles, il s'applique sur la surface dans le sens de sa longueur.

§ 4. Lorsque les deux pôles peuvent agir en même temps sur

---

quoiqu'à un autre degré d'énergie que pour le fer. Quant à ce que l'auteur dit plus bas sur la nécessité que le fer ne soit pas fortement oxidé pour être attirable à l'aimant, cette condition semble trop absolue ; car le fer non-seulement oxidé, mais en outre engagé dans des combinaisons très énergiques, se montre encore attirable sous l'influence d'aimans puissans. J'ai placé entre de pareils aimans des lames *transparentes* de mica de Zinwald, qui contiennent 20 pour cent de fer oxidé et combiné avec des alcalis et de la silice. Ces lames ont été fortement attirées et dirigées par les aimans.

les extrémités opposées d'un morceau de fer, l'attraction magnétique totale en est augmentée. Par cette raison, on donne souvent aux aimans artificiels la forme d'un fer à cheval, dont les deux extrémités sont les deux pôles. On applique sur ces deux extrémités un morceau de fer doux qu'on appelle l'*ancre*, et qu'on charge d'autant de fer que l'aimant en peut porter.

§ 5. La force magnétique n'exerce pas seulement son influence par le contact; un aimant un peu fort enlève de la limaille de fer *à distance :* cette force décroît avec l'éloignement; mais, dans un morceau d'aimant de forme irrégulière, la loi de ce décroissement paraît fort compliquée; et, quoiqu'il soit facile de déterminer l'intensité de la force attractive pour chaque éloignement, au moyen d'une balance dans laquelle on place et l'on met en équilibre l'aimant ou le fer qu'il doit attirer, cependant les expériences ont appris que la loi du décroissement est tellement modifiée par la forme, la grandeur et la position des deux corps, qu'il est très difficile de déterminer ainsi, avec exactitude, la loi propre et l'influence des circonstances modifiantes.

§ 6. Si l'on met un aimant sous un plateau uni, de verre, de bois, de carton ou de quelque autre matière, pourvu que ce ne soit pas du fer, et qu'on répande ensuite de la limaille de fer sur la surface de ce plateau, les brins viennent se ranger dans une espèce d'ordre, et forment des lignes courbes qui paraissent aller d'un pôle vers l'autre, de manière qu'on peut ainsi distinguer facilement la position de ces points.

Cette expérience indique en même temps que la force magnétique s'exerce également à travers tous les corps, si on en excepte le fer, qui, selon la manière dont il est placé, favorise ou affaiblit l'effet magnétique. Nous nous assurerons encore mieux, par la suite (page 330, § 10), que cette force n'est nullement diminuée par l'interposition des corps matériels. D'après cette singulière propriété, il est facile de cacher un aimant ou le fer qu'il doit attirer; et c'est ainsi que sont disposées les nombreuses machines magnétiques qu'on emploie pour faire des tours d'adresse.

§ 7. On conserve à un aimant toute sa force, on l'augmente même quelquefois, en ayant soin de le charger autant qu'il peut l'être. Il est aussi très utile de donner aux pôles la situation naturelle qu'ils sont disposés à prendre lorsque l'aimant est librement suspendu (§ 8). Si on laisse l'aimant sans être chargé, sa force diminue peu à peu. Quant aux très petits aimans, on peut les garder dans de la limaille de fer. La rouille affaiblit les effets magnétiques. Les aimans chauffés fortement perdent tout-à-fait leur propriété. On a aussi observé qu'une chute ou le choc d'une pierre, ou aussi la décharge électrique, peuvent nuire quelquefois au pouvoir magnétique.

Propriétés de l'aimant considéré isolément.

§ 8. Si, par un moyen quelconque, on place un aimant de manière à ce qu'il puisse se mouvoir librement en direction horizontale, il prend toujours de lui-même une position telle, qu'un de ses pôles est dirigé vers le nord, et l'autre vers le sud. Par cette raison, on donne à ces points de l'aimant les noms de *pôle austral* et de *pôle boréal*. Cette propriété elle-même s'appelle la *polarité* de l'aimant.

C'est d'après l'observation de cette propriété qu'on a imaginé la *boussole*, qui n'est qu'une aiguille d'acier aimanté, placée sur une pointe aiguë et qui peut se mouvoir librement en direction horizontale. On sait assez de quelle inappréciable utilité ce simple instrument est devenu pour la navigation, et par conséquent aussi pour tous les hommes. On n'en connaît pas l'inventeur, et l'on place seulement d'une manière incertaine le temps de sa découverte entre le douzième et le quatorzième siècle. Les anciens ne le connaissaient pas, quoiqu'ils connussent la propriété attractive de l'aimant.

Quelque peu de liaison qui paraisse exister, au premier coup d'œil, entre la propriété attractive et la polarité de l'aimant, nous verrons cependant par la suite que la polarité elle-même n'est que l'effet d'une attraction magnétique de la terre entière.

De l'action réciproque des aimans.

§ 9. Deux aimans s'attirent mutuellement par des points déterminés, et cette attraction est plus forte encore que celle qui existe entre l'aimant et le fer. En d'autres points, ils se repoussent; et au moyen de deux aiguilles aimantées, ou d'un aimant et d'une aiguille aimantée, on reconnaît facilement, à ces phénomènes, la loi suivante :

Les pôles de noms différens, boréal *et* austral, *s'attirent; les pôles de mêmes noms se repoussent.*

Par cette raison, on appelle les pôles de noms différens, *pôles amis*, et ceux de noms semblables, *pôles ennemis.*

Cette loi fournit un moyen commode pour trouver les pôles d'un aimant et pour déterminer la dénomination de chacun d'eux.

§ 10. Comme un aimant d'une force convenable agit déjà à une distance assez grande sur une bonne aiguille aimantée, on peut se convaincre aisément par l'expérience que les corps interposés ne diminuent point le pouvoir magnétique.

Communication du Magnétisme.

§ 11. On peut communiquer une force magnétique sensible à un petit morceau de fer, en passant dessus, à plusieurs reprises, le pôle d'un aimant. Il faut seulement observer de passer toujours dans la même direction ; car si l'on revient en sens contraire, on diminue le magnétisme déjà communiqué. Une des meilleures manières de faire cette opération, est la suivante. Soient, *ns*, *fig.* 53, *pl.* 5, un barreau de fer non aimanté, et *NS* un aimant dont *N* est le pôle boréal, et *S* le pôle austral. On place l'aimant sur le fer, ainsi que la figure l'indique, de sorte que le pôle boréal touche au milieu du fer. Alors on presse l'aimant un peu fortement, et on le glisse dans la direction de *N* vers *S*, jusqu'à l'extrémité du fer; puis on rapporte l'aimant à sa première place, et l'on répète plusieurs fois la même opération. On applique ensuite l'aimant sur l'autre moitié de la barre de fer, de sorte que le pôle austral touche au milieu, et l'on suit dans la direction de S à N, justement le même procédé que nous venons de décrire, en le répétant précisément autant de fois pour une moitié que pour l'autre. Le fer acquiert ainsi une propriété magnétique considérable (*).

Cette propriété se communique promptement au fer doux, mais elle y est peu durable. Il est plus difficile de la donner à l'acier trempé, mais il la conserve beaucoup mieux.

Lorsqu'on communique le magnétisme avec un seul aimant on nomme cette opération la *méthode du simple contact*. Pour connaître la méthode du double contact, qui se fait avec deux aimans, on doit consulter des ouvrages plus étendus. (Voyez la *Physique d'Haüy* et celle de *Biot.*)

§ 12. C'est une loi générale pour toutes les espèces de communications, que *les points qui sont touchés les derniers par une des extrémités de l'aimant prennent des pôles de nom contraire à cette extrémité.* Ainsi, dans l'opération ci-dessus décrite, n devient un pôle boréal, et s un pôle austral.

§ 13. L'aimant ne perd que peu ou point de sa force par ce procédé, lorsqu'il est exécuté de point en point comme nous venons de l'expliquer, sans ramener jamais l'aimant sur lui-même en sens contraire. On peut donc, avec un seul aimant, communiquer le pouvoir magnétique à un grand nombre de barreaux de fer; et en réunissant ceux-ci on compose un aimant très fort, qu'on appelle un *magasin magnétique*.

Partage du Magnétisme, et Sphère d'activité magnétique.

§ 14. Tant qu'un morceau de fer doux touche à un aimant, ou même tant qu'il en est proche, il est lui-même magnétique; mais dès qu'on l'en éloigne, le magnétisme qu'il avait acquis disparaît à l'instant presque en totalité; et il n'en reste qu'une très faible trace.

Dans ce cas, on dit que le fer n'est pas aimanté par la com-

(*) Il vaut mieux incliner le barreau NS à 10 ou 12° sur l'autre, que de l'appliquer entièrement sur sa surface.

munication, mais par le partage du magnétisme ; et l'espace au-dedans duquel cet effet a lieu s'appelle la *sphère d'activité magnétique.* On peut reconnaître une certaine ressemblance entre ces phénomènes et ceux du partage de l'électricité, de la sphère d'activité électrique, etc.

Au moyen d'une aiguille aimantée, on peut rendre sensible la loi suivante, qui a toujours lieu lors du partage de la force magnétique. Le *fer prend du côté qui est proche de l'aimant un pôle de nom différent, et attirable par le pôle de l'aimant le plus voisin ; et par conséquent à l'autre extrémité du fer il se forme un pôle de même nom que ce pôle de l'aimant, et susceptible d'être repoussé par lui.*

§ 15. Cette ressemblance avec l'électricité a donné naissance à des hypothèses sur les causes du magnétisme, qui ont quelque rapport avec celle de Franklin et de Symmer sur l'électricité.

Æpinus reconnaît une seule matière magnétique dont les parties se repoussent entre elles et sont attirées par le fer et l'acier ; elle est partout uniformément répandue ; elle se trouve accumulée dans le fer, mais toujours uniformément. Dans l'aimant, elle est en excès d'un côté, ce qui donne un magnétisme positif ; et elle manque de l'autre, ce qui produit un magnétisme négatif.

Wilke et Brugmann admettent deux matières magnétiques qui s'attirent entre elles, tandis que les particules de chacune d'elles se repoussent mutuellement : ces deux matières se trouvent combinées dans le fer. Dans l'aimant, elles sont séparées, et chacune d'elles est accumulée vers un des côtés.

Il est difficile de croire que l'une ou l'autre de ces hypothèses exprime une chose réelle (*) ; mais la dernière est un moyen commode de réunir tous les principes du magnétisme, et d'en expliquer suffisamment les phénomènes.

Les hypothèses plus anciennes de Descartes, d'Euler, de Bernouilli, etc., qui supposaient une matière se mouvant en

(*) Ceci ne doit plus paraître aujourd'hui si invraisemblable que le supposait alors l'auteur. (*Voyez* l'addition placée à la fin de cette section.)

tourbillons dans l'aimant, sont plus forcées et beaucoup moins satisfaisantes (*).

§ 16. D'après la loi que suit le partage du magnétisme, on peut expliquer facilement comment, par l'attraction magnétique, la limaille de fer forme des lignes courbes (p. 328, § 6).

§ 17. C'est en se fondant sur la même loi qu'on a imaginé ce qu'on appelle l'*armure* d'un aimant naturel. Voici comment elle se construit. Soit *Asn*, *fig.* 54, un aimant naturel, dont *s* est le pôle austral, et *n* le pôle boréal. Un morceau de fer doux BC est limé de manière qu'il s'y applique exactement, et qu'il touche les deux pôles. Au-dessous justement de ces deux pôles, le fer doit avoir deux proéminences SN. On recouvre le reste de l'aimant avec une enveloppe de cuivre DEF, et l'on y joint un anneau en F, pour pouvoir la suspendre. On applique alors une *ancre* (page 328, § 4) aux deux proéminences SN, afin de charger plus commodément l'appareil.

Au moyen de cette disposition, le fer doux devient lui-même, par le partage du magnétisme, un aimant dont le pôle austral se trouve en S et le pôle boréal en N.

L'expérience a montré qu'un aimant armé a une force plus active et plus durable qu'un aimant non armé.

(*) C'est encore Coulomb qui a donné à ces idées de deux fluides magnétiques l'exactitude nécessaire pour qu'elles pussent former un corps de doctrine. Il a fait osciller une très petite aiguille aimantée à diverses distances d'un des pôles d'une barre très longue, aussi aimantée, mais dans un degré beaucoup plus considérable. L'effet de la force magnétique pour produire ces oscillations est analogue à celui de la pesanteur pour produire les oscillations du pendule, et elles peuvent également servir à mesurer l'intensité du magnétisme. Or, en comparant entre elles les forces de ces oscillations, M. Coulomb a remarqué qu'elles deviennent de plus en plus lentes, à mesure que la petite aiguille s'éloigne du centre de la force attractive; ce qui prouve que l'effet de cette force diminue à mesure que la distance augmente : et d'après la loi de ce ralentissement, il a prouvé, par le calcul, que l'attraction magnétique est constamment réciproque au carré de la distance, ainsi que l'attraction électrique et la pesanteur terrestre. Le célèbre astronome Tobie Mayer de Gottingue était parvenu aux mêmes résultats, comme je l'ai vu par des extraits de ses manuscrits que son fils a bien voulu me communiquer.

CHAPITRE XXXVIII.

Développement plus précis des phénomènes de l'Aiguille aimantée.

§ 1. Si une aiguille d'acier, non aimantée, traversée par un axe comme un fléau de balance, est mise en équilibre sur des supports plans et polis, de manière à se tenir parfaitement horizontale; cet équilibre n'aura plus lieu lorsqu'elle sera aimantée; et ce qui est très remarquable, l'inclinaison qu'elle prendra sera différente selon les différens pays. Dans notre hémisphère boréal, l'aiguille se penche vers le nord; dans l'hémisphère austral, elle se penche vers le sud. On doit conclure de ce phénomène, que, sur ces deux moitiés opposées de la terre, la force qui dirige l'aiguille aimantée ne s'exerce pas horizontalement, mais suit une direction oblique à l'horizon. Lorsqu'on veut observer parfaitement les phénomènes de l'aiguille aimantée, il faut avoir deux espèces d'aiguilles : une pour l'examen de la direction horizontale, et c'est ce qu'on nomme une *aiguille de déclinaison;* une autre pour la recherche de l'inclinaison vers la terre, et celle-ci s'appelle, par cette raison, une *aiguille d'inclinaison.*

De l'Aiguille de déclinaison.

§ 2. On fait l'extrémité boréale de cette aiguille plus légère que l'extrémité australe, de manière qu'après l'aimantation elle puisse se mouvoir tout-à-fait horizontalement. Lorsqu'elle est aimantée, on l'enferme dans une boîte de cuivre, et on l'entoure avec un cercle qui est divisé en degrés, ou, pour la navigation, en trente-deux parties, que l'on nomme rhumbs de vents.

Une aiguille disposée ainsi prend divers noms, selon le but auquel elle est destinée. Si elle doit être employée à des recherches exactes sur la direction de l'aiguille, on l'appelle un *déclinatorium*. On lui donne une longueur de 6 à 12 pouces. L'aiguille et la division du cercle qui l'entoure doivent être travaillées avec soin. Si elle doit servir à la navigation, elle prend le nom de *boussole* : on peut aussi l'employer à mesurer des angles; et c'est ainsi que les ingénieurs, et même les mineurs, s'en servent quelquefois (*).

§ 3. Si l'on compare la direction d'une aiguille de déclinaison avec une ligne méridienne astronomique déterminée exactement, on voit qu'à Paris, par exemple, l'aiguille ne se dirige pas précisément vers le nord, mais qu'elle s'en écarte d'environ 22° ½ vers l'ouest. Pour cette raison, de même qu'on nomme méridienne astronomique la ligne qui se dirige exactement du midi au nord, la direction de l'aiguille aimantée a reçu le nom de *méridienne magnétique*.

§ 4. Mais la déclinaison n'est pas la même en chaque lieu. Lorsqu'on va à l'ouest ou à l'est de l'Europe, on voit la déclinaison diminuer à mesure qu'on s'éloigne, en restant toujours occidentale. On trouve dans l'Amérique septentrionale une ligne qui se continue en direction à peu près sud-est par les golfes

---

(*) La meilleure manière de disposer une aiguille magnétique pour des expériences exactes, c'est de la suspendre à un fil de soie, tel qu'il sort du cocon, ou à un assemblage de fils de soie de ce genre réunis dans le sens de leur longueur. Cette suspension ne donnant aucun frottement et aucune force de torsion sensibles, laisse à l'aiguille toute sa liberté. C'est le même procédé que celui que nous avons décrit pour la balance électrique, et il est originairement dû à Gilbert, physicien anglais. Si l'on veut voir tous les procédés du magnétisme réunis dans un très petit espace, et accompagnés des moyens d'observations les plus précis, il faut lire deux Mémoires de M. Coulomb. Le premier, dans les *Mémoires de l'Institut*, tome V, a pour objet la détermination de l'inclinaison de l'aiguille dans chaque lieu; l'autre, dans les mêmes *Mémoires*, tome VI, renferme les méthodes les plus sûres et les plus simples pour aimanter des aiguilles à saturation. Ces deux points renferment tout l'objet du *magnétisme expérimental*. (*Voyez* aussi le *Précis de Physique* de Biot.)

du Mexique et du Brésil jusque dans la mer Atlantique, et sur laquelle la déclinaison est nulle. Une autre ligne semblable traverse dans la même direction l'Asie et toute la mer du Sud: au-delà de ces deux lignes, l'aiguille décline vers l'est. (*Voyez* les Dictionnaires de Physique, article *Abweichung der Magnetnadel.*)

§ 5. La déclinaison varie aussi dans chaque lieu avec le temps. Au dix-septième siècle, la ligne sans déclinaison, qu'on observe maintenant en Amérique, traversait l'Europe. Depuis ce temps elle s'est éloignée de plus en plus en s'avançant vers l'ouest; et de même si l'on trace sur le globe les lignes qui correspondent à une égale déclinaison à une époque ancienne, on trouve qu'elles se sont toutes déplacées depuis dans ce même sens. On conçoit facilement qu'il doit résulter de ceci des changemens de déclinaison pour chaque lieu. Il paraît que la déclinaison occidentale augmente lentement jusqu'à une certaine limite, qui est environ pour nous de 19 à 20 degrés; ensuite elle commence à décroître lentement, puis devient nulle durant quelque temps, et se change en déclinaison orientale, jusqu'à ce qu'après avoir atteint un certain degré, elle rétrograde et redevient nulle, etc. Mais des observations continuées durant plusieurs siècles seraient nécessaires pour déterminer avec certitude les périodes et les lois de ce mouvement. D'après les observations faites jusqu'ici, et qui n'ont été commencées avec l'exactitude nécessaire que depuis un siècle et demi environ, ce mouvement ne paraît pas très régulier (*).

§ 6. Indépendamment de ces grandes variations, on observe encore un petit mouvement diurne; mais il ne peut être aperçu qu'avec des aiguilles très grandes et très exactes. Durant les heures du matin, l'aiguille décline un peu plus vers l'ouest; après le milieu du jour, elle rétrograde avec un mouvement

(*) Il n'est pas même sûr que ce mouvement soit oscillatoire, comme l'auteur le suppose ici; car, depuis un assez grand nombre d'années que l'aiguille a atteint sa limite vers l'ouest, elle n'a pas encore pris une marche de rétrogradation que l'on puisse considérer comme absolument indubitable.

lent vers l'est (*). Graham remarqua le premier ce mouvement, en 1722. Wargentin et Canton ont répété et suivi ces observations. Le dernier de ces physiciens a prouvé, par des expériences, que la chaleur a sur le magnétisme une influence qui mérite d'être examinée.

De l'Aiguille d'inclinaison.

§ 7. Une lame d'acier amincie aux deux extrémités, et longue d'un pied environ, est percée justement à son centre de gravité ; un axe court, qui se termine en deux pointes aiguës, est placé à ce point, et l'appareil est assujetti sur un support, de manière que l'aiguille puisse avoir un mouvement vertical sur l'axe. Comme elle se meut autour de son centre de gravité, elle doit, avant d'être aimantée, demeurer en équilibre dans chaque position (chapitre XI, page 35 et suiv.) ; mais lorsqu'elle est devenue magnétique, son extrémité boréale s'incline beaucoup, du moins en Europe. On applique au support un arc de cercle exactement divisé en degrés et en minutes, pour mesurer l'inclinaison à l'horizon.

La construction d'un semblable instrument a beaucoup de difficultés, et une bonne aiguille d'inclinaison est une chose extrêmement rare.

§ 8. Il faut aussi beaucoup de soin pour faire usage de cette aiguille, parce qu'elle doit être placée justement dans la direction du méridien magnétique, pour indiquer exactement l'inclinaison. Dans toutes les autres positions, elle s'incline trop fortement, et même elle peut prendre la situation verticale. On conçoit ceci facilement, lorsqu'on dirige l'aiguille de manière qu'elle fasse un angle considérable avec le méridien

---

(*) Les observations faites par les navigateurs anglais et français sur les variations diurnes depuis un certain nombre d'années, ont fait voir que leur amplitude absolue diminue à mesure que l'on s'approche de l'équateur magnétique, de manière à devenir insensible sur l'équateur même ; et, en outre, au nord et au sud de cet équateur, elles s'exécutent en sens contraire aux mêmes instans physiques.

magnétique, et qu'on se représente un fil attaché à sa pointe, lequel l'attirerait dans la direction magnétique (*).

§ 9. A cause de ces difficultés pour la construction et l'usage de cet instrument, il n'y a que peu d'observations exactes de l'inclinaison. En Prusse, on l'évalue à peu près à 71 degrés. Ce qu'on peut déduire d'ailleurs des observations jusqu'à présent faites, est ce qui suit :

(*) On peut observer également dans toute direction, sans connaître le méridien magnétique, au moyen de la propriété suivante, que je crois avoir remarquée le premier.

Si l'on a observé les inclinaisons de l'aiguille sur la verticale dans deux plans verticaux quelconques, mais perpendiculaires l'un à l'autre, le carré de la tangente de l'inclinaison dans le méridien magnétique est égal à la somme des carrés des deux tangentes des inclinaisons observées. Soit H la force horizontale qui tire l'aiguille dans le méridien magnétique, V la force verticale, et i l'inclinaison, comptée à partir de la verticale : on aura, dans le méridien magnétique

$$\tang i = \frac{H}{V}.$$

Pour un autre plan vertical qui fera un angle a avec le méridien magnétique, la force horizontale ne sera plus $=$ H; mais elle sera égale à H décomposée suivant la direction de ce plan, c'est-à-dire à H cos a. La force verticale V sera encore la même, et l'inclinaison dans ce plan, à partir de la verticale, étant représentée par i', on aura

$$\tang i' = \frac{H \cos a}{V};$$

ou en mettant pour $\frac{H}{V}$ sa valeur,

$$\tang i' = \tang i \cos a.$$

Si l'on désigne par i'' l'inclinaison dans le plan vertical, perpendiculaire au précédent, on aura

$$\tang i'' = \tang i \sin a;$$

et en élevant ces deux équations au carré, et les ajoutant ensemble,

$$\tang^2 i' + \tang^2 i'' = \tang^2 i;$$

ce qui est la propriété énoncée plus haut.

§ 10. L'inclinaison est encore plus variable, dans les différens lieux, que la déclinaison. Vers le nord elle augmente, et vraisemblablement il y a dans l'Amérique septentrionale, environ à 14 ou 17 degrés du pôle boréal, une place où l'aiguille est tout-à-fait verticale. Vers le sud, l'inclinaison diminue; et il y a dans la zone torride une ligne qui fait le tour de la terre, et où l'aiguille demeure horizontale. Cette ligne passe au-dessus de l'équateur dans notre hémisphère, et au-dessous dans l'autre; on la nomme l'*équateur magnétique*. Au-delà de cette ligne, le côté sud de l'aiguille commence à s'incliner, d'autant plus fortement qu'on s'éloigne davantage, et il est probable que dans la Nouvelle-Zélande, environ à 35 ou 40 degrés du pôle austral, il y a une place où l'aiguille prend encore une situation verticale (*).

§ 11. L'inclinaison change aussi avec le temps; mais les lois de ces variations ne se déduisent que d'hypothèses, et non pas d'observations précises. (*Voyez* l'article *Neigung der Magnetnadel*, dans les Dictionnaires de Physique.)

Magnétisme terrestre.

§ 12. Les phénomènes que présentent les deux aiguilles nous autorisent, ou plutôt nous obligent, à considérer la terre elle-même comme un grand aimant, puisqu'elle agit sur l'aiguille aimantée suivant les mêmes lois d'après lesquelles un

(*) Dans un Mémoire que j'ai composé avec M. de Humboldt, et qui est principalement fondé sur ses observations, nous avons trouvé une loi qui lie entre eux tous les résultats de l'inclinaison dans tous les lieux de la terre, et qui même, avec une modification indiquée par les observations, représenterait aussi la déclinaison et les variations d'intensité des forces magnétiques dans les différentes parties du globe. J'ai vu depuis, dans les manuscrits de Tobie Mayer, qu'il avait été conduit à des résultats semblables. (*Voyez* le *Journal de Physique*.) Dans un mémoire subséquent, j'ai montré, à ce que je crois pour la première fois, que l'équateur magnétique n'est pas un grand cercle de la terre, comme on l'avait cru jusqu'alors, mais qu'après avoir suivi cette forme circulaire dans une grande partie de son cours, il éprouve dans la mer du sud une forte inflexion qui le ramène vers le pôle austral du globe.

aimant agit sur un autre. Euler a montré qu'en donnant aux pôles magnétiques de la terre à peu près la même position qui est indiquée à l'art. 10, on peut expliquer entièrement les phénomènes de la déclinaison et de l'inclinaison. (*Voyez* les Recherches sur la déclinaison de l'aiguille aimantée, *Mémoires de l'Acad. de Berlin*, 1757.) D'après ce que nous avons dit sur les rapports réciproques de deux aimans, page 330, on peut aisément concevoir que le pôle magnétique placé dans l'Amérique septentrionale doit prendre le nom de pôle austral, et que celui qui se trouve à la Nouvelle-Zélande doit être appelé pôle boréal.

§ 13. Effectivement il n'est pas improbable qu'il puisse exister une grande masse de fer magnétique dans l'intérieur de la terre; car ce métal est répandu avec une telle abondance, que chaque poignée de terre en contient toujours quelque peu (*). De plus, les observations faites au moyen du pendule (page 56, § 13) rendent vraisemblable que le noyau intérieur de la terre consiste plutôt en une masse métallique qu'en une simple masse terreuse. Si l'on admet, en outre, les observations de Canton sur l'influence de la chaleur relativement au magnétisme (page 336, § 6), on est conduit à penser que le mouvement diurne du soleil, de l'est vers l'ouest, peut causer une rétrogradation occidentale des pôles magnétiques, au moyen de laquelle les variations de déclinaison et d'inclinaison peuvent s'expliquer plus naturellement que si l'on voulait supposer, avec quelques physiciens, un mouvement particulier de l'aimant dans la terre.

Excitation du magnétisme naturel.

§ 14. Pour compléter la connaissance que nous avons donnée du magnétisme terrestre, nous devons ajouter qu'on a

---

(*) Les résultats obtenus par M. de Humboldt et moi, dans le mémoire cité plus haut, conduisent à considérer la direction absolue de l'aiguille aimantée dans chaque lieu, comme produite par des centres de force magnétiques très éloignés de la surface de la terre.

observé que le fer exposé à l'air pendant un temps considérable s'aimante de lui-même, surtout s'il est placé dans la direction du méridien magnétique. Cette observation a donné lieu à l'expérience suivante. On a placé un barreau de fer dans l'exacte direction magnétique de la déclinaison et de l'inclinaison, et l'on a reconnu qu'un semblable barreau s'aimante de lui-même en très peu de temps, et qu'on peut accélérer cet effet par des coups et des frottemens. (Gehler, III, 111; Fischer, III, 445.) (*)

§ 15. On a très inconvenablement donné le nom de *magnétisme animal*, à de certains phénomènes singuliers qui s'opèrent dans les corps humains vivans, et qui n'ont aucun rapport au sujet que nous venons de traiter.

Voyez, sur le magnétisme proprement dit, les ouvrages suivans, qui sont considérés comme classiques : Musschenbrock, *Diss. de Magnete in Diss. phys.* 1729; les ouvrages de Brugman sur l'aimant et la matière magnétique; celui d'Epinus, et les *Mémoires de Cavallo sur le magnétisme* (**).

(*) Il paraît que l'action de la lumière, surtout de la lumière violette, a la faculté de développer le magnétisme dans le fer et l'acier. M. Morichini est le premier qui a annoncé cet effet; mais un grand nombre de physiciens ont échoué à le produire. Une Anglaise, distinguée par la variété de ses talens que recouvre une modestie toute féminine, madame de Sommerville, y a réussi, pendant l'automne de 1816, d'une manière incontestable, puisque ses expériences ont été couronnées par la Société Royale de Londres. Cependant, même après son succès, d'autres physiciens habiles n'ont pas été plus heureux; ce qui semblerait indiquer que le développement du phénomène exige quelque condition particulière, soit dans la transmission de la lumière qui le produit, soit dans quelque particularité jusqu'à présent inaperçue; condition qui se sera trouvée remplie accidentellement dans les expériences de M. Morichini et de madame de Sommerville.

(**) *Voyez* aussi l'ouvrage si original de Gilbert, le *Traité de Physique* de Biot, l'article *Magnétisme* de l'Encyclopédie d'Édimbourg et les *Mémoires* d M. Poisson, dont il va être question plus bas dans le texte.

ADDITION AU MAGNÉTISME.

Théorie du magnétisme en repos et en mouvement.

M. Fischer n'a exposé ici, dans le texte de son ouvrage, que les phénomènes généraux du magnétisme. Grâces aux travaux combinés des physiciens et des géomètres, on peut maintenant lier tous ces phénomènes par une théorie qui les représente numériquement dans leurs derniers détails, et qui permet ainsi de s'élever par une induction extrêmement vraisemblable jusqu'au mode physique par lequel ils sont opérés. Tous les élémens physiques de cette théorie ont été préparés et fixés par le génie de Coulomb. M. Poisson y a mis le sceau et la perfection du calcul analytique. Nous allons présenter ici un résumé rapide de cet enchaînement d'idées.

Les attractions et les répulsions magnétiques, si analogues à celles des deux électricités, conduisent à concevoir deux principes magnétiques distincts, dont chacun se repousse lui-même et attire l'autre. Ces deux principes doivent exister primitivement dans chaque morceau de fer avant qu'il soit aimanté; car il n'y a aucune transfusion des principes magnétiques dans l'aimantation, et rien n'entre dans le fer, ni n'en sort par le contact. Ils sont donc alors combinés ensemble et dissimulés l'un par l'autre, comme le sont les électricités naturelles des corps, et c'est pour cela que leur action à distance est nulle dans cet état de réunion. Mais elle devient sensible lorsqu'ils sont séparés par une influence extérieure qui agit inégalement sur chacun d'eux, de même que les électricités naturelles des corps montrent leurs propriétés attractives et répulsives, quand elles ont été décomposées par l'influence d'un corps électrisé. Il faut, de plus, admettre qu'ils existent ainsi et sont ainsi développés séparément dans chaque particule de fer, sans qu'il se fasse aucune transmission de magnétisme d'une particule à l'autre. Car lorsqu'un barreau a été aimanté, si on le rompt en deux ou trois, ou en un nombre quelconque de parties, chacune de ces parties montre spontanément deux pôles, comme les fragmens de tourmaline ou les divisions des piles électriques; et les pôles de noms contraires se forment dans les extrémités des particules qui étaient précédemment contiguës, de même que cela a lieu aussi dans les tourmalines et les piles. Or, la séparation en plusieurs fragmens ne peut avoir aucune influence pour produire ces pôles; elle ne peut que les mettre en évidence, en les soustrayant à l'attraction des particules contiguës, par laquelle ils étaient dissimulés dans la colonne magnétique entière, comme les pôles électriques contigus le sont dans les élémens d'une tourmaline. Si l'on veut confirmer ceci synthétiquement, il n'y a qu'à réunir bout à bout plusieurs petits barreaux d'acier, et les aimanter tous à la fois comme un barreau unique, soit en mettant les deux extrémités de la chaîne en contact avec les pôles opposés de deux aimans, soit en promenant sur toute sa longueur un des pôles d'un seul aimant. Quel que soit le procédé que l'on emploie, la série des barreaux s'aimantera comme ferait un barreau continu, des mêmes dimensions, sur lequel on agirait de la même manière. Si l'on a employé, par exemple, de petits bouts de fil d'acier trempé, ayant un ou deux millimètres de diamètre, et dont l'ensemble forme une longueur de deux ou trois décimètres seulement, on trouvera, pour l'ordinaire, qu'une moitié de la chaîne exerce le magnétisme austral, et l'autre moitié le magnétisme boréal; mais si l'on défait la chaîne, chaque bout de fil, dégagé de l'influence des autres, montrera aussitôt deux pôles, et exercera de même le magnétisme boréal dans une moitié de sa longueur, le magnétisme austral dans l'autre moitié (*). Diminuez, par la pensée, les dimensions de ces fils jusqu'à les rendre indéfiniment petites; vous aurez une représentation exacte de l'état des élémens matériels

(*) Pour faire cette expérience d'une manière convenable, il faut placer les petits bouts de fils d'acier en contact les uns avec les autres, dans une rigole rectiligne creusée dans une planche de bois, et les y fixer avec de la cire, afin qu'ils restent contigus entre eux pendant l'aimantation.

magnétiques qui constituent les barreaux aimantés; et vous concevrez ainsi comment le système de toutes ces petites forces peut, selon les proportions de celles qui se suivent, donner des résultantes opposées aux deux extrémités du barreau, ou même quelquefois plusieurs résultantes, alternativement contraires, sur divers points de sa longueur.

Maintenant, lorsque les deux magnétismes ont été séparés dans les particules d'un morceau d'acier trempé, l'expérience prouve qu'ils ne se recomposent qu'avec une extrême lenteur. Il faut donc qu'une cause quelconque, existante dans ce métal, et propre à sa substance, s'oppose à leur attraction mutuelle. Cette cause, quelle qu'elle puisse être, se désigne par le nom de *force coercitive*, et peut, avec une analogie parfaite, s'assimiler à la résistance que l'électricité éprouve pour se mouvoir à la surface et dans l'intérieur des corps résineux. Plus elle sera forte, plus l'état magnétique sera difficile à imprimer et lent à se perdre. C'est le cas de l'acier très dur. Si, au contraire, cette résistance était nulle, les deux magnétismes se sépareraient dans chaque particule par la plus faible influence, et se rejoindraient aussitôt que cette influence cesserait d'agir. C'est le cas du fer, du cobalt et du nickel, quand ils sont parfaitement doux. Mais, dans ce cas même, il ne doit s'opérer aucune transmission de magnétisme d'une particule à une autre. Tout le jeu des compositions et des décompositions se passe dans l'intérieur de chaque particule; et il y a de l'une à l'autre une imperméabilité absolue. C'est précisément ainsi que, dans les piles électriques formées par des plaques de verre armées de métal, les décompositions et les recompositions des électricités naturelles s'opèrent, avec une facilité parfaite, entre les surfaces métalliques qui se regardent et qui communiquent ensemble, sans qu'il se transmette rien à travers les plaques isolantes qui les séparent du reste de la chaîne.

Les rapprochemens que nous venons de faire mettent dans la plus parfaite évidence la constitution magnétique intime des aimans et des barreaux aimantés. Il faut ensuite déterminer expérimentalement quelle est la nature et la quantité de magnétisme libre dans chaque point de ces corps, et quelle loi de décroissement chaque espèce de magnétisme suit dans ses attractions et ses répulsions à diverses distances. Coulomb a donné pour cela des méthodes analogues à celles qu'il avait employées pour les phénomènes électriques; seulement, elles sont modifiées par l'impossibilité de faire sortir aucun des deux principes magnétiques des corps où on les développe, ce qui oblige de les considérer toujours simultanément. Cela fait que la loi de la distance ne peut être observée directement et *à priori,* comme dans les actions électriques, mais doit être précédée par la connaissance des lois de la répartition des deux principes dans un même corps en état d'aimantation.

Autre différence : quand les deux électricités, ou seulement une d'elles, se trouvent à l'état d'équilibre dans un corps conducteur, leur distribution est assujettie à une condition unique, savoir, que les quantités d'électricité libre ainsi réparties se contre-balancent de manière à n'exercer aucune action, soit attractive, soit répulsive, sur les points de l'intérieur de ce corps; car une pareille action décomposerait en ces points les électricités naturelles, et troublerait ainsi l'équilibre que l'on suppose établi entre les quantités déjà développées des deux principes. Dans le magnétisme, il n'est pas nécessaire pour l'équilibre que l'action intérieure soit nulle; il suffit qu'elle soit inférieure à la résistance que la force coercitive du métal oppose à la séparation des magnétismes naturels ou à leur réunion. Or, cela peut avoir lieu d'une infinité de manières, et même avec des discontinuités dans le développement du magnétisme sur les divers points de la longueur d'une même barre; en sorte que, sous ce point de vue général, la question est absolument indéterminée.

Cependant, il existe un cas qui mérite d'être considéré en particulier, parce qu'il offre la limite de tous les cas possibles, et qu'il est aussi le plus utile de tous : c'est celui où la quantité du magnétisme libre est telle, que la somme de toutes les forces attractives et répulsives qui en résultent pour chaque point de la lame, égale précisément la résistance que la force coercitive oppose à la réunion des magnétismes naturels. Lorsqu'une lame est dans cet état, il est évident qu'elle a, en chacun de ses points, la plus grande quantité de magnétisme libre qu'elle puisse admettre ; aussi dit-on qu'elle est *aimantée à saturation*.

Le moyen le plus simple et le plus sûr pour y parvenir, c'est de soumettre la lame qu'on veut aimanter à des influences tellement énergiques, qu'il s'opère momentanément, dans ses particules, une décomposition des magnétismes naturels plus grande que celle qui peut y subsister, d'après la seule résistance de la force coercitive ; car alors, si on la soustrait graduellement à ces influences, la première limite qui s'offrira à la recomposition des magnétismes décomposés sera celle qui constitue l'aimantation à saturation.

Et, pour vérifier que l'on a atteint une pareille limite, il n'y a qu'à exposer le corps aimanté à l'action d'une force magnétique constante, dans les différens états successifs où l'aimantation l'amène ; car l'effort absolu de cette action, croissant avec la quantité de magnétisme développée dans le corps qu'on lui présente, indiquera l'état de saturation par son *maximum*. La force magnétique de la terre, sensiblement constante dans le même lieu et dans un temps très court, est évidemment très propre à cet usage ; aussi Coulomb l'y a-t-il fait servir après avoir fixé expérimentalement ses lois.

Pour établir tous les résultats qui précèdent, on n'a besoin de rien affirmer sur la nature physique des deux principes magnétiques. Mais, maintenant, si nous nous demandons quelle elle peut être, nous devrons remarquer qu'il existe l'analogie la plus complète, la plus parfaite, la plus intime, entre les lois des deux principes magnétiques et celles des deux principes électriques, tellement que l'état et les actions réciproques des corps aimantés sont identiquement pareils, pour la distribution et la loi des forces, à ceux que présentent des corps non conducteurs dont les particules seraient électrisées par influence, au moyen de la décomposition de leurs électricités naturelles. Or, quand on étudie les effets des principes électriques dans l'état de séparation et de liberté où on peut les obtenir, on reconnaît, par le calcul, que leur distribution dans les corps conducteurs, soit libres, soit influencés les uns par les autres, est rigoureusement conforme aux lois d'équilibre hydrostatique auxquelles obéiraient deux fluides matériels, sans pesanteur sensible, dont les particules seraient douées de la double propriété de se repousser mutuellement dans chaque fluide, et d'attirer celles de l'autre fluide avec une énergie réciproque au carré de la distance. Si l'on vient ensuite à tirer les conséquences mathématiques de cette constitution, pour les cas où elles sont possibles dans l'état actuel de l'Analyse, on en voit découler, non pas vaguement, mais rigoureusement et en nombres, tous les détails singuliers et minutieux qui s'observent quand on présente les corps électrisés les uns aux autres, ou qu'on les éloigne, ou qu'on les rapproche, et même quand ils sont assez rapprochés pour qu'il s'opère entre eux une explosion. Enfin, dans ce dernier cas, l'excessive rapidité de restitution de l'équilibre électrique dans toutes les parties des corps soumis à l'expérience, rapidité qui rétablit à l'instant, dans chaque point, la nouvelle quantité de chaque principe exigée par l'état nouveau du système et par les formules hydrostatiques qui l'expriment; cette rapidité, dis-je, est encore une nouvelle indication par laquelle l'état de fluidité des principes électriques est le plus fortement caractérisé. Il semble donc que, dans l'état où la théorie de l'électricité a été aujourd'hui amenée, et dont on doit tout entier l'honneur aux beaux travaux analytiques de M. Poisson, cette théorie même, par la fidélité avec laquelle toutes les expériences s'y conforment, donne la probabilité la plus forte que les principes électriques sont réellement des fluides constitués comme elle les définit; et, d'après cela, l'exacte ressemblance que l'on observe entre les effets des principes électriques et magnétiques, dans les cas où les premiers sont soumis à une force coercitive, indique avec une probabilité égale que les deux principes magnétiques ont aussi une pareille constitution, quoique l'indépendance qui existe entre leurs actions et les actions électriques ne permette pas *à priori* de les supposer d'une même nature.

Suivant cette analogie, tout corps susceptible d'aimantation doit être considéré comme composé d'une infinité d'espaces ou d'élémens géométriques très petits, dans l'intérieur desquels les deux fluides magnétiques existent naturellement à l'état neutre, mais peuvent être partiellement, sinon totalement, séparés l'un de l'autre par l'influence d'un aimant extérieur. Le déplacement des deux fluides dans l'intérieur de chaque élément peut n'être pas toujours absolument libre comme celui des deux électricités dans les corps parfaitement conducteurs : il peut être gêné par une résistance plus ou moins énergique, qui représentera ce que les physiciens ont appelé la *force coercitive ;* et alors cette même résistance s'opposera également à la réunion des deux fluides lorsqu'ils seront abandonnés à leur attraction mutuelle, après avoir été séparés par une influence étrangère. Mais ces décompositions et recompositions s'opéreront toujours et uniquement dans l'intérieur du très petit espace qui constitue chacun des élémens que nous considérons, en sorte qu'aucune portion de fluide magnétique n'en pourra sortir et se transmettre d'un élément à l'autre. Ceci n'est que l'expression précise des faits physiques que nous avons plus haut rapportés. Maintenant, quels sont ces petits espaces où les mouvemens des fluides magnétiques s'opèrent? Ne sont-ils que les molécules mêmes constituantes des corps, dont l'intérieur seul serait perviable aux deux magnétismes, lesquels alors ne pourraient pas en sortir pour traverser leurs intervalles? Nous l'ignorons ; et quelque importance qu'offre cette identité comme question physique, elle n'est pas nécessaire pour construire théoriquement les corps magnétiques conformément aux résultats extérieurement observables. C'est pourquoi, afin de ne rien prononcer à cet égard, il conviendra d'appeler d'un nom particulier les petits espaces où les mouvemens magnétiques s'opèrent, et nous les nommerons, avec M. Poisson, *élémens magnétiques,* en laissant à leur constitution physique toute la généralité du doute. D'après ces définitions, lorsque les deux fluides de chaque élément magnétique seront complètement réunis et neutralisés l'un par l'autre en chacun de ses points, l'élément magnétique sera ce que nous appellerons dans l'état naturel; et il est évident qu'un corps dont tous les élémens seront ainsi à l'état neutre n'exercera aucune action magnétique au dehors, non plus que dans son intérieur. Mais supposez qu'une force magnétique étrangère vienne agir sur lui : aussitôt les fluides magnétiques de chaque élément se sépareront l'un de l'autre, au moins en partie, comme les électricités naturelles d'un corps conducteur se séparent sous l'influence d'un corps électrisé qu'on en approche; et de même encore, si le mouvement des deux magnétismes dans l'intérieur de chaque élément magnétique est libre, c'est-à-dire si la force coercitive est sensiblement nulle, comme dans le fer doux, par exemple, les portions séparées des deux fluides se porteront à la surface intérieure de chaque élément, et y formeront une couche infiniment mince dont l'épaisseur en chaque point, ainsi que la nature boréale et australe, sera déterminée par l'action de la force étrangère jointe à celles de toutes les petites couches magnétiques qui se seront formées de même dans chacun des élémens magnétiques du corps. En supposant toujours la force coercitive nulle, l'état magnétique définitif sera déterminé par la condition que toute action, soit attractive, soit répulsive, soit nulle dans l'intérieur d'un élément magnétique quelconque, tant en vertu de la force étrangère qu'en vertu de toutes les portions de magnétisme décomposées. Si l'on suppose une force coercitive, la nullité de toute action résultante n'est plus nécessaire; car l'équilibre aura évidemment lieu toutes les fois que cette résultante sera inférieure à la résistance opposée par la force coercitive, puisqu'il s'ensuivra évidemment l'impossibilité d'un nouveau déplacement des fluides naturels, et par conséquent d'une nouvelle décomposition. Ce cas permet donc, comme on l'a dit plus haut, une infinité d'états d'équilibre pour le même système; et cette indétermination le rend ainsi beaucoup plus difficile à résoudre que le premier, qui n'en admet qu'un seul. Malheureusement, il est aussi de beaucoup le plus fréquent dans les applications réelles.

Jusqu'ici ces définitions, que nous empruntons à M. Poisson, n'offrent que la combinaison judicieusement exacte des idées de Coulomb sur l'état des corps magnétiques avec les conditions d'équilibre assignées depuis long-temps aux corps électrisés par M. Poisson lui-même. Maintenant, sans connaître la forme ni les dimensions des élémens magnétiques sur lesquels les couches des deux fluides se distribuent comme nous venons de le dire, si l'on calcule l'action d'un d'entre eux sur un point extérieur qui en soit très distant comparativement à ses petites dimensions, dans le cas simple d'une force coercitive nulle, on trouve, par un calcul très simple, que la couche agit en résultat comme le ferait une aiguille aimantée d'une dimension infiniment petite, et d'une énergie proportionnelle à la quantité totale de fluide naturel qui aura été décomposée. Ainsi, en construisant par la pensée dans l'intérieur du corps aimanté la série de toutes ces petites aiguilles dont les actions se suivent de point en point par la loi de continuité des expressions analytiques, on aura une idée complète de son état magnétique général. Mais la direction et l'intensité de ces résultantes élémentaires dépendant à la fois de la force extérieure et de la forme du corps magnétique soumis à son action, on conçoit qu'elle doit généralement offrir des difficultés d'analyse extrêmes. M. Poisson est parvenu à les résoudre dans les cas où le corps magnétisé par influence est une sphère, un ellipsoïde quelconque, et une aiguille très mince considérée comme l'extrême limite d'un ellipsoïde très allongé. Ces trois cas, bien que particuliers, sont d'une extrême importance, parce que, permettant de comparer les conclusions de la théorie aux résultats de l'expérience, ils offrent dans l'accord de ces deux méthodes une confirmation puissante de la constitution assignée aux principes magnétiques, ainsi que du mode de leur existence à l'intérieur des corps susceptibles d'aimantation.

En comparant les formules générales de l'équilibre magnétique à celles qu'il avait obtenues autrefois pour les corps électrisés, M. Poisson est arrivé à reconnaître que les actions magnétiques d'un corps de forme quelconque sont absolument équivalentes à celles qu'exercerait une couche fluide d'une très petite épaisseur qui recouvrirait la surface entière, quoique cependant, comme la théorie le suppose, et comme le veut l'expérience, les deux fluides agissans soient *en réalité* répartis dans tout l'intérieur du corps. Ce résultat fait comprendre comment, en se bornant à considérer les actions composées qu'exercent des corps de certaines formes, par exemple, des plaques de fer rendues magnétiques ou interposées entre des aimans, quelques physiciens ont été portés à en conclure que les principes magnétiques ne devaient pas être supposés répandus dans tout l'intérieur des corps, mais seulement développés ou transportés à leur surface comme les deux électricités. La similitude analytique obtenue par M. Poisson montre que l'analogie dont il s'agit n'est qu'apparente; et, en effet, une simple action de surface est incompatible avec les phénomènes que présente l'intérieur des corps aimantés lorsque l'on détruit l'agrégation physique de leurs particules matérielles.

Jusqu'ici, nous avons considéré les deux fluides magnétiques, soit dans leur état de combinaison naturelle qui constitue l'état neutre, soit dans l'état d'équilibre qu'ils prennent lorsqu'une influence étrangère les a partiellement séparés. Dans ces deux cas, les fluides combinés ou décomposés se trouvent à l'état de repos. Mais imaginez que lorsqu'une force étrangère décompose les magnétismes naturels d'un corps, il faille un temps sensible pour que les quantités décomposées se transportent à la surface de chaque élément magnétique, et que vous puissiez observer l'action magnétique du corps pendant cet état de mouvement; ou, ce qui reviendra au même, et ce qui rendra l'observation plus praticable en prolongeant sa durée, supposez que vous faites mouvoir le centre de l'action étrangère autour du corps, ou celui-ci autour de ce centre, avec une rapidité suffisante pour que la force décomposante revienne agir sur un même élément magnétique, avant que les portions de fluides séparées par sa première influence aient eu le temps de se porter à la surface de l'élément et de s'y établir en équilibre ; il est clair que dans un mouvement ainsi continué les portions de fluides successivement désunies n'agiront plus, à partir de la surface de l'élément magnétique, comme y formant une couche infiniment mince, mais que leur action émanera de tous les points de l'intérieur de l'élément où chacun d'eux dominera ; ce qui, étant étendu à tous les élémens magnétiques d'un corps de dimension finie, devra donner pour son action totale des résultantes bien différentes en intensité comme en direction de celles qu'il aurait exercées dans le cas où les mêmes quantités des fluides magnétiques auraient eu le temps de se mettre dans chaque élément à l'état de repos, et d'agir à l'extérieur avec la distribution superficielle que cet état leur assigne. Il serait même concevable que la différence fût assez grande pour rendre le magnétisme sensible dans des corps qui n'en offriraient point de trace appréciable à l'état de repos. Cette vue, extrêmement ingénieuse et profonde, également due à M. Poisson, semble expliquer de la manière la plus simple divers phénomènes remarquables que présentent les métaux magnétiques, et même la plupart des corps naturels, lorsqu'on les présente, comme nous venons de le dire, avec un mouvement rapide à l'influence d'aimans en repos ou mobiles autour d'eux.

La première notion de ces phénomènes, qui en renferme aussi, à ce qu'il nous semble, le principe général, a été découverte par M. Arago lorsque, s'occupant d'une suite d'observations sur les mouvemens diurnes, il remarqua que la présence du cuivre, même le mieux purgé de fer, au-dessous d'une aiguille de boussole délicatement suspendue, diminuait rapidement l'amplitude des oscillations de cette aiguille sans modifier la durée de ses oscillations, non plus que sa direction définitive. Concevant ainsi que l'aiguille *en mouvement*, et c'est là la découverte, était influencée par le cuivre, il en conclut la réciprocité de l'action, c'est-à-dire que le cuivre mis en mouvement serait influencé par l'aiguille en repos. En effet, en imprimant un mouvement rapide de circulation à un disque de cuivre placé au-dessous d'une aiguille aimantée librement suspendue et soumise à la seule influence directrice de la force magnétique de la terre, il trouva que l'aiguille était déviée graduellement, dans le sens du mouvement du disque, contre l'influence directrice toujours agissante de la terre. Cette déviation croît avec la vitesse du disque, et l'on peut ainsi la porter à des limites diverses. Mais lorsqu'une fois elle atteint 90°, c'est-à-dire lorsque l'aiguille est devenue rectangulaire à la direction de la force terrestre, pour peu que la vitesse de circulation du disque augmente, il n'y a plus de point de repos fixe pour l'aiguille, et elle suit le disque en tournant continuement avec lui. Un effet analogue est produit par des disques de toute matière, mais à des degrés divers. En étudiant l'action des diverses parties d'un même disque mis en circulation uniforme, M. Arago y a reconnu plusieurs conditions générales, qui sont ainsi comme autant de lois de ce genre d'action (*).

Or, ces lois sont précisément celles que l'analyse donne lorsqu'au lieu de concevoir les portions de magnétisme libre transportées à la surface des élémens magnétiques, et en équilibre sous cette surface, on les suppose en mouvement dans l'intérieur de l'élément lui-même, de sorte que l'action magnétique émane des divers points de sa masse. C'est ce que M. Poisson a développé dans un mémoire où il a substitué cet

(*) Les *Transactions philosophiques de* 1825 contiennent un mémoire de M. Barlow, dans lequel il expose plusieurs modifications qui s'opèrent dans l'action magnétique d'une sphère de fer doux, lorsqu'elle est mise en mouvement de rotation sous l'influence du magnétisme terrestre. Ce mémoire fut présenté à la Société royale le 14 avril 1825. Les premières expériences de M. Arago sur la diminution des amplitudes d'oscillation par la présence du cuivre et de beaucoup d'autres corps, furent communiquées par lui à l'Académie des Sciences le 22 novembre 1824 Le 7 mars suivant, M. Arago présenta l'appareil qui opérait la déviation de l'aiguille en repos par les disques en mouvement.

état intérieur de mouvement des deux fluides à celui de repos qu'il avait d'abord considéré, et qui donne les phénomènes magnétiques ordinaires des corps immobiles. Ainsi considérés, les nouveaux phénomènes magnétiques produits par l'état de mouvement n'indiquent point dans les fluides magnétiques un nouveau caractère physique, mais simplement une propriété mécanique commune à tous les fluides matériels non élastiques, agissant comme eux par attraction et par répulsion. Ils n'exigent donc aucune modification ou addition dans l'idée que l'on se formait déjà de ces fluides d'après les seuls phénomènes où ils agissaient à l'état d'équilibre; mais en nous les montrant dans un nouvel état où l'analyse les trouve encore obéissans au mode de constitution qui leur avait été précédemment assigné par les recherches réunies de la Physique et de l'Analyse, l'idée de cette constitution en acquiert une probabilité beaucoup plus grande, et la connaissance intime de ces agens insaisissables en reçoit ainsi une nouvelle et précieuse confirmation.

De l'aimantation opérée par l'électricité en mouvement.

Dans le chap. XXXVI et dans les additions, nous avons exposé les effets physiologiques et chimiques que produit un courant continu d'électricité, lorsqu'il est transmis avec une vitesse suffisante, soit à travers les organes des corps vivans, soit à travers des dissolutions liquides et conductrices, composées de principes séparables. M. Oersted, professeur de Chimie à Copenhague, a découvert que ce courant possède encore un autre pouvoir. Lorsqu'il parcourt des corps métalliques d'une nature quelconque, il leur donne momentanément la vertu magnétique; ils deviennent alors capables d'attirer le fer doux et non aimanté. Si on leur présente une aiguille d'acier déjà aimantée, ils attirent un de ses pôles et repoussent l'autre, mais diversement, selon les parties de leur surface qu'elle regarde. Enfin, ce qui complète le caractère d'une action magnétique, ils n'agissent point sur des aiguilles d'argent ou de cuivre, mais seulement sur des substances actuellement aimantées ou susceptibles de l'être par influence. Ces effets ne subsistent que pendant la transmission du courant électrique. Si l'on arrête la circulation de l'électricité, en rompant les communications établies entre les deux pôles de l'appareil voltaïque, où même si l'on ralentit beaucoup sa vitesse, en faisant communiquer ces pôles par de mauvais conducteurs, aussitôt le pouvoir magnétique cesse, et les corps qui l'avaient reçu rentrent dans leur état d'indifférence habituel.

Ce simple aperçu nous découvre déjà bien des propriétés nouvelles. Tous les procédés, de contact ou d'influence, employés pour aimanter les corps en repos n'avaient produit d'effet que sur trois métaux purs, le fer, le nickel, le cobalt, et sur quelques-uns de leurs alliages, tels que l'acier, par exemple, qui n'est qu'un alliage de fer avec une petite quantité de charbon. Jusqu'alors, on n'avait jamais pu rendre magnétique ni l'argent, ni le cuivre, ni aucun autre métal. Le courant électrique leur donne à tous cette propriété. De plus, il la leur donne passagèrement par sa présence; enfin, comme on va le voir tout à l'heure, il la répartit dans toute leur masse d'une manière également singulière, et qui ne ressemble point à ce que nous produisons quand nous développons le magnétisme par nos procédés d'aimantation ordinaires, qui consistent en des frictions longitudinales opérées avec des aimans.

Pour produire ces nouveaux phénomènes de la manière la plus simple, il faut, comme l'a fait M. Oersted, établir la communication entre les deux extrémités de l'appareil voltaïque, par un simple fil ou cordon de métal ZMC, *fig.* 1re, *pl.* 10, qui puisse être aisément dirigé et courbé en tous sens. On dispose ensuite, sur un pivot à pointe fine, une aiguille aimantée horizontale, bien mobile AB; puis, lorsqu'elle s'est fixée sur la direction que lui assigne la force magnétique du globe terrestre, on prend une portion flexible du fil conducteur, ou conjonctif, comme l'appelle M. Oersted, et l'ayant tendue parallèlement à l'aiguille, on l'approche doucement d'elle, soit pardessus, soit par-dessous, ou à droite, ou à gauche; aussitôt on la voit dévier; et, ce qui n'est pas moins remarquable, le sens de sa déviation change selon le côté par lequel le fil conjonctif se présente à elle. Pour faire bien comprendre cet étonnant phénomène, et en fixer nettement les particularités, supposez que le fil conjonctif s'étende horizontalement du nord au sud, dans la direction même du méridien magnétique où l'aiguille se fixe, et que son extrémité nord soit attachée au pôle cuivre de l'appareil voltaïque, l'autre l'étant au pôle zinc. Concevez encore que la personne qui fait l'expérience regarde le nord, et par conséquent le pôle cuivre du fil. Cela posé, lorsque le fil est placé au-dessus de l'aiguille, *fig.* 2, le pôle austral de celle-ci, qui est dirigé au nord, marche vers l'ouest : si le fil est placé au-dessous, *fig.* 4, ce pôle marche vers l'est; si l'on porte le fil à droite ou à gauche, l'aiguille n'est plus déviée latéralement, mais elle perd son horizontalité. Dans le premier cas, son pôle austral, tourné au nord, s'élève, *fig.* 3; dans le second, il s'abaisse, *fig.* 5. Or, en transportant ainsi le fil conjonctif tout autour de l'aiguille, suivant des directions parallèles entre elles, on ne fait que le lui présenter par des côtés différens de son contour circulaire, sans altérer en rien la tendance propre de l'aiguille vers les pôles magnétiques terrestres. Puis donc que les déviations de la branche MA de l'aiguille, observées dans ses positions successives, sont d'abord dirigées de droite à gauche, quand le fil est au-dessus de l'aiguille; puis de bas en haut, quand il est à droite; de gauche à droite, quand il est dessous; et enfin, de haut en bas, quand il est à gauche, conformément au sens de rotation indiqué par des flèches dans la *fig.* 6, il faut nécessairement conclure de ces effets que le fil conjonctif dérange l'aiguille par une force émanée de lui-même, laquelle est dirigée transversalement à la longueur du fil, révolutive autour de son axe, et toujours parallèle à la portion de son contour circulaire que l'aiguille regarde. Telle est aussi la conséquence que M. Oersted a tirée de ses premières observations. Or, ce caractère révolutif de la force, et révolutif suivant un sens déterminé, dans un milieu qui, comme l'argent et le cuivre, ou tout autre métal, semble parfaitement identique dans toutes ses parties, est un phénomène extraordinairement remarquable, dont on n'avait jusqu'ici qu'un exemple unique, qui appartient à la théorie de la lumière, et qui consiste, comme je l'ai fait voir, dans les déviations que certains liquides impriment aux plans de polarisation des rayons lumineux.

Dans les expériences que M. Oersted avait faites, et que je viens de décrire, on présente le fil conjonctif à des aiguilles d'acier déjà aimantées. On peut donc se demander si l'action alors exercée est propre au fil conjonctif, comme l'action d'un barreau d'acier trempé et aimanté est propre à ce barreau, ou si elle est communiquée au fil par la présence de l'aiguille aimantée, comme on voit le fer doux, qui n'exerce aucun pouvoir magnétique par lui-même, acquérir passagèrement ce pouvoir en présence des aimans. Pour décider cette question, il fallait voir si un corps non magnétique par lui-même, mais capable de le devenir par influence, comme le fer doux, par exemple, éprouverait une action sensible à l'approche d'un fil conjonctif traversé par le courant voltaïque. C'est ce qu'ont fait presque en même temps M. Arago et Davy, en montrant que la limaille de fer s'attache à ces fils; et cette expérience, quoique simple, est importante, en ce qu'elle fixe encore un des caractères de la force par laquelle le phénomène est produit.

Pour achever de définir cette force et découvrir son mode d'action propre, il fallait d'abord fixer géométriquement et analyser les effets composés produits par le fil conjonctif; par exemple, en supposant, pour plus de simplicité, ce fil indéfini, ou l'employant de manière qu'il agît comme un fil indéfini pourrait faire, il fallait déterminer la direction suivant laquelle la force résultante, émanée de toutes ses parties, sollicite une molécule de fluide magnétique australe ou boréale, et fixer aussi expérimentalement la loi suivant laquelle cette action s'affaiblit avec la distance. Nous avons effectué ces recherches, M. Savart et moi, en faisant osciller une même aiguille aimantée très courte à diverses distances d'un fil conjonctif vertical d'une très grande longueur comparativement à ces distances, puis fixant à chaque fois la direction de cette aiguille et la vitesse de ses oscillations. Ces opérations, pour atteindre leur but, exigeaient des soins particuliers qu'il serait ici trop long de décrire : on en peut trouver le détail dans le second volume du *Précis de Physique*. Ensuite les effets exercés sur l'aiguille étant composés de l'influence exercée sur ces deux pôles, il fallait les analyser pour en conclure l'action simple exercée par le fil sur une molécule de magnétisme, soit austral, soit boréal. C'est ce que nous avons fait encore, comme on peut le voir dans le *Précis* cité plus haut, et nous sommes ainsi arrivés à établir les lois suivantes.

1°. Lorsqu'un fil conjonctif indéfini, animé par le courant voltaïque, agit sur une molécule de magnétisme austral ou boréal placée à une certaine distance de son centre, la résultante des actions qu'il exerce est perpendiculaire à la plus courte distance de la molécule au fil.

2°. Cette action transversale a un sens déterminé relativement aux pôles vitré et résineux d'où le courant voltaïque émane. Si l'on conçoit un observateur placé dans le fil même, ayant la tête située vers le pôle résineux, les pieds vers le pôle vitré et la figure tournée vers l'aiguille, la force qui émane du fil sollicitera les molécules de magnétisme austral de la droite vers la gauche de cet observateur, et les molécules de magnétisme boréal de sa gauche vers sa droite, toujours perpendiculairement aux plus courtes distances de ces molécules au fil, conformément à la première loi.

3°. L'action totale du fil conjonctif sur une molécule magnétique quelconque, australe ou boréale, est réciproque à la distance rectiligne de cet élément au fil. De là résulte mathématiquement la loi suivant laquelle chaque tranche infiniment petite du fil agit individuellement. Cette force élémentaire s'exerce, comme l'action totale, perpendiculairement au plan mené par l'élément longitudinal du fil, et par la plus courte distance de cet élément à la molécule magnétique sollicitée. L'intensité de l'action est, comme celle des autres actions magnétiques, réciproque au carré de la distance. Cette déduction est due à M. Laplace, qui l'a tirée de nos résultats. Remarquons toutefois que l'action élémentaire à laquelle on remonte ainsi n'est encore qu'une action composée, exercée par l'ensemble de toutes les molécules métalliques comprises dans une même tranche transversale du fil. Il faudrait analyser encore ce résultat pour en déduire la direction et l'intensité de l'action exercée individuellement par chacune de ces molécules. Voilà ce que l'on n'a pas encore pu faire. Il est à croire que si l'on y parvenait, la force à laquelle on serait conduit, et qui serait alors réellement moléculaire, se trouverait agir directement suivant la distance qui joindrait la molécule métallique et la molécule magnétique sollicitée, et non plus perpendiculairement à cette distance, comme agit l'action composée de la tranche entière. Cette dernière étant une résultante de forces, il n'y a pas à s'étonner qu'elle soit dirigée autrement que ne le seraient les forces individuelles qui la produisent.

4°. L'action absolue d'une tranche élémentaire du fil conjonctif ne dépend pas seulement de sa distance à la molécule magnétique sollicitée; elle dépend aussi de l'angle que cette distance forme avec la direction longitudinale du fil. Soit ω cet angle, et R la distance; l'intensité de l'action est proportionnelle à $\frac{\sin \omega}{R^2}$. Ce résultat donné, comme tous ceux qui précèdent, par l'expérience, tient sans doute aussi à ce que l'action de la tranche n'est pas elle-même moléculaire, mais composée. En joignant à cette expression la connaissance de la direction absolue de la force, laquelle est perpendiculaire au plan mené par chaque distance et par la direction de chaque élément longitudinal du fil que l'on considère, on peut assigner par le calcul la résultante totale de l'action exercée par un fil, ou une portion de fil quelconque, droite ou courbe, limitée ou indéfinie.

Concevons, par exemple, qu'ayant pris un fil métallique d'une très grande longueur, on le replie dans un petit espace, en lui faisant faire plusieurs révolutions sur lui-même, comme le représente la *fig.* 7, après avoir préalablement pris la précaution de le revêtir tout entier d'un fil de soie ou de toute autre substance imperméable à une électricité faible, afin que ses divers contours ne se touchent point. Si l'on suspend une aiguille aimantée AB dans l'espace que ces contours embrassent, et que l'on fasse communiquer les extrémités Z, C, du fil avec les pôles d'un appareil voltaïque, il est clair que tous les élémens infiniment petits de chaque contour exerceront sur le pôle A des actions parallèles, dirigées dans un même sens, desquelles l'énergie seule sera inégale selon leur distance, et aussi selon la valeur de l'angle ω relatif à chaque élément du fil. Ainsi, en vertu de leur parallélisme, toutes ces actions inégales formeront une résultante unique, qui tendra à pousser le magnétisme de A, soit d'un côté, soit d'un autre du plan de la figure, mais toujours suivant une direction perpendiculaire aux contours du fil. Le même raisonnement s'appliquant également au pôle B, il en résultera sur ce pôle une force pareille et même égale à la précédente, si la position de l'aiguille dans les contours est symétrique; mais la direction absolue de cette seconde force sera inverse de la première, à cause de la nature opposée du magnétisme existant en A et en B. Ces deux forces ainsi appliquées tendront donc à faire tourner l'aiguille dans un même sens; et leur effort sera d'autant plus énergique, que les contours du fil seront plus nombreux, leur distance à l'aiguille moindre, et l'intensité absolue du courant électrique plus considérable. On peut donc, à l'aide de cette disposition ingénieuse, accroître à volonté l'action d'un courant électrique donné, et la multiplier dans une proportion pour ainsi dire indéfinie. Aussi M. Schweiger, qui inventa cet appareil au commencement de septembre 1820, peu de temps après la publication de la grande découverte de M. Oersted, lui a-t-il donné à juste titre le nom de *multiplicateur électro-magnétique*, que les physiciens lui ont depuis unanimement conservé. Pour lui donner toute la sensibilité dont il est susceptible, et le rendre commodément applicable, il faut d'abord placer l'aiguille dans une petite chape de papier suspendue à un fil de coton simple, en dirigeant les contours du multiplicateur suivant son méridien magnétique naturel, *fig.* 8. On dispose ensuite sous l'aiguille une division circulaire horizontale pour mesurer ses déviations : ce que l'on peut faire en fixant sur l'aiguille, perpendiculairement à sa longueur, un petit index en carte, dont la pointe, sortant ainsi hors des contours des fils, se promène dans une partie visible de la division circulaire. On recouvre le tout d'une cloche de verre, pour préserver l'aiguille des agitations de l'air, et l'on fait seulement sortir de dessous cette cloche les deux extrémités du fil conjonctif, que l'on plonge dans de petits vases de verre remplis de mercure, lesquels sont fixés sur la table où l'on opère. Alors, quand on veut faire passer à travers le multiplicateur le courant développé par un appareil électro-magnétique quelconque, il suffit d'établir la communication entre le mercure des petits vases et les pôles de cet appareil. Quand le multiplicateur est disposé, comme nous venons de le dire, avec un nombre suffisant de contours, sa sensibilité est si excessive, qu'il suffit de faire toucher les deux extrémités du fil avec les deux faces opposées d'un seul couple cuivre et zinc, légèrement humectées, pour exciter aussitôt dans l'aiguille une déviation considérable, qui peut la jeter presque à angle droit de son méridien naturel; et, si l'on voulait, on rendrait cet effet plus sensible encore, en affaiblissant, par la présence d'un aimant artificiel, la force terrestre qui ramène l'aiguille vers ce méridien.

Cet admirable instrument a rendu ainsi le développement de deux électricités visible et mesurable, dans une infinité de circonstances où tous les autres moyens électrométriques ne donnaient que des signes incertains ou même impossibles à apprécier ; et il promet par là d'ouvrir la voie à un grand nombre de découvertes importantes, telles que celles dont nous avons déjà donné l'idée dans l'addition relative aux effets chimiques du courant voltaïque.

La direction de la force exercée par les fils conjonctifs étant transversale à leur longueur, et, en outre, égale sur tous les points de l'espace placés à une même distance du centre de ces fils, il est clair que si l'on pouvait faire flotter librement une masse de fluide magnétique austral ou boréal, auprès d'un pareil fil, la masse magnétique se mettrait en mouvement continu de rotation autour du fil. A la vérité, on ne peut, par aucun moyen connu, isoler d'un aimant un seul des deux magnétismes; mais en profitant des lois connues, suivant lesquelles un fil conjonctif exerce sa puissance, on peut disposer les choses de manière qu'un des deux pôles d'une aiguille aimantée soit exposé si favorablement à son action, et l'autre si défavorablement, que l'effet sur le premier soit seul sensible; et si, en outre, l'aimant ainsi disposé est soutenu librement dans un fluide à l'aide d'un flotteur, on pourra y voir se réaliser le mouvement de rotation prévu plus haut d'après la nature de la force. Cette curieuse expérience a été en effet réalisée pour la première fois par M. Faraday, et elle a été depuis variée par les autres physiciens d'une infinité de manières, toujours par des moyens analogues à celui que nous venons de décrire.

Un fil conjonctif pouvant faire tourner un aimant librement suspendu, lorsqu'il agit spécialement sur un de ses pôles, il est évident, par réciprocité, que ce pôle rendu fixe fera tourner le fil rendu mobile, s'il lui est présenté convenablement. Cette réciprocité se vérifie en effet par l'expérience.

Et puisque, d'après les belles observations de M. Seebeck, la seule inégalité de température entre les diverses parties d'un arc métallique continu suffit pour y développer un courant voltaïque, il est évident que ce courant doit imprimer à toutes les parties de l'arc l'espèce particulière d'aimantation qu'il donne généralement aux fils conjonctifs; de sorte que les diverses parties de ces arcs doivent exercer une force magnétique transversale agissant suivant les lois établies plus haut. Conséquemment si l'on suspend de tels arcs, de manière qu'ils puissent obéir à l'action prédominante d'un des pôles d'un aimant fixe, placé dans leur intérieur ou au dehors du circuit qu'ils forment, ils devront exécuter sous cette influence des mouvemens de déviation ou de circulation pareils à ceux que les autres fils conjonctifs éprouvent en présence des aimans fixes, et qui pourront se prédire d'après les mêmes lois. C'est en effet ce qui a lieu.

Enfin, comme dans toutes les expériences magnétiques, la terre exerce une force analogue à celle d'un barreau aimanté dont un des pôles est prédominant en chaque lieu, on pourra, dans toutes les expériences que nous venons de décrire, substituer l'action magnétique de la terre à celle de l'aimant fixe, et l'on opérera les mêmes mouvemens. C'est ce qui s'observe encore.

Nous avons parlé de la gerbe lumineuse qui s'élance dans le vide entre les extrémités des conducteurs fixés aux deux pôles d'un appareil voltaïque, lorsqu'on les approche l'une de l'autre, après les avoir armées de petits cônes de charbon. En opérant ainsi avec une batterie voltaïque très puissante, Davy a reconnu que cette gerbe lumineuse acquérait un mouvement de rotation lorsqu'on lui présentait, dans une direction très oblique, un des pôles d'un très fort aimant. Serait-ce alors la matière électrique même qui deviendrait ainsi lumineuse et attirable? ou serait-ce que les parties matérielles infiniment déliées qui composent la gerbe, lesquelles servent alors de fil conjonctif, éprouveraient, du courant voltaïque, le même mode d'aimantation que les fils voltaïques acquièrent. Cette expérience serait infiniment intéressante à reprendre et à suivre, à cause des conséquences qu'elle peut offrir sur la répartition moléculaire de l'aimantation.

Les corps solides ne sont pas les seuls qui reçoivent l'aimantation voltaïque; elle se communique également à des colonnes de mercure renfermées dans des tubes de verre, lorsque ces colonnes sont employées comme fils conducteurs. Si, au lieu de cet arrangement symétrique et simple, on introduit le courant dans une masse de mercure, comme l'a fait

Davy, par la pointe d'un fil métallique isolé, fixé à une petite profondeur au-dessous de la surface libre de ce fluide, on voit se produire à cette surface de violentes agitations que leur complication rendrait sans doute difficile de définir avec rigueur, mais qui doivent résulter des sens d'aimantation imprimés par le courant aux molécules du mercure, et des réactions que ces molécules exercent en conséquence les unes sur les autres.

Toutes ces expériences de mouvement, bien que très ingénieuses, ne sont que des conséquences mécaniques des lois trouvées plus haut, sur l'action composée qu'exerce une tranche infiniment petite d'un fil conjonctif, et par conséquent elles n'avancent en rien nos connaissances sur la nature de l'aimantation moléculaire, par laquelle ces effets composés sont produits. La dernière seule, qui offre des mouvemens moléculaires, pourrait fournir à cet égard d'utiles lumières, si on la disposait de façon que les mouvemens produits pussent être individuellement étudiés ; car on pourrait espérer d'y reconnaître le mode particulier d'aimantation que les molécules du mercure y reçoivent, ce qui est le point essentiel à déterminer pour réduire le phénomène à ses élémens simples, et remonter aux forces moléculaires excitées dans les particules des fils.

Désirant faire un pas de plus vers cette simplification si désirable, nous avons étudié, M. Savart et moi, l'effet de la transmission du courant par des tuyaux métalliques, des lames et d'autres corps d'une largeur sensible, dont les surfaces actives pouvaient être considérées comme formées de lignes droites parallèles entre elles. Nous avons trouvé que tous ces corps agissaient, à distance, sur les molécules magnétiques, comme autant de faisceaux de fils conjonctifs parallèles à leur longueur, ce qui permet d'en calculer ainsi d'avance tous les effets. Il faut conclure de là que même un simple fil conjonctif doit être décomposé, par la pensée, en une infinité de séries longitudinales de particules qui agissent séparément sur le magnétisme extérieur, comme le ferait un seul fil infiniment mince. Toutefois, en faisant agir le même appareil voltaïque, tantôt à travers un tuyau de dimension sensible, tantôt à travers un simple fil, le mode de communication restant d'ailleurs le même, nous avons toujours trouvé l'effet absolu plus grand avec le tuyau qu'avec le fil, soit que la plus grande quantité de matière du tuyau offrît un passage plus libre à l'électricité transmise, soit que ses dimensions plus considérables déterminassent une distribution plus favorable de l'aimantation moléculaire qui en résultait.

Jusqu'à ce que l'on ait atteint cette dernière connaissance si désirable des forces moléculaires, ou plutôt de la distribution moléculaire d'aimantation qui produit tous les phénomènes composés que nous venons de décrire, on ne doit négliger aucune des analogies expérimentales qui peuvent rattacher ces phénomènes les uns aux autres, surtout lorsqu'ils sont de nature à établir des conditions simples auxquelles ces forces devront satisfaire, lorsqu'on les aura trouvées. Tel est le fait suivant, qui a été découvert par M. Ampère.

Concevons que, dans la *fig.* 9, le cercle F représente la section d'un fil conjonctif cylindrique et indéfini, s'étendant horizontalement d'un pôle à l'autre d'un appareil voltaïque. Désignons par des flèches placées sur la circonférence du cercle le sens de l'action transversale qu'exercerait le fil F sur une molécule du magnétisme d'une nature donnée, par exemple, australe, qui lui serait présentée à distance dans le plan de la section même. Toutes les expériences nous ont fait voir que l'action totale du fil sur une telle particule placée en A, est exactement pareille à celle qu'exercerait une aiguille aimantée infiniment petite $a'b'$ qui serait tangente à la section F, et dont le centre c' serait placé sur la droite AF tirée de la molécule magnétique au centre du fil.

Maintenant plaçons parallèlement au fil F un second fil conjonctif F′, dont les communications avec les pôles de l'appareil voltaïque soient placées de même. Le sens révolutif de la force exercée par ce second fil sera donc aussi le même que pour le premier, et nous devrons l'indiquer également par des flèches dirigées dans le même sens. Or, si l'on remplace par la pensée le mode d'action inconnu de ces fils par les aiguilles tangentielles qui leur sont équivalentes, il résulte de la figure même qu'ils se présenteront mutuellement l'un à l'autre par des faces dont les aiguilles tendent à s'attirer l'une l'autre; tandis qu'au contraire, si le système de communication avec les pôles de l'appareil voltaïque était inverse dans le second fil, comme on le voit *fig.* 10, les deux fils se présenteraient l'un à l'autre par des faces dont les aiguilles tendraient à se repousser. Donc, si les fils agissent sur les corps aimantés en vertu d'une aimantation momentanée de leurs molécules, comme toutes les analogies l'indiquent, on doit s'attendre que ces mêmes actions s'exerceront encore d'un fil sur l'autre, suivant les mêmes lois. Ainsi, en supposant que les deux fils des *fig.* 9 et 10 soient suspendus de manière à pouvoir obéir à leur influence mutuelle, ils devront, d'après ces inductions, s'attirer dans le cas de la *fig.* 9, où le sens révolutif de la force transversale est dirigé, pour tous les deux, dans un même sens, et se repousser dans le cas de la *fig.* 10, où le sens révolutif de la force est dirigé, pour l'un et l'autre, dans des sens opposés. C'est aussi là précisément ce que l'expérience montre, comme M. Ampère l'a fait voir, en suspendant parallèlement l'une à l'autre, *fig.* 11, des portions ZOZ, Z'O'C' de conducteurs cylindriques, équilibrées autour d'un axe horizontal, et dont les extrémités recourbées Z, C, Z', C', plongeaient dans des coupes remplies de mercure, de manière à pouvoir très facilement y prendre un mouvement d'oscillation qui les approchait l'une de l'autre, ou les éloignait. Il suffit en effet de faire communiquer le mercure de ces coupes ou leurs supports aux pôles de l'appareil voltaïque, pour produire les deux combinaisons représentées *fig.* 9 et 10. Or, les attractions et les répulsions de ces conducteurs, observées par M. Ampère, ont toujours été telles que la construction de ces figures l'indique et le fait prévoir.

L'attraction mutuelle de deux conducteurs, traversés en sens contraire par le courant voltaïque, s'était présentée aux observateurs dès le temps des premières expériences que l'on fit sur l'appareil de Volta ; car on remarqua, dès cette époque, que, si l'on fixe un fil de métal à chacun des deux pôles de l'appareil, et que l'on approche ensuite ces deux fils l'un de l'autre, de manière à établir la communication par leur contact ; au moment où ce contact s'opère, il se produit entre les deux fils une attraction qui les maintient unis l'un à l'autre, et même avec assez d'énergie pour résister, à un certain degré, au ressort de flexion qui tendrait à les séparer. Si le hasard, qui fit faire cette remarque, eût fait aussi trouver près des deux fils une aiguille aimantée, l'influence de leur action sur cette aiguille eût été manifeste, et le phénomène d'Oersted eût été découvert vingt ans plus tôt ; mais il échappa alors. Toutefois, cette ancienne observation retrouve aujourd'hui de l'importance, parce qu'en la joignant à celle-ci, plus récente, qu'un fil conjonctif agit comme ferait un faisceau de fils linéaires, formés par autant de séries de molécules métalliques consécutivement situées en ligne droite, on voit que toutes ces séries qui composent le fil doivent exercer les unes sur les autres une attraction analogue à celle des portions de fils conducteurs que l'on rapproche par leurs surfaces ; et peut-être le fait ainsi considéré pourrait-il donner quelque lumière sur la manière dont la résultante transversale s'établit.

Ne pouvant rapporter ici qu'une très petite partie des expériences que, depuis la découverte d'Oerstedt, on a faites sur l'électricité en mouvement, j'ai dû me borner à celles qui donnaient quelques notions nouvelles sur le mode physique par lequel ces phénomènes sont produits. D'après ce même motif, j'indiquerai encore ici une série d'expériences très curieuses faites par M. Savary, et qui paraissent avoir, pour ce but, une importance remarquable.

Dès que la force magnétique transversale, découverte par Oersted, eût été annoncée aux physiciens, il devenait naturel de penser que cette force portée, à un suffisant degré d'énergie, opérerait à distance, sur des aiguilles de fer doux ou d'acier, la séparation des magnétismes naturels qui s'opère sous l'influence des deux pôles opposés d'un aimant ordinaire, lorsqu'ils sont présentés vis-à-vis l'un de l'autre sur la direction de la longueur de l'aiguille. Et puisque le mode d'aimantation temporaire du fil conjonctif était tel, par les expériences d'Oersted, que sa résultante magnétique s'exerçait dans un sens perpendiculaire à sa longueur, c'était évidemment dans ce même sens aussi qu'il fallait placer les aiguilles que l'on voulait lui faire aimanter. M. Arago fit cette épreuve avec succès; et bientôt après il produisit les mêmes effets par l'action d'un fil dans lequel on transmettait, non plus un courant voltaïque, mais une suite de décharges produites par l'électricité des machines à frottement. Dans ce dernier cas, l'action du fil conducteur était encore latérale et circulairement révolutive, comme celle du fil conjonctif placé entre les pôles de l'appareil de Volta, ce qui prouve que ce mode particulier d'aimantation est intimement lié avec la manière dont un courant électrique continu ou subit s'écoule dans la substance même des conducteurs qu'on lui fait parcourir.

En répétant ces expériences, M. Savary y a joint la modification de placer, non pas une seule aiguille, mais simultanément plusieurs aiguilles d'acier très fines, à diverses distances du fil conducteur, quoique toujours transversalement à sa direction. Ces aiguilles étaient d'ailleurs toujours assez éloignées les unes des autres pour que leur influence mutuelle ne pût pas, avec vraisemblance, être supposée modifier sensiblement l'état magnétique que le fil tendrait à leur imprimer. Enfin, ce fil lui-même était assez long pour pouvoir être considéré comme indéfini, par rapport aux aiguilles; et la preuve de ce fait, c'est qu'on obtenait les mêmes effets sur chaque aiguille, en variant considérablement le point du fil où elles croisaient sa longueur, leur éloignement de son axe restant le même. Cela posé, en transmettant dans le fil conducteur des successions de décharges énergiques, M. Savary a reconnu, non-seulement que les aiguilles placées à diverses distances du fil en recevaient des aimantations d'intensité diverses, ce que l'on aurait pu aisément comprendre, mais, ce qui est bien plus remarquable, il trouva que le sens même de l'aimantation variait à diverses distances de l'axe du fil conducteur, souvent même par plusieurs inversions successives. Les distances où ces variations s'opéraient, et les intensités absolues de l'aimantation dans leurs intervalles, lui parurent dépendre de plusieurs circonstances, telles que l'intensité plus ou moins vives des décharges, les longueurs absolues des fils, leur grosseur, leur nature, et les dimensions des aiguilles exposées à leur action. On ne peut douter que ces phénomènes ne soient liés de la manière la plus intime avec le mode même par lequel l'électricité se transmet dans les corps conducteurs; toutefois, dans l'état encore si imparfait de nos connaissances sur les fluides électriques considérés à l'état de mouvement, il semble difficile, non-seulement de les expliquer, mais même d'entrevoir comment ils s'opèrent.

Tout ce que nous venons de rapporter sur l'aimantation produite par l'électricité en mouvement montre que ce qui reste maintenant à étudier dans ce phénomène, c'est la forme spéciale de cette aimantation dans chaque particule du fil conjonctif, et le mode par lequel l'électricité l'excite. Quant aux résultats extérieurement produits par cette distribution singulière du magnétisme on peut tous les déduire, même numériquement, des lois expérimentales relatives à l'action d'une tranche infiniment mince d'un fil conjonctif. On voit, en outre, que ces phénomènes n'indiquent qu'une décomposition et une distribution des magnétismes naturels, différentes de celles que nous savons jusqu'ici produire par nos procédés d'aimantation habituels; mais une fois cette distribution opérée et admise comme un fait, les magnétismes développés agissent selon les mêmes lois générales que dans les aimans ordinaires; et par conséquent, il n'en résulte aucune nouvelle propriété ou caractère physique qu'il faille appliquer à ces fluides, si ce n'est peut-être quant au mode par lequel l'électricité transmise opère leur séparation dans chaque molécule métallique du fil conducteur.

HUITIÈME SECTION.

DE LA LUMIÈRE.

CHAPITRE XXXIX.

De la lumière en général; particulièrement des phénomènes qui dépendent de son mouvement en ligne droite, ou premiers principes d'Optique.

INTRODUCTION.

§ 1. Le sens du toucher nous fait connaître les diverses propriétés des corps de la manière la plus sûre; mais celui de la vue s'exerce sur beaucoup plus d'objets. Nous n'aurions que bien peu d'idées, si les facultés de notre esprit n'atteignaient qu'à la distance où notre main peut saisir les corps. Le sens de la vue élève ces facultés hors des limites de la demeure où nous sommes fixés, et les fait pénétrer jusque dans les espaces immenses de la création. Aussi est-ce un des triomphes de l'esprit humain d'être parvenu, à force d'art, à étendre encore le pouvoir de ce sens beaucoup au-delà des bornes que la nature semblait lui marquer. Et, puisque l'œil nous fournit les moyens de connaître presque tout ce qui existe, cette considération ne doit-elle pas engager puissamment les hommes qui réfléchissent à s'instruire avec exactitude des lois d'après lesquelles s'opèrent les phénomènes de vision?

§ 2. Dans un sens fort étendu, on donne le nom d'*Optique* à toute la théorie de la lumière, et, dans un sens plus resserré, cette dénomination ne s'applique qu'aux objets dont on traite dans ce chapitre et dans le suivant. Toute l'Optique, en laissant à ce terme sa généralité, est une des parties les plus avancées de la Physique. Son histoire est très importante pour le physicien philosophe; car elle montre clairement quel chemin on doit suivre pour parvenir à perfectionner une science. Toutes les hypothèses sur la nature de la lumière, quoique imaginées par les têtes profondément pensantes de Descartes, de Newton et d'Euler, n'ont été d'aucun secours pour l'avancement de la science; et les expériences de Newton, de Dollond et de quelques autres ont conduit à une explication exacte de tous les phénomènes de l'Optique.

§ 3. Il doit y avoir, entre notre œil et l'objet que nous voyons, une matière quelconque qui rend possible l'action d'un objet éloigné sur notre vue : nous ignorons quelle est cette matière, et nous devons même ne la jamais connaître, puisque nous ne l'apercevons pas elle-même, mais seulement les objets qui deviennent visibles par son influence. Au reste, il doit nous être indifférent que cette matière, suivant l'opinion de quelques anciens, émane de l'œil, ou que, suivant celle de Newton, elle vienne des objets que l'on voit; ou encore, d'après le système de Descartes et d'Euler, qu'elle soit un fluide excessivement ténu, dont les mouvemens opèrent les phénomènes de la vision de la même manière que les vibrations de l'air produisent l'audition. Il est peu important que l'une de ces hypothèses soit exacte, ou qu'aucune d'elles n'ait cet avantage, pourvu que nous connaissions les lois des phénomènes de la vision; et quant à ces lois, on est parvenu à les développer presque aussi complètement que celles de la pesanteur.

§ 4. Nous nommons *lumière* la cause inconnue de la visibilité. Nous pouvons empêcher les effets qu'elle produit, mais non pas leurs causes. La lumière se produit d'une infinité de manières, par exemple, partout où l'acier peut seulement se frotter contre le silex ou la pierre à feu. Sous l'eau même, l'acier donne des étincelles. La lumière électrique est visible dans l'eau, et l'acier embrasé dans l'oxigène continue de paraître rouge sous l'eau. La lumière doit donc être une matière qu'on ne peut empêcher de pénétrer dans tous les corps, et qui peut être traversée par tous. Elle doit être d'une nature tout-à-fait différente de celle des substances perceptibles, puisqu'elle a une tout autre mécanique et une tout autre statique. En effet, nous ne pourrons employer dans l'Optique, qui est la vraie mécanique de la lumière, aucune des lois du mouvement développées dans les sections précédentes (*). Nous ne trouverons nulle part aucun indice de pesanteur, d'impénétrabilité, d'effet par choc, etc. Si l'on peut espérer quelque connaissance plus précise sur la nature de cette matière, il faut l'attendre de la Chimie; car la lumière possède incontestablement des propriétés chimiques très remarquables. Presque partout elle se trouve jointe avec la chaleur, qui est l'agent chimique le plus important de la nature. Ses effets ne se manifestent pas seulement dans les phénomènes variés de la combustion, mais encore dans la plupart des expériences électrico-chimiques. Le chimiste observe aussi, dans les propriétés naturelles de certaines substances, plusieurs changemens qui

(*) L'auteur me paraît ici s'avancer beaucoup trop. Si l'on veut considérer la lumière dans ses effets seulement, sans y rien mêler d'hypothétique sur sa nature, on ne peut pas se proposer de soumettre ses mouvemens à un calcul mathématique. Mais si on lui attribue une constitution matérielle définie, par exemple si on la considère comme formée de molécules matérielles douées d'un mouvement rectiligne très rapide, et susceptibles d'être attirées par les corps, alors ces mouvemens sont soumis aux lois de la Mécanique ordinaire; et c'est ainsi que Newton est parvenu à déduire, par le calcul, les lois de la réfraction. Toutefois, cette constitution de la lumière ne doit être envisagée que comme une hypothèse à laquelle jusqu'ici on a pu plier un grand nombre de faits; car, en réalité, rien ne nous assure que la lumière soit composée de particules matérielles émises, et beaucoup d'analogies tendraient à la représenter comme le seul effet de vibrations transmises, à la manière du son, dans un milieu très élastique.

ne se peuvent opérer que par l'action de la lumière. — Enfin, personne ne peut méconnaître l'influence grande et bienfaisante de la lumière sur les corps organisés. Mais les lois de son action chimique sont aussi obscures que celles de ses mouvemens sont simples et faciles à saisir.

Mécanique de la lumière directe.

§ 5. Le soleil, la flamme et tous les corps embrasés répandent de la lumière autour d'eux. On dit que de tels corps sont *lumineux par eux-mêmes*. D'autres corps rendent l'effet qu'ils ont reçu des premiers, et l'on dit de ceux-ci qu'ils sont *éclairés*. Les effets de la lumière pénètrent à travers tous les gaz, la plupart des liquides, particulièrement l'eau, et beaucoup de corps solides, parmi lesquels on doit surtout distinguer le verre. De semblables corps prennent le nom de *transparens*; d'autres retiennent la lumière, et s'appellent corps *opaques*.

§ 6. La première loi des mouvemens de la lumière est la suivante :

Dans un milieu transparent et de propriétés matérielles homogènes, la transmission de la lumière se fait en ligne droite.

Il n'est besoin d'aucune expérience particulière pour démontrer cette loi : sa preuve la plus évidente se trouve dans l'observation suivante, que nous pouvons répéter à chaque fois que nous regardons. Il nous est impossible de voir immédiatement un corps, s'il se trouve un corps opaque dans la ligne droite que l'on peut mener de lui à notre œil ; de plus, on reconnaît que la lumière se dirige en ligne droite, lorsque, dans une chambre dont les volets fermés ne laissent que peu de passage au jour, on observe la direction des grains de poussière éclairés qui voltigent dans l'air.

§ 7. Cette loi représente parfaitement les effets de la lumière directe, et ramène l'Optique entière aux principes de la Géométrie. Une ligne droite considérée comme le chemin que suit l'effet de la lumière, se nomme un *rayon*.

§ 8. De chaque point d'un corps lumineux par lui-même, les rayons se dispersent vers tous les côtés où l'on peut tirer des lignes droites dans le milieu transparent ; et chaque rayon de lumière suit son chemin en ligne droite jusqu'à ce qu'il arrive à un milieu de propriétés matérielles différentes : alors l'effet change suivant la nature du corps dans lequel pénètre le rayon.

§ 9. Si le rayon de lumière entre dans un milieu transparent plus rare ou plus dense, ou dont les propriétés matérielles sont différentes, il éprouve une *réfraction ;* c'est-à-dire il est plus ou moins détourné de son chemin en ligne droite. La *Dioptrique* développe les lois de ces phénomènes.

Si le rayon arrive sur la surface polie d'un corps opaque, il est *réfléchi* dans une direction déterminée : la *Catoptrique* examine les lois de cette *réflexion.*

Si un rayon passe très près d'un corps, il subit une faible *inflexion* dont les lois ne sont pas encore parfaitement connues, mais qui paraît ne pas avoir une influence fort importante sur les phénomènes de la vision. Par cette raison, il suffira d'avoir seulement mentionné ici ce phénomène.

Enfin si la lumière tombe sur un corps opaque et non poli, il se fait en elle des changemens que nous devons examiner ici avec attention.

§ 10. Dans ce cas, le corps est *éclairé,* c'est-à-dire que tous ses points deviennent lumineux, parce qu'il réfléchit la lumière qu'il reçoit, vers tous les points où l'on peut mener une ligne droite à travers le milieu transparent (*).

§ 11. On conçoit qu'il résulte toujours de cette dispersion de lumière un affaiblissement considérable, puisque chaque rayon est pour ainsi dire subdivisé en un nombre infini de rayons. Aussi l'impression de cette lumière disséminée est-elle moins forte, sans comparaison, que la lumière éblouissante des corps lumineux par eux-mêmes.

§ 12. Mais, indépendamment de cette dissémination, la

(*) On trouvera quelques détails sur ce sujet, dans les additions placées à la fin de l'Optique.

lumière se trouve encore affaiblie par une autre cause. Il arrive presque toujours des changemens remarquables dans la lumière, par le contact des corps. Il y a quelques corps qui renvoient toute ou presque toute la lumière qu'ils reçoivent. Ceux-ci paraissent parfaitement blancs. D'autres n'en renvoient que peu ou même point du tout. Ce sont les corps parfaitement noirs. Dans tous les autres, la lumière subit un changement particulier, qu'on peut considérer comme une modification chimique de la matière lumineuse. La lumière dispersée fait sur l'œil une impression toute différente de celle de la lumière primitive. Nous nommons cette impression *couleur*. La lumière primitive s'affaiblit toujours lorsqu'elle est ainsi modifiée. Cet effet est moins considérable pour les couleurs vives et claires, que pour les couleurs obscures. Nous examinerons avec plus d'exactitude les phénomènes des couleurs, dans un chapitre particulier de la Dioptrique. Cependant nous pouvons déjà remarquer ici que la couleur n'appartient pas aux corps, mais que c'est la lumière réfléchie qui est elle-même bleue, verte, rouge, etc., puisque les sensations des diverses couleurs ne peuvent être apportées dans l'œil qu'au moyen de cette lumière.

§ 13. Une expérience connue prouve, sans réplique, que la lumière qui vient d'un corps coloré a elle-même une couleur. Lorsque, dans une chambre sombre, la lumière de quelques objets éclairés vient, en passant par une ouverture quelconque, se peindre sur un mur blanc opposé à cette ouverture, les objets extérieurs y sont représentés renversés et d'une manière assez indécise, mais cependant avec leurs couleurs naturelles. Ce phénomène s'explique aisément par le mouvement rectiligne et les couleurs de la lumière. Qu'on se figure un objet, par exemple, un grand bâton droit et peint de diverses couleurs, placé à quelque distance devant une chambre très sombre et où la lumière ne pénètre que par une seule ouverture fort petite, et qui serait, par exemple, triangulaire ; supposons encore le bâton placé de manière que la lumière qui en émane parvienne dans la chambre par cette ouverture, et qu'un mur blanc parfaitement uni se trouve dans la chambre en face de la fenêtre, de manière que la lumière qui passe par l'ouverture vienne s'y peindre : si l'on observe d'abord la lumière qui vient du haut du bâton, et que nous supposons rouge, on remarque que cette lumière a la forme d'une pyramide triangulaire, dont le point le plus brillant est placé à la pointe, et dont les côtés et les angles sont déterminés par la forme de l'ouverture. La lumière de cette pyramide frappera la paroi blanche vers le bas, et éclairera un petit espace de forme triangulaire comme l'ouverture. Cet espace éclairé est l'image indéterminée de la pointe du bâton; et puisque cette image est rouge, il faut nécessairement que la lumière qui la produit soit rouge aussi. Si nous supposons que la partie inférieure du bâton est bleue, elle produira vers le haut de la muraille une semblable image triangulaire bleue, et un peu confuse. Il en est de même de tous les points du bâton; d'où l'on conçoit qu'il doit se faire sur la paroi une image renversée du bâton entier, laquelle n'est pas composée de points lumineux, mais de petits triangles de lumière. Si l'ouverture était quadrangulaire, l'image serait formée de petits carrés lumineux; si elle était ronde, de petits cercles, etc. : l'image sera d'autant plus indécise, que l'ouverture sera plus grande, l'objet plus près, et la paroi qui reçoit l'image, plus éloignée.

Quand le soleil brille à travers un feuillage épais, et qu'on reçoit l'image de sa lumière sur un plan perpendiculaire à la direction de ses rayons, les places éclairées sont toutes circulaires, mais non pas arrêtées avec précision. Ce sont aussi des images indéterminées du soleil qui se forment de la même manière.

§ 14. Cette seule observation, que la lumière colorée est beaucoup plus faible que la lumière blanche, porterait à penser que la lumière blanche du soleil est un mélange de diverses lumières colorées, et que la surface de chaque corps ne réfléchit que quelques-uns de ses principes constituans, c'est-à-dire seulement quelques-unes de ses couleurs, tandis qu'elle en absorbe d'autres et les rend sans effet. Cette opinion sera entièrement confirmée par la théorie des couleurs dioptriques (chap. XLIV).

C'est un fait connu, que certains corps absorbent la lumière blanche, et la renvoient ensuite dans l'obscurité.

Quant aux mouvemens directs de la lumière colorée, ils sont soumis aux mêmes lois que ceux de la lumière blanche.

§ 15. Kepler croyait que la transmission de la lumière est instantanée, c'est-à-dire que sa vitesse est trop grande pour pouvoir être mesurée. Néanmoins, dans la suite, les astronomes ont réellement mesuré cette vitesse, puisqu'ils ont observé que les occultations des satellites de Jupiter sont visibles d'autant plus tard, que cette planète est plus éloignée de nous. D'après cette donnée, ils ont calculé que la lumière parcourt en 15 minutes ou 900″, le diamètre de l'orbite de la terre, c'est-à-dire un espace équivalent à 47416 fois le rayon de la terre, et que, selon le jugement que nous en pouvons porter, ce mouvement est parfaitement uniforme. La lumière parcourt donc, en une seconde, un espace de 52,68444... rayons de la terre; ou, si l'on admet que le rayon de la terre soit équivalent à 3275790 toises de Paris, cet espace sera de 172583176,2 toises, ou de 1035499057,2 pieds de Paris.

§ 16. Il est difficile de déterminer si l'intensité d'un même rayon lumineux décroît ou reste constante lorsqu'il passe à travers un espace vide ou un milieu absolument transparent. Cependant la forte intensité de la lumière des étoiles fixes, par rapport à leur immense éloignement, rend la dernière opinion plus vraisemblable (*), et démontre du moins incontestablement que, dans les distances plus petites que parcourt la lumière, il ne peut y avoir aucun affaiblissement sensible de son intensité.

(*) Selon ce que démontrent les astronomes, la lumière, malgré sa prodigieuse vitesse, emploie au moins trois ans pour parvenir de l'étoile la plus voisine jusqu'à nous; et cet éloignement inconcevable n'indique pas encore la véritable distance de l'astre, mais il donne seulement une limite au-dedans de laquelle il ne peut y avoir d'étoiles fixes.

§ 17. Mais la lumière qui émane d'un corps perd de sa force en se répandant, puisqu'elle est dispersée dans un espace d'autant plus étendu qu'elle s'éloigne davantage de sa source. Au moyen de quelques propositions géométriques connues, on démontre que l'*intensité de lumière est réciproque au carré de la distance*, supposé que cette force ne soit affaiblie par aucune autre cause que par la dispersion et l'écartement des rayons. C'est là le principal théorème relatif à la théorie de l'évaluation de l'intensité de la lumière (*).

§ 18. Mais, indépendamment de la distance, l'éclat de la lumière propagée est encore modifié par diverses circonstances, entre autres par les suivantes : 1°. par l'intensité de lumière du corps éclairant ; 2°. par sa grandeur et sa position ; 3°. par la situation du plan qui reçoit la lumière ; 4°. par les propriétés du milieu à travers lequel la lumière passe.

On doit bien distinguer l'intensité d'*éclairement*, de l'inten-

(*) Soit A, *fig.* 55, *pl.* V, un point rayonnant, et qu'on se représente à la distance AB une étendue géométrique BCD d'une forme arbitraire, et dont le plan soit perpendiculaire sur AB. On conçoit ainsi facilement que la lumière tombant de A sur BCD, doit avoir la forme d'une pyramide dont la pointe est A, et dont la base est BCD : qu'on prolonge cette pyramide indéfiniment, et qu'on la coupe à une distance arbitraire AE, par un plan EFG, parallèle à BCD. Maintenant, si la lumière venant de A passe par ces deux plans BCD et EFG, il est clair qu'il y aura autant de lumière dans l'un que dans l'autre. Mais BCD est plus petit que EFG ; par conséquent la lumière y sera plus dense, proportionnellement aux rapports des grandeurs de EFG et BCD. Nommons L l'intensité de la lumière en BCD, l celle de la lumière en EFG, on aura : $L : l = EFG : ECD$. Or, EFG et BCD sont des figures semblables, puisque ce sont des coupes parallèles d'une pyramide ; elles sont, par conséquent, comme les carrés des deux côtés homologues. Ainsi nous avons $L : l = EF^2 : BC^2$. Mais AEF et ABC sont aussi des triangles semblables, puisque les lignes BC et EF sont parallèles : nous avons donc $EF : BC = AE : AB$; et par conséquent enfin, $L : l = AE^2 : AB^2 = \frac{1}{AB^2} : \frac{1}{AE^2}$.

S'il se trouve en A plusieurs points lumineux, la lumière de chacun d'eux doit décroître d'après cette loi. Ainsi, s'il se trouve en A, non pas un simple point lumineux, mais un corps de forme et de grandeurs arbitraires, il est clair que la loi démontrée est aussi applicable dans ce cas, pourvu que l'on évalue séparément la distance de chacun des points du corps.

sité *de la lumière;* car d'après ce qui a été dit à l'art. 12, page 375, la première dépend de la capacité pour la lumière que possède le corps, et de la quantité qu'il en absorbe.

§ 19. Tant que l'intensité de la lumière est sensible pour nos yeux, on la nomme *clarté*. Dans la construction des instrumens d'Optique, ceci est un objet particulier de recherches, parce qu'il ne faut pas seulement connaître quelle est l'intensité de la lumière hors de l'œil, mais encore sur quel espace la lumière est distribuée dans l'œil par la réfraction des verres.

§ 20. L'absence totale de la lumière se nomme *obscurité*. Dans un espace éclairé, on appelle *ombres* les places où la lumière du corps lumineux ne peut parvenir directement, parce qu'elle est interceptée par quelques corps opaques. Derrière chaque corps opaque il se trouve toujours un espace sur lequel la lumière du corps éclairant ne peut frapper immédiatement, de manière qu'un œil qui y serait placé ne pourrait pas l'apercevoir. On nomme cet espace, *ombre parfaite*. Mais si le corps lumineux ne consiste pas seulement en un seul point brillant comme les étoiles fixes, et qu'il ait, ainsi que le soleil, la lune et toutes les flammes, une grandeur apparente sensible, il se trouvera encore, derrière le corps opaque éclairé, un espace qui ne recevra pas toute la lumière émise par le corps, mais seulement une partie. Un œil qui y serait placé verrait une partie plus ou moins grande du corps lumineux. On nomme cet espace la *pénombre*. On conçoit facilement que les dégradations de l'ombre parfaite jusqu'à l'espace entièrement éclairé, se succèdent de manière que l'œil qui observe la forme de l'ombre sur une surface ne peut apercevoir de limite bien déterminée. Au reste, comme l'ombre dépend simplement de la forme du corps éclairant, de celle du corps éclairé, et du mouvement rectiligne de la lumière, cette théorie est susceptible d'une démonstration rigoureusement mathématique ; c'est-à-dire qu'on peut déterminer géométriquement, pour chaque cas, la forme de l'ombre parfaite et de la pénombre, ainsi que l'intensité de la lumière dans chaque point de cette dernière. Vulgairement, on entend par le mot *ombre,* la configuration de l'espace ombré, qui se distingue sur un second corps opaque placé derrière le premier.

§ 21. Plusieurs physiciens ont cherché à donner une théorie parfaitement mathématique pour l'évaluation de l'intensité de la lumière. C'est ce qu'on a coutume de nommer *Photométrie*. Cependant Karsten emploie ce mot dans un sens plus étendu. Bouguer, parmi les Français, et Lambert, parmi les Allemands, se sont particulièrement occupés de cet objet; et le dernier a donné un estimable ouvrage latin, intitulé *Photometria, sive de mensura et gradibus colorum et umbræ*, qui est fait avec toute la sagacité qui distingue son auteur. Cette théorie a ses difficultés, puisque l'intensité de la lumière dépend beaucoup des propriétés naturelles des corps lumineux et des corps éclairés et que ces propriétés ne sont susceptibles d'aucune évaluation mathématique : l'application de cette théorie est fort restreinte, par la raison que les petites différences d'intensité de la lumière ne sont pas appréciables pour notre œil. Cependant Bouguer, Lambert et plusieurs autres ont donné plusieurs instrumens qu'on nomme *photomètres*, dont la destination est de mesurer l'intensité de la lumière dans des circonstances données. Leslie et le comte de Rumfort ont proposé nouvellement des instrumens de cette espèce, fort commodes. (*Voy.* le nouveau *Journal de Physique* de Gren, vol. II, page 15.)

§ 22. Pour terminer ce chapitre, nous devons encore parler des rapports qui existent entre la lumière et la chaleur. La lumière solaire et le feu terrestre montrent ces deux substances combinées ensemble. Dans d'autres circonstances, la lumière paraît sans chaleur, ou plus souvent encore la chaleur sans lumière. Plus on étudie les effets qu'elles produisent, plus on est porté à les reconnaître pour deux substances entièrement distinctes (*).

(*) Cette distinction est loin d'être aussi certaine que l'auteur le suppose. Un grand nombre de phénomènes au contraire semblent indiquer la chaleur et la lumière comme des modifications graduées d'un même principe.

CHAPITRE XL.

De la Vision.

§ 1. Quoiqu'une théorie complète de la vision ne suppose pas seulement la Dioptrique, mais aussi des connaissances anatomiques, nous pouvons cependant décrire ici historiquement et d'une manière claire ce qui arrive dans l'œil lors du phénomène de la vision.

L'œil lui-même est un globe pourvu de diverses enveloppes et placé dans une cavité qu'on appelle son *orbite*, et où il peut se mouvoir aisément en toutes directions, au moyen de quelques muscles. L'enveloppe ou la *tunique* extérieure de l'œil est composée d'une substance blanche, opaque et cornée A, B, C, D, *fig.* 56. Elle s'appelle *cornée opaque*. Seulement sur le devant, entre A et D, où elle s'élève en forme plus courbée, et où elle est parfaitement diaphane, elle prend le nom de *cornée transparente*. Sous la cornée opaque, on trouve la *membrane choroïde*, qui est composée d'une matière de couleur obscure, et sous celle-ci est appliquée la *rétine*, qui est une membrane blanche, mince et presque visqueuse, que la plupart des anatomistes considèrent comme le siége propre de la sensation de la lumière. Cette membrane est formée par la continuation de la partie médullaire du nerf optique, lequel vient du cerveau et passe dans l'œil en B, C. Derrière la cornée transparente A, D, la choroïde se détache et se divise en deux parties, dont l'une s'arrondit comme un anneau, et forme cette ouverture ronde qu'on appelle la *pupille* ou la *prunelle*. La membrane qui forme cet anneau a reçu le nom d'*iris*, à cause de la variété de ses couleurs. Elle consiste en un tissu fort délicat de fibres contractiles qui rétrécissent la prunelle lorsque l'œil est frappé par une lumière forte, et qui reviennent à leur premier état quand la lumière est faible. Ces opérations se font indépendamment de notre volonté, et même sans que nous nous en apercevions.

Derrière l'iris est un corps EF, assez consistant, transparent et lenticulaire, qui partage l'intérieur de l'œil en deux espaces inégaux, que l'on nomme les *chambres antérieure* et *postérieure*. Ce corps s'appelle le *cristallin*. La chambre antérieure contient l'*humeur aqueuse* dont le nom exprime la nature; la chambre postérieure est remplie d'une matière transparente et comme gélatineuse; c'est ce qu'on appelle l'*humeur vitrée*.

Une ligne CB qui passe à travers la pupille et perpendiculairement aux deux faces du cristallin, se nomme *l'axe de l'œil*. Dans un œil bien conformé, cet axe est dirigé sur l'objet qu'on regarde, de sorte que c'est au point B que se produit la sensation la plus forte de la vue.

§ 2. La vision a lieu, parce que sur le fond de l'œil se peint, pour ainsi dire, une petite image renversée, mais très précise, de l'objet vers lequel l'œil est dirigé. Soit HI, *fig*. 56, un objet que regarde l'œil. Chacun de ses points qui sera ou lumineux ou éclairé enverra des rayons en toutes directions. Nous choisissons le point G pour exemple. Une petite partie de ses rayons pénètre par la pupille dans l'intérieur de l'œil, en formant un cône qui est indiqué par trois lignes dans la figure. Le rayon central de ce cône lumineux traverse l'œil sans dévier de sa direction, et va marquer sur la rétine le point qui doit représenter G; les autres rayons qui l'environnent sont réfractés, mais de manière qu'ils se réunissent tous au même point *g*. Maintenant, si G était coloré en bleu, par exemple, *g* ne recevrait que de la lumière bleue, et serait lui-même coloré ainsi. Ce serait donc une image du point G. La même chose a lieu pour tous les rayons qui viennent d'un point quelconque de l'objet, par exemple, de H ou de I. En menant ainsi, de chaque point lumineux, une ligne droite à peu près par le milieu du cristallin, on peut trouver la place où ce point est représenté sur la rétine. Ainsi H se peint en *h*, et I en *i*; et l'on voit que de cette manière il doit se produire dans l'œil une petite image renversée de l'objet.

§ 3. Tout ce qui peut être demandé de l'Optique, pour l'explication de ce phénomène, se déduira parfaitement des principes de la réfraction ; mais il reste encore à l'Anatomie et à la Physiologie quelques questions importantes à résoudre ; telles sont les suivantes :

L'expérience apprend que nous ne voyons bien distinctement ni les objets trop rapprochés, ni les objets trop éloignés, et qu'il se trouve, pour tous les yeux, une certaine distance où l'on voit les objets de la manière la plus précise. Cela est entièrement conforme aux lois de la Dioptrique ; car on peut démontrer, par les principes de la réfraction, que les rayons d'un point trop rapproché ne se réuniraient pas justement sur la rétine, mais un peu derrière ; les rayons d'un objet éloigné, au contraire, auraient leur point de jonction un peu en avant de la rétine : et, dans les deux cas, il ne peut se produire une image bien terminée. Mais nous savons, par notre expérience, que dans l'œil la nature a remédié à ce défaut jusqu'à un certain point. En quoi consiste le moyen qu'elle a employé ? c'est ce que l'Anatomie n'a pas encore découvert. Quelques-uns croient que le cristallin est susceptible de se mouvoir un peu en avant ou un peu en arrière ; mais il est plus vraisemblable que la courbure de sa surface peut prendre de légères variations (*).

(*) Le célèbre anatomiste Home suppose que les quatre muscles droits qui font mouvoir l'œil changent aussi la courbure de la cornée transparente, laquelle est fort élastique, et que, par ce moyen, il nous est possible de voir nettement des objets placés à diverses distances.

Il est des animaux qui doivent avoir la faculté de distinguer les objets très éloignés sans cependant les perdre de vue lorsqu'ils en sont très rapprochés. Les oiseaux de proie qui, par exemple, aperçoivent un très petit objet sur la terre, quoiqu'à une très grande élévation dans l'air, et qui ne cessent de le voir qu'au moment où ils le touchent, ont dû nécessairement changer la forme de leur œil ; et en effet, en examinant la structure de cet organe, on observe que la cornée opaque, mince en arrière, est garnie en devant d'un cercle osseux, composé de petites pièces qui peuvent jouer les unes sur les autres, et qui offrent une très grande solidité pour l'attache des muscles.

La distance de la vision distincte est très différente pour diverses personnes. On la place à 8 pouces en général. On nomme *myope*, celui pour qui elle est plus rapprochée, et *presbyte*, celui pour qui elle est plus éloignée : mais ces deux défauts de la vue viennent plus souvent de l'habitude que de la construction de l'œil (*).

§ 4. Ce qu'il y a de plus inexplicable dans le phénomène de la vision, c'est cette circonstance, que l'image qui produit la sensation est dans l'œil, mais que cependant l'image que nous voyons en est dehors. La cause de ceci dépend sans doute du pouvoir de notre imagination, et par conséquent elle ne se rapporte pas à la Physique, mais à la Psychologie. Au reste, quoique ce phénomène ne soit pas expliqué, et que peut-être il ne puisse jamais l'être, le fait est si assuré, qu'il peut servir

---

(Voyez *Leçons d'Anatomie comparée* de M. Cuvier, tome II, page 387.) Généralement l'organe de la vue, dans les différens animaux, est nécessairement en rapport avec leur manière de vivre. Par exemple, les poissons qui vivent dans un lieu où la lumière passe plus difficilement que dans l'air, et est absorbée en grande partie, ont les yeux conformés autrement que les animaux qui vivent dans l'air. Leur cristallin est sphérique, beaucoup plus enfoncé que l'humeur vitrée, et quelquefois mobile. Leur cornée transparente est presque toujours plate ; et souvent la pupille, au lieu d'offrir une ouverture circulaire, présente une sorte de treillage par les découpures de l'iris qui est mobile. On ignore en quoi ces modifications peuvent faciliter la vision de ces animaux, quoiqu'il soit probable qu'elles conviennent à leur existence. Il est remarquable que la rondeur du cristallin existe aussi dans le cormoran, oiseau qui pêche en plongeur.

(*) Cependant on sait qu'en général les myopes ont les yeux très gros, très saillans, ce qui dépend de la grande convexité de leur cornée transparente. Or, cette convexité suppose un intervalle plus grand pour l'humeur aqueuse contenue dans la chambre antérieure, et par conséquent un espace plus considérable entre la partie antérieure convexe du cristallin, et la partie postérieure et concave de la cornée transparente. Il faut donc que l'objet soit plus rapproché de l'œil, pour que les rayons lumineux qui en partent puissent converger. Dans les presbytes, au contraire, l'humeur aqueuse est en moindre quantité, et c'est ce qu'on observe dans les vieillards, comme le mot grec de presbytes l'indique. Donc ces défauts de la vision ne dépendent pas le plus souvent de l'habitude, mais de la construction même de l'œil, quoiqu'il soit vrai pourtant de dire que l'habitude les augmente.

de principe fondamental pour l'explication d'autres phénomènes.

§ 5. La sensation et le jugement se confondent tellement dans les rapports de nos sens, à cause de l'habitude, que nous croyons souvent éprouver une sensation, lorsque nous ne faisons que porter un jugement. C'est pour le sens de la vue que cet effet a lieu le plus fréquemment. Par cette raison, il est nécessaire de distinguer avec exactitude ce qui est, dans la vue, une vraie sensation, sans mélange d'aucun jugement. Pour y parvenir, il faut prendre le cas le plus simple; et c'est certainement celui où un seul point rayonnant envoie de la lumière dans l'œil. Ce qui parvient à l'œil alors, c'est la couleur de la lumière, et la direction dans laquelle le rayon central du cône lumineux frappe la rétine; ce sont là les deux élémens les plus simples de la sensation de la vision.

§ 6. Les faits incontestables qui sont rapportés dans les deux articles précédens peuvent résoudre d'une manière suffisante une question sur laquelle on a beaucoup discuté, c'est-à-dire, *comment il se fait que nous voyons les objets droits, tandis que leurs images qui se peignent dans l'œil sont renversées?* Si l'image du point H, que nous voyons, était à la même place où se produit dans l'œil la sensation de la vision, c'est-à-dire en *h*, nous apercevrions l'objet entier comme une chose qui serait dans l'œil, et nous le verrions sûrement de même que l'image est dans l'œil, c'est-à dire renversé; mais, comme nous ne recevons que la couleur et la direction de la lumière venant de H, l'image visible avance et recule par un effet inexplicable de la force de notre imagination, de sorte que nous ne pouvons voir le point H nulle part ailleurs que dans la partie de la ligne H*h* qui est hors de l'œil; c'est-à-dire qu'un point dont la représentation se trouve au-dessous de l'axe de l'œil est vu au-dessus, *et vice versâ*.

§ 7. Si nous voyons les objets simples, quoique nous ayons deux yeux, c'est parce que nous voyons toujours les objets avec les deux yeux en même temps, et que la sensation confond les deux images en une seule.

§ 8. La *grandeur apparente* d'un objet HI, *fig.* 56, est proprement la grandeur de son image *hi* sur la rétine. Lorsqu'on rapproche l'objet, l'image paraît plus grande; si on l'éloigne, elle devient plus petite. La grandeur apparente est donc tout-à-fait différente de la *grandeur réelle*, car celle-ci est invariable. On conçoit facilement que la grandeur apparente augmente ou diminue comme l'angle HLI; on considère par conséquent l'angle HLI sous lequel on voit un objet, comme la mesure de sa grandeur apparente, et on le nomme *l'angle visuel* ou le *diamètre apparent* de l'objet.

§ 9. La possibilité de voir est limitée : si l'angle visuel est trop petit, nous ne sommes plus en état de discerner l'objet. On admet ordinairement qu'un objet cesse d'être visible à la vue simple, quand son angle visuel est plus petit qu'une minute. Cette évaluation ne doit cependant être considérée que comme approchée; car la visibilité d'un point ou d'un objet ne dépend pas seulement de la grandeur de son angle visuel, mais encore de la manière dont la lumière de l'objet se détache de la lumière du fond sur lequel il est vu. Un objet très éclairé, lorsqu'il est placé sur un fond obscur, peut être visible sous un angle plus petit qu'une seconde, ainsi que le prouve l'observation des étoiles fixes, parmi lesquelles il n'en est peut-être pas une seule qui ait un diamètre apparent d'une seconde; mais lorsque la lumière d'un objet se détache moins sur le fond, il peut devenir invisible sous un angle beaucoup plus grand.

§ 10. L'œil ne peut pas discerner immédiatement la distance des objets; car l'impression qui se produit sur la rétine dépend uniquement, comme on le conçoit, de la direction et de l'intensité des rayons lumineux à l'instant du contact. Ainsi l'espace plus ou moins grand que le rayon a parcouru avant de parvenir à l'œil ne peut avoir aucune influence sur la sensation produite. Par conséquent, ce que nos deux yeux réunis paraissent nous indiquer sur la distance des objets n'est pas une sensation, mais un jugement, lequel se confond tellement avec la sensation, par l'habitude, que nous ne pouvons qu'à peine l'en distinguer.

§ 11. Mais la nature nous a beaucoup facilité le jugement de la distance ; car, quoique la distance ne soit pas sentie immédiatement, il y a pourtant, dans la sensation de la vue, des circonstances qui diffèrent selon que nous considérons un objet voisin ou éloigné. De ce nombre sont les suivantes :

1°. Dans les yeux bien conformés, l'axe de chaque œil doit être dirigé vers le point que nous considérons ; si ce point est proche, les deux axes doivent faire un angle beaucoup plus grand que lorsqu'il est éloigné ; et l'effort des muscles, qui est nécessaire pour produire le mouvement de la pupille, est réellement une chose sentie.

2°. Le degré de clarté et de précision avec lequel nous voyons chaque point est différent pour les objets rapprochés et éloignés.

3°. La lumière d'un objet éloigné est beaucoup plus faible que celle d'un objet voisin, à cause du décroissement de l'intensité de la lumière (page 379, § 17), et aussi à cause de l'imparfaite transparence de l'air dans les basses régions de l'atmosphère.

4°. La grandeur apparente des objets dont nous connaissons la grandeur réelle détermine notre jugement sur leur distance.

5°. Enfin, la position d'un objet par rapport à d'autres objets dont la distance et la situation nous sont connues sert aussi à former notre jugement.

§ 12. Pour les objets peu éloignés, où l'évaluation exacte de la distance nous est plus importante, toutes ces circonstances se réunissent pour décider notre jugement. Plus la distance augmente, moins notre jugement est certain ; et, au-delà de l'atmosphère, tous ces moyens nous abandonnent, de manière que non-seulement les astres, mais encore les météores élevés, nous paraissent tous placés sur une même surface, c'est-à-dire attachés à cette voûte bleue que nous représente la lumière de l'air. On peut expliquer, d'après ce que nous avons dit à l'article 11, pourquoi cette voûte ne nous paraît pas avoir la forme d'une demi-sphère, mais celle d'une portion d'ellipsoïde, et pourquoi le soleil, la lune et les étoiles nous semblent plus grands et plus éloignés l'un de l'autre à l'horizon, que dans les parties plus élevées du ciel. Cette illusion dépend de ce que plusieurs circonstances se réunissent pour nous faire présumer que les objets aperçus près de l'horizon sont très éloignés, tandis que ces moyens manquent dans le jugement que nous portons sur la distance des objets que nous voyons au-dessus de nos têtes.

§ 13. Les deux dernières indications rapportées à l'art. 11, pour l'évaluation de la distance, servent aussi à déterminer notre jugement sur la grandeur réelle de l'objet; c'est-à-dire lorsque nous pouvons juger exactement de la distance par d'autres moyens, cette distance, comparée avec la grandeur apparente de l'objet, donne la possibilité d'évaluer sa grandeur réelle.

De plus, si nous voyons un objet inconnu parmi d'autres objets que nous connaissons, ceux-ci nous fournissent une mesure de sa grandeur réelle.

§ 14. De même, la *forme apparente* d'une chose n'est pas sa *forme réelle*. L'image qui se peint sur la rétine n'est pas un corps, mais un plan, et par conséquent chaque objet paraît aux yeux comme une simple surface. Cependant nous jugeons avec beaucoup d'exactitude de la forme réelle d'un objet apparent, surtout lorsqu'il est assez près, parce que tout ce qui détermine notre jugement sur la grandeur et la distance sert encore ici à nous faire juger de la forme. Mais ce sont surtout les alternatives d'ombre et de lumière qui nous font reconnaître la forme, particulièrement lorsqu'il nous est possible de considérer l'objet de plusieurs côtés.

§ 15. D'après ces observations, on peut concevoir la possibilité de représenter les objets apparens sur une simple surface, comme on le fait dans la peinture. Indépendamment de ce que le génie inventeur de l'artiste place dans un tableau, il faut, pour l'exacte représentation de la nature, que les perspectives géométriques et aériennes y soient observées. La première apprend à dessiner les contours des objets, de même qu'ils paraissent à l'œil d'après les lois de transmission de la lumière. Cette partie est susceptible de calcul, et, d'après cela, elle est considérée comme une section des Mathématiques appliquées. La perspective aérienne consiste dans la dégradation exacte de la lumière et de la netteté des objets, selon leur éloignement. Elle ne peut être soumise à des considérations mathématiques, à cause de l'imperfection de la photométrie théorique et pratique (page 381, § 21).

§ 16. Lorsqu'un corps nous paraît se mouvoir, ce que nous apercevons n'est pas son *mouvement réel*, mais son *mouvement apparent*. Un corps qui se trouve dans l'axe de l'œil, et qui avance ou qui recule directement devant lui, nous paraît en repos, pourvu qu'il ne soit pas assez près pour que nous puissions apercevoir le changement de sa grandeur apparente et de sa distance. Dans les autres cas, c'est toujours le mouvement de l'image sur la rétine que nous apercevons ; et l'on conçoit qu'il peut être fort différent du mouvement réel de l'objet ; car lorsque l'œil lui-même est en mouvement, les images changent de place sur la rétine, tandis que les objets qu'elles représentent restent en repos. Si l'observateur ne sent pas son propre mouvement, il doit imaginer que ce sont les objets qui se meuvent. Ce cas arrive effectivement, puisque nous ne pouvons pas sentir les mouvemens du globe que nous habitons, et qu'ils n'ont pu être découverts que par les astronomes qui sont continuellement occupés à comparer notre position avec celle de tous les autres corps célestes. Si l'œil et l'objet vu sont en mouvement en même temps, les phénomènes se compliquent davantage : c'est ce qui a lieu pour le cours apparent des planètes dans la sphère céleste.

C'est une grande gloire pour l'esprit humain d'être parvenu à porter de l'ordre et de la netteté dans cette matière difficile. Mais il ne pouvait y réussir que par les Mathématiques ; car ces phénomènes sont susceptibles d'être calculés rigoureusement : cependant on n'a pas coutume de les exposer dans une section séparée des Mathématiques appliquées, mais en partie dans la Perspective, et en partie dans la Mécanique et dans l'Astronomie

§ 17. Il est clair, par ce qui précède, que toutes les illusions d'optique ne sont pas des sensations mensongères, mais de faux jugemens auxquels nos sensations donnent souvent sujet. Nous jugerions beaucoup plus mal, si nos sensations elles-mêmes nous trompaient et pouvaient nous présenter de fausses images. C'est ce qui arrive quelquefois dans les maladies nerveuses.

CHAPITRE XLI.

De la Réflexion de la lumière par les miroirs, ou premiers principes de la Catoptrique.

§ 1. A proprement parler, toutes les surfaces polies réfléchissent la lumière à la manière de miroirs : même, lorsqu'on regarde obliquement une surface plane, non polie, on y voit quelques images semblables à celles qui se représentent dans un miroir; mais le plus souvent elles sont indistinctes. Cependant, parmi les corps solides, il ne se trouve que quelques métaux simples et quelques amalgames de métaux qui soient susceptibles de prendre un poli parfait Les glaces à miroir ne font pas même exception à ceci; car c'est proprement l'amalgame de mercure et de zinc dont la surface postérieure est revêtue qui produit l'effet de miroir.

§ 2. Les miroirs de glace rendent à la vérité les miroirs métalliques inutiles pour l'usage ordinaire; mais ils ne peuvent être employés pour les expériences exactes d'Optique, parce qu'ils font une double réflexion aux deux surfaces du verre, et aussi parce que la lumière qui parvient à la surface postérieure est elle-même réfractée deux fois dans le verre, et que par conséquent les phénomènes qu'on observe ne sont pas produits par la seule réflexion des rayons. Ces inconvéniens sont d'autant plus fâcheux, qu'il est difficile de préparer une bonne composition pour les miroirs métalliques.

§ 3. Parmi les formes infiniment variées qu'on peut donner aux surfaces des miroirs, il n'en est que deux dont il soit important de parler avec détail; ce sont celles des miroirs plans et des miroirs sphériques. Sous la dernière dénomination on comprend tous ceux qui sont des portions d'un miroir sphérique, polies à l'extérieur ou à l'intérieur. On a tenté plusieurs fois en vain, depuis Descartes, de polir des miroirs de courbures elliptique, parabolique, etc.; mais indépendamment des obstacles presque insurmontables que présente leur fabrication, il est démontré par la théorie que, relativement à leurs effets, ils seraient inférieurs aux miroirs sphériques. Les miroirs coniques et cylindriques ne servent absolument que pour les jeux d'optique.

Loi fondamentale de la Catoptrique.

§ 4. Tous les phénomènes lumineux qui se produisent au moyen des miroirs, quoiqu'ils soient très variés, reposent tous sur une seule loi extrêmement simple; cette loi est la suivante :

Si un rayon de lumière HA, fig. 57, *tombe sur une surface quelconque* BAC *ou* DAE, *ou* FAG, *et qu'on élève au point d'incidence* A, *la ligne* AI *perpendiculaire au miroir : si ensuite l'on suppose par la pensée un plan qui contiendrait cette ligne et le rayon incident, le rayon réfléchi passera aussi dans ce plan, et de manière à faire avec la perpendiculaire* AI *un angle* IAK *égal à l'angle* IAH, *formé par le rayon incident avec cette perpendiculaire.*

En un mot, le rayon incident et le rayon réfléchi ont, par rapport à la perpendiculaire AI et au miroir, une position opposée, mais symétrique. On nomme AI la perpendiculaire incidente, IAH l'angle d'incidence, et IAK l'angle de réflexion. Si un rayon tombe perpendiculairement sur un miroir, l'angle d'incidence, et par conséquent celui de réflexion, sont nuls, c'est-à-dire que le rayon est réfléchi sur lui-même.

L'exactitude de cette loi peut être prouvée par l'expérience, de diverses manières; et en général il suffit, pour y parvenir, de rendre visible la direction du rayon incident et celle du rayon réfléchi. Une des méthodes les plus simples pour parvenir à ce but, c'est de faire arriver la lumière du soleil par une très petite ouverture sur un miroir quelconque, placé dans une chambre sombre, où l'on peut observer les grains de poussière répandus dans l'air, et éclairés par la lumière incidente et par la lumière réfléchie.

Du Miroir plan.

§ 5. Les phénomènes connus du miroir plan s'expliquent très facilement par cette loi. Soit AB, *fig.* 58, le profil d'un tel miroir; C un point rayonnant situé devant sa surface : qu'on mène la ligne CD perpendiculaire au miroir, et qu'on la prolonge au-delà jusqu'en DE = DC. Si maintenant un rayon quelconque CF venant de C, tombe sur le miroir, il n'est besoin que de tirer de E en F la ligne EFG, pour trouver la position du rayon réfléchi; car l'égalité des triangles FDC, FDE étant facile à démontrer, il s'ensuit que les angles DFC, DFE sont égaux. Mais DFE est opposé par le sommet à l'angle BFG; par conséquent DFC et BFG sont aussi égaux, c'est-à-dire que FG est, selon la loi de la Catoptrique, le rayon réfléchi.

On voit donc que tous les rayons venant de C sont réfléchis par le miroir, de manière que leurs directions passent toutes par même point E. Par conséquent un œil placé devant le miroir, dans une position telle qu'il puisse recevoir un de ces rayons réfléchis, doit voir en E une représentation du point C. Maintenant, comme ce qui a été démontré pour le point C est applicable à tous les autres points, on conçoit comment l'image d'un objet doit se présenter dans le miroir, et en apparence, derrière sa surface, à une distance égale à sa distance réelle.

Des Miroirs sphériques.

§ 6. Soit ADB, *fig.* 59, le profil d'un miroir sphérique, et C le centre de la sphère dont ce miroir est un segment : on nomme ce point le *centre géométrique* ; et D, qui est le point milieu du segment lui-même, s'appelle le *centre optique*. Une ligne droite menée indéfiniment par C et D représente l'axe ; CD est le rayon du miroir, et DA ou DB sont les demi-largeurs ou ouvertures. Si la surface intérieure est polie, le miroir est *concave* ou *convergent;* il est *convexe* ou *divergent*, si la surface extérieure est polie (*).

Phénomènes qui se produisent par le Miroir concave.

§ 7. Si l'on dirige l'axe du miroir concave vers le soleil, tous les rayons qui viennent frapper sa surface sont rassemblés par la réflexion dans un très petit espace F, qui se trouve justement au milieu entre C et D. Non-seulement il se produit

(*) Lorsqu'on ne prétend pas à une exactitude rigoureuse, on peut produire les phénomènes des deux espèces de miroirs, avec des miroirs de glace; mais alors le rayon lumineux traversant la surface antérieure, s'y réfracte avant de parvenir à la surface postérieure qui le réfléchit. Ainsi, dans ce cas, on ne doit pas juger, comme précédemment, des propriétés du miroir d'après la seule inspection de sa surface antérieure ; ce n'est que lorsque les deux faces sont parallèles, ou plutôt lorsqu'elles sont courbées concentriquement, ce qui est très difficile à obtenir avec exactitude, que le miroir peut être aussi appelé convergent, quand sa surface antérieure est concave, et divergent quand elle est convexe. Mais si, au contraire, les deux faces, comme il arrive ordinairement, sont de formes et de courbures différentes, on appelle miroir convexe, ou miroir de convergence, celui dont les bords sont plus minces que le milieu ; et miroir concave, ou de divergence, celui dont les bords sont plus épais que le milieu ; la surface antérieure étant indifféremment ou plane, ou bombée, ou concave, parce qu'elle ne contribue à la réflexion que pour une quantité très petite comparativement à la surface étamée. Ceux qui connaissent l'effet de ces deux espèces de miroirs savent que le miroir de convergence grossit un objet placé entre C et D, *fig.* 60, et que le miroir de divergence le diminue. En ayant égard à cette observation, on peut faire les expériences indiquées aux paragraphes 7, 8, 9 et 12 avec des miroirs de glace.

en ce point une lumière éblouissante, mais encore il s'y développe une vive chaleur dont l'intensité ne peut être égalée que par celle du feu augmentée par l'oxigène (p. 102, § 3). Par cette raison, on nomme cet espace le *foyer* du miroir, et la distance DF sa *distance focale*. Pour que cet effet soit aussi fort qu'il est possible, le miroir doit être très grand, et sa distance focale plus courte que la largeur de sa surface, ou au moins ne doit-elle pas l'excéder ; car plus la distance focale est considérable, en comparaison de la surface du miroir, et moins le foyer aura d'action. Un corps qu'on veut exposer à la chaleur du foyer d'un miroir doit être plus petit que cet espace, afin d'être environné de toutes parts par la chaleur qui y est rassemblée. Un miroir concave disposé pour cet objet se nomme un *miroir ardent*.

§ 8. Si l'on place une flamme dans le foyer d'un miroir concave, toute la lumière qui va frapper le miroir sera réfléchie presque parallèlement à l'axe. Et comme la lumière parallèle conserve toujours une égale force, excepté lorsqu'elle est affaiblie par l'absorption que lui fait éprouver le milieu dans lequel elle passe, on peut propager ainsi une vive lumière à une distance considérable : on nomme *miroir collecteur*, un miroir concave préparé pour cet effet.

§ 9. Les images des objets que représente un miroir concave offrent des phénomènes beaucoup plus variés que ceux qu'on observe dans le miroir plan. En plaçant une bougie allumée devant le miroir, dans une chambre obscure, tous les phénomènes suivans deviennent parfaitement visibles.

1°. Si la flamme est en-deçà du foyer, près du miroir, on en voit une image verticale et grossie qui paraît un peu plus loin derrière le miroir, que la flamme elle-même n'est audevant : à mesure qu'on rapproche la lumière du foyer, l'image grandit et s'éloigne.

2°. Si la flamme est au foyer, son image ne se trouve nulle part; mais on voit seulement le reflet lumineux dont nous avons parlé dans l'article précédent, et qui consiste presque en rayons parallèles.

3°. Si l'on place la lumière au-delà du foyer, on n'aperçoit pas non plus son image dans le miroir; mais lorsqu'elle est à une certaine distance, il s'en peint une image grossie et renversée sur un mur blanc opposé au miroir : si l'on éloigne la lumière encore davantage, cette image est plus proche et plus petite. Lorsque la distance de la flamme devient double de la distance focale, l'image coïncide avec elle, parce qu'elle est alors au centre de courbure du miroir; si on la recule encore, l'image, qui est alors plus petite que la flamme, se rapproche du foyer, et finirait par tomber précisément dans le foyer, si l'on pouvait éloigner indéfiniment la lumière. On voit par là que, dans un miroir ardent, la violente chaleur qu'on observe au foyer est produite par une image du soleil qui vient s'y représenter.

§ 10. Ce n'est que par le calcul qu'on peut donner une explication complète de ces phénomènes. Il y a cependant une méthode très simple et très ingénieuse de déterminer par des constructions géométriques quel doit être le phénomène dans chaque cas donné; mais elle suppose quelques résultats de recherches mathématiques que nous devons seulement faire connaître ici historiquement. A la fin de ce chapitre, nous rapporterons les démonstrations rigoureuses. Les propositions qu'on doit admettre sont les suivantes :

1°. Chaque rayon dirigé parallèlement à l'axe est réfléchi au foyer.

2°. Tous les rayons qui viennent d'un point quelconque qui se trouve dans la direction de l'axe ou qui ne s'en écarte que très peu, sont réfléchis de manière que leurs directions se coupent toutes en un point et y produisent par conséquent une image du point rayonnant : mais cette image est quelquefois devant, quelquefois derrière le miroir; elle peut même être à un éloignement infini, et alors les rayons réfléchis sont parallèles.

La conséquence de ce principe est que, lorsqu'on connaît seulement la direction que prennent, en se réfléchissant, deux rayons venus d'un même point, on connaît aussi la direction de tous les autres.

3°. Lorsque plusieurs points sont à une égale distance du miroir, leurs images en sont aussi également éloignées.

C'est par suite de ceci que, quand on place un objet devant un miroir, les rayons réfléchis doivent toujours en produire une image, soit devant, soit derrière le miroir.

§ 11. En admettant ces propositions comme exactes, on démontre qu'on peut déterminer, dans chaque cas, toutes les conditions de la formation des images, quand on connaît seulement deux rayons qui viennent des points extrêmes d'un objet. Pour faire cette démonstration, on trace le profil du miroir ABC, *fig.* 60, 61, 62, son axe CD, et son foyer E; on représente l'objet rayonnant par une ligne droite FG, qui est perpendiculaire à l'axe, et qui ne doit être ni plus petite ni plus grande que la hauteur du miroir, mais qui s'étende également des deux côtés de l'axe. Du plus haut point F de cet objet, on mène deux rayons FA et FC sur le miroir; FA parallèle à l'axe, est, par conséquent, réfléchi au foyer E (page 396, § 10, n° 1); FC, dirigé vers le centre optique C du miroir, sera réfléchi vers le point le plus inférieur de l'objet, d'après la loi de la Catoptrique (page 392, § 4). On prolonge la direction de ces deux rayons jusqu'à ce qu'ils se coupent. Le point de leur intersection *f* est l'image du point F de l'objet (page 396, § 10, n° 2). Si l'on tire de ce point *f* une ligne *fg* qui passe perpendiculairement par l'axe, et qu'on la prolonge également des deux côtés, de sorte que $fh = gh$, cette ligne représentera l'image qu'offre le miroir dans les circonstances données (page 397, § 10, n° 3).

La *fig.* 60 montre le cas où l'objet FG est en-deçà de la distance focale CE. Les deux rayons réfléchis AE et CG, qui viennent primitivement de F, divergent ici; et l'on doit par conséquent les prolonger derrière le miroir pour trouver leur point d'intersection *f*, où est l'image du point F, aussi bien que *fg* qui présente l'image de l'objet entier. Ceci est l'explication du phénomène rapporté à l'art. 9, n° 1, page 395.

Dans la *fig.* 61, l'objet FG est lui-même au foyer E. Ici les deux rayons réfléchis AE et CG deviennent parallèles; car, puisque, d'après la remarque faite à la fin de l'article 9, le miroir ne doit avoir qu'une très faible courbure pour produire une image distincte, on peut considérer CAFE comme un parallélogramme; mais alors CAEG est aussi un parallélogramme, puisque CA et EG sont égaux. Dans ce cas, il ne doit donc se produire aucune image de l'objet; ou bien l'on peut dire qu'elle se produit à un éloignement infini, derrière ou devant le miroir. Cela explique le deuxième phénomène indiqué à l'art. 9.

La *fig.* 62 présente l'objet FG plus loin que la distance focale. Les deux rayons réfléchis A*f* et C*f* convergent ici visiblement, et prolongés suffisamment, ils se coupent au-dessous de l'axe en *f*, de manière que le miroir produit ici dans l'air une image *fg* de l'objet. Le phénomène décrit au n° 3 de l'article 9 s'explique de cette manière.

On peut traiter de même tous les autres cas qui se présentent. Le lecteur pourra surtout examiner les changemens qui arrivent dans le dernier des phénomènes que nous avons considérés, et qui sont rapportés à la fin de l'article 9, c'est-à-dire les différences qu'on observe selon que l'objet est entre le centre géométrique et le foyer, ou au centre géométrique lui-même.

Phénomènes qui se produisent par le miroir convexe.

§ 12. Les phénomènes que présente un miroir convexe lorsqu'un objet y répand sa lumière sont beaucoup plus simples. Quelque part que soit placé l'objet devant le miroir, on en aperçoit toujours une image plus petite que lui, et située verticalement derrière le miroir. Lorsqu'on dirige l'axe d'un miroir convexe vers le soleil, il ne rassemble pas sa lumière, il la disperse. Mais on peut prouver aussi bien par l'expérience que par le calcul, que la petite image du soleil, de laquelle vient cette dispersion de lumière, est placée à égale distance entre le centre optique et le centre géométrique, par conséquent derrière le miroir. A cause de cela, on nomme cette place le *foyer négatif du miroir*, et sa distance derrière le miroir, *la distance focale négative.*

§ 13. Les propositions théoriques rapportées à l'article 10, page 396, peuvent s'appliquer aux miroirs convexes comme aux miroirs concaves ; seulement l'expression de la première doit être changée ainsi. Un rayon parallèle à l'axe doit être réfléchi comme s'il venait du foyer négatif. Avec cette modification, la construction décrite à l'article 11 peut servir aussi pour le miroir convexe.

Soit donc ACB, *fig.* 63, le profil d'un semblable miroir, ED son axe, et E son foyer négatif. Soit FG l'objet ; qu'on mène de F le rayon FA parallèle de l'axe ; il sera réfléchi dans la direction AK, comme s'il venait de E. Le rayon FC est réfléchi vers G. Les deux rayons réfléchis divergent visiblement, et l'on doit, par conséquent, les prolonger derrière le miroir pour trouver leur point d'intersection *f*, et pour marquer l'image entière *fg* de l'objet FG.

§ 14. Il faut connaître parfaitement la distance focale d'un miroir sphérique, lorsqu'on veut l'employer à des expériences exactes.

Pour un miroir concave, on la détermine de plusieurs manières. Par exemple, on présente le miroir aux rayons du soleil de manière que leur direction soit parallèle à son axe, et l'on mesure la distance de l'image au miroir ; ou bien on taille un morceau de papier en rond et de la grandeur du miroir, on y trace un diamètre, et l'on fait sur celui-ci deux petites ouvertures rondes à une égale distance du centre ; on attache la feuille sur le miroir, et l'on présente celui-ci à la lumière du soleil. Les rayons réfléchis par les deux ouvertures convergent ; on cherche le point où ils se réunissent, et l'on mesure sa distance au miroir.

Une troisième méthode sera exposée dans les additions mathématiques qu'on trouvera à la fin de ce chapitre, § 22.

Pour un miroir convexe, on ne peut employer que la deuxième méthode. Lorsqu'on a attaché le papier au miroir, on voit que les rayons réfléchis divergent, et l'on doit chercher les points où ils sont entre eux à une distance double de celle qu'ils avaient sur le miroir. On mesure la distance de ces points au miroir, et l'on connaît ainsi la distance focale négative.

ADDITIONS MATHÉMATIQUES.

§ 15. Les proportions rapportées aux articles 10 et 13 ne sont pas exactes à la rigueur, mais conditionnellement. Cette condition consiste en ce qu'elles approchent d'autant plus de la vérité, que l'étendue du miroir est plus petite en comparaison de sa distance focale, ou du rayon de la sphère sur laquelle le miroir est construit. Cependant on peut prouver, par un examen plus approfondi, que l'inexactitude dont nous parlons est à peine appréciable pour nos sens, même lorsque le segment sphérique qui forme le miroir est de plusieurs degrés. Pour les miroirs qui doivent donner des images nettes et distinctes, la largeur ne peut tout au plus qu'être égale à la moitié de la distance focale, et dans certain cas elle doit être beaucoup moindre.

Cette remarque justifie les approximations auxquelles nous allons nous borner dans les démonstrations suivantes.

§ 16. *Théorème.* Un rayon lumineux EA, *fig.* 64, qui tombe parallèlement à l'axe sur un miroir concave, est réfléchi entre le centre optique D et le centre géométrique C, et d'autant plus près du foyer F, qu'il passe plus près de l'axe.

Démonstration. Si l'on mène de A en C la droite AC, elle sera un rayon de la sphère ADB, et par conséquent perpendiculaire en A à la surface du miroir. Si l'on prend de plus l'angle CAF = CAE; AE étant le rayon incident, AF sera le rayon réfléchi (page 392, § 4).

Si l'on considère maintenant le triangle AFC, on voit facilement que AF = FC, puisque les angles FAC et FCA sont égaux; car tous deux sont égaux à l'angle EAC, le premier par la construction même, et le second, parce que AE étant parallèle à FC, FCA et CAE sont alternes-internes. Maintenant, si l'on avait AF = DF, on aurait aussi DF = FC; par conséquent F serait parfaitement au milieu de la ligne DC. Cela n'arrive pas exactement ainsi pour tous les rayons; mais la différence entre la ligne la plus courte DF, et la plus longue AF, est d'autant plus petite, que AD est petit en comparaison de DF ou de DC. Si l'arc AD ou l'angle AFD ne comprennent que peu de degrés, on peut supposer sans inconvénient DF = AF; par conséquent aussi FD = CF; et par là le n° 1 de l'art. 10 est démontré.

§ 17. Théorème. *Dans un miroir convexe* ADB, fig. 65, *le rayon* EA *parallèle à l'axe, sera réfléchi dans la direction* AH, *comme s'il venait du milieu du rayon* CD. La démonstration est semblable à la précédente. La ligne CAG est perpendiculaire à l'arc ADB en A. Si donc on fait GAH = GAE, AH est le rayon réfléchi qui, étant prolongé, coupe l'axe en F. Or, dans le triangle CAF, on a CF = AF, puisque CAF = ACF. L'égalité de ces angles vient de ce que CAF = HAG comme angles opposés au sommet, et ACF = GAE comme angles correspondans; enfin HAG = GAE, à cause de la loi fondamentale de la réflexion (page 392, § 4). Mais FA et FD ne sont pas à la vérité rigoureusement égaux, non plus que dans la figure 64; seulement ils approchent de l'égalité en admettant les mêmes conditions que dans l'article précédent : c'est pourquoi CF est d'autant plus près d'être égal à FD, que le rayon incident passe plus près de l'axe. Ceci est la démonstration du principe qui a été supposé dans l'article 13.

§ 18. Problème. *Dans l'axe* ED *du miroir sphérique* ADB, fig. 36, *se trouve un point rayonnant* E. *Un rayon* EA *qui en émane frappe le miroir en* A, *et est réfléchi vers* F. *Il s'agit de trouver une équation entre la distance focale du miroir* $= \frac{1}{2}$ DC $= p$, *la distance du point lumineux* DE $= a$, *et la distance* DF $= \alpha$, *à laquelle le rayon réfléchi coupe l'axe.*

Solution. Soit C le centre géométrique du miroir, CA sera perpendiculaire en A à sa surface. Par conséquent, d'après la loi de la Catoptrique, CAF = CAE; mais, d'après une proposition géométrique connue, CAF = AFD — ACF, et CAE = ACF — AEC, et par conséquent aussi AFD — ACF = ACF — AEC, ou 2ACF = AFD + AEC. De plus, on démontre dans la Trigonométrie, que dans un triangle rectangle dont un des angles aigus est fort petit, cet angle est, à fort peu près, proportionnel au côté opposé divisé par le côté adjacent, et d'autant plus exactement que le côté opposé est moindre. Or, si nous voulons produire des images distinctes, nous devons regarder l'arc AD comme très petit relativement à DF, DC et DE; nous pouvons donc le considérer comme une ligne droite perpendiculaire sur l'axe DE, et par conséquent considérer aussi les triangles ADF, ADC, ADE, comme des triangles rectangles qui ont de très petits angles sur la base en F, C, E. Par conséquent

l'angle ACF est proportionnel à .... $\frac{AD}{DC}$

AFD à .... $\frac{AD}{DF}$

AEC à .... $\frac{AD}{DE}$

Si dans l'équation ci-dessus $2ACF = AEC + AFD$, on met, au lieu de ces angles, les valeurs qui leur sont proportionnelles, on aura

$$\frac{2AD}{DC} = \frac{AD}{DE} + \frac{AD}{DF},$$

ou en divisant tout par AD

$$\frac{2}{DC} = \frac{1}{DE} + \frac{1}{DF}.$$

Enfin, si l'on substitue $2p$ à DC, a à DE, et α à DF, on aura

$$\frac{1}{p} = \frac{1}{a} + \frac{1}{\alpha};$$

ce qui est l'équation demandée entre p, a et α.

Remarque. La formule que nous venons de trouver a une application très étendue; et nous montrerons, soit ici, soit dans la Dioptrique, que tous les phénomènes possibles qui ont lieu dans les miroirs et dans les verres sphériques peuvent être représentés par elle, et que par conséquent on doit la regarder comme la base de tous les calculs d'Optique. Il est utile de donner un énoncé simple à une proposition si importante.

Pour cela, il faut observer qu'il est assez ordinaire d'appeler le quotient qu'on obtient en divisant l'unité par une quantité quelconque, la valeur réciproque de cette quantité. Alors $\frac{1}{p}$ est la valeur réciproque de p, et ainsi du reste. Une quantité et sa valeur réciproque ont entre elles un rapport tel, que si l'on connaît l'une des deux, on trouve toujours l'autre en divisant l'unité par celle des deux qui est connue. Ainsi, 1 divisé par $\frac{1}{p}$ donne p. Comme on trouve si facilement l'une de ces valeurs par l'autre, on peut presque indifféremment considérer l'une ou l'autre, comme la quantité connue ou cherchée. Il est donc avantageux de laisser à l'équation ci-dessus sa forme, et de ne point éliminer les diviseurs, parce qu'elle perdrait beaucoup de sa simplicité et de son utilité.

Si l'on nomme DE $= a$, et DF $= \alpha$, *les deux distances des réunions des rayons*, la formule, dans sa forme rapportée ci-dessus, exprime le théorème suivant :

La valeur réciproque de la distance focale est égale à la somme des valeurs réciproques des deux distances de réunions des rayons.

§ 19. *Additions.* 1°. C'est une propriété essentielle de toute formule algébrique, qu'elle ne s'applique pas seulement au cas particulier qu'on a pris pour base du calcul, mais qu'elle sert aussi à tous les cas imaginables de même espèce. On doit cependant remarquer que lorsqu'on l'applique à d'autres cas, il faut quelquefois changer le signe de l'une ou de l'autre quantité. Dans le cas qui a servi à établir la formule, nous avons considéré toutes les quantités qui s'y présentent, p, a, α, comme positives, en les supposant placées les unes par rapport aux autres comme le représente la *fig.* 66 ; mais si une

de ces lignes, dans un autre cas, se trouve avoir une situation opposée, il faut lui donner le signe négatif. Avec cette modification, notre formule s'applique à tous les cas imaginables, dans lesquels un rayon incident EA, *fig.* 66, coupe l'axe quelque part en E. Tant que le point E reste devant le miroir, comme dans la *fig.* 66, la quantité a reste positive; mais si le rayon ne vient pas d'un point de l'axe, et qu'au contraire il se dirige vers un de ces points, comme GA, *fig.* 67, se dirige vers E, la distance DE qui était devant le miroir dans la *fig.* 66, se trouve maintenant derrière lui; de sorte qu'il faut représenter DE par $-a$; et la formule serait alors, pour un miroir concave, $\frac{1}{p} = -\frac{1}{a} + \frac{1}{\alpha}$. Si, de plus, le miroir dont il s'agit est un miroir convexe, le rayon et la distance focale ont une position opposée à celles qu'indiquent les *fig.* 66 et 67; il faut donc représenter la distance focale par $-p$. Dans ce cas, lorsque le point rayonnant est devant le miroir, comme dans la *fig.* 66, a reste positif, et la formule est $-\frac{1}{p} = \frac{1}{a} + \frac{1}{\alpha}$. Mais si l'intersection du rayon incident avec l'axe CD se faisait derrière le miroir comme dans la *fig.* 67, a serait aussi négatif, et par conséquent on aurait......
$-p = -\frac{1}{a} + \frac{1}{\alpha}$, etc.

Ce qui vient d'être dit ne peut cependant s'appliquer qu'aux quantités que l'on considère, dans un cas particulier, comme des quantités données; mais on voit facilement que des trois quantités p, a, α, contenues dans la formule, chacune peut être considérée comme inconnue, lorsque les deux autres sont données. Ainsi, la formule sert généralement à trouver une de ces trois quantités par les deux autres, et elle détermine en même temps le signe qu'il lui faut attribuer.

2°. Puisque AD, *fig.* 66, s'est trouvé tout-à-fait éliminé du calcul, c'est une preuve que la grandeur de cet arc n'influe pas sensiblement sur la position du point F, où le rayon réfléchi coupe l'axe, pourvu que AD soit en général un très petit arc, comme le suppose tout le calcul. Il suit donc de là que, non-seulement le rayon EA, mais tous les rayons venant du même point E, se réuniront, après la réflexion, assez exactement au même point F, et y produiront une image du point E qui sera visible pour un œil placé de manière à recevoir, à quelque distance, les rayons qui divergent en venant de F.

3°. Comme notre formule s'applique à toutes les positions du point E dans l'axe, il est démontré par là que de chaque point rayonnant situé sur l'axe, il se produit toujours par la réflexion une nouvelle image de ce point, située dans ce même axe. Cette image est devant le miroir, si le calcul donne une valeur positive de α; elle est derrière, si la valeur de α se trouve négative; elle à une distance infinie, si l'on trouve α infinie, ou, ce qui revient au même, $\frac{1}{\alpha} = 0$ (car 0 et l'infini sont des valeurs réciproques). Ce dernier cas a lieu pour un miroir de convergence, lorsque l'on suppose $a = p$; car alors on a $\frac{1}{p} = \frac{1}{p} - \frac{1}{\alpha}$, c'est-à-dire $\frac{1}{\alpha} = 0$; d'où l'on voit que si les rayons partent du foyer, ils deviennent parallèles à l'axe par la réflexion, c'est-à-dire que leur point de réunion est à une distance infinie.

§ 20. Problème. *Déterminer les circonstances de la réflexion lorsque le point rayonnant est hors de l'axe, mais à peu de distance.*

Solution. Soit G, *fig.* 68, un point rayonnant près de l'axe. Qu'on mène la ligne droite GCH par le centre géométrique, et qu'on la prolonge jusqu'au miroir; on voit facilement que cette ligne peut être absolument considérée comme un axe, puisque ADB est sphérique. Si donc un rayon GK tombe sur le miroir et est réfléchi vers GL, en faisant HG $= a$, et HL $= \alpha$, nous aurons, comme ci-dessus,

$$\frac{1}{q} = \frac{1}{p} + \frac{1}{\alpha}.$$

Et toutes les conséquences que nous en avons tirées relativement à l'axe (page 403, § 19) doivent être appliquées à la ligne GH ; d'où il résulte que *chaque point rayonnant situé sur la ligne* GH *produit une image quelque part dans cette même ligne*, image qui peut, selon les différens cas, se trouver tantôt devant, tantôt derrière le miroir, et tantôt à une distance infinie.

De cette manière, la seconde supposition que nous avions admise, page 396, § 10, se trouve complètement démontrée.

§ 21. *Additions*. 1°. Comme nous supposons partout que la largeur du miroir est peu considérable relativement à la distance focale, et que le point rayonnant G est près de l'axe, il est évident que toutes les lignes qu'on peut mener de G vers le miroir seront presque toutes égales en longueur. La même chose a lieu pour toutes les lignes qu'on peut mener de L au miroir. Ainsi, il suit de là que la formule $\frac{1}{p} = \frac{1}{a} + \frac{1}{\alpha}$ s'éloignerait très peu de la vérité, même dans le cas où l'on n'aurait pas mesuré a et α, c'est-à-dire la distance des points H, G et L, sur la ligne GH, et en supposant qu'on y substituât leur distance perpendiculaire au miroir. Il suit encore de là que s'il se trouvait au-dessous de G plusieurs points rayonnans à des distances égales du miroir, leurs images au-dessus de L seraient aussi toutes à des distances égales de sa surface ; car puisque a est égal pour tous ces points, la formule donnerait aussi des valeurs égales pour α. Ainsi la troisième supposition faite à l'art. 10, page 396, se trouve suffisamment démontrée.

2°. Si l'on représente l'objet, ainsi que nous avons fait ci-dessus, par une ligne droite perpendiculaire à l'axe, l'image sera aussi une ligne droite perpendiculaire à l'axe. Alors on peut nommer a la distance de *l'objet entier*, et non pas seulement celle d'un point rayonnant ; et α sera de même la distance de toute l'image. Pour cette valeur des lettres a et α, la formule $\frac{1}{p} = \frac{1}{a} + \frac{1}{\alpha}$ reste toujours exacte.

§ 22. *Remarques*. 1°. La dernière observation nous fournit, entre autres, un moyen commode pour trouver la distance focale d'un miroir concave. On place devant le miroir la flamme d'une bougie à une distance telle, qu'il s'en forme une image distincte sur un carton blanc ou sur une muraille à une certaine distance. Alors on mesure la distance de l'image et de l'objet au miroir, et l'on obtient a et α ; de sorte que l'on peut ensuite trouver p au moyen de la formule.

3°. Tous les calculs d'Optique deviennent très difficiles et très compliqués, si l'on veut leur donner une exactitude absolument rigoureuse. Mais, pour la pratique, cette rigueur n'est pas nécessaire, lorsqu'il s'agit d'instrumens optiques qui doivent donner des images très précises ; car, pour obtenir cette netteté, il faut donner aux miroirs et aux verres une largeur peu considérable, relativement à leur distance focale, ce qui justifie toutes les approximations que nous nous sommes permises. Quant aux instrumens desquels on n'attend pas une exacte précision, le manque de rigueur se justifie de soi-même.

CHAPITRE XLII.

De la Réfraction de la lumière dans les corps transparens, ou premiers principes de la Dioptrique.

§ 1. Tous les fluides aériformes, la plupart des liquides, et beaucoup de corps solides, sont transparens. Peut-être même n'est-il aucun corps qui ne se laisse traverser jusqu'à un certain degré par la lumière, puisque l'or lui-même, qui est si opaque et si dense en grande masse, paraît avoir une espèce de transparence lorsqu'il est réduit à ces feuilles minces qu'en fabriquent les batteurs d'or. La plupart des corps transparens laissent passer la lumière sans l'altérer, c'est-à-dire sans changer la couleur qu'elle avait avant d'y pénétrer ; mais beaucoup d'entre eux ne transmettent que certaines couleurs de la lumière, et par cette raison ils paraissent colorés. Il y a même des corps qui réfléchissent une couleur et en laissent passer une autre. Tels sont, par exemple, les feuilles d'or, la teinture du tournesol, le verre blanc de lait, lorsqu'il est très mince, etc.

§ 2. Pour que les corps solides et liquides soient parfaitement transparens, il faut que leurs surfaces soient exactement polies. Cette condition se trouve toujours remplie naturellement dans les liquides, par le seul effet de la pesanteur, qui rend leur surface parfaitement plane. Elle l'est aussi, jusqu'à un certain point, dans les corps solides cristallisés. Cependant ce n'est en général qu'avec le secours de l'art qu'on parvient à polir des surfaces avec toute l'exactitude nécessaire. Lorsqu'un corps transparent n'est pas poli, il laisse, à la vérité, passer la lumière ; mais en même temps il la disperse irrégulièrement dans tous les sens, et l'on ne peut pas voir distinctement à travers sa substance.

Parmi les corps transparens, le plus grand nombre réfracte *simplement* la lumière ; c'est-à-dire que les faisceaux de rayons lumineux ne se désunissent pas en les traversant ; mais il est d'autres corps qui séparent les rayons en deux faisceaux distincts ; de ce nombre sont toutes les substances cristallisées, dont la forme primitive n'est ni un cube ni un octaèdre régulier : ce phénomène se nomme la *double réfraction*. Nous ne considérons ici que la réfraction simple, comme étant la plus commune et celle dont la théorie est la plus facile. Il faudra chercher dans des ouvrages plus étendus la théorie de la double réfraction, dont la véritable loi, d'abord découverte par Huyghens, a été mise en évidence dans ces derniers temps (*).

(*) On en trouvera l'exposition abrégée dans les additions placées à la fin de l'Optique.

Loi de la Dioptrique.

§ 3. Tous les phénomènes qu'on observe au moyen des corps transparens qui réfractent simplement la lumière se trouvent expliqués par la loi suivante :

Lorsqu'un rayon lumineux passe obliquement d'un milieu transparent dans un autre, il s'écarte de sa direction primitive et subit une réfraction. Si, par le point d'incidence où le rayon rencontre le second milieu, on conçoit une ligne perpendiculaire à la surface réfractante, le rayon, en se réfractant, s'approchera de cette perpendiculaire, si le milieu où il entre est plus dense que celui qu'il quitte; et au contraire, s'il est plus rare, il s'en écartera.

Pour donner à cette loi la rigueur mathématique, supposons que A, *fig.* 69, est le point où le rayon de lumière passe d'un milieu dans un autre, soit que la surface qui sépare les deux milieux se trouve plane, comme BC, ou convexe, comme DE, ou enfin concave, comme FG; supposons que le milieu plus rare soit au-dessus d'elle, et le milieu plus dense au-dessous; que le rayon incident soit HA : si l'on élève en A la perpendiculaire IAK au point d'incidence, et que l'on imagine un plan mené par IAK et AH, le rayon réfracté reste bien aussi dans ce plan, mais de sorte que l'angle KAL, qui est dans le milieu plus dense, se trouve plus petit que l'angle HAI, qui est dans le milieu plus rare. En prenant A pour centre et un rayon arbitraire, on décrit le cercle HILK. Des points H et L, où le rayon incident et le rayon réfracté coupent sa circonférence, on mène les lignes HM et LN perpendiculaires à la verticale IAK. Les expériences ont appris que ces deux lignes HM, LN, ont toujours des rapports invariables pour toutes les directions d'incidence, les deux milieux où la lumière se meut restant les mêmes.

Dans un triangle rectangle dont l'hypoténuse est supposée égale à 1, les deux autres côtés exprimés en nombres, c'est-à-dire en parties de cette hypoténuse, s'appellent les sinus des angles qui leur sont opposés. On peut ici, puisque la grandeur du rayon AK est arbitraire, la supposer égale à l'unité : alors HM sera le sinus de l'angle HAI, ou le *sinus d'incidence*, et LN sera le sinus de LAK, ou le sinus de réfraction; et la loi de la réfraction pourra s'exprimer brièvement ainsi :

Lorsqu'un rayon passe d'un milieu dans un autre, il est réfracté de manière que le sinus d'incidence et celui de réfraction sont entre eux dans un rapport constant.

Ce rapport se nomme *le rapport de réfraction*. On a coutume d'appeler les angles HAI, LAK, du nom du milieu où ils sont; l'angle dans l'air, dans l'eau, dans le verre, etc.

§ 4. Parmi les expériences qui se font d'après cette loi, la plus facile à comprendre, sinon la plus exacte, est celle qui suit : un cube de verre ABCD, *fig.* 70, est placé sur deux planchettes jointes à angles droits, ainsi que les représentent les lignes EC et CF. Elles doivent être plus larges que le cube. Si l'on expose cet appareil à la lumière du soleil, de manière que le rayon lumineux y tombe dans la direction GH, ce rayon GH sera réfracté en HK dans le verre; mais à côté du verre il poursuivra sa direction primitive, jusqu'en F. L'ombre de la planchette CE se prolongera donc jusqu'en K dans le verre, et jusqu'à F au dehors. Maintenant, si l'on mène par H la verticale incidente LHM, on voit aisément que l'angle FHM est égal à l'angle dans l'air GHL, et que KHM est l'angle dans le verre. Si l'on mesure la longueur de l'ombre au dedans et au dehors du verre, on peut trouver les deux angles ou par le calcul ou en les construisant. Ensuite si l'on fait tomber la lumière sous différens angles, et qu'on trace une figure pour chaque cas, on peut marquer les sinus des angles et trouver leurs rapports au moyen d'une échelle exacte, ce qui donne la vérification de la loi énoncée.

Ces expériences peuvent être faites plus exactement avec un prisme de verre; mais, pour être comprises alors, elle exigent une plus grande connaissance de la théorie que celle que nous pouvons supposer ici.

§ 5. Avant le milieu du dix-septième siècle, les physiciens croyaient que les angles eux-mêmes, et non pas les sinus, avaient entre eux un rapport constant. Ce fut un Hollandais, nommé Snellius, qui rectifia le premier cette idée, et fit connaître le principe exact. Cependant, lorsque les angles IAH, LAK, *fig.* 69, sont fort petits, on peut sans inconvénient attribuer ce rapport aux angles eux-mêmes, puisqu'ils sont sensiblement proportionnels à leurs *sinus ;* par exemple, comme on n'a jamais de grands angles dans des instrumens de Dioptrique très exacts, on peut admettre le rapport des angles comme constant pour les calculs dioptriques relatifs à ces instrumens.

§ 6. Relativement aux détails de la loi précédente, on doit encore observer les circonstances suivantes :

1°. Si un rayon tombe perpendiculairement comme IA, *fig.* 69, il passe sans être réfracté. Dans tous les autres cas, il se réfracte, et d'autant plus fortement, qu'il tombe d'une manière plus oblique.

2°. Un rayon de lumière prend la même direction entre deux milieux, soit en y pénétrant, soit en en sortant, toutes les autres circonstances étant d'ailleurs égales : c'est-à-dire que si LA était un rayon incident, AH serait le rayon réfracté.

3°. A chaque réfraction, il se fait toujours une réflexion partielle à la surface polie, soit que le rayon passe du milieu le plus dense dans le milieu le plus rare, ou réciproquement, c'est-à-dire que si le rayon est rompu en A, une partie est réfléchie d'après la loi de la Catoptrique, et l'autre partie est réfractée d'après la loi de la Dioptrique. Plus le rayon incident tombe obliquement, et plus la partie réfléchie est considérable, et plus, par conséquent, la partie réfractée est faible ; car toutes les surfaces polies réfléchissent bien plus fortement la lumière, dans les directions obliques, que lorsque le rayon tombe perpendiculairement sur leur surface. Même, lorsque le rayon sort d'un milieu plus dense pour entrer dans un plus rare, il existe une limite, à compter de laquelle il ne peut avoir aucun angle de réfraction dans l'autre milieu, parce que le sinus de cet angle serait plus grand que l'unité, ce qui est impossible ; et alors toute la lumière est réfléchie. Dans un verre plein d'eau, on peut voir aisément que non-seulement la surface supérieure réfléchit, mais encore la surface inférieure, et que celle-ci réfléchit plus fortement que la première, surtout lorsqu'on regarde très obliquement.

4°. Enfin, il se fait encore à chaque réfraction un changement remarquable dans la lumière. Nous allons seulement le rapporter ici, et par la suite nous le détaillerons avec plus d'exactitude. Le rayon lumineux n'est plus une simple ligne droite après la réfraction, mais il s'élargit en forme pyramidale, et chaque point de sa largeur offre une couleur différente. Cependant cette expansion est très faible pour un seul rayon réfracté, surtout dans le voisinage de la surface réfractante. Nous négligerons cette circonstance dans ce chapitre, et nous représenterons le rayon réfracté par une seule ligne droite.

5°. Les corps plus denses réfractent la lumière plus fortement que les corps plus rares. Cependant le pouvoir réfringent ne dépend pas seulement de la densité, mais aussi des propriétés chimiques des corps. Ainsi, on a observé que les corps combustibles réfractent la lumière plus fortement que les non-combustibles. On ne connaît cependant ceci que d'une manière si imparfaite, qu'on ne peut trouver la force de réfraction de chaque corps que par des expériences immédiates (*).

6°. Les rapports de réfraction les plus intéressans sont ceux qui existent entre l'air et le verre, et entre l'air et l'eau. Le

---

(*) Nous avons fait autrefois sur cet objet, M. Arago et moi, un très grand nombre d'expériences avec le cercle répétiteur. Nous avons trouvé que c'est l'hydrogène qui donne aux huiles, aux résines et aux autres substances que l'on nomme combustibles, leur grande force réfringente. Nous avons trouvé aussi que le pouvoir réfringent d'un mélange est formé des pouvoirs réfringens de ses composans, dans la proportion de leurs masses; mais cette proportionnalité n'a plus lieu quand l'état d'agrégation des particules est modifié par une combinaison intime, ou même par un simple changement d'état. Ainsi, M. Arago a trouvé que la force réfringente des vapeurs est généralement plus faible qu'on ne la déduirait de leurs liquides par le rapport des densités.

rapport de réfraction entre l'air et le verre commun est environ de 3 : 2, ou plus exactement de 17 : 11 ; entre l'air et le crown-glass anglais, il est de 1,55 : 1 ; entre l'air et le flint-glass, de 1,58 : 1 ; entre l'air et l'eau, à peu près de 4 : 3. On trouve plusieurs autres rapports de réfraction dans Gehler, I, 431 ; Fischer, I, 447.

Phénomènes généraux qui dépendent de la réfraction de la lumière.

§ 7. Si la lumière n'était ni réfractée ni réfléchie par les corps transparens, ceux qui sont parfaitement diaphanes et incolores seraient invisibles pour nous. On ne peut les voir qu'à cause de la réflexion qui se fait à leurs surfaces, et par la différence de direction que prend la lumière qui les traverse, après qu'elle s'y est réfractée. De cette manière, on peut même distinguer deux fluides incolores qui, sans se mêler, se trouvent réunis dans un même vase : par exemple, une huile sans couleur et de l'eau, de l'éther et de l'eau, etc. L'air est invisible en petites masses, parce que les réfractions et les réflexions y sont insensibles.

Lorsqu'un corps visible se trouve dans un autre milieu transparent que celui où est l'œil, sa position apparente subit, dans la plupart des cas, un changement par la réfraction de la lumière.

Soit A, *fig.* 71, un point visible au fond d'un vase plein d'eau BAC. Un rayon AD qui tombe verticalement sur la surface de l'eau la pénètre sans être réfracté ; mais c'est la seule direction dans laquelle on voie le point à la place où il est réellement. Le rayon AE, qui perce la surface de l'eau sous un angle aigu, est réfracté dans l'air et s'éloigne davantage de la perpendiculaire incidente qu'on pourrait mener par E. Il continue donc à travers l'air comme s'il venait du point plus élevé *a* ; et alors un œil qui se trouve dans le prolongement du rayon EF doit voir le point A sur la direction EF, c'est-à-dire en *a*.

Ce qui vient d'être dit de A est applicable à tous les autres points du fond du vase ; ainsi toute cette partie du vase doit paraître élevée en B*a*C. Si un bâton droit GHA est enfoncé dans l'eau, la partie qui plonge paraîtra brisée, parce que chacun des points qui la composent doit paraître plus élevé qu'il ne l'est réellement.

Réciproquement, si l'œil était en A, et qu'il regardât un objet situé dans la ligne EF, il ne le verrait pas dans sa vraie direction, mais dans le prolongement de la ligne AE.

Nous nous trouvons dans une situation semblable relativement aux astres ; et les astronomes ont depuis long-temps observé que les étoiles qui ne sont pas au zénith paraissent plus éloignées de l'horizon qu'elles ne le sont réellement. C'est ce qu'on appelle la *réfraction astronomique* (*).

Phénomènes particuliers qui se produisent au moyen des verres polis.

§ 8. Les verres polis donnent lieu à des phénomènes trop importans, pour que nous puissions négliger d'en parler. Il y a deux espèces de verres que nous devons examiner ici : ce sont ceux dont les faces sont planes et parallèles, et ceux dont les faces sont des portions de sphère. Dans un des chapitres suivans, nous parlerons des verres dont les surfaces sont planes, mais inclinées les unes par rapport aux autres, c'est-à-dire des verres prismatiques.

Des verres plans à faces parallèles.

§ 9. Soit ABCD, *fig.* 72, le profil d'un verre de cette espèce, et EF un rayon lumineux qui tombe sur sa surface antérieure : qu'on élève au point d'incidence F la perpendiculaire GH ; le rayon sera réfracté dans le verre en F, et prendra la direction FI. Qu'on élève en I, au point d'émergence, une seconde perpen-

(*) Relativement à ce phénomène et à la manière dont on le mesure, voyez les traités d'Astronomie.

diculaire KL, qui sera parallèle à la première, le rayon sera de nouveau réfracté dans l'air, à partir du point I, et se prolongera dans la direction IM. On voit aisément que IM est parallèle à EF; car, puisque les deux angles dans le verre HFI et FIK sont égaux, les angles dans l'air EFG et LIM doivent aussi être égaux.

Par la réfraction dans de semblables verres, tous les rayons émergens restent de même parallèles aux rayons incidens : ainsi l'on doit voir à travers un tel verre précisément comme s'il n'y en avait point; seulement quand on regarde très obliquement, les objets doivent un peu changer de place, mais sans jamais varier de grandeur ni de situations relatives. Dans tous les autres cas, la direction du rayon est si peu déviée, qu'on peut considérer sa réfraction comme nulle.

Des verres sphériques ou lenticulaires.

§ 10. Les diverses sortes de microscopes et de télescopes sont des instrumens indispensables pour le physicien. Ils consistent tous en verres dont les faces sont des portions de sphère. Pour concevoir exactement l'effet des instrumens d'Optique composés, on doit nécessairement connaître d'abord les propriétés des verres simples dont ils sont formés.

§ 11. Quoique la forme des verres sphériques puisse être variée beaucoup plus que celle des miroirs, on peut cependant, en ne considérant que leurs propriétés essentielles, les rapporter à deux espèces, les *verres convexes* ou de *convergence*, et les *verres concaves* ou de *divergence*. On divise ensuite chacune de ces deux espèces ainsi qu'il suit :

Les verres de convergence sont :

1°. *Doublement convexe*, ainsi que la *fig.* 73 l'indique. La forme de ce verre est lenticulaire, et par cette raison on a coutume d'appeler verres *lenticulaires* ou *lentilles*, tous ceux de ce genre, et même tous les verres sphériques, particulièrement les plus petits.

2°. *Plan-convexe*, comme dans la *fig.* 74.

3°. *Concave-convexe,* ainsi qu'on le voit dans la *fig.* 75. Le mot convexe doit être placé le second, pour marquer que la convexité est plus forte ici que la concavité. On nomme ces verres *ménisques*, à cause de la forme de leur profil.

Les verres de divergence sont :

1°. Ou *doublement concave* (*fig.* 76);

2°. Ou *plan-concave* (*fig.* 77);

3°. Ou *convexe-concave* (*fig.* 78). On a aussi coutume d'appeler *ménisques* ces verres, dont la forme exige qu'on mette le mot concave le dernier.

§ 12. Par rapport à tous ces verres, on doit remarquer en général ce qui suit :

1°. On donne à leurs faces la forme sphérique, par la même raison qui a déterminé ce choix pour les miroirs (p. 392, § 3).

2°. On nomme rayons de courbure des verres, les demi-diamètres des sphères dont ces verres sont des segmens.

3°. Pour que l'on puisse voir distinctement à travers ces verres, il faut que leurs surfaces, de même que celles des miroirs, ne soient pas de grandes portions de sphère. On peut établir pour limite de leur étendue, que l'arc du segment soit, au plus, égal à la moitié du rayon de courbure.

4°. Dans le milieu d'un verre de cette espèce, il y a un point C, *fig.* 73-78, où les deux faces opposées sont parallèles. Ce point s'appelle le *centre optique* du verre. Une ligne DE, menée par ce point perpendiculairement aux deux faces, s'appelle l'*axe du verre* : c'est sur cette ligne que se trouvent les *centres géométriques* des deux faces, c'est-à-dire les centres F et G des sphères dont ces faces sont des segmens.

Lorsque le centre optique et le point d'intersection de l'axe sont exactement au milieu du contour extérieur, on dit que le verre est exactement centré ; c'est une qualité essentielle pour les usages optiques. L'égale épaisseur de la circonférence extérieure indique cette propriété, mais non pas avec toute l'exactitude nécessaire. La marque la plus certaine, c'est que les objets ne changent point de position apparente lorsqu'on les considère en faisant mouvoir le verre circulairement dans un plan perpendiculaire à son axe.

Lorsqu'on veut employer ces verres, on a coutume de couvrir une portion de leurs bords par un anneau d'une matière opaque, et l'on nomme *ouverture* du verre, le diamètre intérieur de cet anneau.

5°. On nomme toujours *surface antérieure* du verre, celle qui est tournée vers l'objet qu'on regarde, et *surface postérieure,* celle qui est tournée vers l'œil.

6°. Tous les verres de convergence produisent essentiellement des phénomènes semblables. Il en est de même de tous les verres de divergence, comparés les uns aux autres. Dans les diverses circonstances, les différentes espèces peuvent avoir quelque avantage; mais c'est ce qu'on ne peut déterminer ni même concevoir clairement sans connaissances mathématiques. En général, les verres double convexes ou double concaves, surtout lorsque leurs courbures sont symétriques, sont préférés, parce qu'ils ont, proportionnellement, les plus grandes ouvertures.

7°. L'expérience a prouvé que le verre de miroir ordinaire, d'une couleur un peu verdâtre, est le meilleur de tous les verres optiques. Le cristal tout-à-fait incolore, et surtout le flint-glass anglais, sont employés seulement pour des objets particuliers.

Phénomènes produits au moyen des verres de convergence.

§ 13. Lorsqu'on expose un verre de convergence au soleil, et qu'on reçoit sur une surface blanche la lumière qui se transmet à travers lui, cette lumière se réunit dans un certain espace dont l'étendue varie avec la position de la surface. Si celle-ci se trouve d'abord très près du verre, et qu'on l'en éloigne peu à peu, l'espace lumineux devient de plus en plus petit. C'est de là que vient la dénomination de verre de convergence. On arrive ainsi à un point où la lumière occupe le moins d'espace possible, et au-delà elle devient divergente.

Ce point se nomme le *foyer*, et sa distance à la surface du verre la plus voisine est la *distance focale*.

Si l'on retourne le verre, le même phénomène a lieu. Un verre de convergence a donc deux foyers, et ils sont également distans des deux surfaces, si celles-ci ont le même rayon. Pour les verres dont les faces ne sont pas symétriques, surtout pour les ménisques, ces distances sont différentes, mais d'une quantité à peine sensible.

§ 14. On appelle *verre ardent*, un verre convexe d'une étendue considérable, comme de deux ou trois pieds, et dont la distance focale est égale à l'*ouverture*, ou du moins ne la surpasse que d'une très petite quantité. Les effets d'un tel verre sont d'autant plus intenses, que sa surface est plus étendue et que l'espace où se réunit la lumière est moindre. Si le foyer est trop éloigné du verre, cet espace est très grand, et par là même de peu d'effet. On a coutume, dans ce cas, de placer à quelque distance un second verre convexe qu'on nomme un *verre collecteur*, et qui rassemble la lumière dans un espace plus resserré.

Les effets des verres ardens sont aussi remarquables que ceux des miroirs ardens (p. 394, § 7). On trouve beaucoup de détails sur les expériences où on les emploie, dans les Dictionnaires de Physique, aux articles *Brenngläser* et *Brennspiegel*.

§ 15. La distance focale d'un verre symétriquement *double convexe* est égale au rayon de ses deux surfaces, ou plutôt à $\frac{12}{11}$ de ce rayon. Pour un verre *plan-convexe*, elle est égale au double du rayon, ou plus exactement à $\frac{11}{6}$. On démontrera, dans les additions mathématiques qui sont à la fin du chapitre, quelle est sa valeur relativement aux rayons des verres non symétriques.

§ 16. Les autres propriétés des verres convexes ont la plus grande ressemblance avec celles des miroirs de convergence (p. 395, § 9), et l'on peut les rendre sensibles plus facilement encore, au moyen d'une bougie allumée, placée dans une chambre obscure.

1°. Lorsqu'on met la flamme au-devant du verre, en-deçà

de la distance focale, l'œil placé de l'autre côté du verre voit l'image de cette flamme grossie, droite et assez éloignée. La grandeur et l'éloignement augmentent à mesure qu'on recule la lumière.

2°. Si l'on place la flamme dans le foyer même, on ne trouve nulle part son image distincte, mais on aperçoit seulement une lueur vive qui consiste en grande partie en rayons parallèles, et qui se continue derrière la lentille, de manière à éclairer des objets éloignés.

3°. Enfin, si l'on porte la flamme à une certaine distance au-delà de la distance focale, on en voit une image grossie, et renversée sur la paroi opposée. A mesure qu'on éloigne davantage la flamme, cette image s'approche du foyer postérieur du verre et devient plus petite : si la flamme est placée à une distance double de la distance focale, l'image se trouve à la même distance et elle a la même dimension que la flamme elle-même. Si l'on éloigne la flamme davantage, l'image se rapproche et devient plus petite ; et si l'objet est très éloigné, elle tombe enfin dans le foyer lui-même. Ainsi l'espace *caustique* dans lequel un verre ardent brûle n'est autre chose qu'une petite image du soleil qui se forme à son foyer. Si l'on ne recueille pas, sur un carton blanc ou sur un verre dépoli, les images qui se forment ainsi dans les circonstances précédentes, un œil placé à la distance convenable les voit voltigeant dans l'air libre. Cependant l'imagination, par des raisons faciles à concevoir, est portée à les placer, non pas là où elles sont réellement, mais dans le verre lui-même, ou plutôt sur sa face opposée.

§ 17. Autant qu'on peut concevoir ces phénomènes sans le secours des Mathématiques, on comprend qu'ils ne diffèrent pas essentiellement de ceux que nous avons décrits p. 396 et 397, §§ 10, 11. Nous allons de même ici supposer les données théoriques d'après lesquelles on pourra déterminer, au moyen d'une construction facile, le phénomène qui doit avoir lieu dans chaque cas. Pour faciliter cette construction, il est à remarquer qu'un rayon qui passe par le centre optique C, *fig.* 73-78, doit être considéré comme non réfracté. Pour les rayons qui font de petits angles avec l'axe, cela est clair d'après la position des surfaces du verre en C ; car, puisqu'elles sont ici parallèles, le rayon qui y passe doit être réfracté comme dans le verre plan à surfaces parallèles (p. 414, § 9).

§ 18. D'après ces observations préliminaires, les *fig.* 79-81 ne demandent pas beaucoup d'explication. AB est le profil d'un verre convexe ; C est le centre optique, DE l'axe, D le foyer antérieur, E le foyer postérieur, FHG l'objet rayonnant.

1°. Dans la *fig.* 79, l'objet est au milieu de la distance focale antérieure DC : de son point le plus élevé F, un rayon FA parallèle à l'axe tombe sur le verre, et est réfracté vers le foyer postérieur E. Un deuxième rayon FCI, sans être réfracté, passe par le centre optique. Les rayons AE et CI divergent après le passage ; et, s'ils sont prolongés du côté opposé, ils se coupent en *f* : c'est donc de ce point que paraissent venir, après le passage dans le verre, tous les rayons qui partent de F. Un œil placé derrière le verre voit en *f* l'image du point F; et, au lieu de l'objet FG, il verra l'image *fg* (§ 16, n° 1).

2°. La *fig.* 80 représente l'objet FG placé au foyer antérieur D; le rayon parallèle FA est réfracté vers E, le rayon FC passe sans être réfracté ; mais comme les lignes CE et FA sont égales et parallèles, parce que CE = CD = FA, il s'ensuit que CFAE forme un parallélogramme, et les rayons AE, CI, sont parallèles après le passage dans le verre (§ 16, n° 2). Il en est de même de tous les rayons qui partent du point F.

3°. Dans la *fig.* 81, l'objet FG est plus loin que la distance focale antérieure DC ; le rayon parallèle FA est réfracté vers E ; le rayon FC*f* passe sans être réfracté ; FE et C*f* convergent après le passage, et leurs prolongemens se coupent en *f* ; tous les rayons venant de F se réunissent à ce point, et il se produit en *fg* une image renversée de l'objet entier (§ 16, n° 3).

D'après l'exemple de ces figures, il ne sera pas difficile de construire les sous-divisions particulières au troisième cas, soit quand l'objet est justement au centre de courbure, soit quand il est à une distance beaucoup plus grande au-devant du verre.

§ 19. On peut déjà faire d'un seul verre de convergence un usage très utile et assez varié.

1°. L'effet que produisent les lunettes ordinaires, ou *besicles*, s'explique par la construction de la *fig.* 79. Ce sont des moyens de réparer un des défauts de la vue, occasioné le plus souvent par l'âge, c'est-à-dire le *presbytisme*, qui fait que la distance de la vision distincte est tellement éloignée, qu'on ne peut voir les objets auxquels on travaille que d'une manière confuse. Les lunettes donnent la possibilité d'en voir les images à la distance convenable. Pour déterminer la distance focale convenable pour des besicles, il faut avoir égard : 1°. à la distance de la vision distincte; 2°. à l'éloignement auquel on s'est accoutumé à tenir les livres ou les objets pour les voir commodément. Par cette raison, presque tous les yeux exigent une distance focale différente. Les lunettes qu'on nomme *conserves* ont leur foyer à un éloignement de 16 à 20 pouces. On doit commencer par se servir de celles-là, et ne passer que fort lentement aux distances focales plus courtes, afin de conserver sa vue aussi long-temps que possible.

Nous allons faire ici une remarque importante, qui est applicable à toutes les espèces de verres simples et d'instrumens d'Optique composés. En regardant à travers un verre, l'œil éprouve presque toujours une certaine tension extraordinaire qui peut devenir très préjudiciable à ce précieux organe. Nous avons dit ci-dessus (p. 387 et 388, §§ 10 et 11) que nous ne sentons pas immédiatement la distance des objets, mais que nous la déterminons par le jugement. Lorsque nous voyons avec des verres, nous manquons de presque tous les moyens qui servent à régler le jugement exact de la distance et de la grandeur de l'image (p. 387 et suivantes, §§ 8-14), et communément l'imagination place l'image à une fausse distance; l'œil se dispose aussi pour cette fausse distance (p. 384, §3), et de cette contradiction entre le véritable éloignement duquel viennent les rayons réfractés et celui qui est supposé par l'imagination, il doit se composer un certain état non naturel à l'œil. Cette observation explique beaucoup de phénomènes singuliers que produit l'usage des verres, et aussi la différence des jugemens que portent diverses personnes sur la grandeur et la distance des objets qu'elles voient au travers d'un instrument d'Optique : mais nous ne pouvons traiter cette matière plus longuement, à cause des limites que nous nous sommes fixées, et nous nous contenterons de faire remarquer que, pour ne pas gâter sa vue en se servant de verres, il faut d'abord apprendre à *voir* avec le secours de ces instrumens.

§ 20. 2°. Les effets des verres de grossissement simples reposent sur les mêmes principes. On peut se convaincre facilement, en considérant la *fig.* 79, que l'image *fg* est plus grande et plus éloignée quand la distance focale est plus petite, et, par conséquent, qu'un verre grossit d'autant plus, que sa distance focale est moindre. Les verres grossissans qui ont depuis six lignes jusqu'à quelques pouces de distance focale se nomment des *loupes* ; quand cette distance est moindre que six lignes, on les appelle *microscopes simples*, ou *lentilles microscopiques*.

Comme il faut toujours que l'image soit à la distance de la vision distincte, c'est-à-dire à huit pouces environ au-devant du verre, on conçoit, par la seule inspection de la *fig.* 79, qu'il faut toujours que l'objet FG soit très près du foyer D, si l'image *fg* doit être éloignée du verre de seize fois sa distance réelle, ou davantage. Pour l'usage du microscope, l'objet doit être presqu'au foyer (§ 16, 3). D'après cette remarque, on a un moyen facile d'estimer le grossissement d'un microscope ; car, à cause de la similitude des triangles FHC, *fh*C, l'objet FH est à l'image *fh* comme la distance de l'objet HC est à la distance de l'image *h*C. Dans un microscope, HC doit être seulement un peu plus petit que la distance focale, et alors *h*C est à peu près de huit pouces ; ainsi la distance focale est à huit pouces comme l'unité est au nombre qui exprime le grossissement.

§ 21. Il y a encore deux choses à remarquer à l'égard du grossissement.

1°. Puisque la distance de la vision distincte diffère presque pour tous les yeux, et que, de plus, d'après la remarque faite à l'article précédent, beaucoup d'illusions d'optique influent sur le jugement que nous portons de la distance, il doit y avoir une grande différence dans la grosseur que chaque personne attribue au même objet.

2°. Le nombre de grossissemens que donne la règle ci-dessus indique seulement l'amplification du diamètre d'un objet. Si l'on veut connaître l'amplification de sa *surface*, on doit prendre le carré de chaque nombre; si l'on veut avoir le grossissement du *corps entier* dans les trois dimensions, on doit élever le même nombre au cube. Un microscope dont la distance focale est de 0,1 pouce, grossit

Le diamètre..........	80 fois.
La surface.	6400
Le corps.............	512000

Le dernier nombre étant le plus fort, c'est celui dont on se sert ordinairement pour indiquer le grossissement d'un microscope; mais, au moyen de cette exagération, on est étonné qu'avec un microscope qui grossit un demi-million de fois, le diamètre ne paraisse que quatre-vingts fois plus grand. Dans les lunettes à longue vue, ou *télescopes*, on se sert de la dénomination plus juste que donne l'amplification du diamètre.

La monture d'un microscope simple peut être infiniment variée. (*Voyez* Gehler et Fischer, article *Microskop.*)

§ 22. 3°. L'effet du microscope solaire se rapporte au phénomène expliqué par la *fig.* 81. Si l'on place FG près du foyer D, on voit que l'image *fg* s'éloigne et devient plus grande: il n'est même aucun degré de grossissement auquel cette image ne puisse atteindre. Par conséquent, si l'on applique une petite lentille de verre dans un volet de la fenêtre d'une chambre très obscure, et qu'on place un petit objet renversé un peu au-delà de la distance focale DC, il se produit, à un certain éloignement derrière le verre, une image de cet objet qu'on peut recueillir sur un tableau blanc et bien uni. Cette image est droite et grossie ; mais on conçoit que la lumière qui la colore serait extrêmement faible, et d'autant plus que l'image serait plus grande, si l'on n'éclairait pas l'objet par tous les moyens possibles. Il ne suffit pas de l'éclairer immédiatement par la simple lumière du soleil ; on a soin de réunir cette lumière avec un verre de convergence, pour la concentrer presque toute au foyer. La grandeur de l'objet est alors à la grandeur de l'image comme CH à C*h*, c'est-à-dire comme la distance focale de la lentille est à l'éloignement du tableau. Le microscope solaire offre cet avantage, que plusieurs personnes peuvent voir l'image en même temps, et que l'on peut ainsi dessiner très commodément la figure de l'objet ; mais cet instrument n'a jamais la précision d'un microscope simple, et les images qu'il donne sont d'autant plus indistinctes, qu'elles sont plus grandes, c'est-à-dire qu'on les recueille à une distance plus considérable.

Ce microscope ne peut servir que pour les corps transparens, parce que l'objet n'est pas assez éclairé du côté du verre ; mais cette condition ne restreint pas beaucoup son usage, puisque presque tous les corps sont transparens lorsqu'ils sont réduits en lames très minces.

On trouve, dans les *Dictionnaires de Physique*, la description de l'appareil particulier d'un microscope solaire.

§ 23. Dans la *chambre noire*, les images des objets éloignés sont produites par un verre de convergence un peu grand, comme le montre la *fig.* 81, et ces images sont reçues immédiatement sur un carton blanc, ou sur un plateau de verre dépoli ; ou bien elles sont réfléchies vers le haut, ou vers le bas, par un miroir plan placé à quelque distance derrière le verre, et qui fait avec lui un angle de quarante-cinq degrés ; de sorte que ces images peuvent être recueillies sur un plan horizontal. On peut voir les différentes manières de construire cet instrument, dans les *Dictionnaires de Physique* de Gehler et de Fischer, article *Zimmer verfinstertes*, et dans d'autres ouvrages d'Optique. Les paysages se représentent d'une manière très agréable dans la chambre noire, et le peintre peut s'en servir avec avantage; mais, pour que son tableau soit vrai, il ne doit pas imiter les contours tranchés et l'extrême précision de l'image..

§ 24. Nous allons encore parler ici de quelques instrumens composés de deux verres de convergence, et qui ont du rapport avec les précédens.

4°. La *chambre claire* consiste en une boîte quadrangulaire, au-devant de laquelle est placé un verre convexe de quelque étendue; derrière celui-ci se trouve dans la boîte un miroir plan placé sous un angle de quarante-cinq degrés, et qui réfléchit vers le couvercle les images d'objets éloignés, qui, sans lui, auraient été peintes sur la paroi postérieure : devant le miroir plan, on pratique une ouverture à laquelle on adapte un second verre de convergence, au travers duquel on voit l'objet comme avec une loupe. (*Voyez* Gehler, IV, 867 ; Fischer, V, 736.)

5°. Dans la *lanterne magique*, il se trouve deux larges verres convexes à peu de distance l'un de l'autre : on fait passer devant le premier, comme en FG, *fig.* 79, une figure peinte sur du verre, placée en-deçà de la distance focale, et éclairée aussi fortement qu'il est possible au moyen d'une lampe et d'un miroir de réflexion placés derrière. Comme la petite figure peinte sur le transparent se trouve en-deçà de la distance focale du premier verre, les rayons, après leur passage dans ce verre, continuent comme s'ils venaient d'une image éloignée et renversée, telle que *fg* dans la *fig.* 79: le deuxième verre doit être placé au-delà du premier AB, pour recevoir les rayons transmis, et sa situation doit être telle, que l'image *fg* dépasse un peu sa distance focale ; alors les rayons sont réfractés dans ce second verre, de manière à produire, comme dans la *fig.* 81, une image éloignée *fg* que l'on peut recevoir sur un mur blanc. Cette image est droite, parce que celle dont elle est la représentation est renversée.

6°. On fait aussi des *loupes composées* de deux verres convexes. L'objet FG est placé très près devant le premier verre, et les rayons y sont réfractés comme s'ils venaient de l'image éloignée *fg*, *fig*. 79. Tout près, derrière ce verre, il y en a un second dont la distance focale antérieure s'étend encore un peu au-delà de l'image *fg*. A travers ce dernier verre, on voit cette image, justement comme on voit un objet réel avec la loupe simple.

7°. Les appareils auxquels on attribue particulièrement le nom d'*optiques* consistent en un grand verre convexe, dont la distance focale est de 1 $\frac{1}{2}$ pied à 2 pieds, et à travers lequel on regarde de grands dessins de perspectives. Le dessin étant bien éclairé, doit être placé en-deçà de la distance focale, mais non pas très loin du foyer; alors on en voit une image éloignée et grossie, à la vérité un peu indistincte, mais qui, par là même, se rapproche davantage de la nature.

§ 25. D'après ce qui précède, on voit qu'il faut d'abord connaître la distance focale d'un verre de convergence pour pouvoir juger de ses effets. On la trouve de la même manière que celle des miroirs (page 399, § 14).

On expose le verre à la lumière du soleil ou de la lune, et l'on mesure la distance de sa surface à l'image qui se produit à son foyer; ou bien on couvre le verre avec un cercle de papier où l'on a pratiqué deux petites ouvertures, et l'on cherche le point où les rayons se réunissent, après les avoir traversées.

Il faut employer beaucoup d'adresse dans cette opération, lorsqu'on veut déterminer exactement des foyers très éloignés ou très rapprochés. (Voyez *Klügels Analytiques Dioptrick*, page 109; voyez aussi le *Précis de Physique* de Biot, tome II.)

Phénomènes qui se produisent avec les verres de divergence.

§ 26. Les phénomènes produits au moyen de ces verres sont tout-à-fait analogues à ceux qui ont lieu avec les miroirs convexes.

Si l'on dirige un verre de cette espèce vers le soleil, et qu'on recueille sur une surface blanche la lumière transmise, on voit que cette lumière diverge comme si elle venait d'un point situé dans la concavité du verre. On nomme ce point le *foyer négatif*, et son éloignement de la surface antérieure la *distance focale négative*. En retournant le verre, les phénomènes sont les mêmes : un verre de divergence a donc deux foyers négatifs.

Les rayons lumineux transmis à travers un verre de divergence forment des images droites, qui sont plus rapprochées, et plus petites que les objets eux-mêmes. La distance de l'objet n'apporte aucune autre modification à ce phénomène, que de faire paraître l'image un peu plus loin du verre, à mesure que l'objet recule davantage ; mais la limite extrême que peut atteindre l'image est le foyer antérieur, et c'est où paraissent les objets lorsqu'ils sont à un grand éloignement.

§ 27. Soit AB, *fig.* 82, un verre de divergence, HD son axe, E et D les deux foyers négatifs ; que l'objet FG soit en H : le phénomène qui a lieu dans ces circonstances peut être déterminé par la même méthode que nous avons employée pour les miroirs et les verres de convergence. Du point le plus élevé F, qu'on mène le rayon FA parallèle à l'axe, celui-ci est réfracté dans la direction AK, et semble alors venir du foyer E ; un deuxième rayon FCL passe par le centre optique sans être réfracté ; les rayons AK et CL divergent donc après le passage dans le verre, comme s'ils venaient du point *f* : c'est donc là le point de réunion dont semblent venir tous les rayons partis de F. Ainsi, en menant *fg* perpendiculaire à l'axe, on a la grandeur et la position de l'image qu'on voit à travers le verre.

§ 28. Ce n'est que pour les *besicles* qu'on emploie isolément les verres de divergence ; elles rapprochent les objets éloignés jusqu'à la distance de la vision distincte des yeux myopes, de même que les besicles convexes éloignent les objets trop rapprochés, et les placent à la distance convenable pour les presbytes.

La remarque faite ci-dessus à la fin de l'article 19 s'applique particulièrement aux besicles concaves. Lorsqu'on voit, par exemple, avec un verre concave dont le foyer est éloigné de dix pouces, l'imagination ne peut s'astreindre à supposer toute l'étendue d'une vaste contrée resserrée dans un espace de dix pouces de rayon, et cependant toutes les images qu'on voit se trouvent réellement dans cet espace : par cette raison l'imagination les recule toujours trop loin, et l'œil se trouve ainsi dans une tension qui n'est pas naturelle. On doit donc, lorsqu'on fait usage de ces sortes de besicles, commencer par celles dont les distances sont considérables, et n'en venir que peu à peu à se servir de celles où ces distances sont plus courtes.

ADDITIONS MATHÉMATIQUES.

§ 29. L'essentiel de la théorie de tous les verres sphériques, ou au moins ce qui est nécessaire pour l'intelligence de tous les phénomènes que nous avons rapportés, se déduit de deux théorèmes, dont l'un est relatif à la réfraction d'un rayon qui vient d'un point quelconque de l'axe ; l'autre se rapporte à la réfraction d'un rayon qui vient d'un point situé très près de l'axe même.

La *fig.* 83 éclaircit le premier de ces principes. Soit ABC la moitié supérieure du profil d'un verre de convergence ; soit D le centre géométrique de la surface antérieure AC ; E le centre géométrique de la surface postérieure : nous supposons que le plan du profil passe par ces deux points : une ligne FI menée par D et par E doit être perpendiculaire à A et à B ; par conséquent elle sera l'axe du verre. Du point F de l'axe, le rayon FG tombe sur le verre. Qu'on tire donc maintenant par G et D la normale KGD ; on trouvera, d'après la loi fondamentale de la Dioptrique (page 409, § 3), que le rayon réfracté reste dans le plan de la figure, et qu'il fera avec la normale GD un plus petit angle dans le verre que dans l'air. Soit GH sa direction. Si par le point H où il atteint la surface postérieure, on mène à celle-ci la normale EHL, le rayon, après le passage, reste encore dans le plan de la figure ; mais il s'éloignera de HL vers le bas, et par conséquent il coupera l'axe à quelque endroit. Soit I le point d'intersection ; le problème doit donc être exprimé ainsi : *Trouver la position du point* I *lorsque les rayons des surfaces, les positions des centres et celles des points* F *et* G *sont connus.*

Pour résoudre ce problème avec toute la rigueur possible, il faut employer des calculs longs et compliqués. Mais il est facile d'y parvenir d'une manière approchée, et qui suffit entièrement pour les applications. Cela se fait au moyen d'une relation qui existe entre les deux rayons DA, EB, les *deux distances de réunion* AF, BI, et le rapport de réfraction que l'on doit aussi supposer connu.

La circonstance qui facilite cette approximation, c'est que les arcs doivent toujours avoir peu de courbure pour que les verres donnent des images distinctes. Par conséquent, les angles aigus en D et en E sont toujours très petits ; mais, d'après cela, les angles aigus en F, I, G et H, sont aussi toujours petits, et les arcs GA, HB, doivent être considérés presque comme des lignes perpendiculaires sur l'axe, et aussi comme des lignes parallèles et égales, à cause du peu d'épaisseur du verre.

§ 30. *Problème.* D'après les considérations exposées au précédent paragraphe, soit $AD = f$, $EB = g$, $AF = a$, $BI = \alpha$, le rapport de réfraction de l'air dans le verre $n : 1$, trouver une équation approchée entre f, g, a, α et n.

Solution. Puisque les angles KGF, HGD, GHE, LHI, sont petits, nous pouvons leur attribuer le rapport constant d'incidence et de réfraction qui a lieu entre les sinus (page 410, § 5).

Ainsi, l'on trouve,

$$KGF : HGD = n : 1,$$
$$LHI : GHE = n : 1;$$

par conséquent aussi,

$$KGF + LHI : HGD + GHE = n : 1.$$

Maintenant, si nous désignons les angles aigus par F, E, D, I, c'est-à-dire par des lettres qui désignent leurs sommets, nous aurons d'abord

$$KGF = F + D. \qquad LHI = E + I,$$

parce que le premier est extérieur au triangle FGD, et le second au triangle EHI. On tire de là

$$KGF + LHI = F + D + E + I.$$

On aura par le même principe,

$$HGD + GHE = GME = E + D;$$

de sorte que, d'après ces valeurs, la proportion précédente devient

$$F + D + E + I : E + D = n : 1,$$

ou, en composant les premiers rapports,

$$F + I : E + D = n - 1 : 1;$$

d'où résulte l'équation

$$(n-1)E + (n-1)D = F + 1.$$

Maintenant, à cause de la petitesse de tous ces angles, on aura, sans erreur sensible,

$$\begin{aligned}
&\text{E proportionnel à } \frac{BH}{EB} = \frac{BH}{g},\\
&\text{D} \ldots\ldots\ldots\ldots\ldots \frac{AG}{AD} = \frac{AG}{f},\\
&\text{F} \ldots\ldots\ldots\ldots\ldots \frac{AG}{AF} = \frac{AG}{a},\\
&\text{I} \ldots\ldots\ldots\ldots\ldots \frac{BH}{BI} = \frac{BH}{\alpha}.
\end{aligned}$$

Si l'on met ces valeurs dans l'équation précédente, on aura

$$\frac{(n-1)BH}{g}+\frac{(n-1)AG}{f}=\frac{AG}{a}+\frac{BH}{\alpha}.$$

Mais, à cause de la très mince épaisseur du verre, les points G et H sont presque coïncidens; et comme d'ailleurs les lignes FG, GH, HI, font de petits angles avec l'axe, il s'ensuit que l'on a, à fort peu près, $AG=BH$: on peut donc diviser toute l'équation par AG ou BH, et il reste alors

$$\frac{n-1}{f}+\frac{n-1}{g}=\frac{1}{a}+\frac{1}{\alpha},$$

ce qui est la formule d'approximation demandée.

§ 31. *Additions.* 1°. Chacune des cinq quantités n, f, g, a, α, peut être considérée comme inconnue, les autres étant données. Ceci donne naissance à cinq propositions dont on peut tirer beaucoup d'applications importantes.

2°. La formule est applicable pour toutes les positions des points F et I sur l'axe, pourvu que, dans chaque cas, on ait égard à la position de la *partie* qu'on regarde comme donnée. Selon la forme et l'épaisseur du verre, cette position peut être la même que dans la figure, ou bien elle peut être opposée. Si le verre, par exemple, était *double concave*, on devrait faire f et g négatifs. Si la surface antérieure était plane et la surface postérieure concave, on devrait faire $f=\infty$, ce qui donnerait $\frac{n-1}{f}=0$, et serait g négatif. Si le rayon FG ne venait pas d'un point de l'axe au-devant du verre, mais qu'il fût au contraire dirigé vers un point de l'axe derrière le verre, on aurait α négatif. Si le rayon FG était parallèle à l'axe, on aurait $a=\infty$, et $\frac{1}{a}=$ etc.

Les conséquences que nous tirons de notre formule peuvent donc servir ainsi pour tous les verres sphériques et pour tous les cas qui peuvent se présenter dans les usages qu'on en fait.

3°. Puisque AG et BH sont éliminés de l'équation, c'est une preuve que tous les rayons venus du point F, et qui tombent sur le verre, vont se réunir dans un même point I, et par conséquent y produisent une image de F. Mais, dans certains cas, cette image de F peut être devant le verre, ce qui arrive lorsque la formule donne une valeur négative de α ; elle peut être à un éloignement infini, si $\frac{1}{\alpha} = 0$, c'est-à-dire $\alpha = \infty$.

4°. En rapprochant les conséquences auxquelles nous venons de parvenir, on trouve *que, dans chaque espèce de verres sphériques, un point rayonnant placé dans l'axe produit toujours par la réfraction une image située sur ce même axe, mais qui se trouve tantôt devant, tantôt derrière le verre, et tantôt à un éloignement infini;* ce qui était une supposition que nous avions admise pour notre méthode de construction.

5°. Soit α la quantité cherchée, et $a = \infty$, c'est-à-dire supposons le rayon incident parallèle à l'axe; on a $\frac{1}{a} = 0$; par conséquent $\frac{1}{\alpha} = \frac{n-1}{f} + \frac{n-1}{g}$.

Au moyen de cette formule, on détermine la distance où se coupent, après leur réfraction, les rayons qui étaient parallèles à l'axe.

Cette distance s'appelle la *distance focale* du verre; et si nous la représentons par p, nous aurons

$$\frac{1}{p} = \frac{n-1}{f} + \frac{n-1}{g};$$

ce qui est une des principales formules de la Dioptrique. Au moyen de cette formule, on peut trouver dans chaque cas la distance focale d'un verre par le rayon de sa surface et par le rapport de réfraction. Plusieurs autres questions utiles peuvent être résolues de la même manière, puisque, si des quatre quantités p, n, f, g, trois sont données, la quatrième peut être obtenue facilement d'après la formule.

Si le verre est symétriquement double convexe, $f = g$; par conséquent

$$\frac{1}{p} = \frac{2(n-1)}{f}, \text{ ou } p = \frac{f}{2(n-1)}.$$

Soit le rapport de réfraction 17 : 11 (page 411, § 6); on a alors

$$n = \frac{17}{11}, \; n - 1 = \frac{6}{11}, \; 2(n-1) = \frac{12}{11};$$

par conséquent, $p = \frac{11}{12} f$, c'est-à-dire que p égale f à $\frac{1}{12}$ près (page 418, § 15).

Si le verre est double concave et symétrique, on trouve de la même manière $p = -\frac{11}{12} f$.

Si le verre est plan convexe, un des deux rayons, g, par exemple, devient infini; par conséquent

$$\frac{n-1}{g} = 0, \text{ et } \frac{1}{p} = \frac{n-1}{f} \text{ ou } p = \frac{f}{n-1}.$$

Si maintenant, on fait, comme ci-dessus, $n - 1 = \frac{6}{11}$, on a $p = \frac{11}{6} f$, ou environ $2f$, (page 418, § 15).

Pour un verre plan concave, on trouve de même $p = -\frac{11}{6} f$.

Quand on connaît l'emploi des formules algébriques, on voit facilement comment le calcul doit être fait dans tous les autres cas. L'exemple suivant va servir pour indiquer la forme la plus commode du calcul. Nous supposons que le verre soit un ménisque, et que sa surface antérieure soit concave : dans ce cas, soit $f = -10$, $g = +\frac{1}{5}$, $n - 1 = \frac{6}{11}$; on aura

$$\frac{1}{p} = -\frac{6}{110} + \frac{30}{11} - \frac{300}{110} - \frac{6}{110} = +\frac{294}{110};$$

par conséquent $p = +\frac{110}{294}$; en effectuant la division, on trouve $p = +0,374$.

6°. Comme, en général, $\frac{n-1}{f} + \frac{n-1}{g} = \frac{1}{a} + \frac{1}{\alpha}$, selon le précédent numéro, page 431, la première partie de cette équation est $= \frac{1}{p}$, le deuxième membre doit être généralement $= \frac{1}{p}$; nous aurons donc ainsi

$$\frac{1}{p} = \frac{1}{a} + \frac{1}{\alpha};$$

ce qui est la même formule que nous avons trouvée dans la Catoptrique, pour la comparaison de la distance d'un miroir avec les *deux distances de réunion des rayons ;* et, ici comme alors, cette formule est applicable à presque tous les calculs optiques.

§ 32. Il nous reste encore à examiner la réfraction des rayons qui viennent d'un point placé hors de l'axe. On prouve également, par la théorie et par l'expérience, que les points rayonnans qui sont près de l'axe donnent des images distinctes. Cela suffit pour nous faire diriger notre attention sur eux.

La ligne AB, *fig.* 84, représente le profil d'un verre quelconque dont le centre optique est C, et dont l'axe est DE. En F est un point rayonnant dont un des rayons FG, qui tombe sur le verre, est réfracté dans la direction GH. Si du point F, par le centre optique C, on mène la ligne FCH, le rayon réfracté la coupera quelque part, par exemple, en H; et par conséquent les distances CF et CH dépendent l'une de l'autre, suivant une certaine loi.

§ 33. *Théorème.* Si l'on nomme p la distance focale, et si le point rayonnant est très près de l'axe, on a, comme dans la page 431, § 31,

$$\frac{1}{p} = \frac{1}{CF} + \frac{1}{CH}.$$

Démonstration. Qu'on prolonge HG vers I, et GF jusqu'à l'axe en D. Si l'on désigne les angles aigus par D, K, F et H, on a $F + H = D + K$, parce que chacune de ces deux sommes égale IGF. Mais comme F est près de l'axe, l'angle GFC est très petit, et GC est presque perpendiculaire sur FC; on peut admettre, sans grande erreur, que

F est proportionnel à $\frac{CG}{FC}$;

H.................. $\frac{CG}{CH}$,

D.................. $\frac{CG}{CD}$,

K.................. $\frac{CG}{CK}$.

Si l'on substitue ces valeurs dans l'équation $F + H = D + K$, il vient,

$$\frac{CG}{FC} + \frac{CG}{CH} = \frac{CG}{CD} + \frac{CG}{CK},$$

ou en divisant tout par CG,

$$\frac{1}{FC} + \frac{1}{CH} = \frac{1}{CD} + \frac{1}{CK}.$$

Supposons que le rayon ne vienne pas de F, mais de D, ce qui ne peut faire aucun changement dans la direction du rayon réfracté; on a, d'après l'article 31, n° 5,

$$\frac{1}{p} = \frac{1}{DC} + \frac{1}{CK},$$

par conséquent aussi

$$\frac{1}{p}=\frac{1}{CF}+\frac{1}{CH},$$

ce qui est la formule demandée.

§ 34. *Addition.* On voit facilement, d'après cette formule, que les conclusions que nous avons tirées (page 431, § 31), pour un point rayonnant dans l'axe, peuvent aussi être appliquées aux points rayonnans hors de l'axe; et ainsi il en résulte, 1°. que chaque point rayonnant F, placé hors de l'axe, produit après la réfraction de la lumière une image H, toujours située dans la ligne droite qu'on peut mener du point rayonnant au centre optique; 2°. si par les points F et H, on mène les lignes FL et HM perpendiculaires sur l'axe, on peut, puisque F et M sont très près de l'axe, supposer, sans erreur sensible, que CF = CL et CH = CM; de sorte que la formule se trouve changée ainsi :

$$\frac{1}{p}=\frac{1}{CL}+\frac{1}{CM}.$$

Mais de là il suit que si FL est un objet rayonnant, chacun de ses points aura son image en HM, et que l'image de chacun d'eux se trouvera justement dans la ligne droite qu'on peut mener de ce point vers le centre. Telle était l'autre supposition que nous avions faite pour notre méthode de construction; et, ainsi, tout ce que nous avions alors admis sans preuve, se trouve maintenant démontré avec une rigueur suffisante (*).

(*) Fresnel a construit de très grandes lentilles avec des assemblages de morceaux de verre taillés de manière à former une courbe totale capable d'opérer une concentration parfaite des rayons lumineux. Il les a appelées *lentilles à échelons*, et en a obtenu les plus grands effets.

CHAPITRE XLIII.

DES PRINCIPAUX INSTRUMENS D'OPTIQUE COMPOSÉS.

A. *Des Lunettes d'approche en général.*

§ 1. On peut, avec des verres sphériques, former une multitude de combinaisons diverses, qui font voir les objets plus grands et plus rapprochés qu'ils ne le sont réellement. L'instrument qui résulte d'un pareil assemblage se nomme *une lunette d'approche* ou un *télescope.* Quand il est uniquement composé de verres, c'est une *lunette dioptrique.* On l'appelle *lunette catoptrique,* quand des miroirs sphériques y sont adaptés. Le verre ou le miroir qui recueille immédiatement la lumière de l'objet se nomme *verre objectif, miroir objectif.* Les autres verres se nomment *oculaires,* et sont comptés en partant du côté de l'objectif et venant à l'œil; premier, second oculaire, etc.

§ 2. Pour que l'effet d'une lunette d'approche ou d'un autre instrument composé soit aussi parfait que possible, chaque verre doit être exactement centré, les axes de tous les verres doivent être sur une même ligne droite; chaque verre doit avoir une distance focale exactement déterminée d'après des règles fixes, et surtout une ouverture exactement proportionnée. Entre les verres on place des *diaphragmes,* qui sont des cercles opaques percés à leur centre, et dont il est fort important de déterminer la position et le diamètre. Enfin, tous les verres doivent être placés à des distances prescrites d'avance; et même l'œil doit avoir sa place exactement désignée : quelquefois le dernier oculaire seulement est mobile, mais plus fréquemment on enferme tous les oculaires dans un tube pour pouvoir varier la distance à l'objectif, selon le besoin de l'œil.

§ 3. Avec une lunette d'approche on voit les objets éloignés sous un angle beaucoup plus grand qu'avec l'œil nu : le nombre qui indique combien de fois cet angle est agrandi se nomme *le grossissement.*

L'espace que l'on aperçoit à travers le système entier des verres est circulaire, et se nomme le *champ de la lunette* : la mesure de ce champ est l'angle sous lequel l'œil verrait, sans lunette, tout l'espace qu'il embrasse par le moyen de la lunette d'approche.

L'intensité de la lumière avec laquelle on voit les objets se nomme la *clarté*, et la précision avec laquelle paraît chaque point visible se nomme la *netteté* de la lunette.

Toutes ces choses sont susceptibles de déterminations mathématiques ; mais tout ce qu'on doit attendre de la Physique élémentaire, c'est de faire concevoir les effets des lunettes d'approche d'après les propriétés des verres et des miroirs sphériques.

§ 4. Sur les instrumens composés de plusieurs verres, on doit encore remarquer en général ce qui suit. Nous avons montré, dans les chapitres précédens, que chaque verre sphérique produit une image d'un objet dont il reçoit des rayons, mais que cette image peut être tantôt devant le verre, tantôt derrière et tantôt à un éloignement infini. Si l'on place maintenant un second verre derrière le premier, de sorte que leurs axes se correspondent, l'image produite par le premier verre prendra pour ce second verre la place d'un objet : ce second verre donnera par conséquent une seconde image de l'objet; mais cette image, à son tour, peut être placée devant ou derrière le verre, ou dans un éloignement infini. L'image produite par ce deuxième verre tient encore lieu d'un objet pour un troisième, etc. Enfin l'on voit facilement que, quel que soit le nombre des verres qu'on place à la suite les uns des autres sur un axe commun, et à telle distance qu'on les place, chaque verre produira toujours une image particulière de l'objet.

Quelques-unes de ces images se forment réellement, parce que les rayons qui appartiennent à un point déterminé de l'objet se réunissent réellement dans un même point, après la réfraction. Telles sont les images d'un verre de convergence dans la chambre noire; on les nomme images *réelles* ou *physiques*. D'autres n'existent pas effectivement, soit parce que la lumière se propage seulement comme si elle venait d'une telle image, ainsi qu'il arrive dans les lorgnettes et dans les loupes, soit parce que les rayons qui produiraient une image sont reçus par un nouveau verre, avant que l'image ait été effectuée : on nomme celles-ci images *géométriques*. Mais il se présente, dans les instrumens composés, des cas qui n'ont pas été considérés dans le précédent chapitre, où l'objet était toujours effectif.

Un objet *réel*, par exemple, est toujours devant le verre : une image qui prend la place d'un objet pour un verre suivant peut être derrière ce verre. Ce cas arriverait, par exemple, si l'on ne laissait pas se produire réellement l'image *fg* dans la quatre-vingt-unième figure, mais qu'on reçût la lumière sur un autre verre placé quelque part entre AB et *fg*. On voit par là en quel sens on peut dire que l'objet est derrière le verre. Au reste, ce cas même offre une série particulière de phénomènes, mais qui peuvent être expliqués par la même méthode de construction que nous avons employée dans le chapitre précédent.

Phénomènes produits au moyen des verres de convergence, lorsque l'objet est derrière le verre.

§ 5. Lorsque l'objet est derrière un verre de convergence, il se produit toujours une petite image réelle placée très près du verre.

Soit FG, *fig.* 85, l'image qui serait produite par un verre placé en D, si la lumière n'était pas recueillie par le verre AB, avant que cette image puisse être formée. Nous savons que cette image se produit par les rayons convergens qui, pour former le point F, par exemple, viennent tous s'y réunir. Parmi ces rayons convergens, il peut y en avoir un, LC, qui passe par le centre optique C, et qui par conséquent continue, sans être réfracté, dans la direction CF. Il peut y avoir aussi un de ces rayons KA qui soit parallèle à l'axe. Celui-ci est réfracté vers le foyer principal E. Les rayons CF et AE se coupent dans le point *f*, et là se doivent aussi réunir tous les rayons qui se seraient joints en F, sans l'interposition du verre AB, c'est-à-dire qu'il se forme en *f* une image de F ; ainsi, en menant la ligne *fgh* perpendiculaire sur l'axe, on trouve que *fg* est l'image de FG. On conçoit, au reste, qu'il n'est pas nécessaire que les deux rayons KA et LC existent effectivement. Les rayons qui doivent représenter un point F sont toujours compris dans un petit angle, et il peut bien arriver qu'au dedans de cet angle il ne se trouve ni un rayon parallèle à l'axe ni un rayon qui passe par le centre optique. Mais puisque tous les rayons allant vers F ont un seul et même point de coïncidence en *f*, il est indifférent que les rayons qui nous ont servi pour trouver la situation de *f* existent ou n'existent pas.

On voit, par la figure, que le phénomène demeure toujours le même dans ses parties essentielles. En quelque endroit que l'objet FG se trouve derrière le verre, il se forme toujours entre le verre et le foyer principal une image diminuée, qui est droite ou renversée, selon que l'objet FG est renversé ou droit : seulement la grandeur et la distance de cette image changent lorsque l'éloignement de l'objet varie.

Sur cela se fondent les effets déjà rapportés d'un verre collecteur placé derrière un verre ardent (page 418, § 14).

Phénomènes produits au moyen des verres de divergence, lorsque l'objet est derrière le verre.

§ 6. Les phénomènes que produit, dans ce cas, un verre de divergence sont plus variés ; cependant ils se peuvent facilement concevoir, d'après ce qui a été dit ci-dessus.

1°. La *fig.* 86 représente le cas où l'image FG, qui tient

lieu de l'objet, est en-deçà de la distance focale postérieure CE; les deux rayons KA et LC, qui se couperaient en F sans le verre AB, prennent, après leur passage, les directions convergentes *Af* et *Cf*; il se produit donc derrière le verre une image plus grande et plus éloignée *fg*, laquelle a une position semblable à FG.

2°. La *fig.* 87 représente le cas où l'image FG est dans le foyer postérieur E lui-même : ici les deux rayons KA et LC, qui, sans le verre, se couperaient en F, ont, après le passage dans le verre, les directions parallèles AM et CF, de sorte qu'il ne se forme nulle part d'image, ou, si l'on veut, il ne s'en forme une qu'à un éloignement infini.

3°. La *fig.* 88 représente enfin le cas où l'image FG est placée au-delà de la distance focale postérieure CE. Dans ce cas, les deux rayons KA et LC ont, après le passage, des directions divergentes, telles que AM; si les lignes CF sont prolongées devant le verre autant qu'il est nécessaire, elles se coupent au-dessous de l'axe en *f*.

Les rayons continuent donc après leur passage à travers le verre, comme s'ils venaient d'une image *fg* placée hors de la distance focale antérieure, et qui a, par rapport à FG, une situation renversée. Mais la grandeur et la distance de cette image peuvent être très différentes, selon que FG est plus ou moins éloigné de E. Si FG est très près de E, *fg* est fort éloigné et fort grand. Si EH = CE, les deux images sont également grandes et également distantes; mais si FG est plus éloigné, *fg* est plus petit et plus près du foyer D.

B. *Des espèces de lunettes d'approche les plus importantes.*

§ 7. Le premier instrument de cette espèce fut inventé deux fois au commencement du dix-septième siècle. Le hasard le fit découvrir à un fabricant de lunettes de Midlebourg, nommé, à ce qu'on croit, Jansen; et Galilée, qui avait entendu parler de cette découverte, parvint, par la force de son esprit et la connaissance profonde de la théorie, à construire des instrumens semblables. (*Voyez* Gehler, II, 176; Fischer, II, 400.) Par cette raison, on nomme cette espèce de lunette, *télescope de Hollande* ou *de Galilée*. Le verre objectif est, comme dans toutes les espèces de lunettes d'approche, un verre de convergence, et l'oculaire un verre de divergence dont le foyer est très rapproché. Ce dernier est disposé de manière que l'image renversée des objets éloignés, produite par l'objectif, n'atteint pas tout-à-fait le foyer postérieur de l'oculaire, ce qui se rapporte au cas représenté dans la *fig*. 88 (page 441, § 6). Un œil placé très près derrière AB verra, au lieu de FG, l'image *fg*; mais comme, dans la lunette, FG est renversé, *fg* paraît droit. La lunette grossit le diamètre apparent autant de fois que la distance focale de l'oculaire est contenue dans la distance focale de l'objectif. Elle ne peut pas servir à de très grands grossissemens, parce que le champ est trop petit; aussi ne s'emploie-t-elle maintenant que comme lunette de poche.

§ 8. Dans le télescope de Kepler, l'image renversée que produit le verre objectif est vue à travers un verre de convergence dont le foyer est très rapproché, justement comme on regarde un objet réel à travers une loupe (page 420, § 18, *fig* 79). Comme ce dernier verre ne renverse pas les objets, il s'ensuit qu'avec ce télescope, qui est encore le meilleur qu'on connaisse maintenant, on voit les objets renversés; ce qui, au reste, est indifférent pour les observations astronomiques. On trouve le grossissement de même que dans le télescope de Galilée. Pour avoir un grossissement très considérable, il faudrait donner à l'instrument une longueur peu commode.

§ 9. On peut augmenter beaucoup le champ d'un télescope, lorsqu'on ne laisse pas se former réellement l'image produite par le verre objectif, mais qu'on recueille la lumière, auparavant, au moyen d'un verre collecteur un peu large. Alors il se produit, derrière le verre, une petite image qui est vue au travers du dernier oculaire comme au travers d'une loupe (page 439, § 5, *fig*. 85). Par cette disposition, on ne perd rien du grossissement; car l'image éprouve un grossissement plus fort dans le même rapport qu'elle est devenue plus petite par l'interposition du verre collecteur.

Des instrumens construits de cette manière, qui grossissent peu, mais qui ont un grand champ et beaucoup de lumière, se nomment des *chercheurs*.

§ 10. Ce fut au commencement du dix-septième siècle qu'un jésuite, nommé Rheita, imagina la *lunette terrestre*, où sont réunis avec le verre objectif trois verres de convergence, dont les distances focales sont courtes, mais égales. On enchâsse ordinairement les trois oculaires dans un seul tube, de sorte que le foyer postérieur de chacun d'eux coïncide justement avec le foyer antérieur du verre suivant. Quand on veut se servir de cet instrument, il faut enfoncer le tube oculaire dans le tube de la lunette, assez pour que l'image produite par le verre objectif puisse être un peu en-dedans de la distance focale antérieure du premier oculaire. On appelle ainsi celui qui est le plus éloigné de l'œil. Dans cette position, un œil qui serait derrière ce premier oculaire verrait une image de l'objet un peu éloignée, mais grossie et renversée (page 420, § 18, *fig.* 79). Cette image renversée se trouve donc fort en avant de la distance focale du deuxième oculaire, et par conséquent elle produit derrière le foyer postérieur de ce verre une image droite de l'objet (page 420, § 18, *fig.* 81). Enfin, puisque cette image est en-dedans de la distance focale antérieur du troisième oculaire, elle est vue à travers celui-ci comme avec une loupe (page 420, § 18, *fig.* 79). Le grossissement se mesure dans ce télescope comme dans les deux précédens, en divisant la distance focale du verre objectif par la distance focale d'un des verres oculaires. Pour avoir des grossissemens très forts, il faudrait aussi donner à cet instrument une longueur incommode.

§ 11. On peut obtenir un champ plus grand sans préjudice de la netteté et du grossissement, en ajoutant un quatrième oculaire, ou en employant des oculaires à distances focales inégales. Mais les limites que nous nous sommes prescrites ne nous permettent pas de nous étendre sur ce sujet avec plus de détails, surtout parce que cette espèce de lunette a perdu beaucoup de son importance depuis l'invention des lunettes achromatiques.

§ 12. Telles sont les différentes espèces de télescopes par l'invention desquels le dix-septième siècle s'est distingué. Nous réservons pour le chapitre XLV la description du télescope à miroir de Newton et des lunettes achromatiques.

§ 13. Lorsque les distances focales des verres d'un télescope, leurs positions et leurs ouvertures sont déterminées, le grossissement, le champ, et même les degrés de clarté et de netteté, peuvent s'en déduire par le calcul ; mais cette méthode appartient trop évidemment à l'Optique mathématique, pour que nous puissions la donner ici. Cependant, comme il est intéressant de connaître le grossissement et le champ d'un télescope, nous allons seulement indiquer d'une manière abrégée le moyen de les trouver mécaniquement.

§ 14. Le grossissement peut être évalué à peu près, en regardant à la fois un même objet au travers du télescope et avec l'œil nu, et en comparant les grandeurs apparentes des deux images.

On le détermine très exactement avec un petit instrument particulier de l'invention de Ramsden. On trouve une description de cet instrument sous le nom de *dynamometer*, dans l'*Almanach astronomique* de Bode, 1795, page 225 ; et dans le premier Supplément, § 134. Voici, en peu de mots, l'idée de cet instrument. Lorsqu'on dirige vers le ciel un télescope quelconque, excepté celui de Galilée, et qu'on tient une feuille de papier derrière le dernier oculaire, au point où l'œil devrait être placé, on voit un cercle lumineux et terminé fort exactement. Le point convenable pour la netteté de ce cercle se trouve par des essais. On mesure son diamètre de la manière la plus exacte ; ensuite on mesure l'ouverture du verre objectif et l'on divise cette ouverture par le diamètre, et l'on trouve ainsi combien l'instrument peut grossir. Au lieu de papier, Ramsden prit une plaque mince de corne ; il traça une division très exacte, et attacha la plaque à un tube qu'on peut joindre au télescope, pour pouvoir mesurer ainsi, d'une manière aussi commode qu'exacte, le diamètre du cercle lumineux.

La théorie de cet ingénieux instrument ne peut pas être exposée ici. Nous remarquerons seulement que le cercle lumineux est lui-même une image du verre objectif; d'où l'on peut conclure que cette image est contenue dans le diamètre du verre objectif, autant de fois que le télescope grossit de fois les objets éloignés (*).

§ 15. Le champ d'un télescope peut être évalué en comparant son diamètre avec le diamètre apparent d'un objet qu'on regarde à travers le tube, ce diamètre étant supposé connu par d'autres expériences. Les diamètres du soleil ou de la lune peuvent principalement servir pour cette évaluation : ces diamètres sont d'environ un demi-degré. On trouve leur valeur exacte dans les traités d'Astronomie.

On peut trouver exactement le champ d'un télescope, en le dirigeant vers une étoile qui se trouve près de l'équateur; on la fait passer au milieu du champ de la lunette, et l'on compte combien il s'écoule de secondes durant le passage. Quatre secondes de temps représentent toujours un angle d'une minute.

C. *Le Microscope composé.*

§ 16. Le microscope composé fut connu bientôt après l'invention du télescope; mais son inventeur est ignoré. (Gehler, III, 215; Fischer, III, 579.)

Par rapport au grossissement, le microscope composé n'a aucun avantage sur le microscope simple; mais il a plus de champ, plus de lumière, et il est d'un usage plus commode pour considérer de petits objets.

On peut le former de deux, de trois ou de plusieurs verres.

(*) M. Arago a imaginé, pour mesurer le grossissement des instrumens d'Optique, un procédé très ingénieux, fondé sur la double réfraction, et que j'ai exposé dans mon *Précis de Physique*.

L'objectif est toujours une petite lentille de convergence, dont la distance focale n'est jamais de plus d'un demi-pouce : ordinairement on a plusieurs de ces lentilles, dont les distances focales décroissent graduellement, parce qu'ici, comme dans le microscope simple, le grossissement est d'autant plus fort que la distance focale de l'objectif lenticulaire est plus petite.

On place l'objet tout près au-devant du foyer antérieur de la lentille objective, conséquemment il se produit, à une grande distance derrière la lentille, une image de l'objet grossie et renversée (page 420, § 18, *fig.* 81). On peut voir cette image au travers d'un verre de convergence d'un ou de deux pouces, comme au travers d'une loupe (page 420, § 18, *fig.* 79). Telle est la construction du microscope à deux verres.

Mais la réunion de trois verres est préférable : on ne laisse pas se former l'image que produirait l'objectif lenticulaire, et qui s'effectue dans le microscope que nous venons de décrire, mais on la recueille avant sa formation, avec un verre large d'environ trois pouces ; de manière que, d'après ce qui est dit à l'article 5 (page 439, *fig.* 85), il se produit derrière ce verre une petite image de l'objet, qui alors peut être vue comme avec une loupe au moyen du deuxième oculaire, dont la distance focale est d'environ un pouce.

Il n'est pas utile de réunir plus de verres, parce que la lumière en est affaiblie. Le microscope perd même de sa netteté lorsque l'assemblage n'est pas calculé très exactement.

§ 17. Le mécanisme extérieur du microscope composé est fait très différemment par les divers artistes ; c'est une partie assez essentielle pour la perfection de cet instrument. Il faut chercher des détails sur ceci, dans les *Dictionnaires de Physique*, et dans les autres grands ouvrages.

§ 18. Dans un microscope composé, le grossissement, le champ, etc., se calculent, de même que pour un télescope, par les distances focale des verres et leur éloignement ; mais cette recherche théorique doit être omise ici, par la même raison que nous avons donnée en traitant du télescope (p. 444, § 13).

Le grossissement s'évalue par l'expérience suivante. On met dans le microscope un petit objet d'une dimension exactement connue; on regarde avec un œil dans l'instrument, et avec l'autre, vers la pointe d'un compas qu'on tient à la distance de la vision distincte; on ouvre les pointes de ce compas, jusqu'à ce qu'elles paraissent éloignées l'une de l'autre de la valeur du diamètre de l'objet vu par le microscope. On mesure cette distance sur une échelle de réduction, et on la divise par le vrai diamètre de l'objet. On emploie aussi pour le même but la mesure de grossissement, décrite § 14, p. 444, et absolument de la même manière que pour le télescope; seulement, le nombre que donne la mesure de grossissement, lequel sera dans ce cas l'unité, ou plutôt même une fraction, doit être multiplié par la distance de la vue distincte, c'est-à-dire par huit pouces environ (p. 384, § 3), et divisé par la distance focale de l'objectif lenticulaire.

CHAPITRE XLIV.

THÉORIE DES COULEURS DIOPTRIQUES, OU DE LA DÉCOMPOSITION DE LA LUMIÈRE.

Du Prisme de verre.

1. Nous allons examiner maintenant avec soin les phénomènes de la dispersion des couleurs, qui se produisent à chaque réfraction (p. 412, § 6, 4°.). L'appareil très simple au moyen duquel Newton a démontré clairement les lois de ces phénomènes est un prisme de verre, dont ABC, *fig.* 89, représente une coupe verticale. Ordinairement les prismes qui servent dans de semblables recherches sont symétriques, et leurs trois angles BAC, ABC, ACB, sont tous de soixante degrés :

cependant on en emploie quelquefois d'irréguliers; le plus souvent ils ont une longueur de cinq à six pouces, de manière qu'on peut regarder à travers avec les deux yeux à la fois. Lorsque la lumière passe dans un de ces prismes, chaque rayon y est réfracté deux fois, savoir, à la surface antérieure BA, et à la postérieure CA; par ce double effet, la réfraction et la dispersion des couleurs augmentent beaucoup, et l'on peut ensuite aisément examiner la lumière réfractée à telle distance qu'on veut derrière le prisme. L'angle BAC, formé par les deux surfaces BA et CA du prisme, se nomme l'*angle réfringent*.

§ 2. Supposons que l'on prenne un prisme de cette espèce devant les deux yeux, dans une situation horizontale, de sorte qu'un des angles BAC, par exemple, comme dans la *fig.* 89, soit placé vers le bas. Si l'on regarde alors les objets à travers une des surfaces réfractantes, CA par exemple, on les voit beaucoup plus bas qu'ils ne sont réellement, et tous les objets qui se trouvent vers les côtés changent de place encore beaucoup plus sensiblement; de sorte qu'une ligne horizontale paraît comme un arc concave vers le haut. En même temps les bords de tous les objets paraissent entourés des couleurs de l'arc-en-ciel; mais par cela même ils sont indistincts et mal arrêtés.

§ 3. Les expériences qu'on fait dans une chambre très obscure sont encore plus remarquables et plus décisives. On fait passer un cône mince de rayons solaires DE, *fig.* 89, par une petite ouverture D, percée dans le volet d'une fenêtre, et l'on fait tomber ce cône sur la face BA du prisme. Cette lumière se réfracte deux fois en E et en F, et toujours en s'élevant. Après la réfraction, elle s'élargit d'autant plus qu'elle se prolonge davantage. Si cette lumière réfractée est recueillie sur une paroi blanche et bien unie VG, opposée à l'ouverture D, on observe en VR, où frappe la lumière réfractée, le plus beau phénomène que produisent les couleurs. C'est une image allongée VR, telle que la représente la *fig.* 90; elle n'est nulle part exactement terminée; cependant les deux lignes latérales AB et CD se distinguent aisément, et l'on ne peut méconnaître que les parties supérieures et inférieures se terminent en demi-cercle, quoique leur contour, et surtout celui de V, soient très distincts. L'image entière est environ cinq fois plus longue que large, et des couleurs différentes et très vives marquent chaque point de sa hauteur. L'ordre dans lequel ces couleurs sont disposées, ainsi que l'espace que chacune d'elles occupe, sont indiqués approximativement par les lignes qui coupent la *fig.* 90, et par les mots qui sont placés auprès. Cependant la détermination de l'espace que remplit chaque couleur ne peut pas être exacte, puisqu'elles se fondent les unes dans les autres par des graduations insensibles : de sorte qu'en effet il n'y a, de V à R, qu'une dégradation continuelle de couleurs, ménagée tellement, qu'on ne peut bien distinguer que les sept nuances indiquées ci-dessus. — Il faut recueillir l'image à une distance considérable du prisme, par exemple, à douze pieds au moins, parce que, plus près de sa surface postérieure, l'image est parfaitement blanche au milieu, et seulement colorée vers le haut et le bas ; au lieu que plus la lumière s'est dilatée par l'éloignement, et plus les couleurs sont distinctes. Cette image des couleurs se nomme le *spectre solaire*.

§ 4. Pour concevoir facilement la formation du spectre solaire, il faut examiner avec exactitude la réfraction qu'éprouve un seul rayon dans le prisme. Soit BAC, *fig.* 91, l'angle réfringent d'un prisme à sections verticales ; que le rayon DE tombe sur la face antérieure AB ; qu'on élève en E la perpendiculaire incidente IH : il est clair, d'après ce qui a été dit p. 409, § 3, que le rayon est réfracté vers le haut dans le verre. Soit donc EF le rayon réfracté ; qu'en F, où il atteint la face postérieure, on élève la perpendiculaire LK : on voit qu'à la sortie du verre il est encore une fois réfracté vers le haut. Soit donc FG le rayon émergent. Si l'on prolonge le rayon incident DE indéfiniment vers N, et le rayon émergent jusqu'à ce qu'il rencontre DN en M, l'angle aigu GMN est la quantité dont le rayon DE est détourné de sa direction primitive par les deux réfractions qu'il a successivement éprouvées. On démontre, au moyen du calcul, que lorsque l'angle réfringent du prisme est peu considérable, cet angle GMN, à quelque endroit que tombe le rayon DE, a un rapport presque invariable avec l'angle réfringent BAC. Par exemple, soit le rapport de réfraction de l'air dans le verre, $n : 1$, on a presque exactement

$$GMN = (n - 1)\, BAC;$$

et comme nous trouvons que le rapport de réfraction dans le verre ordinaire est environ $3 : 2$ (p. 412, § 6), on a $n = \frac{3}{2}$; par conséquent $n - 1 = \frac{1}{2}$; donc $GMN = \frac{1}{2}\, BAC$, c'est-à-dire que par l'effet du prisme de verre, le rayon DE est détourné de sa direction primitive, d'une quantité à peu près égale à la moitié de l'angle réfringent, et toujours vers l'ouverture de l'angle (*).

(*) *Démonstration.* La formule $GMN = (n - 1)\, BAC$ serait rigoureusement exacte, si les angles eux-mêmes, et non pas leurs sinus, étaient entre eux comme $n : 1$. Dans cette supposition, et en observant que $DEH = LEM$, on a

$$LEM : LEF = n : 1;$$

d'où l'on tire

$$MEF : LEF = n - 1 : 1;$$

de même, à l'autre surface, $GFK = LFM$, et l'on a

$$LFM : LFE = n : 1;$$

par conséquent,

$$MFE : LFE = n - 1 : 1.$$

De la deuxième et de la quatrième proportion on déduit

$$NEF + MFE : LEF + LFE = n - 1 : 1;$$

on a de plus,

$$MEF + MFE = GMN,$$
$$LEF + LFE = ILF,$$

par conséquent

$$GMN : ILF = n - 1 : 1;$$

or, ILF est supplément de ELF; et comme le quadrilatère AELF a deux

§ 5. Nous observons encore ici que l'emploi du prisme est le moyen mécanique le plus commode pour trouver exactement le rapport de réfraction $n : 1$; car, de la formule

$$GMN = (n - 1)\, BAC,$$

il suit

$$n = \frac{GMN}{BAC} + 1.$$

Il ne s'agit donc que de mesurer ces deux angles, ce qui n'a aucune difficulté : cependant si l'on voulait trouver ce rapport avec une extrême précision, il faudrait employer pour n une formule plus rigoureuse. On peut consulter sur ceci des ouvrages plus considérables. (*Voyez* Gehler et Fischer, article *Prisma*, et la *Dioptrique analytique* de Klügel.)

§ 6. Ce qui est dit aux articles 4 et 5, sur les phénomènes qui se produisent au moyen du prisme, doit suffire pour en donner une idée claire.

Concevons un observateur dont l'œil soit placé en G, *fig.* 91 ; le point D, duquel vient le rayon I EFG, lui paraîtra dans la direction GF, plus bas qu'il ne l'est réellement. Cependant si chaque rayon qui passe par le prisme n'éprouvait qu'une déviation égale à $\frac{1}{2}$ BAC, dans sa direction primitive, il est clair que tout l'effet du prisme consisterait seulement en ce que tous les objets paraîtraient détournés de leur place d'une quantité égale à l'angle indiqué. Mais notre théorème (page 449, § 4) n'est applicable qu'aux rayons qui passent dans un plan perpendiculaire au prisme. Au contraire, les rayons qui, lorsqu'on regarde dans le prisme de la ma-

---

de ses angles en E et en F qui sont droits, ELF est supplément de EAF ; par conséquent ILF est égal à EAF, ou à l'angle réfringent du prisme. Ainsi la proportion précédente se change dans la suivante,

$$GMN : BAC = n - 1 : 1,$$

d'où l'on tire

$$GMN = (n - 1)\, BAC.$$

nière rapportée à l'article 2, viennent des objets placés de côté, sont plus fortement réfractés, parce qu'ils parcourent un plus grand espace à travers le prisme, et parce qu'arrivant plus obliquement sur sa surface, ils doivent faire dans son intérieur un plus grand angle de réfraction. Ainsi, lorsqu'on regarde à travers un prisme une ligne droite horizontale et parallèle au tranchant du prisme, elle doit paraître arquée, et ayant ses extrémités dirigées vers le bas, puisque la lumière qui vient de ces extrémités est plus fortement détournée de sa direction primitive.

D'après ce qui a été dit sur les phénomènes qu'on observe dans une chambre obscure (page 448, § 3), on conçoit facilement la formation du spectre irisé.

§ 7. Lorsqu'on ôte le prisme BAC, *fig.* 89, et qu'on laisse tomber immédiatement sur la paroi opposée la lumière qui passe par la petite ouverture D, on ne voit en GH qu'une image du soleil, ronde, blanche et mal terminée (page 376, § 13). Maintenant, s'il ne se faisait aucune dispersion de couleurs par la réfraction, tout l'effet du prisme consisterait en ce que cette image paraîtrait en VR avec la même couleur et avec une forme et une grandeur à peine différentes. La figure allongée de l'image VR démontre donc incontestablement

Que la lumière réfractée FVR *a une réfraction non uniforme,* puisque la partie qui est amenée en V, par la réfraction, est déviée plus fortement de sa direction primitive que la partie qui arrive en R; mais, en outre, comme l'image montre une couleur différente à chaque point, il s'en déduit

Que la lumière blanche du soleil est divisée par la réfraction en rayons de diverses couleurs, et que la lumière de chacune des couleurs a un rapport de réfraction qui lui est propre.

Newton trouva dans l'espèce de verre dont était fait son prisme, le rapport de réfraction :

De la lumière violette.................... 1,56 : 1,
De la lumière intermédiaire verte........ 1,55 : 1,
De la lumière rouge la plus extérieure.... 1,54 : 1 (*).

8. Si toute la lumière qui passe par le prisme était violette et d'une égale réfrangibilité, on verrait seulement en V une image du soleil violette et ronde; si cette lumière était uniquement rouge, on verrait en R une image rouge, et ainsi de même pour toutes les autres couleurs. Par là on peut se convaincre que l'image oblongue VR, *fig.* 90, consiste proprement en une quantité infinie d'images du soleil, rondes, et placées les unes au-dessus des autres, de manière que chacune d'elles se trouve un peu plus haut que celle qui la précède. Dans la *fig.* 92, on n'a représenté, pour l'intelligence du phénomène, que les images du soleil que produisent les sept principales couleurs; mais on voit aisément que le spectre solaire, *fig.* 90, ne peut pas être simplement formé de sept semblables cercles, mais d'une quantité innombrable, puisque autrement les lignes latérales AB et CD ne pourraient pas paraître droites (**).

(*) Les rayons verts qui sont placés au milieu du spectre ont, comme leur situation le démontre, une réfrangibilité intermédiaire entre les rayons extrêmes; et c'est par conséquent à eux seuls que la dénomination de rayons de réfrangibilité moyenne semblerait devoir être appliquée. Cependant on a coutume d'y joindre les jaunes les plus inférieurs, parce que la lumière est plus faible vers le côté V, qu'elle ne l'est du côté R. Les rayons jaunes sont donc réellement les rayons moyens, non pas, à la vérité, par rapport à la situation, mais par rapport à l'éclat. Newton trouva pour leur rapport de réfraction dans le verre 17 : 11, ou 1,5454 : 1; et c'est le rapport de réfraction qu'on a coutume d'employer pour les recherches où l'on n'a pas égard à la dispersion des couleurs.

On peut en effet, sans craindre aucune erreur, employer, dans le calcul des pouvoirs réfringens, le rapport qui est donné par la lumière jaune; car, en observant avec des prismes dont l'angle est fort petit, et qui ne produisent par conséquent aucune dispersion sensible, on trouve précisément le même résultat, ainsi que j'ai eu l'occasion de m'en assurer.

(**) La ligne droite est la tangente commune de tous ces cercles, parce qu'ils ont un égal diamètre, et elle est produite par leurs continuelles intersections.

§ 9. Ces principes se confirment par une foule d'expériences. Si, à quelque distance du prisme, on recueille avec un verre de convergence un peu large, la lumière colorée, on trouve de la lumière *blanche* au foyer du verre ; au-delà du foyer, les diverses couleurs reparaissent dans un ordre inverse. Si l'on place un second prisme très près du premier, mais dans une situation contraire, toute la lumière est de nouveau réfractée vers le bas dans le même rapport qu'elle l'avait été vers le haut par le premier, et la lumière sort blanche du second prisme. On peut faire des expériences sur chacune des couleurs en particulier, en plaçant à quelque distance derrière le prisme une surface noire où se trouve une petite fente horizontale très étroite, à travers laquelle passe seulement une section mince et unicolore du spectre solaire. On isole encore mieux chaque couleur, en plaçant une seconde surface percée de même horizontalement à quelque distance derrière la première ; de sorte que, par la seconde fente, il passe encore une ligne plus mince de la lumière que la première a transmise. On a ainsi la possibilité de faire des expériences sur la lumière d'une couleur quelconque. On peut l'examiner avec un prisme ; on peut lui faire de nouveau traverser ce prisme, et évaluer son rapport de réfraction. On peut, après avoir isolé de la même manière deux ou un plus grand nombre de couleurs, les réunir ensuite avec un verre de convergence, ou avec un miroir métallique, etc.

§ 10. On a beaucoup agité la question suivante : En combien de couleurs la lumière blanche du soleil est-elle divisée par le prisme ? Newton, dans son *Optique*, a toujours reconnu qu'elle l'est en nuances innombrables, depuis le violet le plus sombre jusqu'au rouge le plus vif, et que chacune de ces nuances, telle faible qu'elle soit, a toujours un rapport de réfraction particulier. Ce sentiment est le seul soutenable pour quiconque a répété les expériences de Newton, et même pour quiconque les a étudiées avec attention. C'est pourquoi nous ne nous arrêterons point à expliquer les systèmes dans lesquels on veut regarder la lumière comme composée seulement de trois couleurs primitives, car ces systèmes sont contraires aux faits.

§ 11. Les observations de Newton prouvent que les corps qui nous paraissent blancs réfléchissent également toutes les couleurs du spectre, au lieu que les corps qui nous paraissent colorés sont tels, parce qu'ils réfléchissent plus abondamment certains rayons, et absorbent le reste : les corps qui nous semblent noirs sont ceux qui absorbent presque entièrement la lumière qu'ils reçoivent. Ces remarques ne sont pas hypothétiques, mais elles reposent sur des faits rigoureusement constatés.

§ 12. On observe que les corps sont d'autant plus susceptibles d'être échauffés par la lumière du soleil, qu'ils la réfléchissent moins. Comparez ceci avec ce qui a été rapporté ci-dessus dans la section de la Chaleur (page 103, § 5).

Des Iris produits par les lames très minces.

§ 13. Le prisme n'est pas l'unique moyen que nous ayons de décomposer la lumière solaire en diverses couleurs. Des lames très minces de corps transparens produisent aussi des effets semblables, ainsi que les bulles de savon (*). Newton fit beaucoup de recherches sur ce sujet, et il reconnut que cet effet est commun à toutes les lames minces de corps transparens, même sans en excepter l'air. Il montra que, dans chaque circonstance, la couleur est en rapport avec l'épaisseur de la lame, et que, par conséquent, pour chaque épaisseur différente, il y a, dans la situation des couleurs, un ordre déterminé. Mais il n'est parvenu, ni lui ni aucun de ceux qui l'ont

(*) Ce que dit ici l'auteur demande une explication. A la vérité, les lames minces et polies décomposent la lumière blanche qui tombe sur leur surface, mais elles ne la résolvent pas dans ses rayons simples : le prisme seul a cette faculté. Les couleurs réfléchies par les lames minces sont *composées*, et se laissent diviser par le prisme. Je pense aussi que, dans la théorie de ces couleurs, Newton est allé beaucoup plus loin que ne le suppose M. Fischer. J'ai ajouté quelques détails sur ce sujet, à la fin du livre.

suivi, à ramener la formation de ces couleurs à un principe aussi clair et aussi simple que celui de la formation des couleurs du prisme. Par conséquent, on doit se contenter, relativement à ce phénomène, de la considération générale suivante : c'est qu'il doit y avoir, dans une lame mince et transparente, des réfractions et des réflexions très variées ; et ceci fait concevoir pourquoi on y observe une décomposition des couleurs.

§ 14. Newton déduisait de ces observations une hypothèse sur les couleurs : il admettait que chaque corps est composé de lames transparentes très minces, et que chacune de ces lames donne une couleur particulière, en raison de son épaisseur : effectivement il y a des phénomènes qu'on ne peut guère expliquer autrement. Les couleurs changeantes de la nacre de perle, de la pierre de Labrador, etc., doivent avoir une cause semblable. Le verre et tous les autres corps transparens et incolores paraissent blancs lorsqu'ils sont infiniment pulvérisés, parce que chacune des petites particules envoie de la lumière décomposée, et que la lumière blanche est produite par leur mélange, etc. Cependant il se présente beaucoup d'obstacles lorsqu'on veut généraliser les applications de cette hypothèse. Selon toutes les apparences, il existe une sorte d'attraction chimique, au moyen de laquelle chaque corps attire de certains principes constituans de la lumière, et les combine avec lui ; de sorte que les autres seulement peuvent être réfléchis selon les lois de la mécanique de la lumière (*).

Observations générales sur la théorie des couleurs de Newton.

§ 15. La partie essentielle de cette théorie consiste dans des faits incontestables et dans les conséquences qui s'en déduisent naturellement : ainsi ce qu'elle a de plus important reste inva-

---

(*) Cette manière d'envisager les phénomènes paraît en effet plus simple à premier coup d'œil; mais quand on l'approfondit, on trouve qu'elle est infiniment moins probable que celle de Newton; c'est ce que j'ai tâché de prouver dans mon *Traité de Physique*.

riable ; mais fréquemment elle a été mal comprise et faussement appliquée.

Surtout on a souvent confondu les couleurs qui sont produites par la décomposition de la lumière solaire, avec celles des substances colorantes matérielles, et appliqué à celles-ci ce que Newton avait avancé pour les autres. A la vérité, les couleurs de toutes les matières colorantes sont indubitablement produites par la réflexion des diverses lumières colorées ; mais comme il est probable qu'aucun corps, et par conséquent aucune substance colorante, ne réfléchit la lumière d'une seule couleur fondamentale simple, on ne peut pas attendre que les couleurs de ces substances suivent les mêmes lois que les couleurs du spectre solaire. On démontre cependant que les couleurs artificielles les plus pures ressemblent, jusqu'à un certain point, aux couleurs de la lumière solaire. Pour cela on se sert d'un plateau partagé en sept divisions, et où les couleurs principales du spectre solaire sont imitées aussi exactement qu'il est possible. Lorsqu'on tourne le plateau avec une grande rapidité, il paraît tout-à-fait blanc. Ceci s'explique de la manière suivante : les impressions successives que reçoit la rétine ne disparaissent pas instantanément. En conséquence, nous éprouvons presque le même effet, lorsque plusieurs couleurs se succèdent très vite, que lorsque leurs rayons parviennent ensemble dans l'œil et s'y confondent réellement.

Une autre remarque qu'on ne doit pas omettre dans la considération des couleurs prismatiques, est la suivante : lorsqu'on regarde une surface un peu grande, et d'une seule couleur, à travers un prisme, cette surface paraît uniformément colorée dans le milieu, quoique cette couleur uniforme soit effectivement composée, selon le sens que nous avons indiqué à l'article 11. Ceci s'explique facilement. Chaque rayon venant de la surface est en effet décomposé en diverses couleurs par le prisme ; mais ces couleurs variées, qui viennent de divers points très rapprochés, se fondent de nouveau ensemble, et en se superposant en partie, elles forment dans ces points une seule couleur. Seulement aux extrémités de la surface où deux couleurs composées, par exemple, le bleu et le rouge, se touchent, on voit les couleurs de l'iris; et cet iris n'est pas produit par la décomposition d'une des couleurs qui tombent sur la surface, mais par un mélange de couleurs simples qui provient de la décomposition des deux couleurs qui se touchent.

On explique de la même manière tous les iris qu'on voit à travers un prisme.

Effets de la dispersion des couleurs dans les verres optiques.

§ 16. Soit AB, *fig.* 93, un verre de convergence; à une grande distance au-devant de lui soit un objet CD dont la lumière blanche vient frapper le verre : il se produit dans ce cas, selon ce qui a été dit ci-dessus (pag. 418 et 420, §§ 16 et 18), une image renversée KH au foyer postérieur du verre. Mais maintenant il est facile de concevoir sans calcul que la distance focale d'un verre est dépendante du rapport de réfraction, et qu'elle est d'autant plus courte que le pouvoir de réfraction est plus considérable. En outre, nous avons vu que les rayons violets sont plus fortement réfractés que les rouges : il est donc clair que les diverses couleurs qui composent la lumière ne peuvent avoir un même foyer. Soit donc V le foyer des rayons violets, et R le foyer des rouges; on conçoit que la lumière blanche de l'objet CD fera en V une image violette FG de cet objet, en R une image rouge LM; et, entre les deux, des images de chacune des couleurs prismatiques intermédiaires, de sorte qu'entre FG et LM il y aura une quantité innombrable d'images superposées et colorées diversement. D'après cela, si l'œil de l'observateur est placé au-delà de LM, et qu'il regarde cette image, il ne la verra parfaitement terminée dans aucune de ses parties; l'indétermination s'accroîtra depuis le centre jusqu'aux bords; la couleur rouge dépassera toutes les autres, et l'image entière paraîtra entourée de couleurs irisées.

Cet effet doit avoir lieu dans tous les phénomènes produits

par les verres sphériques, et il est d'autant plus frappant que la lumière est réfractée davantage, c'est-à-dire d'autant plus que l'on grossit davantage l'objet.

§ 17. Nous connaissons donc maintenant deux causes de l'indétermination que l'on observe dans tous les instrumens d'Optique.

1°. La première dépend de ce qu'il n'y a aucune courbure dans laquelle tous les rayons qui viennent d'un point soient, pour toutes ses positions possibles, exactement réunis de nouveau en un seul point, et que, particulièrement, la courbure sphérique qu'on donne aux surfaces des verres ne peut jamais effectuer parfaitement une réunion semblable de rayons de la même nature. Les verres et les miroirs ont cette imperfection commune ; on la nomme l'*aberration de sphéricité*.

2°. La seconde cause de confusion dépend du phénomène dont on vient de parler tout à l'heure. Elle tient à ce que, pour un même objet, dès que sa lumière est composée, il se produit plusieurs images diversement colorées et de diverses grandeurs, placées les unes derrière les autres. Cette dernière cause d'indétermination est, sans comparaison, plus importante que l'autre ; mais elle n'a lieu que pour les verres, et non pas pour les miroirs de métal : on la nomme l'*aberration de réfrangibilité*.

§ 18. L'expérience montre cependant que l'œil supporte de très fortes aberrations des deux genres, sans qu'elles nuisent à la netteté autant qu'on devrait le supposer d'après les principes théoriques. Néanmoins, dans la fabrication des instrumens d'Optique, on conserve, à cause de ces défectuosités, certains rapports entre la distance focale et l'ouverture du verre objectif; et ce soin ne peut être négligé sans qu'il en résulte dans la netteté une diminution sensible. Aussi, la confection d'un instrument d'Optique composé est-elle un travail difficile et qui demande une connaissance approfondie de la théorie.

§ 19. Le beau phénomène de l'arc-en-ciel s'explique complètement par les lois de la réfraction et de la dispersion des couleurs ; mais toute la théorie qui s'y rapporte est mathématique, et appartient moins à la Physique mécanique qu'à la partie de la Géographie physique qui traite des phénomènes lumineux de l'atmosphère. (*Voyez* l'*Optique* de Newton, et la *Physique* de Haüy : *voyez* aussi le *Traité de Physique* de Biot.)

CHAPITRE XLV.

Du Télescope à miroir et des Lunettes achromatiques.

§ 1. L'histoire de l'Optique est si instructive pour ceux qui observent la marche de l'esprit humain, que, dans ce qui nous reste à exposer sur cette matière, nous allons employer la forme historique, et nous n'intercalerons des détails théoriques que ce qui sera nécessaire pour l'intelligence du sujet.

État de l'Optique avant Newton.

§ 2. Avant que l'on connût avec exactitude la loi de la réfraction (page 409, §§ 3, 6), on ignorait entièrement quelles pouvaient être les causes du défaut de netteté dans les instrumens d'Optique (page 459, §§ 18, 19). Lorsque Snellius eut découvert cette loi (page 410, § 5), Descartes reconnut l'aberration de sphérité, qui est la première et la plus faible cause de défectuosité (page 459, § 18) ; mais il se trompa en supposant qu'on pouvait remédier à cet inconvénient en employant pour les verres d'autres courbures que la sphérique ; et ce préjugé s'est maintenu jusqu'à notre temps.

Erreurs de Newton dans la théorie des couleurs.

§ 3. Newton reconnut que la dispersion des couleurs est la cause la plus importante de confusion dans les instrumens d'Optique (page 459, § 18). Aussi long-temps que l'on saura apprécier les sciences, ses recherches sur ce sujet seront regardées comme des modèles d'exactitude et de sagacité. Malheureusement il ne les termina pas, et n'ayant fait que considérer, pour ainsi dire, en passant, une circonstance dont il ne soupçonnait pas l'importance, il tomba dans des erreurs très remarquables, et qui eurent des conséquences nombreuses.

§ 4. Newton fit toutes ses expériences sur la dispersion des couleurs avec des prismes d'une seule espèce de verre. Pour compléter ses recherches, il aurait fallu nécessairement observer aussi la dispersion des couleurs à travers d'autres milieux transparens. Dans la seconde partie du premier livre de son *Optique*, Newton touche légèrement ce sujet; mais il se trompa dans trois circonstances :

1°. Il fit une fausse observation. Il dit (exp. 8) qu'il avait fait passer la lumière à travers l'eau et le verre, en variant de beaucoup de manières la surface réfractante, et qu'il avait trouvé que la lumière émergente était toujours colorée lorsqu'elle n'était pas parallèle à la lumière incidente, et qu'au contraire elle était toujours incolore lorsqu'elle était revenue au parallélisme. — On a reconnu par la suite la fausseté de cette remarque.

2°. Il supposa tacitement, et sans recherches expérimentales, que la dispersion des couleurs est soumise aux mêmes lois dans tous les milieux transparens; et par conséquent il pensa que, puisqu'il avait observé avec tant de précision la dispersion des couleurs dans le verre de miroir ordinaire, il n'était besoin, pour les autres milieux transparens, que d'examiner le rapport de réfraction des rayons moyens (page 452, § 7), et qu'ensuite, en comparant ce rapport avec celui que donne le verre à miroir qu'il avait observé, on en pouvait déduire proportionnellement les rapports de réfraction pour les autres couleurs du prisme. Ce raisonnement était également inexact, comme la suite l'a appris.

3°. Il déduisit, de l'expérience rapportée au commencement de cet article, une loi d'après laquelle la dispersion des couleurs en deux milieux différens pouvait être comparée. Il considéra cette loi comme généralement exacte ; mais on a reconnu qu'elle n'approche de la vérité que pour les très petits angles de réfraction, et que, lors même que l'expérience serait précise, on ne pourrait en conclure aucun principe de la dispersion des couleurs.

§ 5. Si ces idées de Newton eussent été conformes à la vérité, il serait facile de comprendre que l'effet de la dispersion des couleurs dans les instrumens d'Optique ne pourrait être empêché par aucun moyen ; car, pour remédier à cette dispersion, il faudrait disposer l'instrument de manière que chaque rayon sortant du dernier verre redevînt parallèle à la direction qu'il avait avant son entrée dans l'objectif ; mais alors on ne verrait, avec un tel instrument, que sous le même angle visuel où l'on voit à la vue simple, et ce serait seulement avec moins de clarté et de netteté. Newton renonça donc aux télescopes dioptriques, parce qu'il ne les crut point susceptibles de perfectionnement. Mais les erreurs de ce grand homme eurent cet effet heureux pour l'Optique, qu'en abandonnant ces recherches, il imagina le télescope à miroir, communément appelé *télescope newtonien*.

Le Télescope à miroir.

§ 6. La partie essentielle du télescope à miroir de Newton est un miroir de convergence métallique qui tient lieu d'un verre objectif ; il est assujetti au fond d'un tube dont la longueur est égale à sa distance focale, de manière que sa face polie est tournée vers l'ouverture opposée, du côté des objets extérieurs. Si l'axe commun de ce miroir et du tube est dirigé vers un objet éloigné, il se produit au foyer une petite image renversée de l'objet. (*Voy.* page 395, § 9.) On ne laisse pas cette image se former réellement, mais on la recueille à une distance du foyer à peu près égale au rayon du tube, avec un petit miroir plan, attaché par un support très mince au milieu de l'axe du tube, et qui fait avec cet axe un angle de quarante-cinq degrés. Ce petit miroir réfléchit donc latéralement la lumière qu'il reçoit du grand miroir; et ainsi l'image que celui-ci devait produire se trouve effectuée sur le côté du tube, qui est percé en cet endroit, de sorte qu'on peut y regarder l'image au moyen d'une lentille microscopique, comme dans le télescope de Képler.

Comme il ne se fait aucune dispersion de couleur par la réflexion des miroirs de métal, et que même l'aberration de sphéricité (page 459, § 18) est alors extrêmement faible, l'image que donne un semblable miroir est, sans comparaison, plus nette que l'image produite par un verre objectif. Cet appareil permet donc un grossissement beaucoup plus fort; et l'usage apprend qu'avec un télescope catoptrique, dont la longueur n'excède pas un petit nombre de pieds, on peut atteindre aussi loin qu'avec un télescope dioptrique de plus de cent pieds.

§ 7. Grégory a amélioré le télescope newtonien, en introduisant, à la place du petit miroir plan posé obliquement, un petit miroir de convergence parallèle au grand, et placé de manière à tourner vers lui sa surface polie. Ce petit miroir est disposé de sorte que son foyer soit un peu au dehors de la distance focale du grand miroir. D'après cela, si l'on considère l'image renversée produite par le miroir objectif, comme un objet qui jette sa lumière sur le petit miroir, on voit facilement (page 395, § 9, *fig.* 62) que celui-ci donnera une seconde image un peu plus grosse et renversée. Le petit miroir peut être tellement placé, que cette image tomberait derrière le grand miroir, si la lumière pouvait le traverser. Pour effectuer la formation de cette image, on pratique au centre du grand miroir une ouverture circulaire, à peu près de la même dimension que le petit miroir, et par laquelle passe la lumière qu'il réfléchit. Il se produirait donc, derrière le grand miroir, une image des objets éloignés; mais avant qu'elle ne se forme, on rassemble la lumière au moyen d'un verre collecteur. On concentre ainsi les rayons dans une image plus petite (page 439, § 5, *fig.* 85), qu'on regarde enfin à travers une lentille microscopique. Cet ingénieux instrument a principalement sur celui de Newton l'avantage de montrer les objets droits, et dans la direction où ils sont effectivement.

§ 8. Pour obtenir le grossissement le plus considérable qu'on puisse avoir, et remédier au défaut de lumière qui est commun à tous les télescopes à miroir, le célèbre Herschel vient de reprendre l'appareil newtonien, mais en y joignant une modification qui n'est applicable qu'aux très grands instrumens de cette espèce. Il ôte tout-à-fait le petit miroir et dirige le tube du télescope vers un objet qui n'est pas dans l'axe, mais au-dessus. Supposons que ce soit vers une étoile, et concevons un rayon qui va de cette étoile au centre du miroir. Dans ce cas, le tube doit être placé de manière que ce rayon passe tout près de son bord supérieur; mais alors ce même rayon est visiblement réfléchi vers le bord inférieur opposé de l'ouverture du tube; et si la longueur de celui-ci est égale à la distance focale du miroir, il se produit une image de l'étoile près du bord inférieur de cette ouverture. On peut donc alors voir cette image immédiatement avec une lentille, pourvu cependant que l'ouverture du tube soit assez grande pour que la partie que cache la tête de l'observateur ne soit pas considérable, relativement à l'ouverture entière. Par cette disposition, on gagne en netteté, en lumière et en grossissement.

Recherches ingénieuses d'Euler; ses erreurs. — Dollond. — Klingenstiern.

§ 9. Les erreurs de Newton demeurèrent ignorées durant cinquante ans; et même le grand Euler, le plus profond analyste du siècle passé, sembla n'avoir pas connu l'expérience de Newton et les conséquences qui s'en déduisent, lorsqu'en 1747 il concluait, de la simple inspection de l'œil humain, qu'il serait possible de remédier à la dispersion des couleurs produite par la réfraction, puisque ce défaut n'existe pas dans nos yeux. Il fut conduit par sa pénétration à reconnaître, dans la combinaison de plusieurs substances transparentes, le moyen employé par la nature pour produire ce chef-d'œuvre. Il crut possible d'imiter cet effet en posant l'un sur l'autre deux verres convexes-concaves, et remplissant d'eau l'intervalle vide qui se trouvait entre eux : il appliqua toute la puissance de son calcul à cet objet important ; mais pour réussir, il aurait fallu que la force avec laquelle l'eau disperse les couleurs fût déterminée avec autant d'exactitude que celle du verre l'avait été par les expériences de Newton.

Deux méthodes s'offrirent ici à Euler : celle de l'expérience et celle des raisonnemens théoriques. Il choisit la dernière, comme si cet homme célèbre eût dû prouver, par son exemple, que les spéculations mathématiques égarent, lorsqu'elles dédaignent de se laisser guider par l'expérience. Il supposa, comme Newton, que la dispersion des couleurs est soumise à la même loi dans tous les milieux réfringens ; il chercha à découvrir cette loi : il en trouva une qui satisfait à toutes les conditions qu'on pouvait exiger, et prouva qu'elle était la seule qui pût avoir cet avantage. Cette loi était entièrement différente de celle de Newton ; mais il paraît qu'Euler n'avait eu aucune connaissance de cette dernière. Il calcula donc, d'après sa loi propre, comment les deux faces d'un verre objectif composé de verre et d'eau devaient être disposées pour donner des images incolores. (*Histoire de l'Académie de Berlin,* 1747, page 174.)

§ 10. Les recherches d'Euler firent beaucoup de sensation. Les artistes les plus habiles essayèrent d'exécuter des verres objectifs, d'après ses principes ; mais leurs tentatives furent vaines. L'aîné des Dollond, excellent artiste anglais, reconnut d'abord la contradiction qui existait entre les lois de Newton et d'Euler sur la dispersion de la lumière ; et comme celles d'Euler ne paraissaient pas se confirmer dans la pratique, il crut que la vérité était du côté de Newton. Euler, sans examiner les expériences ni les calculs de Newton, se contenta de démontrer, par les raisonnemens les plus rigoureux, que sa loi était la seule possible (*Histoire de l'Académie de Berlin,* 1753, page 294), et attribua la non réussite des essais pratiques à l'excessive difficulté de l'exécution.

§ 11. Klingenstiern, géomètre suédois, fort habile, soumit l'assertion de Newton, sur cet objet, à un examen rigoureux, et trouva qu'il se déduisait de l'expérience de Newton (page 461, § 4), non pas seulement une unique loi, mais un très grand nombre, et qu'elles se détruisaient les unes les autres. De là, il conclut qu'il devait y avoir quelque erreur dans cette expérience. (*Abhandl der Schewedisch Acad.*, 1754.)

§ 12. Ceci engagea Dollond à répéter l'expérience de Newton. Il reconnut qu'elle était fausse; mais en même temps il se convainquit aussi que la loi d'Euler n'était pas exacte, puisque les résultats de son expérience n'y étaient pas conformes. Cependant, comme l'opinion d'Euler sur la possibilité d'une réfraction incolore, déduite de la construction de l'œil, lui paraissait d'une grande justesse, il entreprit de nouvelles recherches par la voie de l'expérience. Il trouva que l'alliance du verre et de l'eau ne pouvait être convenable à ce but. Il examina différentes espèces de verres, et reconnut qu'il en est qui réfractent la lumière plus que d'autres, et qui dispersent les couleurs beaucoup plus fortement que le verre ordinaire. Après beaucoup d'essais, il obtint de deux prismes qui étaient placés l'un contre l'autre, avec les angles réfringens opposés, une lumière émergente incolore, quoique la réfraction fût encore assez considérable. L'un de ces prismes était de crown-glass anglais (*), et avait un angle réfringent de 30°; l'autre était de flint-glass (**), et son angle réfringent était de 19°.

§ 13. D'après cette épreuve, Dollond fut assuré de la possibilité d'avoir un verre objectif qui transmît des images incolores, en employant les deux sortes de verres dont il avait fait usage. Il y parvint effectivement en réunissant un verre convexe de crown-glass et un verre concave de flint-glass.

(*) C'est une espèce de verre à miroir, de couleur verdâtre.

(**) Espèce de verre blanc, dans la composition duquel il entre beaucoup d'oxide de plomb.

Ainsi, il fut l'inventeur des lunettes *achromatiques*, c'est-à-dire incolores.

§ 14. Euler répara très complètement l'erreur qui avait donné lieu à cette intéressante découverte, en entreprenant un travail qu'il n'aurait peut-être pas fait sans cela. Non-seulement il ramena à des formules générales, et cependant très simples, la théorie de l'aberration de réfrangibilité; mais il y soumit aussi la théorie, bien plus difficile, de l'aberration de sphéricité. Ainsi, maintenant on peut calculer sans peine ces deux causes de confusion pour chaque position du verre. Il montra, de plus, qu'un triple objectif, composé de deux verres convexes de crown-glass, séparés par un verre concave de flint-glass, aurait beaucoup d'avantage sur celui de Dollond. Il indiqua quelle serait la meilleure disposition de l'oculaire lorsqu'on emploierait un semblable objectif, et surtout il donna à toutes ses recherches une telle généralité, qu'elles peuvent être maintenant appliquées à tous les instrumens d'Optique imaginables. Enfin, il montra que si la théorie peut errer quelquefois, elle conduit, lorsqu'elle a pris la route véritable, beaucoup plus loin que ne pourrait le faire la simple méthode des expériences. Euler publia tous ses travaux d'Optique, dans un ouvrage qui porte pour titre : *Dioptrica, auctore Euler; Petropoli*, 1769-1771. Depuis, Klügel a rendu un grand service à l'Optique, en exposant la théorie d'Euler d'une manière abrégée, mais facile à comprendre, dans le livre intitulé : *Analytische Dioptrik; Leipsig*, 1778. Ces deux ouvrages sont les sources où doivent être puisées désormais toutes les connaissances d'Optique.

Nous devons aussi mentionner ici l'*Histoire de l'Optique*, par Priestley, qui a autant d'intérêt pour le physicien profond, qu'elle offre d'instruction et de facilité aux gens du monde.

§ 15. L'erreur d'Euler consistait proprement en ce qu'il cherchait une loi où il n'y en a aucune; car l'on s'est assuré, par l'examen de plusieurs espèces de verres, que les différens rapports qui se trouvent entre la réfraction de la lumière et la dispersion des couleurs ne dépendent d'aucune loi générale, mais seulement des propriétés particulières des substances réfringentes ; par conséquent, qu'on ne peut les trouver que par des recherches immédiates sur chaque cas. Rien ne fait mieux ressortir la justesse de cette opinion, que les expériences intéressantes que M. le professeur Zeiher, de Pétersbourg, a faites sur différentes sortes de verres. Il a trouvé qu'une addition d'oxide de plomb changeait beaucoup la dispersion des couleurs, quoique la réfraction moyenne ne fût que très peu altérée : avec une addition d'alcali, c'est le contraire. (*Voyez* Gehler.)

§ 16. La construction des lunettes achromatiques n'est pas sans difficulté ; et quoiqu'on en fabrique maintenant ailleurs qu'en Angleterre, cependant les seuls Anglais possèdent le flint-glass qui y est employé. Jusqu'à présent aucun artiste n'est parvenu à fabriquer de grands instrumens de cette espèce ; et c'est pour cela qu'Herschel, ainsi que nous l'avons dit, est revenu au télescope à miroir pour obtenir des grossissemens très considérables. Pour les instrumens de moyenne grandeur, ceux qui sont faits d'après ces principes ont des avantages très marqués, non-seulement sur les lunettes dioptriques ordinaires, mais aussi sur le télescope à miroir, par leur netteté, leur parfaite lumière et la grandeur de leur champ (*).

Dans les microscopes composés, il n'est pas possible de faire la lentille objective achromatique, parce que les verres dont il la faudrait composer seraient si petits, qu'on ne pourrait pas les travailler avec exactitude.

(*) Depuis la première édition de cet Ouvrage, on est parvenu à faire en France et en Allemagne, des morceaux de très beaux flint-glass de grandes dimensions, et l'on en a construit des lunettes égales, si ce n'est supérieures, aux meilleures lunettes de Dollond et de Ramsden.

ADDITIONS MATHÉMATIQUES.

§ 17. Nous allons encore ajouter ici, en faveur de ceux de nos lecteurs qui possèdent les connaissances nécessaires, quelques détails mathématiques qui doivent donner des idées précises sur la théorie des couleurs, et sur la possibilité de produire des images achromatiques.

§ 18. *Expérience.* Soient deux milieux quelconques, ABCD, CDEF, *fig.* 94, terminés par des surfaces planes, parallèles, et qu'il se trouve au-dessus de AB, et au-dessous de EF, un même milieu dont la force de réfraction soit différente; si l'on conçoit un rayon GH qui se réfracte aux points H, I, K, le rayon émergent KL est toujours parallèle au rayon incident GH, et par conséquent incolore.

§ 19. *Théorème.* Soit $n : 1$ le rapport de réfraction de l'air pour un milieu quelconque A; et $m : 1$ le rapport de réfraction de l'air pour un autre milieu B; le rapport de réfraction du milieu A pour le milieu B, égale $\frac{m}{n}$.

Démonstration. Supposons qu'il y ait de l'air au-dessus de AB, et au-dessous de EF, *fig.* 94; qu'il se trouve entre AB et CD le milieu A, et entre CD et EF le milieu B; qu'on mène par I et K, les perpendiculaires MN, OP, QR, et qu'on admette le rapport de réfraction de A en B, égal à $\frac{x}{y}$, on a

$$\begin{aligned} \sin GHM &: \sin NHI = n : 1, \\ \sin HIO &: \sin PIK = x : y, \\ \sin IKQ &: \sin RKL = 1 : m. \end{aligned}$$

Maintenant, NHI = HIO, et PIK = IKQ; enfin (selon l'article 18) GHM = RKL. On a donc, en composant ces trois proportions,

$$1 : 1 = nx : my;$$

par conséquent $nx = my$; d'où il suit,

$$x : y = m : n.$$

§ 20. *Théorème.* Soit CAB, ABD, *fig.* 95, la coupe *perpendiculaire* de deux prismes de différens pouvoirs réfringens, placés l'un contre l'autre ; soient les rapports de réfraction, du premier, $n : 1$, du second, $m : 1$; qu'un rayon EFGHI soit réfracté par ces prismes, ainsi que le montre la figure ; qu'on prolonge le rayon incident EF, et le rayon émergent HI, jusqu'à ce qu'ils se coupent en Q ; et qu'on admette que les rapports constans de réfraction s'appliquent aux angles considérés comme très petits : alors l'angle sous lequel le rayon est détourné, par toutes ces réfractions, de sa direction primitive, sera

$$IQR = (n - 1)\, CAB - (m - 1)\, ABD.$$

Démonstration. On élève des points F, G, H, les perpendiculaires incidentes KL, SM, NO, et on les prolonge jusqu'à ce que la première coupe la seconde en L, et que celle-ci coupe la troisième en N. Soit, pour abréger,

$$CAB = A,\ ABD = B,\ EFK = F.$$

On doit remarquer d'abord que les angles formés par les deux perpendiculaires incidentes qui tombent sur chaque prisme sont égaux à l'angle réfringent de chacun des prismes ; par conséquent

$$SLF = CAB = A,\ HNG = ABD = B.$$

Ceci a déjà été démontré ci-dessus (page 449, § 4). D'après cette supposition, on a

$$LFP : LFG = n : 1 \text{ ; donc } LFG = \frac{1}{n} F \text{ ;}$$

$$LGF = SLF - LFG = A - \frac{1}{n} F \text{ ;}$$

de plus, selon l'article 19,

$$LGF : HGM = m : n \text{ ;}$$

d'où l'on tire

$$HGM = \frac{n}{m} LGF = \frac{n}{m} A - \frac{1}{m} F;$$

$$NHG = HGM - HNG = \frac{n}{m} A - \frac{1}{m} F - B;$$

et comme

$$NHG : IHO = 1 : m,$$

on a

$$IHO = m.NHG = nA - F - mB.$$

Mais alors

$$IQR = QHP + HPQ = QHP + FGP + PFG;$$

on a d'ailleurs, d'après ce qui précède,

$$1^{\circ}.\ QHP = IHO - NHG = + nA - F - mB - \frac{n}{m} A + \frac{1}{m} F + B;$$

$$2^{\circ}.\ FGP = HGM - LGF = + \frac{n}{m} A - \frac{1}{m} F - A + \frac{1}{n} F;$$

$$3^{\circ}.\ PFG = EFK - LFG = + F - \frac{1}{n} F.$$

Par conséquent

$$IQR = (n - 1) A - (m - 1) B.$$

§ 21. *Addition.* Les rapports de réfractions $n : 1$ et $m : 1$ se peuvent tirer des rayons de moyenne réfraction. Pour les rayons violets les plus réfrangibles, ces rapports peuvent être $N : 1$ et $M : 1$; et alors l'angle dont le rayon violet se trouvera dévié de sa direction primitive, après toutes les réfractions, sera

$$IQR = (N - 1) A - (M - 1) B.$$

Maintenant, si la lumière émergente est incolore, les rayons des différentes couleurs sont parallèles les uns aux autres après la réfraction; par conséquent, l'angle IQR est égal pour tous. Ainsi, en égalant sa valeur à celle que donnent les rayons moyens, on aura l'équation

$$(n - 1) A - (m - 1) B = (N - 1) A - (M - 1) B;$$

d'où l'on tire

$$(N - n) A = (M - m) B,$$

ou

$$M - m : N - n = A : B.$$

D'après les expériences de Dollond (page 466, § 12), le crown-glass et le flint-glass donnent une réfraction incolore, lorsque $A = 30$, et $B = 19$; on a donc, relativement à ces deux substances,

$$N - n : M - m = 19 : 30,$$

ou presque exactement

$$N - n : M - n = 2 : 3.$$

On nomme les valeurs $N - n$ et $M - m$, *la mesure de la dispersion des couleurs*. Ce rapport ne peut être, jusqu'à présent, déterminé par aucune loi générale; mais il peut seulement être reconnu pour chaque cas par des expériences immédiates, semblables à celles de Dollond (*).

§ 22. *Remarque*. Si les expériences de Newton (page 461, § 4) étaient exactes, IQR devrait être $= 0$, aussi bien pour les rayons moyens que pour les violets, lorsque la lumière émergente est incolore; on aurait alors

$$(n - 1) A = (m - 1) B,$$

ou

$$m - 1 : n - 1 = A : B;$$

de plus

$$(N - 1) A = (M - 1) B;$$

par conséquent

$$M - 1 : N - 1 = A : B.$$

(*) J'ai exposé, dans mon *Traité de Physique*, un procédé extrêmement précis, que nous avons imaginé, M. Cauchoix et moi, pour mesurer le rapport de compensation de deux substances quelconques solides ou fluides, et nous en avons fait un grand nombre d'applications.

De là suivrait

$$M - 1 : m - 1 = N - 1 : n - 1.$$

Or, la différence du premier et du deuxième membre est à ce deuxième membre, comme la différence du troisième et du quatrième est à ce dernier, c'est-à-dire

$$M - m : m - 1 = N - n : n - 1,$$

ou

$$M - m : N - n = m - 1 : n - 1.$$

Telle était la loi de Newton. Elle était fausse : 1°. parce qu'elle se fondait sur des observations inexactes ; 2°. parce qu'elle supposait que le rapport de réfraction appartient à l'angle même, ce qui n'approche de la vérité que pour les très petites réfractions. Lorsqu'on fait le calcul exactement, et sans rien négliger, l'expérience de Newton ne donne aucun rapport déterminé (page 465, § 11).

§ 23. La première loi d'Euler était très différente de celle-ci; il croyait que M devait dépendre de m, de la même manière que N de n; et il montrait fort exactement que cela ne pouvait être possible que dans le cas où l'on aurait

$$\log M : \log m = \log N : \log n.$$

§ 24. *Problème.* Concevons en A, *fig.* 96, un verre sphérique pour lequel le rapport moyen de réfraction soit $n : 1$; prenons un second verre d'une autre substance, pour lequel le rapport moyen de réfraction soit $m : 1$, et plaçons-le tout près contre le premier, de sorte que leur distance AB puisse être considérée comme nulle. Ces deux verres doivent être disposés de manière à avoir le même axe AD. En vertu de cet arrangement, les images des objets éloignés, vus par réfraction, se formeront à une certaine distance déterminée qui dépendra des données précédentes.

Soit la distance focale du premier verre $= p$, celle du deuxième $= q$. Quels que soient d'ailleurs leurs signes, f et g

sont les rayons des deux surfaces du premier verre, h et i les rayons des surfaces du second. D'après l'article 31, page 431, si l'on fait, pour abréger, $\frac{1}{f}+\frac{1}{g}=F$, et $\frac{1}{h}+\frac{1}{i}=H$, on aura

$$\frac{1}{p}=(n-1)F;$$

$$\frac{1}{p}=(m-1)H.$$

Soit maintenant C le foyer du premier verre que nous avons désigné par A. L'image d'un objet infiniment éloigné, qui est donnée par ce verre, sera en C.

Cette image prend, pour le deuxième verre, la place d'un objet, et l'image qui s'en produit à travers ce deuxième verre B se trouve en D; ainsi BD est la quantité d'où dépendent tous les effets.

Dans la formule générale, $\frac{1}{p}=\frac{1}{a}+\frac{1}{\alpha}$ (page 431, § 31), on doit, dans notre cas particulier, au lieu de p, écrire q, et $-$BC au lieu de α, puisque l'objet est à la distance BC derrière le verre; mais comme nous supposons AB $=$ o, nous avons BC $=-$AC$=-p$, et nous trouvons

$$\frac{1}{q}=-\frac{1}{p}+\frac{1}{BD}, \text{ ou } \frac{1}{BD}=\frac{1}{p}+\frac{1}{q},$$

ou, si l'on met pour $\frac{1}{p}$ et $\frac{1}{q}$ leurs valeurs ci-dessus données,

$$\frac{1}{BD}=(n-1)F+(m-1)H;$$

par conséquent

$$BD=\frac{1}{(n-1)F+(M-1)H}.$$

§ 25. *Addition.* Soit le rapport de réfraction pour les rayons les plus réfrangibles, N : 1 dans le premier verre, M : 1 dans le second. Si E est alors la place où se trouve l'image produite par les rayons les plus réfrangibles, d'après le § 24, on aura

$$BE = \frac{1}{(N-1)F + (M-1)H}.$$

Maintenant si l'assemblage doit être achromatique, les images de toutes les couleurs doivent se réunir en une seule. Par conséquent l'on doit avoir BE = BD ; d'où il suit

$$(n-1)F + (m-1)H = (N-1)F + (M-1)H,$$

ou

$$(N-n)F + (M-m)H = 0.$$

Maintenant, comme on a

$$\frac{1}{p} = (n-1)F, \text{ d'où } F = \frac{1}{(n-1)p};$$

et

$$\frac{1}{q} = (m-1)H, \text{ d'où } H = \frac{1}{(m-1)q};$$

on obtient

$$\frac{(N-n)}{(n-1)p} + \frac{(M-m)}{(m-1)q} = 0;$$

ou, en multipliant par pq, et transposant le second membre,

$$\frac{(N-n)}{(n-1)} q = -\frac{M-m}{(m-1)} p;$$

d'où il suit

$$p : q = \frac{N-n}{n-1} : -\frac{M-m}{m-1};$$

ces distances focales des deux verres doivent donc être dans ce rapport, pour qu'il se produise à travers eux une seule image incolore.

§ 26. *Addition.* D'après les expériences de Dollond, le rapport de réfraction des rayons moyens dans le crown-glass est de 1,55 : 1, par conséquent $n - 1 = 0,55$; dans le flint-glass, ce rapport est de 1,58 : 1 ; par conséquent $m - 1 = 0,58$, la dispersion des couleurs dans les deux verres étant comme 19 : 30 (page 466, § 12), on a

$$N - n : M - m = 19 : 30;$$

il suit de là, par conséquent,

$$p : q = \frac{19}{0,55} : -\frac{30}{0,58};$$

c'est-à-dire

$$p : q = 1 : -1,497\ldots\ldots$$

Le dernier terme de cette proposition étant négatif, il s'ensuit que le verre qui est de flint-glass doit être un verre de divergence.

Quoique ce résultat soit très exact en théorie, il ne serait pas très certain pour les applications, puisque Dollond ne donne le rapport de la dispersion des couleurs de 19 : 30, que comme approché seulement.

Pour la construction effective, il faudrait faire encore un calcul un peu plus difficile, c'est-à-dire il faudrait évaluer les dimensions les plus avantageuses des rayons f, g, h, i. Au reste, on conçoit facilement par la formule

$$\frac{1}{p} = \frac{n-1}{f} + \frac{n-1}{g}, \quad \frac{1}{q} = \frac{m-1}{h} + \frac{m-1}{i},$$

que ces rayons peuvent varier d'une infinité de manières pour la même distance focale. En choisissant convenablement leurs valeurs, l'aberration de sphéricité peut aussi, d'après la théorie d'Euler, disparaître entièrement, ou être du moins fort affaiblie; de sorte que des verres objectifs, calculés exactement de cette manière, sont exempts des deux causes de confusion. (*Voyez*, sur ces calculs, Euler et Klügel.)

C'est dans la correction de cette aberration de sphéricité que se trouve le moyen de donner proportionnellement une plus grande ouverture à ces verres objectifs qu'à tous les verres et miroirs simples. C'est encore la cause de la parfaite lumière des lunettes achromatiques. Quant à la grandeur du champ, elle dépend de la disposition de l'oculaire.

ADDITIONS A L'OPTIQUE.

Plusieurs phénomènes d'Optique, relatifs à la physique de la lumière, ayant acquis beaucoup d'importance depuis quelques années, nous allons essayer d'en donner ici, non pas un tableau détaillé, ce qui ne conviendrait point au plan de cet Ouvrage, mais une esquisse qui en indique les principaux résultats.

Anneaux colorés.

Lorsqu'on pose l'une sur l'autre les surfaces de deux morceaux de verre polis, qui ne sont pas tout-à-fait plans, la couche d'air, qui adhère naturellement à ces surfaces, a ordinairement déjà toute l'épaisseur nécessaire pour que son action sur la lumière soit complète; c'est-à-dire qu'elle réfléchit et réfracte toutes les couleurs de la lumière comme ferait un corps d'une épaisseur indéfinie. Mais si l'on frotte les deux verres l'un contre l'autre, en les pressant avec force pour exclure une partie de cet air qui les sépare, on ne tarde pas à sentir entre eux une adhérence qui est ordinairement plus considérable en certaines parties que dans d'autres, soit parce que leurs surfaces sont toujours un peu courbes, soit parce qu'on les fléchit toujours en les pressant fortement; on obtient ainsi une couche d'air plus mince que la précédente, et dont l'épaisseur va en croissant de tous côtés, depuis le point où les surfaces superposées se touchent, ou sont le plus près de se toucher, jusqu'aux endroits où elles sont le plus écartées. Alors, si l'on présente les prismes au grand jour, en les tournant de telle sorte que l'œil puisse recevoir la lumière des nuées, réfléchie partiellement par la lame d'air qui les sépare, on y aperçoit un nombre plus ou moins considérable d'anneaux colorés qui, lorsqu'on a pressé suffisamment les verres, environnent une tache noire, correspondante au point de contact.

On peut former des anneaux colorés en pressant l'une contre l'autre deux lames transparentes formées de toutes sortes de substances ; on peut en former en posant une surface de verre sur un plan de résine, de métal, de verre métallique, ou de tout autre corps poli. Les anneaux, ainsi formés, subsistent encore dans le vide le plus parfait que nous puissions produire. Il n'est pas non plus nécessaire à leur formation que la lame mince soit d'air, ni qu'elle soit comprise entre deux corps solides : une couche d'eau, d'alcool, d'éther, ou de toute autre substance évaporable, étendue sur un verre noir, produit des couleurs pareilles, lorsque l'évaporation l'a rendue suffisamment mince ; on les voit encore sur les lames de verre soufflées à la lampe, quand ces lames sont suffisamment amincies.

De quelque manière et dans quelques circonstances que les anneaux se forment, la succession de leurs nuances, à partir de la tache noire centrale, est toujours la même ; on ne voit de différence que dans leur vivacité, qui change selon que la force réfléchissante de la lame est plus ou moins énergique, et dans leur configuration, qui dépend de la loi suivant laquelle l'épaisseur de la lame varie en différens points. En effet, pour chaque substance, la couleur réfléchie en chaque point dépend de l'épaisseur de la lame et de l'incidence sous laquelle la réflexion s'opère. La couleur est constante dans une même substance, quand ces deux élémens sont constans, et elle change quand ils varient.

Nous avons jusqu'ici supposé que l'on regardait la lame mince par réflexion ; si on la regarde par transmission, on y aperçoit aussi des anneaux disposés comme les premiers, et correspondans en tout à leurs inflexions, mais plus pâles et de couleurs différentes.

Cela doit être en effet, puisque là où la lumière incidente est décomposée par la réflexion, il faut bien que la lumière transmise, qui contient les couleurs non réfléchies, soit aussi colorée; et en effet, les couleurs de ces anneaux transmis sont généralement d'une nature complémentaire de celle des anneaux réfléchis auxquels elles répondent, c'est-à-dire que l'ensemble des deux ferait du blanc.

D'après cela, pour découvrir les lois de ces phénomènes, il faut évidemment les étudier dans des cas où la succession des épaisseurs soit régulière et connue. C'est ce qu'a fait Newton; et il a porté dans cette recherche un soin qui ne peut être expliqué que par l'importance qu'il prévoyait dès lors à ses conséquences. Il a formé les anneaux en posant simplement un verre convexe d'un grand rayon et d'une sphéricité parfaite, sur un verre parfaitement plan; alors l'épaisseur de la lame d'air étant symétriquement croissante autour du point de contact, les anneaux sont parfaitement circulaires autour de la tache noire qui se forme en ce point. On peut donc mesurer leurs diamètres sous une même incidence, et de là, d'après la courbure connue des verres, conclure les épaisseurs de la lame d'air au point où chaque couleur paraît. En répétant l'observation sous des incidences variées, depuis la perpendiculaire jusqu'aux plus obliques, on peut suivre les variations que cet élément produit dans les anneaux; on voit ainsi qu'ils s'agrandissent à mesure que l'obliquité augmente; et, en mesurant leurs diamètres on peut calculer les épaisseurs successives auxquelles une même couleur vient paraître. Newton a répété les mêmes mesures sur des lames minces d'eau comprises entre deux verres; il les a répétées sur les bulles minces d'eau savonneuse que l'on souffle au bout d'un chalumeau. Ces bulles étant posées sur un verre plan, y deviennent parfaitement hémisphériques, et en les couvrant d'une cloche de verre, elles durent assez long-temps pour qu'on puisse en observer à loisir les belles couleurs. Il a trouvé ainsi que les épaisseurs auxquelles les mêmes couleurs paraissaient étaient moindres que dans l'air, suivant la proportion de 3 à 4, qui est précisément celle des rapports de réfraction pour ces deux substances. D'autres essais sur les lames de verre lui firent généraliser cette conséquence, que beaucoup d'autres expériences ont depuis parfaitement confirmée. Il a réuni tous ces résultats en tables empyriques qui en expriment les lois en nombres.

Mais ces lois étaient encore compliquées par une circonstance qui était la réfrangibilité inégale de la lumière dont les lames minces étaient éclairées. Pour donner au phénomène toute sa simplicité, Newton a formé les anneaux avec de la lumière simple, en regardant dans la chambre obscure un papier blanc, éclairé successivement par les couleurs simples du prisme. Ce papier ainsi éclairé, et vu par réflexion sur les lames minces, devenait comme une sorte de ciel, coloré de la seule teinte dont on l'éclairait. De cette manière Newton a reconnu les résultats suivans :

1°. Chaque rayon simple produisait des anneaux de sa propre couleur, soit par réflexion, soit par transmission ; les anneaux étaient entièrement rouges dans la lumière rouge, jaunes dans la lumière jaune ; et ainsi du reste.

2°. Dans chaque espèce de lumière, les anneaux réfléchis étaient séparés par des intervalles obscurs, ce qui les rendait beaucoup plus distincts qu'en plein jour, et faisait qu'on en pouvait discerner un bien plus grand nombre. Ils s'approchaient de plus en plus les uns des autres, à mesure qu'ils s'éloignaient de leur centre, qui formait le premier et le plus intérieur des anneaux obscurs.

3°. Les intervalles obscurs qui séparaient les anneaux lumineux réfléchis formaient à leur tour des anneaux lumineux, quand ils étaient vus par transmission ; et il y avait entre eux des intervalles plus sombres, correspondans aux endroits sur lesquels la lumière se réfléchissait le plus abondamment. Mais ces intervalles sombres n'étaient pourtant pas noirs, parce que la réflexion sur une lame d'air est bien loin d'être totale, même dans la partie la plus brillante des anneaux réfléchis ; et il en est ainsi sur toutes les lames minces diaphanes, de nature quelconque, comme nous l'avons déjà remarqué.

4°. En observant les anneaux lumineux réfléchis, Newton

trouva qu'ils ne formaient pas de simples lignes mathématiques ; chacun d'eux occupait un certain espace circulaire dans lequel l'intensité de la lumière allait en se dégradant de part et d'autre indéfiniment.

5°. En mesurant les diamètres des anneaux réfléchis, dans les points les plus lumineux de leurs orbites, il trouva que, pour chaque espèce particulière de rayons, les carrés de ces diamètres suivaient la progression arithmétique des nombres impairs 1, 3, 5, 7...; par conséquent, les épaisseurs de l'air, dans les périmètres des anneaux successifs, formaient aussi une progression semblable, car, entre deux verres sphériques, ces épaisseurs sont proportionnelles aux carrés des diamètres. Lorsque les verres étaient illuminés par la partie la plus brillante du spectre, qui répond à la limite du jaune et de l'orangé, le diamètre absolu du sixième anneau se trouva le même, à peu de chose près, qu'on l'avait trouvé dans les expériences faites au grand jour, en le mesurant au point le plus brillant de l'anneau composé.

6°. En mesurant aussi les diamètres des anneaux obscurs compris entre ceux dont nous venons de parler, il se trouva que, pour chaque espèce particulière de rayons, les carrés de leurs diamètres suivaient la progression arithmétique des nombres pairs 2, 4, 6, 8....; et par conséquent les épaisseurs de l'air dans le périmètre de ces anneaux suivaient aussi une progression semblable.

7°. Par d'autres mesures, prises sur les anneaux transmis, il se trouva que leurs parties les plus brillantes répondaient aux intervalles les plus obscurs des anneaux réfléchis, et que, au contraire, leurs parties les plus obscures répondaient aux parties les plus brillantes de ces mêmes anneaux. D'où l'on voit que, dans les anneaux transmis, les épaisseurs de l'air suivent, dans les parties brillantes, la progression des nombres pairs 2, 4, 6, 8....; et dans les intervalles obscurs, la progression des nombres impairs 1, 3, 5, 7....

8°. Les dimensions absolues d'un même anneau, ou plutôt d'un anneau du même ordre, étaient différentes dans les différentes couleurs. Ainsi le diamètre extérieur du cinquième anneau, par exemple, lorsqu'il était formé par les premiers degrés du rouge extrême, était plus grand que celui du même anneau formé par les rayons qui composent le milieu du rouge ; et ce dernier était plus grand que lorsque l'anneau était formé par les premiers rayons de l'orangé, et ainsi de suite dans l'ordre de réfrangibilité des couleurs, jusqu'au violet, qui formait les plus petits anneaux. La largeur des anneaux à leur périmètre, c'est-à-dire l'étendue occupée par tous les degrés de leur lumière, différait pareillement selon les diverses couleurs ; elle était plus grande dans les premiers rayons rouges, moindre dans ceux du milieu du rouge, moindre encore dans l'orangé, et ainsi de suite jusqu'au violet où elle était la moindre de toutes.

9°. Les anneaux simples, formés par chaque couleur, étaient les plus petits possibles quand les rayons traversaient perpendiculairement la lame d'air, et ils s'agrandissaient à mesure que l'incidence devenait plus oblique.

Les observations précédentes nous expliquent complètement le phénomène composé que présentent les anneaux formés par la lumière naturelle ; car cette lumière n'étant qu'un mélange de rayons de couleurs diverses, dans des proportions déterminées, lorsqu'un faisceau d'un pareil mélange vient à tomber sur la lame mince d'air interposée entre les verres, chaque rayon simple doit former ses anneaux à part, suivant les lois qui lui sont propres ; et, comme la grandeur absolue de ces anneaux est différente pour les rayons de diverses couleurs, il doit en résulter entre eux une séparation qui permette de les distinguer. Toutefois cette séparation ne sera pas si nette que dans les observations faites avec des rayons simples, parce que les anneaux de diverses couleurs doivent se recouvrir en partie, et empiéter les uns sur les autres de quantités inégales, dans leurs différentes successions, de manière à produire cette infinité de teintes diverses que l'expérience nous y fait apercevoir. Mais, quoique cette superposition successive des anneaux simples soit en effet la clef des phénomènes, on ne peut être bien assuré de cette vérité qu'après avoir mesuré avec exactitude la grandeur absolue des diamètres et des largeurs des anneaux formés par les différens rayons ; car, ces résultats une fois connus, ce devra être un simple problème d'Arithmétique que de trouver l'espèce et la quantité de chaque couleur simple qui peut être réfléchie ou transmise à chaque épaisseur déterminée ; et par conséquent, si l'on calcule les effets de la composition de toutes ces couleurs par les règles que Newton a données dans son Optique, on en déduira, avec la dernière rigueur, les expressions numériques des intensités et des teintes qui doivent exister dans chacun des points des anneaux composés, conséquences qu'il sera ensuite facile de comparer à l'expérience. En un mot, nous voici parvenus à entrevoir, à reconnaître même une cause possible des phénomènes que nous examinons ; il faut maintenant des mesures précises pour en constater la réalité, et convertir nos aperçus en certitude.

C'est aussi ce que fit Newton. Il mesura les diamètres des anneaux simples *de même ordre*, dans la partie intérieure et dans la partie extérieure de leur périmètre, en les considérant successivement aux limites des diverses couleurs du spectre, à commencer par le violet extrême. Ensuite, selon sa méthode constante, il prit soin de lier ces résultats par une loi mathématique qui les représentât avec une suffisante exactitude. Puis, comparant les carrés des diamètres, il en déduisit les proportions d'épaisseur que devait avoir la lame d'air au commencement et à la fin des anneaux observés. Des mesures pareilles effectuées sur les différens ordres d'anneaux formés par une même couleur simple lui firent connaître que les intervalles d'épaisseur où s'opérait la réflexion égalaient sensiblement ceux où s'opérait la transmission, du moins sous l'incidence perpendiculaire. Ainsi, en désignant généralement par e_1 l'épaisseur de l'air au commencement du premier anneau lucide formé par une lumière simple quelconque, cet anneau finissait à l'épaisseur $3e_1$, et occupait ainsi un intervalle d'épaisseur égal à $2e_1$. Après cela venait le premier anneau obscur occupant aussi le même intervalle d'épaisseur $2e_1$; puis, à sa suite, le second anneau lucide commençant à l'épaisseur $5e_1$, finissant à l'épaisseur $7e_1$; et ainsi du reste. En combinant cette loi de succession pour les différens ordres, avec celle de la distribution des diverses teintes dans un même ordre, on conçoit qu'une seule épaisseur absolue, mesurée au commencement, au milieu ou à la fin d'un anneau quelconque formé par une certaine couleur simple, suffit pour qu'on puisse calculer la valeur de la première épaisseur e_1, relativement à cette couleur, ainsi qu'à toutes les autres, et pour en déduire ensuite les épaisseurs limites $3e_1$, $5e_1$, $7e_1$..., relatives à tous les ordres quelconques d'anneaux.

C'est aussi ce qu'a fait Newton; et, en mesurant les épaisseurs $2e_1$, pour les différens rayons simples, dans le vide, l'air, l'eau et le verre ordinaire, il leur trouva les valeurs suivantes, qui sont exprimées en dix-millionièmes de pouce anglais.

	Mesures de l'épaisseur $2e_1$, pour les diverses molécules lumineuses			
	dans le vide.	dans l'air.	dans l'eau.	dans le verre.
Violet extrême............	3,99816	3,99698	2,99773	2,57870
Limite du violet et de l'indigo	4,32436	4,32308	3,24231	2,78908
——— de l'indigo et du bleu.	4,51475	4,51342	3,38507	2,91188
——— du bleu et du vert....	4,84284	4,84142	3,63107	3,12350
——— du vert et du jaune...	5,23886	5,23732	3,92799	3,37891
——— du jaune et de l'orangé	5,61963	5,61798	4,21349	3,62450
——— de l'orangé et du rouge	5,86586	5,86414	4,39811	3,78331
Rouge extrême............	6,34628	6,34441	4,75831	4,09317

Dans cette table, les valeurs relatives à l'air ont été immédiatement conclues de l'observation; ensuite on a obtenu les nombres des autres colonnes en divisant les premiers résultats par le rapport de réfraction, c'est-à-dire en les multipliant par

$\frac{3389}{3388}$ pour le vide, par $\frac{3}{4}$ pour l'eau, et par $\frac{20}{31}$ pour le verre. Il ne faut pas oublier d'ailleurs que ces valeurs sont particulières à l'incidence perpendiculaire.

En appliquant à ces résultats une règle qu'il avait trouvée pour déterminer la nature de la couleur composée qui résulte d'un mélange donné de couleurs simples, Newton en a déduit la table suivante, qui indique l'épaisseur où paraissent les teintes les plus franches de chaque anneau, vu sous l'incidence perpendiculaire. Cette table a été seulement calculée pour l'air, l'eau, le verre ordinaire; mais on peut l'étendre à toutes les autres substances, en changeant les épaisseurs réciproquement aux rapports de réfraction. L'unité de cette table est le millionième de pouce anglais; je n'ai point voulu la tranformer en mesures françaises, afin de laisser à chaque nombre toute son exactitude; et d'ailleurs la proportion des épaisseurs, qui est donnée immédiatement par les nombres de chaque colonne, est presque toujours la seule chose dont on ait besoin dans les applications. J'ai seulement joint à côté de chaque couleur l'indication d'une fleur ou d'une substance métallique qui en approche assez pour en donner une idée distincte.

	COULEURS RÉFLÉCHIES.	ÉPAISSEURS des lames, en millionièmes de pouc. anglais, d'air.	d'eau.	de verre.	DÉSIGNATION DES COULEURS.
1er ORDRE.	Très noir.......	$\frac{1}{2}$	$\frac{3}{8}$	$\frac{10}{31}$	
	Noir.........	1	$\frac{3}{4}$	$\frac{20}{31}$	
	Commencement du noir......	2	$1\frac{1}{2}$	$1\frac{2}{7}$	
	Bleu..........	$2\frac{2}{5}$	$1\frac{4}{5}$	$1\frac{11}{20}$	Bleu de ciel blanchâtre.
	Blanc.........	$5\frac{1}{4}$	$3\frac{7}{8}$	$3\frac{2}{5}$	L'argent décapé dans l'acide sulfurique.
	Jaune..........	$7\frac{1}{9}$	$5\frac{1}{3}$	$4\frac{3}{5}$	La paille.
	Orangé.........	8	6	$5\frac{1}{6}$	Écorce d'orange séchée.
	Rouge.........	9	$6\frac{3}{4}$	$5\frac{4}{5}$	Geranium sanguineum.
2e ORDRE.	Violet..........	$11\frac{1}{6}$	$8\frac{3}{8}$	$7\frac{1}{5}$	L'iode.
	Indigo.........	$12\frac{5}{6}$	$9\frac{5}{8}$	$8\frac{2}{11}$	Indigo.
	Bleu..........	14	$10\frac{1}{2}$	9	Bleu de cobalt.
	Vert..........	$15\frac{1}{8}$	$11\frac{1}{3}$	$9\frac{5}{7}$	Vert d'eau. Aigue-marine.
	Jaune.........	$16\frac{2}{7}$	$12\frac{1}{5}$	$10\frac{2}{5}$	Citron.
	Orangé.........	$17\frac{2}{9}$	13	$11\frac{1}{9}$	Orange.
	Rouge éclatant..	$18\frac{1}{3}$	$13\frac{3}{4}$	$11\frac{5}{6}$	OEillets de mai très vifs.
	Rouge-ponceau..	$19\frac{2}{3}$	$14\frac{1}{4}$	$12\frac{2}{3}$	Rouge du sang.
3e ORDRE.	Pourpre.......	21	$15\frac{3}{4}$	$13\frac{11}{20}$	Fleur du lin.
	Indigo.........	$22\frac{1}{10}$	$16\frac{4}{7}$	$14\frac{1}{4}$	Indigo.
	Bleu..........	$23\frac{2}{5}$	$17\frac{11}{20}$	$15\frac{1}{10}$	Bleu de Prusse.
	Vert..........	$25\frac{1}{5}$	$18\frac{9}{10}$	$16\frac{1}{4}$	Vert de pré vif.
	Jaune.........	$27\frac{1}{7}$	$20\frac{1}{3}$	$17\frac{1}{2}$	Jaune-blanchâtre couleur de bois blanc.
	Rouge.........	29	$21\frac{3}{4}$	$18\frac{5}{7}$	Rouge des roses.
	Rouge-bleuâtre..	32	24	$20\frac{2}{3}$	Rouge plus pourpre.
4e ORDRE.	Vert-bleuâtre...	34	$25\frac{1}{2}$	22	
	Vert..........	$35\frac{2}{7}$	$26\frac{1}{2}$	$22\frac{3}{4}$	Vert d'émeraude.
	Vert-jaunâtre...	36	27	$23\frac{2}{9}$	
	Rouge.........	$40\frac{1}{3}$	$30\frac{1}{4}$	26	Rose pâle.
5e ORDRE.	Bleu-verdâtre..	46	$34\frac{1}{2}$	$29\frac{2}{3}$	Vert d'eau.
	Rouge.........	$52\frac{1}{2}$	$39\frac{3}{8}$	34	Rose pâle.
6e ORDRE.	Bleu-verdâtre...	$58\frac{3}{4}$	44	38	Vert d'eau léger.
	Rouge.........	65	$48\frac{3}{4}$	42	Rose plus pâle.
7e ORDRE.	Bleu-verdâtre...	71	$53\frac{1}{4}$	$45\frac{4}{5}$	Teinte très pâle.
	Blanc-rougeâtre.	77	$57\frac{3}{4}$	$49\frac{2}{3}$	Teinte très pâle.

Réduction des phénomènes des anneaux en une propriété physique de la lumière, appelée accès de facile réflexion et de facile transmission.

Les phénomènes des anneaux étant réduits à des lois extrêmement exactes et calculables, Newton les a concentrées toutes en une expression plus simple encore, en les faisant dépendre d'une propriété physique qu'il a attribuée à la lumière, et dont il a défini toutes les particularités conformément à leurs lois.

Considérant la lumière comme une matière composée de petites particules lancées par les corps lumineux et mues avec une très grande vitesse, il a conclu que, puisqu'elle se réfléchissait dans une même lame aux épaisseurs périodiques e_1, $3e_1$, $5e_1$, $7e_1$, et qu'elle se transmettait au contraire aux épaisseurs intermédiaires o, $2e_1$, $4e_1$, $6e_1$, il fallait que ses particules possédassent en elles-mêmes une modification quelconque, mais également périodique, qui les disposât alternativement à se réfléchir à cette première succession d'épaisseurs et à se transmettre aux autres. Cette modification ne devait cependant pas être une nécessité, puisque l'intensité de la réflexion, à la seconde surface des corps varie avec la nature du milieu contigu à cette surface, de sorte que la même molécule qui y parvient, toujours dans une même période, peut y être réfléchie ou transmise, selon les circonstances extérieures qui agissent sur elle. Newton a donc caractérisé cette propriété des molécules lumineuses comme une simple tendance, et il l'a très convenablement appelée *accès de facile transmission, accès de facile réflexion.*

D'après cette idée des accès, leur longueur doit être évidemment égale à l'épaisseur $2e_1$ qui règle, dans chaque substance, les alternatives suivant lesquelles la réflexion et la transmission se succèdent. Ainsi le tableau rapporté page 484, en donnera la mesure pour le vide, l'air, l'eau et le verre, et pour l'incidence perpendiculaire. Dans d'autres substances, la longueur des accès variera comme l'épaisseur e_1 elle-même, c'est-à-dire réciproquement au rapport de réfraction; elle variera encore, et par la même raison, avec l'obliquité et avec la nature de la lumière incidente, parce que ces circonstances font varier les épaisseurs auxquelles une même couleur se réfléchit; mais les lois de ces variations ne sont précisément que celles que suivent les anneaux eux-mêmes. Ainsi ces dernières étant connues, il ne reste qu'à les leur appliquer; c'est ce qu'a fait Newton; et après avoir ainsi défini complètement tous les caractères des accès, il les a employés comme une propriété simple, non-seulement pour réunir sous un même point de vue les phénomènes de couleurs produits par les lames minces, mais encore pour prévoir et calculer d'avance, dans leur marche générale, comme dans leurs plus petits détails une foule de phénomènes analogues, qui s'observent par réflexion dans des lames épaisses, lesquelles en effet, dans ses expériences, étaient jusqu'à vingt et trente mille fois plus épaisses que les lames minces sur lesquelles les longueurs et les caractères des accès étaient calqués; enfin, en appliquant les mêmes considérations aux parties intégrantes des corps, que tous les phénomènes chimiques et physiques indiquent être très petites, et séparées les unes des autres, même dans les corps les plus solides, par des espaces immenses comparativement à leurs dimensions absolues, il a pu naturellement déduire des mêmes principes la théorie des couleurs diverses qu'ils nous présentent, théorie qui se lie avec une facilité surprenante à toutes les observations auxquelles ces couleurs peuvent être soumises. Le nombre et l'importance de ces applications expliquent assez le soin que Newton avait donné à ses expériences sur les anneaux; je regrette d'être obligé de me borner ici à la simple indication de ces belles découvertes.

Autre explication des anneaux colorés dans le système des ondulations lumineuses. Principes des interférences du docteur Young.

Si la lumière est réellement une matière émise, les accès sont une propriété nécessaire, parce qu'ils ne sont qu'un énoncé littéral des alternatives de réflexion et de transmission que les anneaux colorés présentent; mais en constituant autrement la lumière, ces alternatives peuvent se représenter différemment.

Descartes, et après lui Huyghens et un grand nombre de physiciens, ont supposé que la sensation de la lumière était produite en nous par des ondulations excitées dans un milieu très élastique, et propagées jusqu'à notre œil, qu'elles affectent, comme les ondulations excitées dans l'air, et propagées jusqu'à notre oreille, produisent dans celle-ci la sensation des sons. Ce milieu, s'il existe, doit remplir tous les espaces célestes, puisque c'est à travers ces espaces que la lumière des astres parvient à nos yeux; il doit être aussi très élastique, puisque la transmission de la lumière s'opère avec une si grande vitesse; et en même temps, il doit avoir une densité infiniment petite, puisque la discussion la plus exacte des observations astronomiques anciennes et modernes n'indique, dans les mouvemens planétaires, aucune trace sensible de résistance. Quant aux rapports de ce milieu avec les corps terrestres, on voit qu'il doit les pénétrer tous, puisque tous transmettent la lumière quand ils sont suffisamment amincis; et de plus, ses densités doivent y être différentes selon la nature des substances, puisque les réfractions inégales qu'elles exercent sur les mêmes rayons prouvent que la propagation de ces rayons s'y opère avec d'inégales vitesses. Mais quelles doivent être les proportions de ces densités pour les diverses substances? comment l'éther lumineux est-il amené et retenu dans chacune d'elles à cet état? comment y est-il renfermé et contenu de manière à ne pas pouvoir se répandre au dehors? en outre, comment ce milieu si peu résistant, si rare, si intangible, est-il ébranlé par les molécules des corps qui nous paraissent lumineux ? Ce sont autant de caractères qu'il serait nécessaire de bien connaître, ou au moins de bien définir, pour avoir une idée exacte des conditions suivant lesquelles les ondulations se forment et se propagent ; mais on ne les a pas jusqu'à présent distinctement établis.

Quoi qu'il en soit, si l'on conçoit un corps qui ait la faculté d'exciter un ébranlement instantané dans un point d'un tel milieu, supposé d'abord également dense dans toute son étendue, cet ébranlement s'y propagera sphériquement, suivant les mêmes lois que dans l'air, à la vitesse près, qui devra y être beaucoup plus rapide. Chaque molécule du milieu ébranlé sera donc aussi ébranlée à son tour, et rentrera après dans le repos.

Si ces ébranlemens se répètent dans le même point, il en résultera, comme dans l'air, une suite d'ondes analogues aux ondes sonores ; et de même que, dans celles-ci, on observe des alternatives de condensation et de raréfaction périodiques, correspondantes aux alternatives de direction qui constituent les vibrations du corps sonore, de même on doit concevoir que les vibrations successives et périodiques des corps lumineux pourront produire dans les ondes lumineuses des accidens pareils : enfin, de même que la succession des ondes sonores, lorsqu'elle est suffisamment rapide, produit sur notre oreille la sensation d'un son continu, dont la qualité dépend de la rapidité des vibrations opposées, et des lois de condensation et de vitesse que la nature de ces vibrations excite dans chaque onde sonore, de même, sous des conditions analogues, les ondes éthérées pourront produire des sensations de lumière dans notre œil, et des sensations diverses en conséquence de la diversité des conditions. De là les différences de couleurs. Dans ce système, les longueurs des ondes lumineuses correspondent aux accès de Newton, et leur longueur est, comme on le verra par la suite, précisément quadruple ; leur vitesse de propagation dépend, comme dans l'air, du rapport de la force élastique du fluide à sa densité.

Lorsqu'une onde sonore excitée dans l'air arrive sur la surface d'un corps solide, son choc produit dans les parties de ce corps un mouvement à la vérité insensible, mais pourtant réel, qui la renvoie en arrière. Si le corps, au lieu d'être solide, est un gaz, la réflexion a lieu de même; mais il se produit dans le gaz réflecteur une ondulation sensible, dépendante de l'impression que sa surface a reçue (*). Les ondulations lumineuses doivent donc produire un effet pareil, quand le milieu où elles se meuvent se trouve terminé par un corps dans lequel la densité du fluide éthéré est différente; c'est-à-dire qu'il devra se produire une ondulation réfléchie et une onde transmise; voilà la réflexion partielle et la réfraction. Dans ce système, les intensités des rayons doivent être mesurées par la force vive du fluide en mouvement, c'est-à-dire par le produit de la densité du fluide et du carré de la vitesse propre de ses particules.

Pour constater ces analogies déjà bien remarquables, il faudrait en suivre plus loin les conséquences par le calcul; c'est malheureusement ce que l'on ne sait pas faire avec rigueur. Le calcul des ondulations, ainsi renvoyées ou transmises dans les mouvemens obliques, excède les forces de l'analyse actuelle. Sous l'incidence perpendiculaire, le phénomène devient accessible; mais alors il n'apprend plus rien sur la direction générale du mouvement communiqué, puisque la propagation doit se continuer en ligne droite, par la seule raison de symétrie; néanmoins, pour ce cas, la théorie indique les proportions d'intensité des ondes réfléchies aux ondes incidentes, lesquelles paraissent en effet assez conformes

(*) Ce phénomène s'observe dans les sons produits avec des tuyaux d'orgues, où l'on a fait entrer successivement des couches de gaz d'inégales densités, par exemple, d'air atmosphérique et de gaz hydrogène. Les sons que peut rendre un pareil système ont été calculés par M. Poisson, et ils se sont trouvés parfaitement conformes avec ce que m'ont donné des expériences directes. Or, c'est cette même théorie qui indique le mode suivant lequel les ébranlemens excités dans un fluide se communiquent et se partagent quand ils arrivent à un autre fluide contigu au premier.

aux proportions des intensités de lumière, ce qui est déjà une vérification.

Au reste, indépendamment de l'état peu avancé de nos connaissances théoriques sur le mouvement des fluides, même de ceux qui sont tangibles et pondérables, il faut remarquer que les indications de calcul, pour ce genre de mouvemens, doivent nécessairement dépendre de la constitution physique attribuée au milieu qui les éprouve ; or, comme nous ne pouvons reconnaître immédiatement, à l'aide de nos sens, la nature du milieu dans lequel les ondulations lumineuses s'opèrent, il ne faudrait pas se hâter de considérer l'hypothèse de ces ondulations comme démontrée fausse ou impossible, parce que le calcul fondé sur les définitions ordinaires des fluides connus n'en représenterait pas exactement et surtout numériquement les résultats. Car, à moins que la discordance ne prouvât une contradiction physique avec l'état de fluidité supposée, on pourrait logiquement l'attribuer à des caractères particuliers du milieu lumineux, surtout si l'on parvenait à définir ces caractères de manière à représenter les expériences.

Lorsque l'oreille entend à la fois deux sons réguliers et soutenus, elle distingue, outre les deux sons, les époques auxquelles les ondulations de même nature arrivent ensemble ou séparées. Si les périodes de ces retours sont très rapides, on entend ainsi un troisième son dont le ton peut être d'avance calculé, d'après les époques des coïncidences ; mais si les retours de celles-ci sont plus rares, assez rares pour que l'oreille les distingue isolément, on entend une suite de battemens qui se succèdent avec une plus ou moins grande rapidité. Le mélange de deux rayons qui arrivent ensemble à l'œil dans des circonstances convenablement choisies produit un effet du même genre, que Grimaldi avait déjà remarqué, mais dont le docteur Young a le premier montré les applications nombreuses. La manière la plus nette de produire ce phénomène est la suivante, que Fresnel a imaginée.

On introduit dans une chambre obscure un rayon solaire

réfléchi dans une direction fixe par le miroir d'un héliostat; on transmet ce rayon à travers une loupe d'une distance focale très courte, qui le fait converger à son foyer, presque en un seul point mathématique. De là, les rayons dont le faisceau se compose, divergeant dans tous les sens, forment un cône qui s'élargit à mesure qu'on s'éloigne. Dans ce cône, à une distance de deux ou trois mètres, on dispose deux miroirs métalliques, inclinés l'un à l'autre d'un très petit angle, de manière qu'ils reçoivent les rayons sous des incidences presque pareilles; et, plaçant l'œil à une certaine distance, on regarde, à la fois sur l'un et l'autre miroir, l'image du point lumineux. On en voit ainsi deux images, séparées par un intervalle angulaire qui dépend de l'inclinaison des deux miroirs, de leurs distances au point lumineux et de l'éloignement où l'observateur est placé; mais en outre, ce qui est la circonstance essentielle du phénomène, si l'on arme l'œil d'une loupe d'un court foyer, on aperçoit, entre les lieux des deux images, une série de bandes lumineuses, parallèles entre elles, colorées de teintes diverses, et dont la direction est perpendiculaire à la ligne qui joint les deux images: si la lumière incidente est simple, les bandes sont de la couleur de cette lumière, et séparées par des intervalles obscurs. Leur direction ne dépend que de la direction des plans des miroirs, et non pas d'aucune influence produite par les bords physiques qui les terminent; car on peut tourner chacun des miroirs sur lui-même, ce qui change la position de ses bords, sans changer la commune section des deux plans, et les bandes n'éprouvent aucune altération.

Arrêtons-nous, pour plus de simplicité, au cas où la lumière incidente est homogène; ce cas se réalise avec facilité en regardant les bandes à travers un verre coloré qui ne laisse passer qu'une seule espèce de teinte. Dans ce cas, si l'on considère une quelconque des bandes brillantes formées entre les deux images, on peut calculer la direction et la route des rayons lumineux qui forment cette bande et qui viennent tant de l'un que de l'autre miroir. Or, en faisant ce calcul, on trouve les résultats suivans : 1°. le milieu de l'espace compris entre les deux points lumineux est occupé par une bande brillante formée par des rayons dont les routes, depuis le point lumineux jusqu'à l'œil, sont d'égales longueurs, de sorte que la différence de ces routes est égale à zéro ; 2°. la première bande brillante, à droite et à gauche de celle-là, est formée par des rayons dont la différence de route est constante, et égale, par exemple, à l; 3°. la seconde bande brillante est formée par des rayons pour lesquels la différence des routes est $2l$; 4°. en général, pour chaque bande brillante, la différence des routes est un des termes de la série o, l, $2l$, $3l$, $4l$.... etc. — 5°. Les bandes obscures intermédiaires entre les précédentes sont formées par des rayons dont les différences de routes sont $\frac{1}{2}l$, $\frac{3}{2}l$, $\frac{5}{2}l$.... etc. — 6°. Enfin, la valeur numérique de l est exactement quadruple de la longueur que Newton attribue aux accès pour l'espèce de lumière que l'on a considérée.

L'analogie de ces lois avec celle des anneaux est évidente. Voici maintenant l'explication que l'on en donne dans le système des ondulations : l'intervalle l est précisément égal à la longueur d'une onde lumineuse, c'est-à-dire à la distance des points de l'éther qui, dans la succession des ondes, se trouvent avoir au même instant des mouvemens et des états pareils. Lorsque les routes des deux rayons qui interfèrent diffèrent précisément de la moitié de cette quantité à l'endroit où ils se croisent, ils y apportent des mouvemens et des états contraires, dont les phases sont absolument pareilles. De plus, les mouvemens produits par ces ondulations partielles s'opèrent presque suivant la même direction, à cause du peu d'inclinaison que les deux rayons ont l'un sur l'autre. Conséquemment les mouvemens qu'elles tendent à produire se soustraient l'un de l'autre; et puisqu'ils sont exactement égaux, ils s'entre-détruisent, de sorte que le point de l'éther où ce phénomène arrive n'est point du tout ébranlé; il ne s'y produit donc aucune sensation de lumière. Le même résultat doit avoir lieu dans tous les points de l'espace où la différence des routes des rayons qui interfèrent est $\frac{3}{2}l$, $\frac{5}{2}l$, $\frac{7}{2}l$... etc., parce qu'ils y arrivent également dans des états exactement opposés; au contraire, pour les bandes brillantes où la différence des routes est l, $2l$, $3l$, $4l$.... etc., les rayons qui les composent arrivent dans des phases de mouvemens et d'état exactement pareilles. Ainsi les agitations partielles qu'elles excitent s'ajoutent, et le phénomène de lumière s'y produit. Cette considération de la combinaison des ondes lumineuses et des alternatives d'ombre et de lumière qui en résultent, a été appelé par Young le *principe des interférences*.

Le phénomène des alternatives d'ombre et de lumière est *certain*; s'il était *possible*, *seulement* dans le système des ondulations lumineuses, il transformerait ce système en réalité, et exclurait le système de l'émission. Mais il nem e semble point offrir ce caractère de nécessité qui serait si utile dans quelque sens qu'il pût être, parce qu'il serait décisif. On peut, sans violer aucune règle de la logique, concevoir également le principe des interférences dans le système de l'émission, en faisant du résultat qu'il exprime une condition de la visibilité.

En effet, le phénomène des bandes ne nous prouve pas que les rayons lumineux s'influencent physiquement les uns les autres dans certaines circonstances; il nous apprend seulement que l'œil a, ou n'a pas, la sensation de lumière lorsqu'il se place au point où les rayons coïncident avec ces circonstances; et il nous prouve aussi qu'une surface matte qu'on y a placée, étant regardée de loin, paraît brillante ou obscure. Or, pour le premier cas, il est possible que la vision cesse quand la rétine reçoit simultanément des rayons qui sont dans des phases opposées de leurs accès; et pour le second, lorsque de pareils rayons arrivent ensemble à une surface matte, et sont ensuite disséminés par rayonnement dans tous les sens, il est clair qu'ayant les mêmes routes à parcourir depuis chaque point de cette surface jusqu'à l'œil, ils conserveront en arrivant à la rétine la même relation de phases qu'ils avaient en arrivant à la surface réfléchissante : si donc ils étaient alors dans un état opposé d'accès, leur opposition sera la même en arrivant à la rétine, et ainsi la vision ne s'y produira pas. Je ne prétends point que cette explication soit réelle, ou nécessaire en elle-même ; elle est l'un et l'autre si la lumière est une matière, puisqu'elle n'est que la traduction du phénomène : mais il suffit qu'elle n'implique aucune contradiction physique, pour que le phénomène dont elle dérive ne soit pas décisif contre le système de l'émission.

Le docteur Young a également appliqué le principe des interférences à l'explication des anneaux colorés, soit réfléchis, soit transmis par les lames minces. Lorsqu'on regarde par réflexion une pareille lame, la lumière qui se réfléchit à sa première surface interfère dans l'œil avec la lumière qui se réfléchit de la seconde ; cette interférence produit donc, ou ne produit pas, la sensation de lumière, suivant que la différence des routes parcourues par les deux rayons les met dans des phases d'ondulations semblables ou opposées ; mais alors, au point où l'épaisseur de la lame mince est nulle, la différence des routes est nulle aussi ; par conséquent il devrait s'y produire une tache brillante, au lieu que c'est réellement une tache noire qui s'y forme. C'est pourquoi le docteur Young introduit, dans ce cas, un nouveau principe, c'est que la réflexion dans la lame mince fait perdre aux rayons un intervalle $\frac{1}{2}l$, précisément égal à la moitié de la longueur d'une onde. Au moyen de cette modification, les deux rayons réfléchis aux deux surfaces de la lame mince, dans le point où l'épaisseur est nulle, acquièrent des dispositions opposées et par conséquent ne produisent point la sensation de lumière en arrivant à l'œil ensemble ; après quoi, pour les autres épaisseurs environnantes, la loi de périodicité des ondulations donne la périodicité des anneaux brillans et des anneaux obscurs. Cette loi ainsi modifiée satisfait aux mesures des anneaux colorés observés sous l'incidence perpendiculaire ; mais, pour les incidences obliques, elle ne s'accorde par tout-à-fait avec les lois trouvées par Newton. La différence est dans les incidences les plus obliques : les lois que Newton a établies par l'expérience seraient-elles alors inexactes, ou faut-il introduire dans les ondes obliques quelque modification dépendante de leur rencontre avec les surfaces ? Ce point reste encore à décider.

Nous n'avons considéré que les anneaux qui s'observent par réflexion ; ceux qui s'observent par transmission sont formés, dans la doctrine des ondes, par l'interférence des rayons dont la transmission est directe, avec les rayons qui, réfléchis d'abord une première fois à la seconde surface de la lame mince, sont encore réfléchis par la première lorsqu'ils y reviennent, et sont ainsi renvoyés vers l'œil, où ils arrivent sans autre modification. Dans ce cas, le point de la lame mince où l'épaisseur est nulle, donne une tache blanche conformément à l'expérience, et ainsi il n'y a pas de constante à ajouter comme dans les anneaux réfléchis ; mais la soustraction ou l'addition d'une constante est nécessaire dans beaucoup d'autres cas.

Selon ce système, les épaisseurs auxquelles les anneaux se forment indiquent la longueur des ondulations dans chaque substance. Or, pour un même mode de vibration du corps lumineux, la longueur des ondes doit être égale au chemin que la lumière parcourt pendant que cette vibration s'achève ; puis donc qu'on trouve les ondes plus courtes dans les substances les plus réfringentes, il faut que la vitesse de transmission y soit moindre suivant la même loi, c'est-à-dire qu'elle soit réciproque à leur rapport de réfraction.

En considérant les alternatives d'ombre et de lumière comme produites par des superpositions d'ondes lumineuses de même ou de différente nature, on donne à ce phénomène un sens physique ; et c'est ainsi que M. Young a d'abord présenté le principe des interférences ; mais on peut le détacher, comme il l'a fait lui-même, de toute considération étrangère, et le présenter comme une loi expérimentale ; alors il s'exprime par l'énoncé suivant :

1°. *Lorsque deux portions égales de lumière, dans des circonstances exactement semblables, ont été séparées et coïncident de nouveau à peu près dans une même direction, elles s'ajouteront l'une à l'autre ou se détruiront mutuellement, selon que la différence des temps employés dans leurs trajets séparés sera un multiple pair ou impair d'un certain demi-intervalle qui est différent pour les différentes couleurs, mais constant pour chaque espèce de lumière simple.*

2°. *Dans l'application de cette loi à différens milieux, les vitesses de la lumière doivent être supposées réciproques aux rapports de réfractions des milieux, de manière que les rayons se meuvent plus lentement dans des substances plus denses, et plus vite dans les plus rares, selon ces rapports.*

3°. *Dans les réflexions sur la surface d'un milieu plus rare, sur quelques métaux et dans plusieurs autres circonstances, il se perd un demi-intervalle.*

4°. Enfin, on peut ajouter que *les longueurs de ces intervalles sont toujours quadruples des accès assignés par Newton aux mêmes couleurs.*

Pour donner un exemple de ces lois, supposons que, lorsque deux rayons simples homogènes interfèrent et forment des bandes dans l'expérience des deux miroirs, on interpose sur le chemin d'un de ces rayons une lame de verre très mince que lui seul traverse. D'après la seconde condition, sa marche, dans la lame de verre, sera moins rapide que dans l'air, proportionnellement au rapport de réfraction. Ainsi, lorsqu'après être sorti de la lame et avoir continué sa route, il rencontrera le rayon avec lequel il interférait, ses rapports d'intervalle avec lui seront différens; et, pour retrouver les mêmes intervalles, il faudra considérer un autre rayon, tellement dirigé, que son retardement dans la lame de verre soit compensé par le raccourcissement du trajet que sa nouvelle direction lui donne : conséquemment les bandes colorées qui étaient formées d'abord, avant l'interposition de la lame de verre, se déplaceront, et se déplaceront d'une quantité qui peut se calculer d'après l'épaisseur de la lame et son rapport de réfraction. C'est en effet ce que l'observation confirme avec une incroyable justesse, comme l'a observé M. Arago, auquel cette ingénieuse expérience est due.

D'après cela, si l'on observe le déplacement des bandes ainsi produit par une lame donnée, ce qui peut se faire avec une précision extrême, on pourra évidemment en conclure le rapport de réfraction pour cette lame ; on pourra encore comparer les réfractions des diverses substances les unes aux autres, en interposant des lames égales ou inégales de chacune d'elles dans la direction des deux rayons qui interfèrent. M. Arago et M. Fresnel ont essayé cette méthode, et elle s'est trouvée si exacte, qu'elle leur a permis de mesurer des différences de réfraction qu'aucun autre moyen n'avait pu donner.

De la Diffraction de la lumière.

Lorsqu'un rayon de lumière est introduit dans une chambre obscure, si l'on place, sur sa direction, le bord de quelque corps opaque, et que l'on reçoive ensuite sur un tableau blanc placé à une certaine distance la portion du rayon qui continue de se transmettre, on voit le bord de l'ombre du corps bordé d'une ligne brillante, et en augmentant la distance, on voit ainsi se former plusieurs alternatives de bandes colorées. Ce phénomène constitue ce que l'on appelle la *diffraction de la lumière*. Pour lui donner toute la netteté possible, il faut adopter la même disposition que dans l'expérience des deux miroirs, c'est-à-dire employer un rayon solaire, réfléchi par un héliostat, et concentré par une loupe, en un point rayonnant presque mathématique : alors on place les corps opaques dans le cône divergent formé par ce rayon. Pour fixer les idées, supposons que le corps soit une lame opaque à bords rectilignes, et de deux ou trois millimètres de diamètre ; alors si l'on reçoit les rayons sur un verre dépoli placé à quelque distance, et que l'on place l'œil au-delà de ce verre, on observe des deux côtés de la lame, ou plutôt de son ombre, une suite nombreuse de bandes brillantes parallèles entre elles et à ses bords, lesquelles sont séparées les unes des autres par des intervalles obscurs. Les intensités de ces bandes vont en diminuant à mesure qu'elles s'éloignent de l'ombre; l'ombre même n'est pas tout-à-fait noire, mais formée aussi de bandes lumineuses et obscures parallèles entre elles et aux bords de la lame. Bien plus, il n'est pas nécessaire pour voir ces bandes de les recevoir sur un verre dépoli; elles se forment dans l'espace, et l'on peut les y apercevoir, soit avec l'œil nu, soit avec une loupe, en la plaçant exactement sur leur direction. Si donc on fixe une loupe sur un pied solide et qui puisse se mouvoir horizontalement, au moyen d'une vis, le long d'une échelle divisée en parties égales, on pourra amener successivement son axe devant chaque bande brillante ou obscure. On pourra fixer précisément la position de cette bande, en la rapportant à un fil très fin tendu devant la loupe, et mesurer ainsi, sur l'échelle divisée, les intervalles des bandes par le chemin que fait la loupe pour aller se placer sur chacune d'elles. Cette disposition avantageuse a été imaginée par Fresnel, qui s'en est servi pour mesurer toutes les particularités du phénomène avec une extrême précision.

Or, ces particularités, ainsi que l'a le premier annoncé M. Young, peuvent se représenter avec une très grande approximation, en supposant que la lumière qui tombe sur les bords de la lame opaque rejaillit en rayonnant de toutes parts, à partir de ces bords, et interfère, soit avec elle-même, soit avec la lumière qui a continué d'être transmise directement.

Le premier genre d'interférence forme les bandes intérieures; la lumière rayonnée par un des bords de la lame interférant avec la lumière rayonnée par l'autre, ces deux lumières sont précisément dans le même cas que les deux points lumineux réfléchis dans l'expérience des miroirs : aussi la disposition des bandes intérieures, soit lumineuses, soit obscures, ainsi que les rapports de leurs intervalles, sont absolument pareils. Si l'on fixe, par la pensée, la suite des points de l'espace où le même genre d'interférence se produit à diverses distances derrière la lame, ce qui donne le lieu successif où paraît une même bande, on trouve que ces points sont sensiblement en ligne droite ; et leurs intervalles mesurés sont très exactement conformes à ce que le calcul des interférences indique.

Quant aux bandes extérieures, on peut les considérer comme formées par l'interférence de la lumière directement transmise, avec la lumière rayonnée par chaque bord ; mais il faut ici, comme dans les anneaux réfléchis, supposer la perte d'un intervalle $\frac{1}{2}l$. On trouve ainsi que les positions inconnues où doit paraître chaque bande pour des distances diverses, ne sont pas placées sur une même ligne droite, mais sur des hyperboles du second degré, ce que l'expérience confirme parfaitement. Il ne faut pas conclure de là que, dans la diffraction, le mouvement de la lumière n'est plus rectiligne ; car ce n'est pas le même rayon de lumière qui forme la bande de même ordre à des distances diverses, et les rayons seuls sont assujettis au mouvement rectiligne. Le changement de rayon à mesure que l'on s'éloigne peut même se conclure de cela seul, que l'on peut regarder les bandes dans l'espace, soit à l'œil nu, soit avec une loupe ; car alors il faut bien que les rayons qui les forment convergent et se séparent ensuite, pour que la loupe puisse les recevoir, et donner une image sensible de leur point de concours.

Il se produit encore des phénomènes de diffraction très remarquables, quand le cône de lumière, au lieu d'être intercepté par une bande opaque, est transmis entre les bords parallèles de deux corps terminés par des biseaux rectilignes. Dans ce cas, les bandes diffractées peuvent, avec une grande approximation, être attribuées à l'interférence des deux portions de lumière qui tombent sur les bords opposés des deux biseaux.

Néanmoins, plusieurs particularités physiques du phénomène sont difficiles à concevoir dans cette hypothèse. Fresnel a même trouvé qu'elle ne satisfait pas complètement aux mesures des bandes, lorsqu'elles sont extrêmement précises ;

il a reconnu que la faible portion de la lumière que les bords des corps peuvent réfléchir ne suffit pas pour produire les intensités des bandes observées, et qu'il faut y faire concourir des rayons qui passent hors du contact de ces bords. Il a été ainsi conduit à considérer toutes les parties de l'onde lumineuse directe, comme autant de centres d'ébranlemens distincts, dont il fallait étendre les effets sphériquement à tous les points de l'espace auxquels ils se peuvent propager ; après quoi, pour chacun de ces points, l'effet définitif résultait des interférences de tous les ébranlemens partiels qui y parviennent. Ce calcul, appliqué à la libre propagation d'une onde sphérique, dans un milieu homogène, donne l'affaiblissement de la lumière réciproque au carré de la distance, tel qu'on l'observe; mais lorsqu'une partie de l'onde est interceptée, il indique, dans les différens points de l'espace où elle se propage ensuite, des alternatives d'ombre et de lumière qui, pour la disposition et l'intensité, sont minutieusement conformes à ce que les bandes diffractées présentent. Ce principe a permis à Fresnel d'embrasser tous les cas de la diffraction avec une précision extraordinaire ; mais l'exposition de ces résultats, quoique d'un grand intérêt, nous entraînerait plus loin que ne le comporte le plan de cet Ouvrage.

De la double Réfraction.

Nous avons déjà annoncé que les rayons lumineux, en traversant la plupart des corps cristallisés, s'y divisent généralement en deux faisceaux, dont l'un, que l'on nomme *faisceau ordinaire*, suit la loi ordinaire de réfraction assignée par Descartes, tandis que l'autre, que l'on nomme *faisceau extraordinaire*, obéit à des lois très différentes.

Ce phénomène se produit dans tous les cristaux transparens dont la forme primitive n'est ni un cube ni un octaèdre régulier. La division du rayon est plus ou moins forte, selon la nature du cristal et le sens dans lequel on le taille; mais, de toutes les substances connues, celle qui produit ce phénomène de la manière la plus énergique, est la chaux carbonatée rhomboïdale, vulgairement appelée *spath d'Islande*. Comme d'ailleurs elle se rencontre fréquemment dans le commerce et dans les collections des naturalistes, nous l'emploierons la première pour reconnaître et déterminer la marche des rayons.

Les cristaux de cette substance ont, comme leur nom l'indique, la forme d'un rhomboïde, représenté *fig.* 1. Ce rhomboïde a six angles solides aigus, et deux obtus ; ces derniers sont formés de trois angles plans égaux et également inclinés ; dans les angles dièdres aigus, l'inclinaison des faces est de 74° 55′, et elle est par conséquent de 105° 5′ dans les autres. Malus a mesuré ces inclinaisons par la réflexion de la lumière : Wollaston était aussi parvenu de son côté au même résultat.

Si l'on pose un pareil rhomboïde sur les caractères d'un livre imprimé, ou sur un papier où l'on ait tracé des lignes et des points, et que l'on regarde ensuite à travers son épaisseur, tout paraît doublé ; en sorte que chaque point rayonnant placé sous le cristal envoie deux images à l'œil, et par conséquent lui fait parvenir deux rayons. Ceci indique donc que chaque rayon simple se divise en deux faisceaux, en traversant le rhomboïde : c'est en effet ce que l'on peut constater en rompant ainsi un trait de lumière solaire dirigé par un héliostat ; car on obtient alors deux rayons émergens distincts. Maintenant, pour mesurer l'écartement de ces rayons et déterminer leur route, voici un moyen très simple, indiqué par Malus : sur le papier où vous posez le rhomboïde, tracez avec de l'encre bien noire un triangle rectangle ABC, *fig.* 2, dont le petit côté BC soit, par exemple, un dixième de AC. En regardant ce triangle à travers le rhomboïde, vous le verrez double, de quelque manière que vous placiez l'œil ; et, pour chaque position, il se trouvera un point F, dans lequel la ligne A′C′, image extraordinaire de AC, coupera la ligne AB, que je suppose appartenir à l'image ordinaire. Prenez donc, sur le triangle même, une longueur AF′ égale à A′F, le point

F′ sera celui dont l'image extraordinaire coïncide avec l'image ordinaire du point F. Le rayon ordinaire parti de F et le rayon extraordinaire parti de F′ se confondent donc après leur sortie, et ne donnent qu'un seul rayon émergent dirigé vers l'œil : ainsi, réciproquement, un rayon naturel qui partirait suivant cette dernière direction, du lieu où est l'œil, et qui se dirigerait vers le cristal, s'y réfracterait en deux faisceaux, dont l'un irait aboutir au point F, et l'autre au point F′ du triangle tracé sous la base du rhomboïde. C'est en effet ce que l'on peut confirmer par des expériences directes faites avec l'héliostat. D'après cela, si les lignes AB, AC sont divisées chacune, je suppose, en mille parties égales, avec les nombres de divisions marqués de dix en dix, l'inspection de ces nombres indiquera toujours quels sont les points de AB et de AC dont les images ordinaires et extraordinaires coïncident; par conséquent si la position de ces lignes et celle du triangle sont connues, relativement aux arêtes de la base du rhomboïde, on saura toujours, dans chaque cas, à quel endroit de cette base répond le point F, à quel autre répond le point F′. Ainsi, pour construire les rayons réfractés, il ne restera plus qu'à déterminer, sur la surface supérieure, la position de leur point commun d'émergence, *fig.* 3. On y parviendrait en cherchant et marquant sur cette surface le point I où se croisent les images des côtés AB, AC du triangle qui sert de mire; mais, comme il est utile aussi de connaître la direction du rayon émergent qui en résulte, il vaut mieux faire cette observation avec un cercle gradué, dont on maintient le limbe vertical, et dirigé dans le point d'émergence IOV. On dirige la lunette de ce cercle sur le point d'émergence I, où le croisement s'opère ; et si l'on a pris le soin de rendre la base du rhomboïde horizontale au moyen d'un niveau, la même observation détermine à la fois l'angle d'émergence IOV ou NIO, compté de la normale, et la position du point d'émergence I sur le rhomboïde. On connaît aussi *à priori* les positions des deux points FF′, dont les images coïncident; on pourra donc construire les directions des rayons réfractés ordinaire, extraordinaire, FI, F′I, correspondans à la direction observée du rayon émergent : sur quoi il faut remarquer que, dans beaucoup de cas, le rayon F'I, qui subit la réfraction extraordinaire, ne se trouve pas compris dans le prolongement du plan d'émergence NIO. Tel est le moyen qu'a employé Malus. En l'admettant, nous pouvons admettre toutes ses observations, et les regarder comme des données auxquelles il faut satisfaire. Mais j'indiquerai bientôt un procédé plus simple, qui permettrait de reprendre directement ces mêmes mesures avec autant de facilité que de rigueur.

Parmi toutes les positions que l'on peut donner au rhomboïde sur son plan, il en est une qui mérite surtout d'être remarquée, parce que la réfraction extraordinaire s'exerce alors, comme la réfraction ordinaire, dans le plan d'émergence même. Pour la découvrir, il faut par l'un des côtés du triangle divisé ABC, tel que BC, par exemple, concevoir un plan perpendiculaire aux surfaces supérieure et inférieure du rhomboïde, puis placer l'œil dans ce plan, et tourner peu à peu le cristal sur sa base, jusqu'à ce que les deux images de la ligne droite BC se superposent; alors, comme on sait que l'image ordinaire reste toujours dans le plan d'émergence, il s'ensuit que l'image extraordinaire qui coïncide alors avec elle, se trouve ainsi dans ce plan. Cela arrive lorsque la droite BC, qui sert de mire, divise en deux parties égales un des angles plans obtus du rhomboïde, ou est parallèle à la direction qui jouit de cette propriété. Alors l'écart des deux images, perpendiculairement au plan d'incidence, devient nul; et par conséquent, quelles que soient les forces qui produisent la réfraction extraordinaire, il est sûr que leur résultante est comprise tout entière dans ce plan. Aussi lui a-t-on donné un nom particulier : on l'appelle la *section principale du rhomboïde*. Si l'on suppose que le cristal sur lequel on fait ces expériences a précisément la forme primitive qui convient à la chaux carbonatée, les bases du rhomboïde seront des rhombes parfaits, et alors la section principale contiendra les deux diagonales menées sur chaque base par les sommets des angles obtus. Le plan de cette section coupera donc le rhomboïde suivant un parallélogramme AB, A'B', *fig.* 4, dans lequel les côtés AB, A'B' sont les petites diagonales des faces naturelles, et AB', A'B les arètes qui les joignent dans le rhomboïde. La ligne AA' menée par les deux angles solides obtus A, A', s'appelle l'*axe du cristal;* elle est également inclinée sur toutes les faces, et forme avec elles un angle de 45° 23' 25". C'est à cette ligne que se rapportent tous les phénomènes de la réfraction extraordinaire.

Examinons d'abord comment s'opère cette réfraction dans le plan de la section principale. On en voit tous les phénomènes généraux dans la *fig.* 5, où SI représente le rayon incident, IO le rayon réfracté ordinaire, et IE le rayon réfracté extraordinaire. IN est la direction de la normale au point d'incidence. Lorsque l'incidence est perpendiculaire, le rayon ordinaire se confond avec le prolongement de la normale, et traverse le cristal sans se dévier; mais le rayon extraordinaire se brise au point d'incidence, et est plus ou moins rejeté en E, vers le petit angle solide B'. Cet effet est général sous toutes les autres incidences, comme le représente la figure, et il détermine toujours la situation du rayon extraordinaire par rapport à l'autre.

La conséquence que nous en devons déduire, c'est qu'il existe dans le cristal une force particulière, qui enlève au rayon ordinaire une partie de ses molécules et les repousse vers B'. Mais quelle est cette force? Nous verrons bientôt qu'elle émane, *ou semble émaner* de l'axe même du cristal; c'est-à-dire que si, par chaque point d'incidence, on mène une ligne IA' parallèle à cet axe, et représentant sa position dans les premières couches où le rayon se divise, tous les phénomènes se passent *comme s'il émanait* de cette ligne une force *répulsive* qui agirait seulement sur un certain nombre de particules lumineuses, et tendrait à les écarter de sa direction. Cette force rejette toujours les rayons vers B', parce qu'ils se trouvent toujours de ce côté de l'axe, sous quelque incidence qu'ils soient entrés.

Suivons cette idée, qui ne répugne point au peu d'observations que nous avons faites ; et, pour la vérifier par une épreuve directe, coupons le cristal par deux plans perpendiculaires à son axe, *fig.* 6, de manière à former ainsi deux nouvelles faces abc, $a'b'c'$, parallèles entre elles. Maintenant, si nous dirigeons un rayon SI, perpendiculairement à ces faces, il pénétrera leurs couches parallèlement à l'axe du cristal primitif. Ainsi, en supposant que la force répulsive émane de cet axe, elle se trouvera nulle, et le rayon ne devra pas se diviser. C'est en effet ce qui a lieu, et l'on n'observe ainsi qu'une seule image.

On trouve même, en faisant l'expérience, que l'image reste simple lorsque la seconde face de la plaque est inclinée sur l'axe, la première face étant toujours perpendiculaire à cet axe et au rayon incident. Cela arriverait, par exemple, si l'on n'enlevait que le premier angle solide A du rhomboïde primitif. Le rayon incident SI continuerait sa route parallèlement à l'axe, comme tout à l'heure ; et, en sortant par la seconde face, il se réfracterait dans l'air en une seule direction, suivant la loi de la réfraction ordinaire, c'est-à-dire suivant la proportion constante des sinus. De là, on doit conclure que, réciproquement, un rayon incident R'I' qui passerait, avec le même angle d'incidence, de l'air dans un pareil prisme, s'y réfracterait parallèlement à l'axe en un seul rayon et en sortirait en I de la même manière. C'est aussi ce que l'expérience confirme. Si, ayant taillé un pareil prisme, on met contre l'œil sa face perpendiculaire à l'axe, de manière à ne recevoir que des rayons qui arrivent dans cette direction, toutes les images des objets extérieurs sont simples ; elles éprouvent seulement sur leurs bords cette diffusion qui tient au phénomène général de la décomposition de la lumière par des prismes.

Mais si la force répulsive qui produit la réfraction extraordinaire émane réellement de l'axe, comme les phénomènes l'annoncent, elle ne peut devenir nulle que lorsque le rayon réfracté lui est parallèle. La coupe que nous venons de déterminer est donc la seule dans laquelle un prisme ainsi cristallisé puisse donner des images simples ; c'est encore ce que l'expérience confirme ; et l'on peut se servir de ce caractère pour reconnaître la position de l'axe dans un morceau quelconque de spath d'Islande.

Reprenons notre plaque à faces parallèles, taillées perpendiculairement à l'axe. Nous avons vu que le rayon ne s'y divise point sous l'incidence perpendiculaire ; mais, sous les incidences obliques, il doit se diviser, puisqu'alors, après sa réfraction, il forme un certain angle avec l'axe duquel la force répulsive émane. C'est en effet ce qui a lieu ; et de plus, à incidence égale, la réfraction extraordinaire est la même tout autour de l'axe ; ce qui nous montre que la force répulsive agit, à partir de l'axe, de tous les côtés également.

Plusieurs autres cristaux, de nature très différente du spath d'Islande, présentent ainsi une certaine ligne ou axe unique, autour de laquelle leur double réfraction s'exerce d'une manière symétrique, étant d'abord nulle sur les rayons qui passent suivant cet axe, et croissante d'intensité, à partir de cette limite, de manière à être la plus forte possible sur les rayons qui font avec l'axe un angle droit. Les cristaux ainsi constitués s'appellent des *cristaux à un seul axe*. Par exemple, le cristal de roche est dans ce cas, et son axe est parallèle aux arêtes du prisme hexaèdre suivant lequel il se présente presque toujours. Mais il y a, comme je l'ai fait connaître, entre sa double réfraction et celle du spath d'Islande, cette différence capitale, que, dans le spath, le rayon extraordinaire est toujours éloigné de l'axe par la réfraction plus que le rayon ordinaire, tandis que, dans le cristal de roche au contraire, le rayon extraordinaire se trouve toujours le plus rapproché de l'axe. Tous les cristaux à un seul axe que j'ai pu éprouver se sont trouvés posséder l'un ou l'autre de ces modes d'action, ce qui me les a fait distinguer en *cristaux à double réfraction attractive*, et *cristaux à double réfraction répulsive*. Ces dénominations, qui présentent l'expression même du phénomène, sont utiles dans une infinité de circonstances pour prévoir d'avance la disposition du rayon extraordinaire par rapport à l'autre, selon la classe à laquelle le cristal appartient; car il suffit, pour cela, de considérer quelle est la direction de l'axe dans le point de la surface où la réfraction et la séparation des deux rayons s'opèrent. On peut même, et cette considération est souvent utile, peindre aussi la séparation progressive et croissante des rayons, à mesure que leur direction s'écarte de l'axe dans chacune de ces classes de cristaux, en disant que les phénomènes se passent *comme s'il émanait* de l'axe une force attractive dans les uns et répulsive dans les autres; ce qui ne signifie pas toutefois qu'une pareille force existe ou s'exerce immédiatement.

Mais il se trouve aussi des cristaux en très grand nombre, dans lesquels la double réfraction est nulle suivant deux directions distinctes, formant entre elles un angle plus ou moins considérable, de sorte que les rayons se réfractent simplement suivant ces deux lignes, mais se doublent et s'écartent d'autant plus l'un de l'autre à mesure que leur direction de réfraction s'en éloigne. Les cristaux de ce genre ont été appelés *cristaux à deux axes*. Ils se distinguent également en deux classes, attractive et répulsive, déterminées par l'écart ou le rapprochement relatif qu'éprouvent, par rapport aux axes, les rayons qui y subissent la même espèce de réfraction; et les déviations absolues de ces rayons sont toujours nulles dans le sens des deux axes. On ne connaît pas jusqu'à présent de cristaux dans lesquels la double réfraction soit nulle suivant plus de deux directions, si ce n'est ceux dans lesquels elle est nulle suivant toutes les directions imaginables, tels que sont ceux dont la forme primitive est un cube ou un octaèdre régulier (*).

(*) Cette remarque importante, qui attache l'existence de la réfraction double ou simple à une condition dépendante de la forme primitive, est due à Dufay, comme on peut le voir dans son éloge par Fontenelle, et elle ne lui fait pas moins d'honneur que la distinction des deux électricités vitrée et résineuse, qui lui est due également.

Ayant reconnu ainsi les circonstances générales qui caractérisent le phénomène de la double réfraction, il faut en mesurer exactement les effets dans chaque classe de cristal, et tâcher d'en découvrir ainsi les lois. Pour cela, il n'y a pas d'autre parti à prendre que de tailler des plaques ou des prismes dans différens sens, relativement aux axes, d'y observer les réfractions extraordinaires sous diverses incidences, d'en chercher les lois particulières, et de tâcher de les composer en une seule loi générale. C'est ce que Huyghens a fait pour le spath d'Islande. La loi expérimentale qu'il en avait déduite a été vérifiée depuis par M. Wollaston, et ensuite par Malus, à l'aide d'expériences directes qui en ont confirmé l'exactitude. J'ai moi-même appliqué des épreuves analogues à plusieurs autres cristaux, soit à un seul axe, soit à deux axes, au moyen d'un appareil fort simple, qui permet de mesurer l'écart des deux rayons avec une très grande exactitude, même dans les cristaux où la double réfraction est la plus faible. Comme les observations de ce genre sont les fondemens indispensables de toute théorie, je crois devoir ici donner les détails de cet appareil.

Sa pièce principale consiste en deux règles d'ivoire AX, AZ (*fig.* 7), divisées en parties égales et disposées à angles droits. La première AX se pose sur une table à peu près horizontale; alors l'autre AZ devient verticale. Une colonne H*h*, dont les bases supérieures et inférieures sont parallèles, se promène sur la division AX, et peut être ainsi amenée à diverses distances connues de la division AZ.

Cette disposition suffit lorsque la réfraction extraordinaire que l'on veut observer s'opère dans le même plan que la réfraction ordinaire; ce qui a lieu, comme on sait, dans certaines circonstances. Comme ce cas est le plus simple, et suffit pour faire comprendre la méthode, je l'expliquerai d'abord.

Si la substance qu'on veut observer avait une réfraction très énergique, on pourrait, comme l'a fait Malus, se borner à en former des plaques parallèles, sur lesquelles on opérerait comme nous allons le dire ; mais ce cas étant infiniment rare, je supposerai en général que l'on taille le cristal en prisme pour rendre sa réfraction plus sensible. On donne à ce prisme un grand angle, un angle droit, par exemple (*fig.* 8), ce qui a l'avantage particulier de simplifier les calculs. Mais, comme la lumière ne peut pas traverser immédiatement les deux faces d'un pareil prisme, quand il est placé dans un milieu aussi peu réfringent que l'air, parce que les rayons SI, qui sont entrés par la première face, se réfléchissent intérieurement quand ils arrivent à la seconde, on fixe à cette seconde face, représentée par CD dans la figure 9, un prisme ou un parallélépipède de verre CFED, dont l'angle réfringent D est à peu près égal à l'angle C du prisme de cristal, de sorte que la face antérieure CB du cristal et la face postérieure DE du verre sont à peu près parallèles. La jonction des deux prismes s'opère en les chauffant, et faisant fondre entre leurs surfaces quelques petits grains bien purs de mastic en larmes qui s'étendent par la pression en une couche très mince et fort transparente. Cette couche, après le refroidissement, suffit pour faire adhérer fortement les deux surfaces et pour déterminer le passage de la lumière de l'une à l'autre, de sorte que la vision devient possible à travers le double prisme, comme le représente la figure. Alors on fixe celui-ci sur la colonne H*h*, *fig.* 7, en l'y posant par une face BB', parallèle à la face commune CD des deux prismes ; et, plaçant l'œil en V derrière la face postérieure du verre, on regarde à travers le double prisme la division verticale AZ. Elle paraît double, en vertu des deux réfractions que le cristal fait éprouver à chacun des rayons qui en émanent : de sorte qu'à proprement parler, on voit une division ordinaire et une extraordinaire, qui se superposent sur une direction verticale commune, du moins dans le cas particulier que nous considérons. Or, quelle que soit la loi des deux réfractions, les traits homologues des deux divisions ne s'écartent jamais partout également les uns des autres ; de sorte que si, en certaines parties, l'écart est d'un demi-intervalle des traits, un peu plus loin il est d'un intervalle entier, et en ce point-là les deux divisions coïncident, les traits coïncidens toutefois n'étant pas homologues. Plus loin, la coïncidence cesse, les traits des deux divisions s'écartent de nouveau; mais, à quelque distance de là, leur écart ayant augmenté d'un intervalle entier, ils se rejoignent, et de nouveau les deux divisions coïncident. Si, par exemple, le n° 451 de la division extraordinaire, que je désignerai par 451e, coïncidait, dans le premier cas, avec 450 de la division ordinaire, que j'appellerai 450°, de sorte que l'écart de deux divisions fût d'une partie, ce sera, je suppose, 502e qui coïncidera avec 500° à la seconde coïncidence; et ainsi l'écart, sous cette incidence, sera de deux parties : il deviendra de trois, si les numéros des divisions coïncidentes diffèrent de trois unités, et ainsi de suite. Maintenant, pour en suivre les conséquences, reprenons un de ces cas, le second, par exemple. Lorsque les traits 502e et 500° coïncident étant vus à travers le double prisme, cela prouve que le rayon extraordinaire émané du trait 502 arrive à l'œil en V, *fig.* 7, suivant la même direction que le rayon ordinaire émané de la division 500; et comme l'écart de ces deux rayons n'a pas pu être produit ni modifié par le prisme de verre, puisque ce prisme exerce sur eux une seule et même espèce de réfraction, à cause qu'il n'est point cristallisé, il s'ensuit que si les deux rayons 502e et 500° coïncident en arrivant à l'œil, ils ont aussi coïncidé en traversant le verre, et par conséquent ils coïncidaient déjà à leur émergence du cristal. C'est cette condition qui fournit un moyen très précis pour vérifier la loi que suit dans le cristal un des rayons relativement à l'autre. En effet, on peut déterminer la direction d'incidence de chacun de ces deux rayons, puisque l'un, EI par exemple, part du trait E, dont la position est connue sur la division verticale AZ, et arrive au point d'incidence I, dont la position est pareillement déterminée sur la colonne H*h*, par sa hauteur et sa distance à la division verticale. On a des données analogues pour le rayon incident O*i*, qui a subi la réfraction ordinaire, soit qu'on suppose son point d'incidence le même que pour EI, soit qu'on évalue la petite différence de ces points par le calcul, en ayant égard à l'épaisseur du prisme de cristal, comme je le dirai plus tard. Maintenant, supposons qu'il s'agisse d'un cristal à un seul axe; alors si l'on suit à travers le prisme le rayon OI qui subit la réfraction ordinaire, ce que l'on peut faire d'après la loi de Descartes, on peut le conduire ainsi jusqu'à son émergence à la seconde surface CD. Alors, si l'on veut éprouver la loi attribuée par Huyghens au rayon extraordinaire, il n'y a qu'à calculer d'après cette loi la marche d'un pareil rayon qui rentrerait dans le cristal par la surface CD, en dérivant du même rayon extérieur I″I′; et, reconduisant ce rayon à travers le prisme jusqu'à la première surface par la loi de réfraction extraordinaire, il devra, en ressortant par cette surface, aller coïncider dans son émergence avec le rayon incident EI. Il n'est pas inutile de remarquer que cette condition et l'observation même sont tout-à-fait indépendantes de la force réfringente plus ou moins grande du prisme de verre CDEF. Ce prisme ne sert absolument qu'à recevoir les rayons réfractés dans le cristal, et à rendre leur émergence possible. Nous avons supposé, dans l'exemple précédent, que le cristal observé était à un seul axe et que l'on voulait y vérifier la loi d'Huyghens; mais il est clair que le procédé serait le même si le cristal était à deux axes, et que l'on voulût y vérifier une loi théorique qui serait censée exprimer la marche de chaque rayon.

En outre, j'ai jusqu'à présent supposé la coupe du prisme telle, que les deux réfractions s'opérassent dans le plan d'incidence : c'est là le cas le plus simple; mais lorsqu'il y a aussi un écart latéral, je place perpendiculairement à la division verticale, et horizontalement, une règle divisée RR, *fig.* 10, qui s'amène et se fixe à la hauteur d'où l'on veut faire partir les rayons réfractés. Alors on observe aussi des coïncidences latérales sur la division de cette règle, de part et d'autre de la division verticale, en fixant la direction du point ou de la ligne d'incidence sur la première surface du prisme cristallisé, au moyen d'un petit trait que l'on trace sur cette surface même, ou, si l'on veut, en y collant une petite bande de papier, qui sert à limiter l'incidence des rayons dont on observe l'émergence commune.

On emploie des moyens analogues pour fixer les hauteurs des points d'incidence sur le cristal, quand on observe les coïncidences sur la division verticale; mais alors le bord de la bande de papier qui sert de limite doit être dirigé horizontalement.

On peut aussi observer des coïncidences sur la division horizontale AX, qui sert de base à la colonne H*h*. Alors les points d'incidence sur la première surface du prisme de cristal se limitent par les mêmes procédés.

En supposant les observations parfaitement exactes, ce même appareil pourrait faire directement connaître les déviations absolues que chaque rayon éprouve dans un prisme de cristal donné, de nature quelconque, même sans connaître aucunement les lois auxquelles ces déviations sont assujetties; car, après avoir fixé les angles et les points d'incidence et d'émergence, comme nous l'avons expliqué tout à l'heure, il suffirait d'observer sur quel trait de la division horizontale ou verticale va se projeter un autre trait, vu par chaque réfraction à travers le double prisme, ou à travers un prisme d'un angle moindre et non compensé. On peut par ce procédé vérifier directement la loi des sinus dans les cristaux à un axe, et mesurer même le rapport de réfraction des substances non cristallisées. Mais, pour obtenir ainsi des résultats absolus suffisamment exacts, il faut déterminer, avec la dernière précision, par exemple au moyen de la réflexion de la lumière, les angles des deux branches de l'appareil, ainsi que leur inclinaison, relativement au plan de glace qui porte les prismes. Ces opérations sont très délicates et exigent une parfaite rectitude dans les branches de l'appareil; mais toutes ces difficultés disparaissent lorsque l'on se borne à mesurer des écarts relatifs des rayons entre eux pour vérifier une loi de réfraction théoriquement donnée, parce qu'alors un des rayons étant rapporté à l'autre, une légère incertitude sur les valeurs absolues qui leur sont presque communes n'a qu'une influence insensible sur leur écart.

Dans toutes ces expériences, il faut, autant qu'il est possible, rendre les bords du prisme cristallisé tranchans, ou du moins peu épais, afin que les corrections relatives à son épaisseur soient extrêmement petites ou même insensibles. En effet, elles seraient tout-à-fait nulles si l'on observait par le bord même, puisqu'alors les deux rayons réfractés n'auraient qu'un trajet infiniment petit à faire dans le cristal pour arriver à la seconde surface, où ils se réunissent et émergent simultanément. Par le même motif, il ne faut pas dans les expériences placer la colonne très près de la division verticale sur laquelle les coïncidences s'observent, parce que les corrections d'épaisseur, très peu sensibles à une médiocre distance, le deviennent davantage lorsque la distance est très petite.

Outre ces précautions, il faut faire les faces des prismes bien planes, et mesurer les angles de leurs faces par la réflexion de la lumière. Il faut enfin connaître avec précision le sens dans lequel le prisme est taillé relativement à l'axe ou aux axes du cristal; ce qui exige que l'on ait préalablement déterminé les directions de ces axes, soit par l'observation immédiate des directions suivant lesquelles la double réfraction devient nulle, soit par des déductions tirées des expériences mêmes, soit enfin par d'autres procédés que nous ferons connaître plus tard. En suivant ces règles, on sera, je crois satisfait de la sensibilité de la méthode et de la précision dont elle est susceptible. Ces avantages tiennent principalement à la multiplicité des coïncidences de différens ordres qui se suivent sur les deux divisions simultanément réfractées. Les alternatives de superposition et de séparation des traits produisent, pour ainsi dire, l'effet de verniers, qui font juger avec une extrême exactitude le point où chaque coïncidence est la plus parfaite.

Supposant donc que, par ce procédé ou d'autres analogues, on ait déterminé, pour un certain cristal, l'écart des rayons suivant différens sens autour de ses axes, quelle est la liaison de ces écarts, et quelle est leur expression générale relativement aux axes du cristal? C'est, comme nous l'avons déjà dit, ce que Huyghens a fait pour les cristaux à un seul axe, au moyen d'une loi remarquable qu'il a liée au système des ondulations de la lumière; mais cette même loi a été depuis déduite aussi, par M. Laplace, de l'idée de la matérialité.

Lorsqu'on envisage la lumière comme une matière, la réfraction des rayons est produite par les forces attractives que les particules des corps exercent sur les molécules lumineuses, forces dont l'effet n'est sensible qu'à de très petites distances, et qui sont par là tout-à-fait semblables à celles que produisent les affinités chimiques. De là il résulte que, lorsque les particules lumineuses sont à une distance sensible du corps réfringent, elles n'en éprouvent qu'une action tout-à-fait inappréciable, de sorte que leur route primitive et rectiligne n'en est point altérée; elles ne commencent à se dévier de cette direction qu'au moment où elles approchent excessivement près de la surface réfringente, et même cet effet ne subsiste que pendant un instant infiniment court; car, dès que les particules ont pénétré dans l'intérieur des corps réfringens à une excessivement petite profondeur, l'action du nouveau milieu qui les environne devient sensiblement égale de toutes parts, ce qui rend de nouveau leur route rectiligne, quoique différente de la première qu'ils suivaient d'abord. On conçoit donc, d'après cela, que la portion courbe de leur trajectoire doit n'avoir qu'une étendue infiniment petite, inappréciable à nos sens, de sorte que le rayon paraisse se briser et changer brusquement de direction au point où il se réfracte, ce qui est en effet conforme à l'observation. Mais, par cela même aussi, la courbe qu'il décrit n'étant pas apercevable, on ne peut pas chercher dans les affections de sa forme la nature des forces qui sollicitent en chaque point les particules lumineuses, comme on a découvert la loi de la gravitation universelle, d'après la forme des orbites que les planètes et les comètes décrivent. Il faut donc suppléer, autant qu'on le peut, à cette ignorance, par quelque autre caractère également tiré des observations. Newton y est parvenu pour la réfraction ordinaire, en considérant chaque particule lumineuse qui traverse une surface réfringente, comme sollicitée avant, pendant et après son passage, par des forces attractives, sensibles seulement à des distances très petites, et émanant de toutes les molécules du milieu réfringent. Cette définition ne spécifie rien sur la loi du décroissement de ces forces dans l'étendue de distance où elles sont sensiblement variables ; elle permet seulement de calculer leur résultante pour chaque distance, et de les supposer constantes quand la distance devient sensible. Or, ces données suffisent pour calculer, non pas la vitesse des particules dans leur mouvement curviligne, ni la nature de ce mouvement, mais seulement les relations des vitesses et des directions définitives qui ont lieu, soit au dedans du milieu, soit au dehors, quand la distance des molécules lumineuses à la surface réfringente est devenue assez considérable pour que la route du rayon soit sensiblement rectiligne, ce qui comprend toutes les limites de distance où nous puissions observer.

Pour la réfraction extraordinaire, on n'a pas même cet avantage de pouvoir définir l'origine de la force moléculaire, ni comment elle émane individuellement de chaque particule du cristal ; car, ce que nous avons dit sur la représentation des phénomènes par des forces attractives ou répulsives émanées des axes, n'est que l'indication d'un résultat composé, et non pas l'expression d'une action moléculaire. Ce qu'on sait donc pour ce cas, ou au moins ce que l'on doit supposer quand on a adopté l'idée de matérialité de la lumière, c'est que les forces, quelles qu'elles soient, qui sollicitent les rayons lumineux dans cette circonstance, comme dans toute autre, sont attractives ou répulsives, ou à la fois l'un et l'autre, et émanent des molécules du cristal. Or, dans tous les cas où une molécule matérielle est sollicitée par de pareilles forces, son mouvement est assujetti à une condition générale de Mécanique, que l'on appelle le *principe de la moindre action.* En appliquant ici ce principe, et y joignant la condition particulière que les forces ne soient sensibles qu'à de très petites distances, M. Laplace en a déduit deux équations qui déterminent complètement et généralement la direction du rayon réfracté, pour chaque direction donnée d'incidence, lorsque l'on connaît la loi de la vitesse définitive des molécules lumineuses, dans l'intérieur du milieu, à une distance sensible des surfaces réfringentes.

Dans le cas de la réfraction ordinaire, la vitesse définitive est constante; car la déviation du rayon ordinaire est la même dans un même corps, suivant quelque direction qu'on l'éprouve, lorsque le milieu ambiant ne change pas. Aussi, quand on suppose la vitesse intérieure constante, les équations déduites du principe de la moindre action montrent que la réfraction s'opère dans le prolongement du plan d'incidence même, en suivant le rapport constant des sinus, ce qui est en effet la loi de la réfraction ordinaire dans tous les corps jusqu'ici observés.

D'après cela, il était naturel d'imaginer que la réfraction extraordinaire était produite par une vitesse variable, suivant la direction du rayon autour des axes du cristal. Or, en commençant par les cristaux à un seul axe, nous avons vu que la double réfraction s'exerçait symétriquement autour de leur axe, et que, d'abord nulle, suivant cet axe même, elle atteignait son *maximum* quand les rayons le coupaient à angle droit. Il faut donc, pour ces cristaux, se borner aux lois de vitesse qui satisfont à ces caractères. M. Laplace a essayé la suivante :

$$V^2 = v^2 + K \sin^2 U,$$

dans laquelle v représente la vitesse ordinaire, V l'extraordinaire, U l'angle formé par le rayon extraordinaire avec l'axe, et K un coefficient constant pour le même cristal. La substitution de cette loi de vitesse dans les équations du principe de la moindre action, lui a donné aussitôt la loi d'Huyghens.

Cette loi n'avait été complètement vérifiée que pour le spath d'Islande ; mais j'ai reconnu qu'elle s'étend encore au cristal de roche et au béril : seulement le coefficient K est positif dans les cristaux à double réfraction attractive, comme le cristal de roche, et négatif dans les autres. Sa valeur absolue change d'ailleurs d'une substance à une autre ; elle offre même quelquefois des variations dans des échantillons d'une même espèce minéralogique ; mais, avec ces modifications, il est extrêmement probable que la loi s'applique de même à tous les cristaux à un seul axe.

Maintenant, pour les cristaux à deux axes, on conçoit que la vitesse extraordinaire V doit dépendre des deux angles U, U′, que chacun des axes forme avec le rayon réfracté. L'analogie porte donc à essayer si le carré de la vitesse V n'y serait pas exprimé de même par une fonction du second ordre, mais plus générale, c'est-à-dire relative à ces deux angles ; or, dans un pareil cristal, les deux réfractions deviennent égales, quand le rayon réfracté suit l'un ou l'autre des deux axes. Cela exige qu'alors la vitesse extraordinaire devienne égale à l'ordinaire. Cette condition limite la généralité de la fonction du second ordre, et la réduit à la forme suivante :

$$V^2 = v^2 + K \sin U \sin U',$$

c'est-à-dire qu'il n'y reste plus que le produit des deux sinus. Tel est donc le résultat que l'analogie nous engage à éprouver ; il comprend comme cas particulier la loi d'Huyghens ; car lorsque l'angle des deux axes devient nul, ce qui ramène le cristal à un seul axe, les deux angles U, U′, deviennent égaux. Mais, dans ces cristaux, une circonstance nouvelle vient compliquer les phénomènes, et rendre plus difficile la recherche de leur loi générale. Cette circonstance, découverte par Fresnel, consiste en ce qu'aucun des deux rayons réfractés ne se trouve alors suivre la loi simple de réfraction de Descartes, suivant laquelle le sinus de réfraction est constamment proportionnel au sinus d'incidence ; d'où il suit qu'aucun d'eux ne peut être considéré comme ayant, dans le cristal, une vitesse constante, sous quelque direction qu'on le transmette, cette constance étant propre à la loi dont il s'agit.

Le fait de cette variabilité des deux vitesses peut être établi, comme l'a fait Fresnel, par une épreuve fort simple et purement négative. En effet, s'il s'opère, dans l'intérieur d'un corps, une réfraction à vitesse constante, ce mode de réfraction imprimera aux rayons incidens des déviations exactement égales à égale incidence, quels que soient d'ailleurs la direction et le sens de coupe suivant lequel ils sont introduits. Conséquemment, si l'on taille, dans la substance que l'on veut éprouver, plusieurs morceaux dans des sens divers, qu'on les accole latéralement les uns aux autres et qu'on les travaille ensuite tous ensemble de manière à en former un même prisme, dont les faces soient parfaitement planes, les déviations éprouvées par les rayons lumineux, en traversant ce prisme, devront être les mêmes dans toutes ses parties à incidence égale; de sorte, par exemple, que l'image d'une ligne droite parallèle au prisme ne sera point brisée, mais paraîtra encore une ligne droite, étant vue par réfraction. Or, en construisant de tels prismes, avec des morceaux d'une même topaze ou de tout autre cristal à deux axes, taillés dans des sens divers, on trouve que cette égalité de déviation n'a lieu pour aucune des deux réfractions, de sorte qu'il faut en conclure qu'aucune des deux n'est produite par une vitesse constante.

Mais si cette épreuve peut suffire pour constater la variabilité de la vitesse, elle en donnerait difficilement des mesures absolues assez précises, à cause des incertitudes que l'on éprouve quand on veut comparer les unes aux autres les réfractions des images transmises par les parties contiguës du prisme; incertitudes qui sont produites par la difficulté de rendre les surfaces d'incidence et d'émergence parfaitement planes, ainsi que par les irrégularités que les images réfractées offrent près des bords des morceaux contigus, où il faut les amener, quand on veut les comparer les unes aux autres. On ne peut pas davantage songer à observer les valeurs absolues des déviations diverses, parce que les erreurs que l'on serait exposé à commettre dans leurs évaluations pourraient devenir comparables aux différences de réfraction toujours très petites qu'il s'agit de mesurer; mais il existe un élément d'une observation facile, qui, étant intimement lié à la loi des vitesses, peut conduire indirectement à découvrir cette loi, puisqu'il offre des conditions variées auxquelles elle doit satisfaire. Cet élément est l'écart des deux faisceaux réfractés provenant de la division d'un même rayon incident extérieur qui pénètre le cristal par des faces, soit naturelles, soit artificielles, dont on peut connaître le sens de coupe. En effet, cet écart étant toujours très faible dans toutes les substances jusqu'à présent observées, et ses variations graduelles étant toujours très peu rapides autour de chaque direction d'incidence, il s'ensuit que la différence des deux vitesses dont il dépend doit être aussi constamment très faible comparativement à leur valeur absolue; de sorte que l'on peut considérer l'écart des deux rayons comme étant sensiblement proportionnel à cette différence même; et qu'en outre, dans les formules analytiques qui l'expriment, on peut négliger les variations des deux vitesses, par conséquent employer leurs valeurs absolues comme constantes, et telles qu'on les déduirait, selon la règle de Descartes, de quelques mesures de déviations absolues. Ceci, en nous montrant l'écart des rayons comme très propre à découvrir la loi de la différence des vitesses, nous engage à chercher les moyens de l'observer avec la dernière précision.

C'est à quoi l'on parvient même pour les cristaux dont la réfraction est la plus faible, à l'aide de l'appareil à coïncidences; et les résultats observés se sont toujours trouvés conformes à l'expression donnée tout à l'heure pour la différence des deux vitesses.

Quant à leurs expressions absolues, d'après ce que nous avons remarqué plus haut, elles se déduiraient difficilement de ce genre d'expériences. Fresnel, d'après des vues qui lui sont propres, était arrivé à leur supposer pour valeurs

$$V^2 = N^2 + K \sin^2 \tfrac{1}{2}(U' - U), \quad v'^2 = n^2 + K \sin^2 \tfrac{1}{2}(U' + U),$$

ce qui reproduit en effet

$$V_{\prime}^2 - V^2 = K \left\{ \sin^2 \tfrac{1}{2}(U' + U) - \sin^2 \tfrac{1}{2}(U' - U) \right\},$$

ou, en développant les sinus binomes et supprimant les termes qui se détruisent,

$$V_{\prime}^2 - V^2 = K \sin U . \sin U',$$

comme je l'avais trouvé précédemment. Fresnel avait vérifié l'exactitude de ces deux lois des vitesses sur diverses directions des rayons, prises dans les sections principales ; mais l'épreuve générale n'en a pas été faite, et c'est un point important dont j'ai commencé à m'occuper.

Les expériences font voir que la constante K est différente pour les rayons simples de diverses couleurs, comme il était facile de le prévoir par l'analogie. Mais M. Herschel le fils a découvert en outre que, dans les cristaux à deux axes, l'angle des axes est généralement inégal pour les différens rayons lumineux, ce qui est un résultat fort remarquable.

De la Polarisation de la Lumière.

La polarisation de la lumière est une propriété découverte par Malus, et qui consiste dans certaines affections que les rayons lumineux prennent lorsqu'ils ont été réfléchis par des surfaces polies, ou réfractés par ces surfaces, ou enfin transmis à travers des corps cristallisés doués de la double réfraction. Dans l'impossibilité d'exposer ici complètement les détails de ces phénomènes, je vais du moins indiquer quelques-unes des expériences par lesquelles on les produit.

La première et la principale consiste à donner aux rayons lumineux une modification telle, que les molécules qui composent un même rayon échappent ensemble à la réflexion, lorsqu'on les présente aux surfaces réfléchissantes par de certains côtés et sous de certaines incidences déterminées.

Pour en donner un exemple, supposons qu'un rayon solaire SI, *fig.* 11, tombe sur la première surface LL d'un plan de verre poli et non étamé, en formant avec ce plan un angle de 35° 25′ : ce rayon se réfléchira suivant une ligne droite II′, en faisant l'angle de réflexion égal à l'angle d'incidence. Dans un point quelconque de son trajet, recevez-le sur un autre plan de verre L′L′ qui soit pareillement poli et non étamé, il y subira encore en général une seconde réflexion partielle. Mais cette réflexion deviendra nulle, si le second plan de verre forme aussi un angle de 35° 25′ avec la droite II′; et si, de plus, il est tourné de manière que la seconde réflexion se fasse dans un plan II′L′ perpendiculaire au plan SIL dans lequel la première réflexion s'est opérée.

Afin de faire mieux comprendre cette disposition des deux glaces, imaginons que II′ soit une ligne verticale, et que le premier plan de réflexion SIL soit le méridien; alors le second plan de réflexion II′L′ sera le vertical qui passe par les points d'est et d'ouest.

Avant d'entrer dans les conséquences de cette remarquable expérience, je vais donner quelques détails sur la manière de la faire commodément et avec exactitude.

On peut imaginer bien des appareils propres à atteindre ce but. Celui que j'ai coutume d'employer est représenté dans la *fig.* 12. Il est très simple, et suffit à toutes les expériences de la polarisation. Il est composé d'un tuyau TT′, aux deux bouts duquel on ajuste deux tambours qui peuvent y tourner à frottement ferme. Chacun d'eux porte une division circulaire qui marque les degrés. De deux points opposés de leur circonférence partent deux branches de cuivre TV, T′V′, parallèles à l'axe du tuyau, et entre lesquelles est suspendu un anneau de cuivre AA, qui peut tourner autour d'un axe XX perpendiculaire à la direction commune des deux branches. Le mouvement de cet anneau est également mesuré par une division circulaire, et l'on peut l'arrêter par des vis de pression. Lorsqu'on veut exposer une lame quelconque aux rayons lumineux, on l'applique sur la surface de l'anneau, et on l'y fixe; ensuite on peut lui donner toutes les situations imaginables relativement au rayon lumineux qui passe par l'axe du tuyau; car le tambour, en tournant circulairement autour du tuyau, amène le plan de réflexion dans tous les azimuts possibles, et le mouvement de l'anneau autour de son axe XX lui permet de présenter la lame au rayon incident sous toutes les inclinaisons. La division qui règle ce mouvement doit marquer zéro quand le plan de l'anneau est perpendiculaire à l'axe de la lunette, et les divisions des tambours doivent avoir leur zéro sur une même ligne droite parallèle à l'axe du tuyau. Il faut donc en construisant l'appareil avoir soin que ces conditions soient satisfaites; mais il suffit qu'elles le soient à peu près, car on peut achever de suppléer à leur exactitude en répétant chaque observation des deux côtés de l'axe du tuyau, et prenant la moyenne des nombres de degrés que la division indique dans ces deux positions opposées.

Si l'on veut, par exemple, répéter l'expérience de Malus, que nous avons rapportée tout à l'heure, on placera une glace sur chaque anneau, et on les disposera de manière qu'elles fassent chacune un angle de 35° 25′ avec l'axe du tuyau. Puis, on amènera la division d'un des tambours sur zéro, et l'autre sur 90°, afin que les plans de réflexion sur les deux glaces soient rectangulaires. Cela fait, on rendra le tuyau fixe, et l'on placera à quelque distance une bougie allumée dont on variera la position jusqu'à ce qu'un des rayons qui en émanent se réfléchisse suivant l'axe TT′. Cela arrivera lorsqu'en regardant à travers le tuyau, l'on y verra l'image de la bougie par réflexion sur la première glace. Les choses étant ainsi disposées, le rayon réfléchi rencontrera aussi la seconde glace sous le même angle de 35° 25′; alors, selon les diverses positions qu'on donnera au tambour T′T′ qui porte cette glace, le rayon provenant de la seconde réflexion aura des degrés différens d'intensité, et il existera deux positions opposées du tambour où cette intensité deviendra tout-à-fait nulle, du moins en n'ayant égard qu'à la portion de lumière que les glaces réfléchissent régulièrement. Il faut avoir soin de placer un corps noir derrière la glace L'L' du côté opposé à la lumière réfléchie, afin d'intercepter les rayons étrangers qui pourraient être envoyés de ce côté par les objets extérieurs, et qui, traversant la glace et arrivant à l'œil, se mêleraient avec les rayons réfléchis que l'on peut observer. Il faut prendre la même précaution pour la première glace réfléchissante LL; et en outre, comme celle-ci n'est jamais employée que pour la réflexion qui s'opère à sa première surface, on peut noircir, pour toujours, sa surface postérieure avec de l'encre de Chine, ou en l'exposant à la fumée d'une lampe; mais il ne faut pas recouvrir cette surface d'un enduit métallique : on en verra plus tard la raison.

Au lieu d'employer la flamme d'une bougie pour corps lumineux, on peut employer la lumière des nuées, que l'on reçoit dans le tuyau de la lunette après qu'elle s'est réfléchie sur la première glace LL; mais alors, pour conserver aux rayons les incidences précises qui produisent le phénomène, il faut limiter le champ que le tuyau embrasse, en plaçant dans son intérieur quelques diaphragmes d'une très petite ouverture. Il faut aussi, de même que tout à l'heure, placer un drap noir sous la glace réfléchissante, ou mieux encore, recouvrir sa face inférieure avec une couche d'encre de Chine, pour arrêter les rayons qui pourraient venir par réfraction des objets situés audessous. De cette manière, lorsqu'on regardera dans le tuyau de la lunette la glace LL étant tournée vers les nuées, on verra un petit espace parfaitement blanc et brillant, sur lequel on pourra faire toutes les expériences. Cette blancheur parfaite est un grand avantage; elle est même indispensable dans un grand nombre de cas où il faut observer et comparer des teintes diverses. On ne peut jamais y réussir aussi bien en se servant de la flamme d'une bougie ou de toute autre substance embrasée, aucune de ces flammes n'étant parfaitement blanche. Enfin, il faut en général modérer la vivacité du rayon incident, de manière que la portion irrégulièrement réfléchie sur les deux glaces ne soit pas sensible; car cette portion se trouvant, après la réflexion, à l'état de lumière rayonnante ne peut pas être polarisée en un seul sens; l'autre portion, qui a été réfléchie régulièrement, est la seule qui subit cette polarisation, et par conséquent elle seule échappe à la réflexion sur la seconde glace.

Au reste, quel que soit l'appareil que l'on adopte, le procédé sera toujours le même, et l'on observera les mêmes phénomènes de réflexion sur la seconde glace. Pour les exposer d'une manière méthodique, qui permette d'en saisir facilement l'ensemble, je supposerai, comme tout à l'heure, que le plan d'incidence SIL, *fig.* 11, du rayon sur la première glace coïncide avec le plan du méridien, et que le rayon réfléchi II′ est vertical. Alors si l'on fait tourner le tambour T′T′ qui porte la seconde glace, *fig.* 12, cette glace tournera aussi autour du rayon réfléchi, en formant toujours avec lui le même angle; et le plan dans lequel s'opère la seconde réflexion se trouvera nécessairement dirigé vers les divers points de l'horizon, ou dans les différens *azimuts*. Cela posé, voici les phénomènes que l'on observera :

Lorsque le second plan de réflexion est dirigé dans le méridien, et par conséquent coïncide avec le premier, l'intensité de la lumière réfléchie par la seconde glace est à son maximum;

A mesure que le second plan, en tournant, s'éloigne d'être parallèle au premier, l'intensité de la lumière réfléchie diminue;

Enfin, lorsque le second plan de réflexion est dirigé dans le vertical d'est et ouest, par conséquent perpendiculaire au premier, l'intensité de la lumière réfléchie régulièrement est absolument nulle sur les deux surfaces de la seconde glace : la lumière la traverse en totalité.

Si l'on continue à tourner le tambour au-delà du premier quart de la circonférence, les mêmes phénomènes se reproduisent dans un ordre inverse, c'est-à-dire que l'intensité de la lumière croît précisément comme elle avait diminué, et elle redevient la même à une même distance du vertical d'est et ouest. Par conséquent, lorsque le second plan de réflexion revient de nouveau dans le méridien, on arrive à un second maximum d'intensité pareil au premier. Alors la face réfléchissante de la seconde glace a décrit autour du rayon une demi-circonférence, et il se présente à elle par une face opposée à celle qu'il offrait d'abord. Au-delà de ce terme, si l'on continue à tourner le tambour, l'intensité de la lumière réfléchie varie précisément comme de l'autre côté du méridien. Elle diminue continuellement à mesure que le plan de la seconde réflexion s'éloigne du méridien; elle devient tout-à-fait nulle dans le vertical d'est et ouest, et augmente ensuite de nouveau jusqu'au méridien, où elle atteint son dernier maximum comme la première fois.

On voit ainsi que, dans la rotation complète de la glace, l'intensité de la lumière réfléchie présente deux *maxima* correspondans aux azimuts o et 180°, et deux *minima* répondans aux azimuts 90° et 270°. De plus, autour de ces diverses limites, les variations sont les mêmes dans les différens quadrans. On satisfait à toutes ces conditions en supposant, avec Malus, que l'intensité du faisceau réfléchi est constamment proportionnelle au carré du cosinus de l'angle que le second plan de réflexion forme avec le premier.

Les résultats de cette belle observation étant ainsi rassemblés sous un seul aspect, nous en tirons cette conséquence générale, que le rayon réfléchi par la première glace n'est point réfléchi par la seconde, sous cette incidence, quand il se présente à elle par ses pans est et ouest; mais qu'il l'est, au moins en partie, quand il se présente à elle par deux autres quelconques de ses pans opposés. Or, si la lumière est une matière émise, un rayon n'est que la succession infiniment rapide d'une série de molécules lumineuses, et ses pans ne sont que la suite des pans des molécules. Il faut donc nécessairement conclure que celles-ci ont des faces douées de propriétés physiques différentes, et que, dans la circonstance présente, la première réflexion a tourné, vers les mêmes côtés de l'espace, des faces, sinon semblables, du moins également douées de la propriété dont il s'agit. C'est cet arrangement des molécules que Malus a nommé *polarisation de la lumière*, assimilant l'effet de la première glace à celui d'un aimant qui tournerait les pôles d'une série d'aiguilles magnétiques tous dans la même direction.

Jusqu'ici, nous avons supposé que le rayon, soit incident, soit réfléchi, faisait avec les deux glaces un angle de 35° 25'. C'est en effet seulement sous cet angle que le phénomène a lieu complètement. Si, sans changer l'inclinaison du rayon sur la première glace, on fait d'abord varier tant soit peu l'inclinaison de la seconde, l'intensité de la lumière réfléchie n'est plus nulle dans aucun azimut, mais elle devient la plus faible possible dans le vertical d'est et ouest, où elle était nulle auparavant. Si, au contraire, sans changer l'inclinaison du rayon réfléchi sur la seconde glace, on fait seulement varier son incidence sur la première, on trouvera encore que ce rayon, en tombant sur la seconde glace, ne la traverse pas totalement. Il éprouve à sa première et à sa seconde surface une réflexion partielle, qui, si l'on a peu dérangé la première glace, atteindra son *minimum* dans le vertical d'est et ouest.

On produit encore des phénomènes pareils en substituant aux glaces des lames polies formées avec la plupart des substances diaphanes. Pour cela, les deux plans de réflexion successifs doivent toujours rester rectangulaires, mais il faut présenter les lames aux rayons lumineux sous des angles divers, selon leur nature, et selon celle du milieu ambiant à travers lequel la lumière leur arrive. Si la substance de la lame réfracte *plus* fortement que ce milieu, ou *autant*, ou *moins*, l'angle de polarisation compté de la surface commune est *moindre* que 45°, ou *égal* ou *plus grand*; et il se rapproche de la première ou de la dernière limite, d'autant plus que la différence des rapports de réfraction est plus forte, dans le sens qui convient à chacune d'elles. Par exemple, lorsque la réflexion s'opère sur la première surface d'un morceau de verre poli, environné d'air, nous avons vu que l'angle de polarisation, compté de la surface, est de 35° 25'; il serait seulement de 32°, si le verre était remplacé par un morceau de baryte sulfatée, et se réduirait à 23° sur le diamant. Maintenant substituez à l'air de l'huile essentielle de térébenthine, qui réfracte presque exactement comme le verre; alors l'angle de polarisation, soit à la première surface du verre, soit à la seconde, différera extrêmement peu de 45°. A la seconde surface, la réflexion est censée se faire sur le milieu ambiant qui limite le verre. Supposez que ce milieu soit de l'air; alors l'incidence intérieure dans le verre, toujours comptée de la surface, devra, pour la polarisation complète, surpasser 45°. Aussi est-elle de 57° 25' 30"; et elle serait de 72° 21' 50" à l'émergence du diamant. En général, d'après une remarque très curieuse de M. Brewster, l'incidence de la polarisation complète est toujours exactement, ou à très peu de chose près, telle, que le rayon réfléchi soit perpendiculaire au rayon réfracté. Les angles déterminés d'après cette condition s'accordent singulièrement bien avec l'expérience, et satisfont aussi aux limites que nous avons plus haut fixées; car, en représentant par SI, IR, IR', *fig.* 13, 14, 15, les rayons incidens, réfléchis et réfractés qui s'en déduisent, dans les trois cas que nous avons distingués, on voit bien que l'angle de polarisation SIA aura avec 45° les rapports de différence ou d'égalité que nous avons annoncés d'après l'expérience. La loi s'applique même aux substances qui, ainsi que le diamant et le soufre, ne produisent jamais qu'une polarisation incomplète. Alors l'angle indiqué par la construction de M. Brewster est celui sous lequel il reste le moins de lumière non polarisée dans le rayon réfléchi.

Le mode d'observation que nous avons appliqué aux glaces polies étant employé généralement peut servir à prouver que la polarisation, lorsqu'elle est complète, est toujours une modification parfaitement identique sur quelque substance qu'elle ait été déterminée; car, lorsqu'on a disposé deux lames d'une substance, de manière que le rayon réfléchi par la première échappe à la réflexion sur la seconde, auquel cas cette substance polarise complètement la lumière, on peut substituer à la seconde lame une glace polie, et, en plaçant cette glace, par rapport au rayon réfléchi, sous l'inclinaison qui produit la polarisation complète sur sa surface, laquelle est de 35° 25′, le rayon la traversera encore. Réciproquement, on peut remplacer la première lame par une glace polie qui reçoive les rayons incidens sous un angle de 35° 25′ avec sa surface, et le rayon réfléchi qu'elle produira échappera encore à la réflexion de la seconde lame, dans les circonstances propres à la substance dont cette lame est faite. Enfin, les variations d'intensité du rayon réfléchi aux divers azimuts de la seconde lame sont toujours assujetties aux mêmes lois.

Pour fixer ces propriétés par des caractères géométriques, considérons un rayon II′, *fig.* 16, polarisé par réflexion sur une glace LL; et, dans chacune des molécules qui le composent, menons trois axes rectangulaires cz, cx, cy, dont le premier cz soit dirigé dans le sens du mouvement de translation des molécules, le second cx dans le plan de réflexion SIC perpendiculairement au premier, et le troisième perpendiculaire aux deux autres. Alors, quand le rayon II′ rencontrera une seconde glace L′L′, disposée de manière à ne pas le réfléchir, les forces réfléchissantes qui émaneront perpendiculairement de cette glace se trouveront aussi perpendiculaires à l'axe cx; de plus, elles agiront également sur la partie des molécules située vers cx, et sur la partie située vers cx', puisqu'en détournant un peu la glace de la position où la réflexion est nulle, ses effets sont symétriques de part et d'autre de cette position. Ainsi, l'action des forces réfléchissantes, *sous cette incidence*, ne pourra faire tourner l'axe xcx' ni à droite ni à gauche, pas plus que la pesanteur ne peut faire tourner un levier horizontal, dont les deux bras sont égaux. Elles ne pourront donc pas amener cet axe dans leur propre plan, comme nous voyons qu'il s'y trouvait dans la première réflexion par laquelle la polarisation s'est opérée sur la glace LL. Ceci nous montre que c'est de cet axe que les propriétés des molécules lumineuses dépendent. Nous le nommerons en conséquence *l'axe de polarisation*, et nous concevrons sa direction semblablement et invariablement déterminée dans chaque molécule. En outre, pour abréger, nous appellerons *cz l'axe de translation*; mais nous ne supposons pas celui-ci invariable dans chaque molécule, et nous le considérerons seulement comme relatif à sa direction actuelle, afin de laisser à la molécule la liberté de tourner autour de son axe de polarisation. D'après ces définitions, tous les résultats que nous avons jusqu'à présent obtenus pourront s'énoncer très simplement et très clairement de la manière suivante :

Lorsqu'un rayon de lumière est réfléchi par une surface polie, sous l'incidence qui produit la polarisation complète, l'axe de polarisation de toutes les molécules réfléchies est situé dans le plan de réflexion, et perpendiculaire à l'axe actuel de translation de ces particules.

Si les molécules incidentes sont tournées de manière que cette condition soit impossible à remplir, elles ne se réfléchiront point, *du moins sous l'incidence qui détermine la polarisation complète*. Cela arrive quand l'axe de polarisation des molécules incidentes est perpendiculaire au plan d'incidence, l'angle d'incidence étant d'ailleurs convenablement déterminé.

Généralement, lorsqu'une surface polie reçoit un rayon polarisé sous l'incidence où elle produirait elle-même la polarisation complète, si on la fait tourner ainsi autour de ce rayon sans changer l'incidence, la quantité de lumière qu'elle réfléchit dans les diverses positions est proportionnelle au carré du cosinus de l'angle que le plan d'incidence, sur sa surface, forme avec l'axe de polarisation.

Lorsqu'un rayon lumineux a reçu la polarisation dans un certain sens, par le procédé que nous venons de décrire, il transporte avec lui cette propriété dans l'espace, et la conserve sans altération sensible quand on lui fait traverser perpendiculairement des épaisseurs, même considérables, d'air, d'eau, et, en général, des substances qui exercent la réfraction simple (*); mais celles qui exercent la double réfraction altèrent, en général, la polarisation du rayon, et d'une manière en apparence subite, pour lui en communiquer une nouvelle de même nature dans un autre sens. Ce n'est que dans certaines directions des cristaux que le rayon peut échapper à cette influence perturbatrice. Cherchons à comparer de plus près ces deux genres d'actions.

Celle des cristaux à un seul axe sur les rayons qui les traversent a été étudiée par Malus, et il en a réuni les effets dans la loi suivante. Lorsqu'un rayon naturellement émané d'un corps lumineux traverse un cristal à un seul axe, et s'y divise en deux faisceaux de directions diverses, chacun de ces faisceaux est polarisé en un sens unique; l'ordinaire l'est suivant le plan qui passe par sa direction et par une ligne parallèle à l'axe du cristal; l'extraordinaire l'est perpendiculairement au plan mené de même relativement à sa direction. L'un et l'autre de ces rayons reçus sur une glace après leur émergence, s'y comportent dans la réflexion conformément aux sens de polarisation que nous venons de leur assigner.

Cette loi subsiste encore lorsque le rayon qui a pénétré le cristal a été préalablement polarisé par la réflexion. Les deux faisceaux réfractés sont toujours polarisés comme s'ils avaient été composés de lumières directes; mais leur intensité relative est différente suivant le sens de la polarisation primitive qu'on leur a donnée. Ce sens disposait donc déjà les particules lumineuses à subir de préférence l'une ou l'autre réfraction.

Ces deux lois ont été découvertes par Malus. L'analogie que j'ai fait remarquer plus haut entre les cristaux à un axe et les cristaux à deux axes m'a montré comment il fallait la modifier afin de l'étendre à ces derniers. Pour trouver le sens de polari-

---

(*) Je dis *en général*, parce que j'ai découvert qu'il existe des substances non cristallisées, et même des liquides qui troublent la polarisation en vertu de certaines forces propres à leurs particules, et indépendantes de leur mode d'agrégation. Nous reviendrons plus tard sur ce phénomène.

sation du rayon ordinaire, menez un plan par sa direction et par chacun des axes du cristal. Si chacun de ces deux axes existait seul, le rayon ordinaire serait polarisé dans le plan qui s'y rapporterait. Or, il se trouve réellement polarisé dans un plan intermédiaire entre ces deux-là ; et le rayon extraordinaire se trouve polarisé perpendiculairement au plan analogue mené par sa direction entre les deux plans qui contiennent les deux axes. Si l'angle de ceux-ci devient nul, leurs directions se réunissent ; alors le cristal devient à un seul axe, et le sens de la polarisation qu'il exerce devient conforme aux indications de Malus. J'ai vérifié cette loi directement sur les deux faisceaux réfractés par la topaze ; pour les autres cristaux dans lesquels je n'ai pas eu encore la possibilité de la vérifier directement, on peut, par la considération d'autres phénomènes dont je parlerai tout à l'heure, juger qu'elle s'y applique encore.

Ces lois de polarisation sont applicables toutes les fois que les deux rayons réfractés par un cristal sont observés séparément ; mais lorsqu'on les reçoit simultanément, et dans les directions très peu différentes, le sens de leur polarisation apparente se trouve modifié, et en même temps leur concours produit des couleurs que M. Arago a le premier observées, et dont j'ai déterminé les lois expérimentales. La disposition la plus simple pour produire ces phénomènes est de placer une lame mince d'un cristal dans la direction d'un rayon blanc, préalablement polarisé par réflexion, et d'analyser la lumière transmise en la faisant passer dans un prisme doué de la double réfraction. Cette lumière se résout ainsi en deux portions, colorées de teintes complémentaires, que j'ai reconnues être analogues avec celles des anneaux colorés, et dont l'une se comporte comme si elle avait conservé sa polarisation primitive, tandis que l'autre montre une polarisarion nouvelle, dont la direction dépend de celle que l'on donne aux axes de cristal, en tournant la lame cristallisée sur son propre plan. En suivant ainsi graduellement le sens de la polarisation que reçoit une même molécule de lumière lorsqu'elle se transmet à travers des épaisseurs diverses de matière cristallisée, on trouve qu'elle éprouve à des alternatives périodiques, qui, si la lumière est une matière émise, indiquent dans les axes des particules lumineuses, un mouvement d'oscillation qui accompagne leur mouvement progressif. J'ai désigné ce fait par le nom de *polarisation mobile*, qui n'est que la simple expression des résultats qu'il présente à l'observation. Si l'on adopte le système des ondes, les couleurs des deux images peuvent s'attribuer à l'interférence des deux faisceaux dans lesquels la lumière polarisée incidente se divise en traversant la lame cristallisée. C'est aussi ce qu'a fait Young ; et, ce qui est fort remarquable, le calcul établi sur ce principe lui a donné la nature des teintes, et les périodes après lesquelles elles se succèdent, précisément comme je les avais déterminées par l'expérience. Quant aux alternatives de polarisation, elles deviennent, dans le système des ondes, un résultat composé produit par l'influence mutuelle des rayons qui interfèrent, et l'on peut tirer des observations mêmes les conditions auxquelles il faut assujettir le mélange des ondes pour que le nouveau sens de la polarisation apparente ait lieu : c'est ce qu'a fait Fresnel ; et aussi les indications de ses formules se sont trouvées conformes en tout point aux lois que j'avais tirées de l'observation.

Au lieu de produire ces interférences des rayons, en leur faisant traverser des lames minces cristallisées, on peut y employer des plaques épaisses, pourvu que les rayons traversent ces plaques en faisant de très petits angles avec l'axe, ou les axes, des cristaux dont elles sont tirées. Si l'on fait cette expérience avec un faisceau conique de lumière, assez large pour que les différens rayons qui le composent aient des inclinaisons sensiblement différentes autour des axes de la plaque, et en éprouvent conséquemment des doubles réfractions d'une énergie sensiblement diverse, ces rayons, analysés après leur émergence, offrent des couleurs différentes, réunies dans le même système de polarisation ; et l'ensemble de ces couleurs forme autour des axes des zones colorées, dont la configuration indique le système d'action polarisante exercée par la substance que l'on considère. Ce genre d'expérience est donc très propre à faire découvrir les axes, et à indiquer le mode de polarisation que chaque substance imprime aux rayons.

En général, les interférences des rayons polarisés offrent des particularités très remarquables, dont plusieurs ont été découvertes et analysées par MM. Arago et Fresnel avec beaucoup d'art et de bonheur; mais les bornes de cet ouvrage ne me permettant pas de les exposer ici en détail, j'en citerai seulement une : c'est que les rayons polarisés à angles droits ne s'influencent point quand on les fait interférer l'un avec l'autre, tandis qu'ils conservent la propriété de s'influencer lorsqu'ils sont polarisés dans un même sens.

Les corps cristallisés ne sont pas les seuls qui modifient la polarisation imprimée aux rayons lumineux ; nous avons trouvé, Malus et moi, par des expériences différentes, mais simultanées, que si l'on fait réfracter un rayon successivement par une suite de glaces parallèles, on finit par le polariser en un seul sens perpendiculairement au plan de réfraction. Malus, par une analyse très adroite de ce phénomène, a montré de plus qu'il est progressif ; la première glace polarisant une petite portion de la lumière transmise ; la seconde, une petite portion de celle qui a échappé à la polarisation de la première, et ainsi de suite. M. Arago, en mesurant ces intensités successives par un procédé qui lui est propre, a trouvé qu'elles sont exactement égales aux quantités de lumière polarisée en sens contraire par chaque réflexion. Un phénomène analogue à celui des piles se produit naturellement, comme je l'ai le premier fait voir dans les aiguilles de tourmaline, qui semblent être composées d'une multitude d'aiguilles plus petites, accolées les unes aux autres, sans adhérer par une combinaison tout-à-fait intime. Toute la lumière qui traverse une aiguille pareille, sous l'incidence perpendiculaire, se trouve ensuite polarisée perpendiculairement à ses arêtes ; d'où il suit que si l'on croise deux pareilles aiguilles à angles droits et qu'on regarde à travers leur système, le point de croisement paraît tout-à-fait opaque. Cette propriété des plaques de tourmaline est extrêmement commode pour imprimer à un faisceau de rayons un sens donné de polarisation, ou pour reconnaître ce sens lorsqu'il est imprimé.

Enfin, j'ai découvert que certains corps solides, et même certains fluides, ont la propriété de changer progressivement la polarisation primitivement imprimée aux rayons qui les traversent; et, par l'analyse des phénomènes que ces substances produisent, j'ai fait voir que cette propriété appartient à leurs molécules, de sorte qu'elles la conservent dans tous les états de solide, de liquide et de gaz, et même dans toutes les combinaisons où on les peut faire entrer. Fresnel a trouvé entre ces phénomènes et la double réfraction des corps cristallisés, des rapports qui semblent les lier d'une manière très intime par l'intermédiaire de la réflexion totale.

Puisque la réflexion et la réfraction, même ordinaire, modifient la polarisation de la lumière, on peut s'attendre à voir se développer cette propriété quand on fait passer des rayons lumineux à travers des milieux de densité régulièrement variable. Aussi trouve-t-on que tous les corps transparens qui sont assez élastiques pour admettre différentes positions de leurs particules autour du même état d'équilibre, comme le verre, les cristaux, les gelées animales, développent des phénomènes de polarisation lorsqu'ils sont comprimés ou dilatés, ou rendus inégalement denses, par un échauffement considérable, suivi d'un refroidissement rapide et inégal sur leurs différentes parties. Ces phénomènes, découverts d'abord par M. Seebeck, ont été ensuite étudiés et considérablement étendus par le docteur Brewster. Ce savant a aussi remarqué que les réflexions successives de la lumière sur des plaques métalliques y produisaient des phénomènes de couleurs, dans lesquels j'ai reconnu, ainsi que lui, tous les caractères de la polarisation alternative.

Connaissant, par ce qui précède, les lois expérimentales suivant lesquelles la lumière se divise dans les cristaux doués de la double réfraction, on peut considérer ces effets comme des épreuves propres à caractériser le mode intime d'agrégation de ces corps, et à déceler la nature de leur système cristallin. Les rayons de lumière deviennent ainsi comme une sorte de sonde très déliée, que l'on fait pénétrer dans la substance même des corps, et qui, s'insinuant entre leurs parties les plus petites, permet d'étudier ainsi leur arrangement, que jusqu'alors les minéralogistes concluaient seulement de l'inspection des formes extérieures. J'ai montré l'usage de cette méthode en l'appliquant à une classe nombreuse de minéraux, désignés par les minéralogistes sous le nom générique de *mica*, et je crois en avoir déduit, par des preuves décisives, que l'on a réuni sous ce nom un grand nombre de substances très diverses quant à leur cristallisation et à leur nature. J'ai aussi employé les phénomènes de polarisation alternative pour construire un colorigrade qui, en reproduisant partout les mêmes séries de couleurs, dans un ordre parfaitement pareil, par le seul effet de sa construction, offre un mode de désignation aussi comparable que le thermomètre l'est pour les degrés de température.

Beaucoup d'autres expériences ont été faites, et beaucoup d'autres propriétés ont été reconnues dans les rayons polarisés; mais les bornes de cet abrégé ne nous permettent pas de les exposer ici en détail, et il a fallu nous borner aux résultats qui étaient, je ne dirai pas les plus importans, mais de l'exposition la plus facile, notre but, dans cet exposé rapide, étant de donner le goût plutôt que la connaissance complète de ces phénomènes, qui offrent un champ si vaste aux nouvelles recherches, et qui, si près encore de leur première découverte, ont déjà donné d'utiles applications pour la Physique et la Minéralogie.

FIN.

APPENDICE.

Table des Forces élastiques de la vapeur à de hautes pressions.

La connaissance exacte des forces élastiques de la vapeur aqueuse pour des températures élevées devenant de jour en jour plus importante pour les applications industrielles, et même pour la sûreté des personnes qui y sont employées, le Gouvernement a demandé à l'Académie de les faire déterminer exactement par l'expérience. Cette recherche a été confiée à une commission dont le travail vient d'être rendu public. Le rapporteur, M. Dulong, a bien voulu m'en communiquer les principaux résultats dans les tableaux suivans, qui ont été rédigés par lui-même ainsi que les notes qui les accompagnent. Le premier de ces tableaux renferme les résultats immédiats des expériences faites par MM. Dulong et Arago, depuis 1 jusqu'à 24 atmosphères. Il montre qu'elles peuvent être interpolées avec une suffisante exactitude par une formule que les commissaires indiquent. Le second tableau exprime la relation des températures et des forces élastiques depuis 1 jusqu'à 50 atmosphères, calculées jusqu'à 24 atmosphères d'après les expériences, et au-dessus par la formule d'interpolation dont nous venons de parler : sur quoi il importe de remarquer que cette formule est uniquement donnée comme applicable aux températures qui excèdent 100°, et qu'il ne faudrait pas l'employer au-dessous de ce terme. Dans ce dernier cas, il faudrait recourir à la table de la page 169.

Forces élastiques de la vapeur d'eau et températures correspondantes d'après l'observation.

CONDITIONS de l'expérience.	FORCE élastique en mètres de mercure à 0°.	THERMOM. à mercure plongé dans la vapeur.	THERMOM. à mercure plongé dans l'eau.	TEMPÉRAT. sur le therm. à mercure d'après la formule.
Maximum.......	1m6292	122°97	123°7	122°97
Températ. ascend..	2,1767	132,58	132,8	
Presque maximum	2,1816	132,64	133,3	132,9
Températ. ascend..	2,5386	137,7	138,3	
Maximum.......	3,4759	149,54	149,7	149,77
Températ. ascend..	3,6868	151,87	151,9	
Températ. ascend..	3,881	153,64	153,7	
Maximum.......	4,9383	163	163,4	163,47
Maximum.......	5,6054	168,4	168,5	168,7
Temp. lent. ascend.	5,7737	169,57	169,4	
Températ. ascend..	6,151	171,88	172,34	
Presque maximum.	7,5001	180,71	180,7	181,18
Températ. ascend..	8,0352	183,7	183,7	
Températ. ascend..	8,6995	186,8	187,1	
Maximum.......	8,840	188,3	188,5	188,6
Températ. ascend..	9,9989	193,7	193,7	
Températ. ascend..	11,019	198,55	198,5	
Températ. ascend..	11,862	202	201,75	
Températ. ascend..	12,2903	203,4	204,17	
Températ. ascend..	12,9872	206,17	206,1	
Maximum.......	13,061	206,4	206,8	207,2
Presque maximum.	13,1276	207,09	207,4	207,5
Températ. ascend..	13,6843	208,45	208,9	
Températ. ascend..	13,769	209,1	209,13	
Presque maximum.	14,0634	210,47	210,5	210,8
Températ. ascend..	15,4995	215,07	215,3	
Températ. ascend..	16,1528	217,23	217,5	
Presque maximum.	16,3816	218,3	218,4	218,5
Températ. ascend..	17,1826	220,4	220,8	
Maximum.......	18,1894	223,88	224,15	224,02

Nota. La discussion de toutes les conditions des expériences telles qu'elles se trouvent rapportées dans la première colonne du tableau précédent, conduit à faire considérer les températures marquées par le thermomètre plongé dans l'eau comme étant plus près de la vérité : ce sont ces températures qui ont été adoptées. La cinquième colonne contient les températures calculées par la formule d'interpolation $t = \frac{\sqrt[5]{e} - 1}{0,7153}$, dans laquelle e exprime l'élasticité en atmosphères, et t exprime l'excès de la température au-dessus de 100°, en prenant le nombre 100° pour unité. Si l'on compare les nombres qu'elle renferme avec les nombres correspondans de la quatrième colonne, on peut voir jusqu'à quel point cette formule représente les résultats de l'observation. Cette comparaison n'est établie que pour les termes obtenus par un *maximum* de température, les seuls dont on tienne compte. Toutefois la progression des températures ayant toujours été très lente pendant les autres observations, les indications du thermomètre ne sont inférieures que de quelques dixièmes de degré à ce qu'elles eussent été dans le cas du *maximum*. C'est ce que l'on peut vérifier en appliquant la même formule à ces observations.

TABLE

Des Forces élastiques de la vapeur d'eau et des températures correspondantes de 1 à 24 atmosphères, d'après l'observation, et de 24 à 50 atmosphères par le calcul.

ÉLASTICITÉ de la vapeur en prenant la pression de l'atmosphère pour unité.	COLONNE de mercure à 0° qui mesure l'élasticité.	TEMPÉRATURES correspondantes données par le thermomètre centigrade.	PRESSION sur un centimètre carré.
1	0m 7600	100°	1k 033
1 ½	1,1400	112,2	1,549
2	1,5200	121,4	2,066
2 ½	1,9000	128,8	2,582
3	2,280	135,1	3,099
3 ½	2,66	140,6	3,615
4	3,04	145,4	4,132
4 ½	3,42	149,06	4,648
5	3,80	153,08	5,165
5 ½	4,18	156,8	5,681
6	4,56	160,2	6,198
6 ½	4,94	163,48	6,714
7	5,32	166,5	7,231
7 ½	5,70	169,37	7,747
8	6,08	172,1	8,264
9	6,84	177,1	9,297
10	7,60	181,6	10,33
11	8,36	186,03	11,363
12	9,12	190,0	12,396
13	9,88	193,7	13,429
14	10,64	197,19	14,462
15	11,40	200,48	15,495
16	12,16	203,60	16,528
17	12,92	206,57	17,561
18	13,68	209,4	18,594
19	14,44	212,1	19,627
20	15,20	214,7	20,660

ÉLASTICITÉ de la vapeur en prenant la pression de l'atmosphère pour unité.	COLONNE de mercure à 0° qui mesure l'élasticité.	TEMPÉRATURES correspondantes données par le thermomètre centigrade.	PRESSION sur un centimètre carré.
21	15,96	217°2	21k693
22	16,72	219,6	22,726
23	17,48	221,9	23,759
24	18,24	224,2	24,792
25	19,00	226,3	25,825
30	22,80	236,2	30,990
35	26,60	244,85	36,155
40	30,40	252,55	41,320
45	34,20	259,52	46,485
50	38,00	265,89	51,650

Nota. Les températures qui correspondent aux tensions de plus de 24 atmosphères ont été calculées par la formule

$$t = \frac{\sqrt[5]{e} - 1}{0,7153},$$

où e exprime l'élasticité en atmosphères, et t l'excès de la température à partir de 100°, en prenant pour unité l'intervalle de 100°. On a de fortes raisons pour croire que l'erreur ne serait pas d'un degré à 50 atmosphères.

FIN DE L'APPENDICE.

Extrait du Catalogue de la Librairie de BACHELIER, *quai des Augustins, n° 55.*

AMPÈRE, *de l'Institut*. MÉMOIRE sur l'Action mutuelle d'un conducteur voltaïque et d'un aimant, in-4°, 1828. (Tiré à 100 exemplaires seulement.) 5 fr.

DANGER. L'ART DU SOUFFLEUR A LA LAMPE, ou moyen facile de faire soi-même, à très peu de frais, tous les instrumens de Physique et de Chimie, tels que thermomètres, baromètres, pèse-liqueurs, siphons, etc., au moyen d'un appareil qui remplace avec avantage la table d'émailleur, et offre au moins les cinq sixièmes de diminution de prix; in-12, 1829, avec pl., 2 fr. 50 c.

DEMONFERRAND, Professeur de Mathématiques et de Physique au Collége de Versailles, Examinateur à l'École Polytechnique. MANUEL D'ÉLECTRICITÉ DYNAMIQUE, ou Traité sur l'action mutuelle des conducteurs électriques et des aimans, et sur la nouvelle théorie du magnétisme, pour faire suite à tous les Traités de Physique élémentaire, in-8°, 1823, avec 5 planches, 4 fr.

HACHETTE, ex-Professeur à l'École Polytechnique. PROGRAMMES D'UN COURS DE PHYSIQUE, ou Précis des leçons sur les principaux phénomènes de la nature, et sur quelques applications des Mathématiques à la Physique, in-8°, 1809, 5 fr. 50 c.

HAUY, Membre de l'Académie Royale des Sciences, Professeur de Minéralogie au Jardin du Roi, etc., etc. TRAITÉ ÉLÉMENTAIRE DE PHYSIQUE, 3e édition, considérablement augmentée, adoptée par le Conseil royal de l'Instruction publique, pour l'enseignement dans les colléges, 2 vol. in-8° avec 19 planches. 1821, 15 fr.

JOURNAL DE PHYSIQUE, DE CHIMIE, D'HISTOIRE NATURELLE ET DES ARTS, 96 vol. in-4°, avec beaucoup de planches, 1500 fr.

Chaque volume se vend séparément, 20 fr.

LETTRES D'EULER à une Princesse d'Allemagne, sur la Physique, belle édit., avec les notes de M. Labey, 2 vol. in-8°, 1812, 15 fr.

LALANDE, Membre de l'Institut, Directeur de l'Observatoire. TABLES DES LOGARITHMES pour les nombres et les sinus, etc., revues par M. le baron Reynaud, Examinateur des candidats de l'École Polytechnique, 1 vol. in-18, 2 fr.

—— *Les mêmes* TABLES DE LOGARITHMES étendues à SEPT DÉCIMALES, par M. Marie; précédées d'une instruction dans laquelle on fait connaître les limites des erreurs qui peuvent résulter de l'emploi des logarithmes, des nombres et des lignes trigonométriques, par M. le baron Reynaud, 1 vol. petit in-12, 1829, 3 fr. 50 c.

LIBES, Professeur de Physique au Lycée Charlemagne, à Paris, etc. HISTOIRE PHILOSOPHIQUE DES PROGRÈS DE LA PHYSIQUE, 4 vol. in-8°, 1811 et 1814, 20 fr.

Le quatrième volume se vend séparément, 5 fr.

—— TRAITÉ COMPLET ET ÉLÉMENTAIRE DE PHYSIQUE, présenté dans un ordre nouveau, d'après les découvertes modernes ; deuxième édition, revue, corrigée et considérablement augmentée, 3 vol. in-8°, avec figures, 18 fr.

MASCHERONI. GÉOMÉTRIE DU COMPAS, traduite de l'italien par M. Carette, Officier supérieur du Génie, in-8°, 2e édit., augmentée d'une Notice biographique sur l'auteur, 1828, belle édition, 6 fr.

Fig. 1.

Fig. 2.

Fig. 3.

Fig. 4

Fig. 5.

Fig. 6.

Fig. 7

Fig. 8.

Fig. 9.

Fig. 10.

Fig. 11.

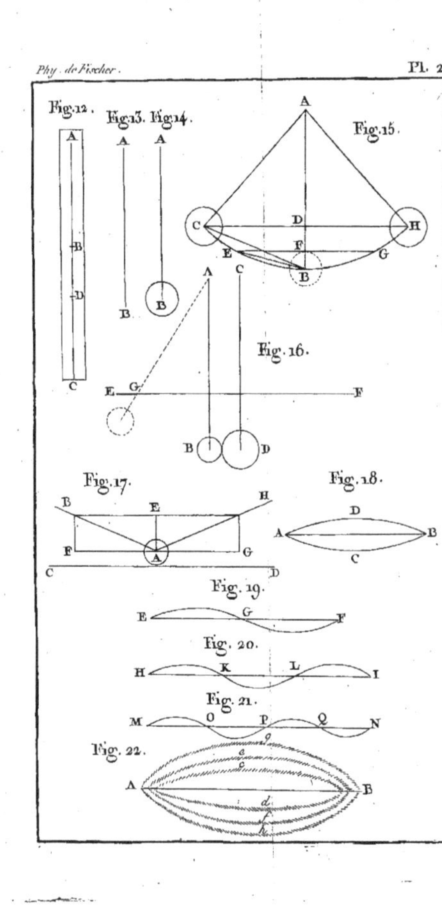
Phy. de Fischer.
Pl. 2.
Fig. 12.
Fig. 13.
Fig. 14.
Fig. 15.
Fig. 16.
Fig. 17.
Fig. 18.
Fig. 19.
Fig. 20.
Fig. 21.
Fig. 22.

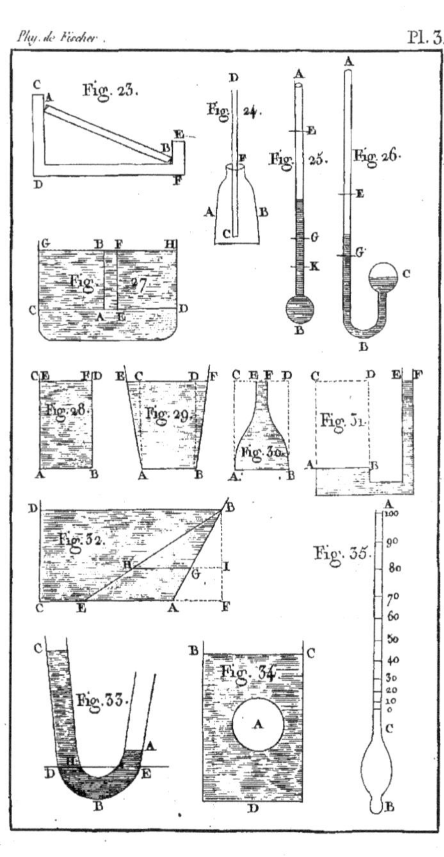
Phy. de Fischer.
Pl. 3.
Fig. 23.
Fig. 24.
Fig. 25.
Fig. 26.
Fig. 27.
Fig. 28.
Fig. 29.
Fig. 30.
Fig. 31.
Fig. 32.
Fig. 33.
Fig. 34.
Fig. 35.

Fig. 36.

Fig. 38.

Fig. 39.

Fig. 37.

Fig. 40.

Fig. 41.

Fig. 42.

Fig. 44.

Fig. 45.

Fig. 46.

Fig. 43.

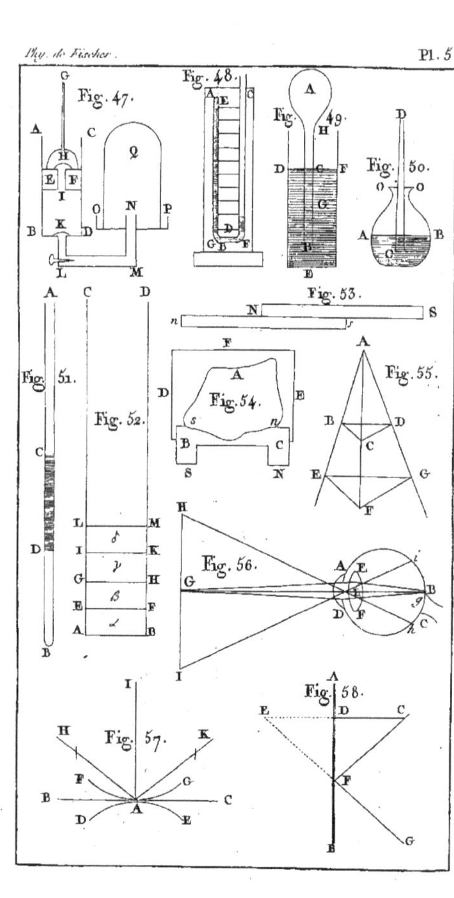
Fig. 47.
Fig. 48.
Fig. 49.
Fig. 50.
Fig. 51.
Fig. 52.
Fig. 53.
Fig. 54.
Fig. 55.
Fig. 56.
Fig. 57.
Fig. 58.

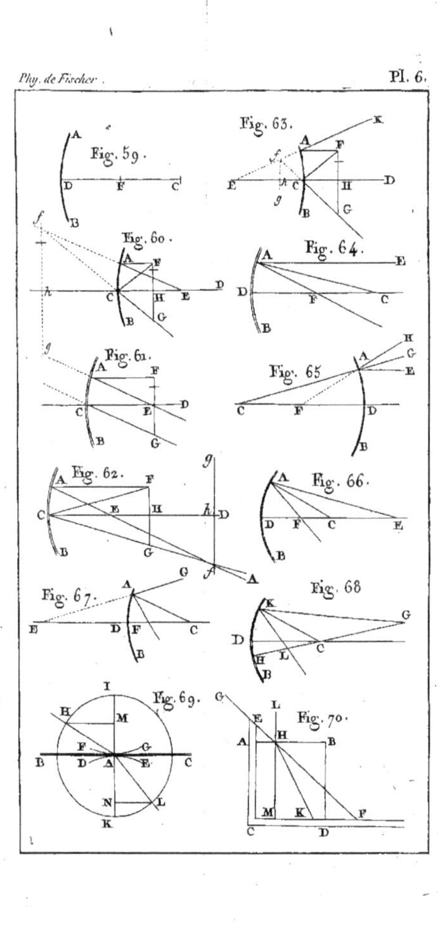
Fig. 59.
Fig. 60.
Fig. 61.
Fig. 62.
Fig. 63.
Fig. 64.
Fig. 65
Fig. 66.
Fig. 67.
Fig. 68
Fig. 69.
Fig. 70.

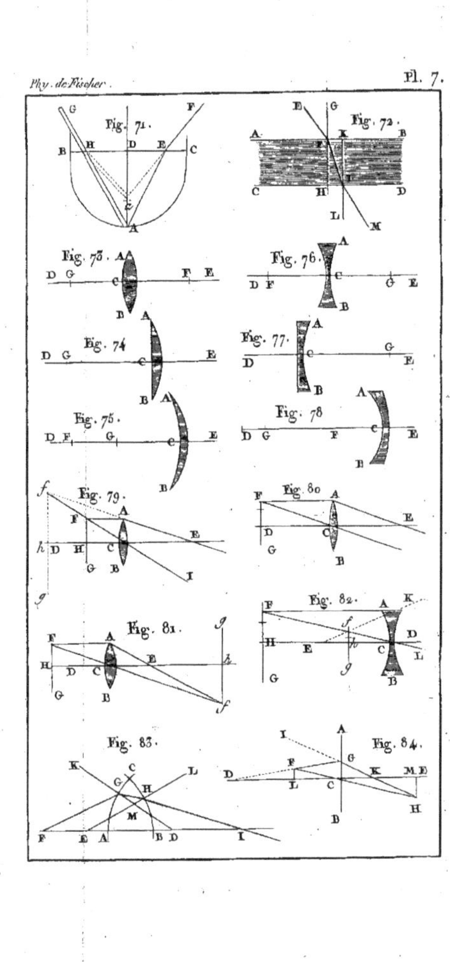
Fig. 71.
Fig. 72.
Fig. 73.
Fig. 76.
Fig. 74
Fig. 77.
Fig. 75.
Fig. 78
Fig. 79.
Fig. 80
Fig. 81.
Fig. 82.
Fig. 83.
Fig. 84.

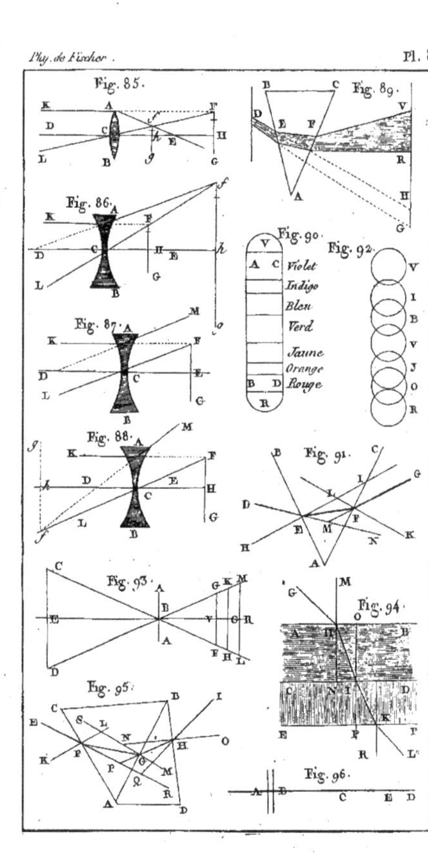
Fig. 85.
Fig. 86.
Fig. 87.
Fig. 88.
Fig. 89.
Fig. 90.
Violet
Indigo
Bleu
Verd
Jaune
Orange
Rouge
Fig. 91.
Fig. 92.
Fig. 93.
Fig. 94.
Fig. 95.
Fig. 96.

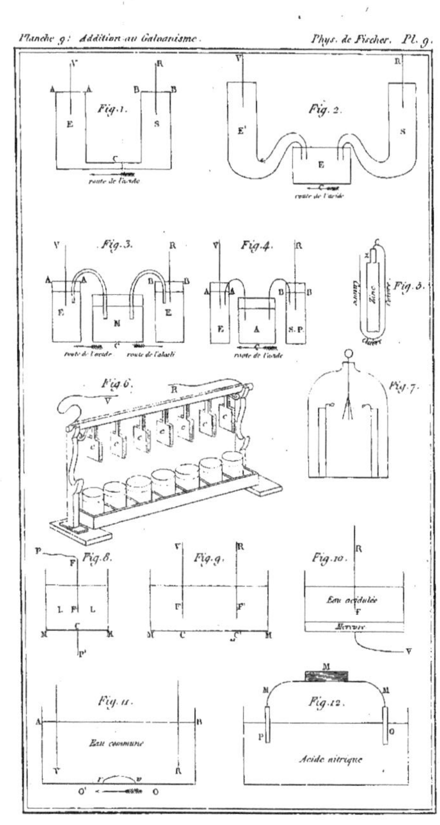

Planche 9: Addition au Galvanisme.
Phys. de Fischer. Pl. 9.
Fig. 1.
route de l'acide
Fig. 2.
route de l'acide
Fig. 3.
route de l'acide
route de l'alcali
Fig. 4.
route de l'acide
Fig. 5.
Zinc
Fig. 6.
Fig. 7.
Fig. 8.
Fig. 9.
Fig. 10.
Eau acidulée
Mercure
Fig. 11.
Eau commune
Fig. 12.
Acide nitrique

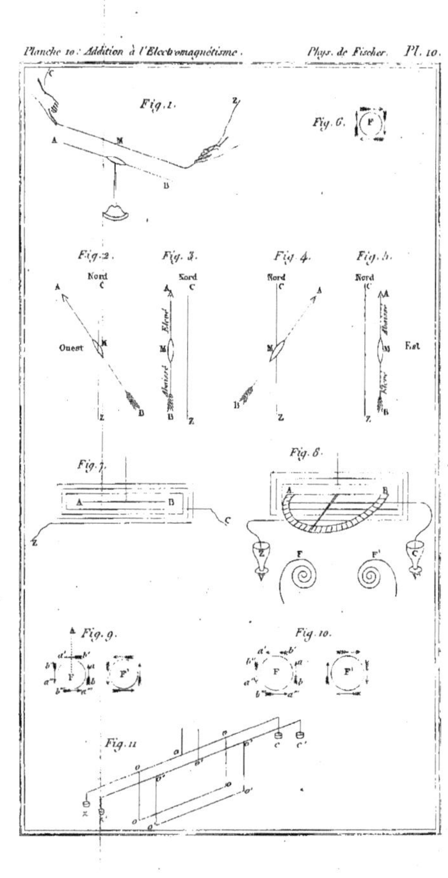
Fig. 1.
Fig. 6.
Fig. 2.
Fig. 3.
Fig. 4.
Fig. 5.
Nord
Ouest
Est
Fig. 7.
Fig. 8.
Fig. 9.
Fig. 10.
Fig. 11

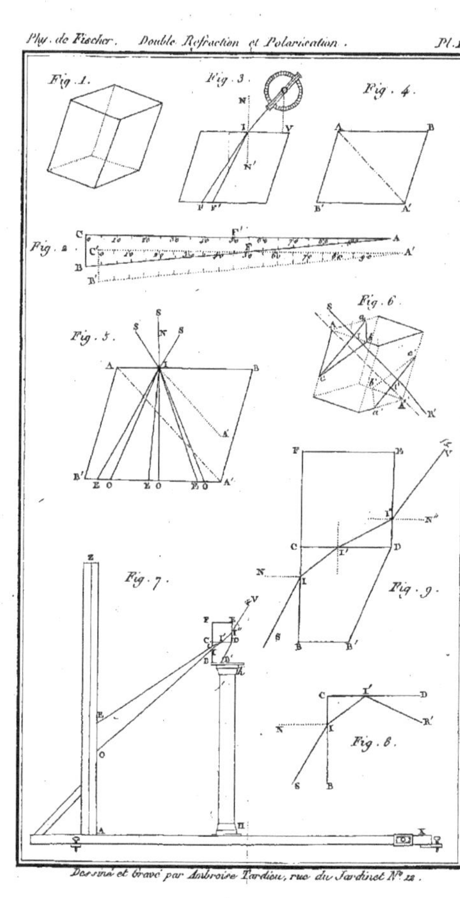
Phy. de Fischer. Double Refraction et Polarisation. Pl. 11
Fig. 1.
Fig. 2.
Fig. 3.
Fig. 4.
Fig. 5.
Fig. 6.
Fig. 7.
Fig. 8.
Fig. 9.
Dessiné et Gravé par Ambroise Tardieu, rue du Jardinet N° 12.

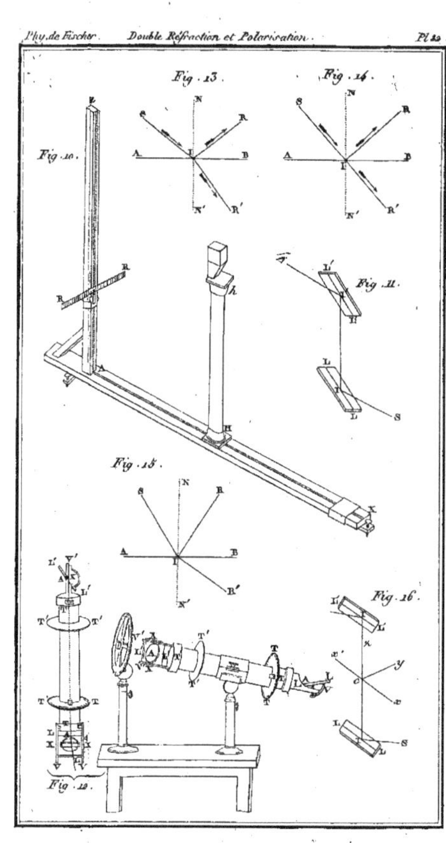
Fig. 13.
Fig. 14.
Fig. 10.
Fig. 11.
Fig. 15.
Fig. 16.
Fig. 12.

Cet Ouvrage se vend aussi :

A BORDEAUX,

Chez GASSIOT, fils aîné, Libraire, Fossés de l'Intendance, n° 61.

A Angers, Launay.
Avignon, Seguin.
Besançon, Deis. — Bintot.
Bordeaux, Lawalle.
Brest, Lefournier et Deperier.
Caen, Lecresne.
Clermont-Ferrand, Thibault. — Landriot. — A. Veysset. — Berthier.
Dijon, Lagier. — Gaulart.
Lille, Vanackère. — Lefort. — Malo.
Limoges, Ardent.
Lorient. Leroux-Cassart.
Lyon, Bohaire. — Perisse frères. — Targe.
Marseille, Camoin. — Mossy-Chaix.
A Metz, Thiel.
Montpellier, Sévalle.
Nancy, Vincenot. — Grimblot.
Nantes, Forest.
Orléans, — Monceau.
Perpignan, Alzine.
Poitiers, Barbier.
Rennes, Blouet. — Jaussion.
Rouen, Frère fils. — Legrand.
Strasbourg, Levrault. — Février. — Treuttel et Würtz.
Toulon, Bellue. — Laurent.
Toulouse, Gallon. — Vieusseux. — Devers.
Tours, Mame.
Troyes, Laloy.
Valenciennes, Lemaitre.

A l'Étranger.

A Amsterdam, Van-Cleef. — Delachaux.
Cambridge, Deigton frères.
Francfort - sur - le - Mein, Jügel.
Gênes, Yves Gravier.
Genève, Barbezat. — Berthier-Guers.
Leipsick, Michelsen. — Bossange.
Liége, Desoër.
A Londres, Treuttel et Würtz. — Martin Bossange. — Dulau et compagnie. — Black Young et Young.
Mons, Leroux.
Pétersbourg, Weyher. — Graëff.
Rotterdam, Arbon et Kraff.
Turin, Bocca. — Pic.
Varsovie, Glucksberg.
Vienne, Schalbacher.

IMPRIMERIE DE HUZARD COURCIER.

www.ingramcontent.com/pod-product-compliance
Ingram Content Group UK Ltd.
Pitfield, Milton Keynes, MK11 3LW, UK
UKHW012000240726
13965UKWH00001B/65